机械设计制造及其自动化专业应用型本科系列教材

石油机械测试技术

主编 徐倩 何霞 张明洪

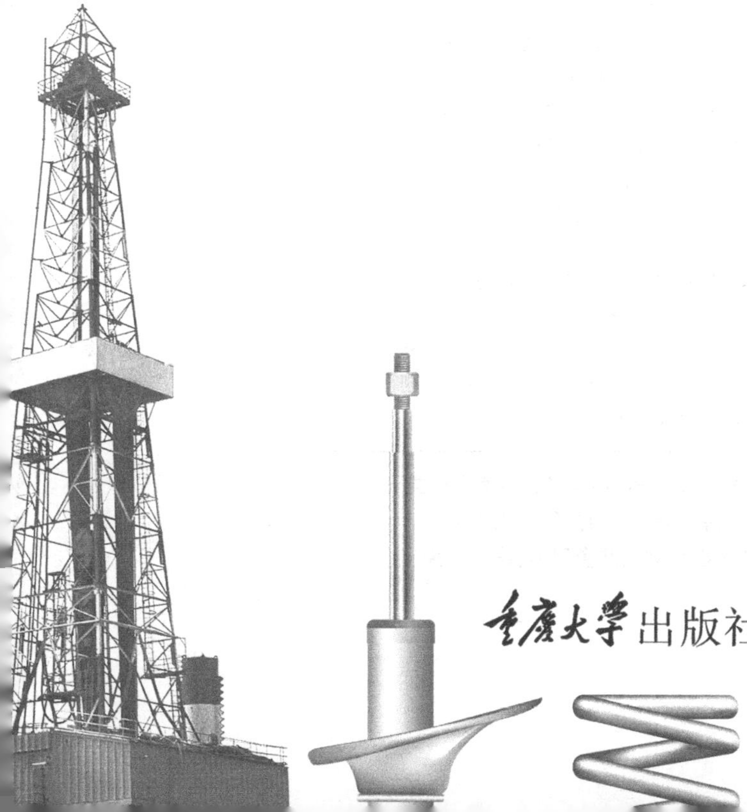

重庆大学出版社

内容提要

本书共11章,主要介绍了有关机械测试技术的基础理论,包括信号分析基础、测试系统及其特性、常用传感器、信号的转换与调理、振动测试、应力应变测量、噪声测量、位移测试、压力测试,同时对现代测试技术作了简介,特别对几种较常见的石油机械——钻井振动筛、井架、柱塞泵进行了较为详细的介绍。本书在强调测试技术的基本概念和原理的基础上,突出了实际应用,不仅具有通用机械测试技术的基础知识,同时强调了这些基础知识在石油机械测试技术中的应用。

本书可作为本科学生的机械测试技术基础课程教材,也可作为相关专业本科学生的参考用书,还可供工程技术人员参考。

图书在版编目(CIP)数据

石油机械测试技术/徐倩,何霞,张明洪主编.—
重庆:重庆大学出版社,2016.12(2023.1 重印)
机械设计制造及其自动化专业应用型本科系列教材
ISBN 978-7-5689-0315-8

Ⅰ.①石… Ⅱ.①徐…②何…③张… Ⅲ.①石油机械—测试技术—高等学校—教材 Ⅳ.①TE9

中国版本图书馆 CIP 数据核字(2016)第 308639 号

石油机械测试技术

主 编 徐 倩 何 霞 张明洪
策划编辑:彭 宁 鲁 黎
责任编辑:李定群 版式设计:彭 宁 鲁 黎
责任校对:贾 梅 责任印制:张 策

*

重庆大学出版社出版发行
出版人:饶帮华
社址:重庆市沙坪坝区大学城西路21号
邮编:401331
电话:(023)88617190 88617185(中小学)
传真:(023)88617186 88617166
网址:http://www.cqup.com.cn
邮箱:fxk@cqup.com.cn(营销中心)
全国新华书店经销
POD:重庆新生代彩印技术有限公司

*

开本:787mm×1092mm 1/16 印张:17.75 字数:388千
2016年12月第1版 2023年1月第4次印刷
ISBN 978-7-5689-0315-8 定价:49.80元

前言

本书作为高等院校机械类本科学生技术基础课程之一的《石油机械测试技术》教材，针对石油院校的机械本科生，既要培养训练学生掌握通用机械测试技术的基础理论和基本方法，同时又要结合石油机械这一极具专业性的对象群体，让学生了解和掌握其特殊性。也就是说，本书既具有通用机械测试技术的共性，又具有石油机械测试技术的个性。通过"石油机械测试技术"课程的学习，使石油院校的机械本科生在踏上实际生产岗位或进入教学科研单位之后能够尽快地适应并独立工作，特别是在面对石油机械行业的设备对象群体时，能够从石油机械的特殊个性出发去考虑和探索发现问题和解决问题的思路和方法。

书中既讲述了国内外通用的机械测试技术的理论和方法，同时还着重介绍了我国具有国际先进水平的控件化虚拟仪器技术，这对培养学生的开拓创新精神和拓宽思路具有很好的启发推进作用。

本书的对象测试部分以石油装备中常见的钻井振动筛、井架、柱塞泵为例，系统、全面、简要地介绍了机械动态参量测试的全过程以及智能控件化振动筛动态特性检测仪等，这对学生今后在实际的机械测试工作中能尽快地进入状态和担当起相应的角色也是极具好处的。

祝愿本书的出版能在当今"大众创业、万众创新"的历史洪流中发挥其应有的"螺丝钉"作用。

本书中引用了有关专家、教授、工程技术人员、研究生等的成果，在此一并表示由衷的感谢。

书中不足和疏漏处在所难免，恳请指正。

编　者

2016年5月

目录

绪 论

(1)测试的基本概念

测试是人们从客观事物中提取所需信息,借以认识客观事物,并掌握其客观规律的一种科学方法。从广义来看,测试属于信息科学的范畴,与计算机技术、自动控制技术和通信技术构成完整的信息技术学科。

测试技术包含了测量(Measurement)和试验(Test)两方面的含义。它是指具有试验性质的测量,或测量与试验的综合。而测量则是指以确定被测对象属性量值为目的的全部操作。

(2)测试技术的任务

机械工程测试的对象是机械系统(包括各种机械零件、机构和部件)及其组成部分(包括与机械系统有关的电路、电器等)。机械工程测试过程包括测量、试验、测试、计量、检验及故障诊断等过程。

测量的基本任务有两个:一是提供被测对象(如产品)的质量依据;二是提供机械工程设计、制造、研究所需的信息。设计、工艺、测试共同构成了机械工程的3大技术支柱。

具体到机械工程中,如一部机器或机构,从设计、制造、运行、维修到最终报废,都与机械测试与测量密不可分。现代机械设备的动态分析设计、过程检测控制、产品的质量检验、设备现代化管理、工况监测和故障诊断等都离不开机械测试,都要依靠机械测试,机械测试是实现这些过程的技术基础。同时,测试技术还是进行科学探索、科学发现和技术发明的技术手段。

具体来说,测试技术的任务主要有以下5个方面:

①在机械设备的设计中,通过对新旧产品的模型试验或现场实测,为产品质量和性能提供客观的评价,为技术参数的优化提供基础数据。

②在机械设备的改造中,可通过实测机械设备或零部件的载荷、应力、工艺参数等,为提高机械设备强度校核和承载能力提供依据,挖掘机械设备的潜力。

③在环境监测中,通过测量振动和噪声的强度和频谱,找出振源,并采取相应的减振降噪

措施,改善劳动条件与工作环境。

④科学规律的发现和新的定律、公式的诞生都离不开测试技术。从试验中可以发现规律,验证理论研究的成果,试验和理论可以相互促进、共同发展。

⑤在工业自动化生产中,要想对设备进行状态监测、质量控制和故障诊断,需要对工艺参数进行测试和数据采集及分析。

(3)测试过程和测试系统的组成

1)测试过程

机械工程测试的最终目的是从机械设备的测试信号中提取所需的特征信息。对于机械系统,信息是其客观存在的静动状态特征。信号中包含有丰富的信息,根据不同的目的要求,信号中所包含的信息有的是有用信息,而另一些则为无用信息。无用信息通常称为噪声。信号也是多种多样的,按物理性质可分为非电信号和电信号。为便于拾取、传输、放大、分析处理及显示记录等,一般都需要将非电信号转换为电信号。

因此,机械工程测试过程一般包含了从被测对象拾取机械信号,再将非电性质的机械信号转换为电信号,信号经放大后输入后续信号处理设备进行分析处理。信号分析处理可采用模拟系统或数字分析处理系统。由于数字分析处理系统具有较高的性价比、稳定性好、精度高,故目前多采用数字式分析处理系统进行信号分析处理。

为了从被测对象提取所需要的信息,需要采用适当的方式对被测对象实行激励,使其既能产生特征信息,同时又能产生便于检测的信号。例如,在测取机械系统的固有频率时,采用瞬态激振或稳态正弦扫描激振,激发该系统的振动响应,拾取其响应信号。通过分析便可求出系统固有频率、阻尼比等参数。

2)测试系统的组成

测试系统由一个或若干个功能元件组成。广义来说,一个测试系统的功能是将被测对象置于预定状态下,并对被测对象所输出的特征信息进行拾取、变换放大、分析处理、判断、记录显示,最终获得测试目的所需要的信息。如图0.1所示为测试系统的构成。由图0.1可知,一个测试系统一般由试验装置、测量装置、数据处理装置及显示记录装置等组成。

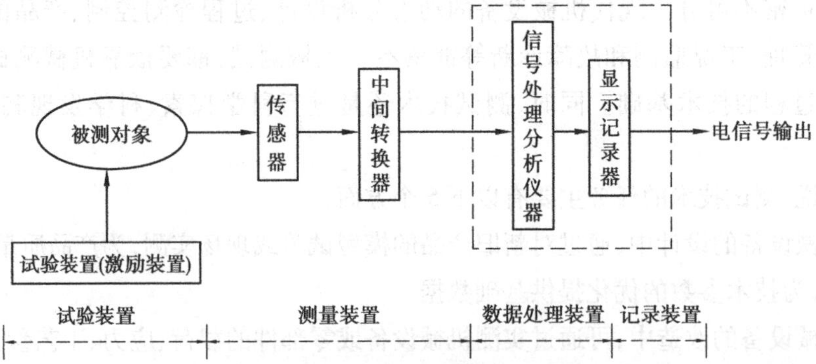

图0.1　测试系统构成的方框图

①试验装置

试验装置是使被测对象处于预定状态下,并将其有关方面的内在联系充分显露出来,以便进行有效测量的一种专门装置。试验装置是用来使被测对象处于预定状态下,并将其有关方面的内在联系充分显露出来以便进行有效测量的专门装置。如在测定结构固有频率时,所使用的激振系统就是试验装置,如图 0.2 所示。激振器、功率放大器、信号发生器构成了该测试系统的激振系统,即试验装置。信号发生器产生频率在一定范围内可调的正弦信号,经功率放大器功率放大后驱动激振器顶杆产生与信号发生器频率相同的交变激振力。此交变力作用在被测构件上,使构件也处于一个该频率作用下的强迫振动。

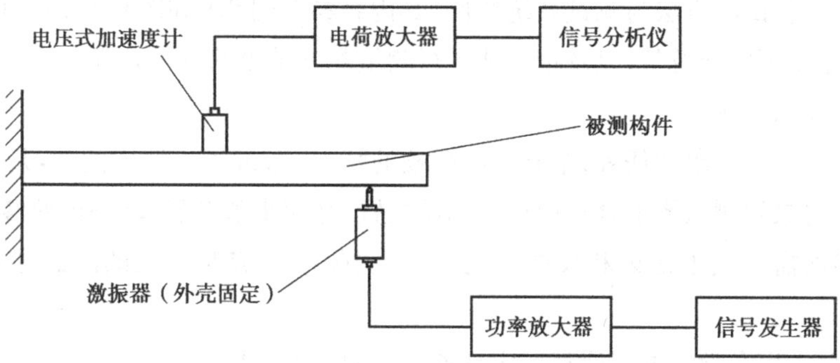

图 0.2 结构固有频率测试系统

②测量装置

测量装置一般包含传感器和中间转换器。其作用主要是把被测量通过传感器变换成与被测量成一定关系的电信号,然后通过中间转换器将该电信号转换为另一种与之对应的更适合传输、处理和记录的电信号。图 0.2 中,压电式加速度计和电荷放大器就构成该测试系统的测量装置。压电式加速度计拾取结构的振动信号,将振动加速度信号转换成电荷量,通过电荷放大器再将传感器的输出转换成电压信号。被测量不同,所选用的传感器不同,所需的中间转换器也不同。如图 0.2 所示,压电式加速度传感器所连接的中间转换器为电荷放大器。

③数据处理装置

数据处理装置是将测量装置输出的电信号进一步进行处理以排除干扰和噪声污染,并进行数据分析,如图 0.2 中的信号分析仪。信号分析仪可以实现各种信号分析功能,如信号的时域分析、概率密度函数分析、概率分布函数分析、频谱分析、相关分析、倒频谱分析、小波分析等,通过不同的分析,可以得到关于信号的不同信息。如图 0.2 中的信号分析仪可以得出结构在不同频率正弦信号激励下结构稳态输出时的幅值和相位,根据这些幅值和相位做出构件的幅频图或相频图,便可得到被测构件的固有频率。

④显示记录装置

显示记录装置是将拾取到的被测对象的信号显示记录下来。数据显示一般可采用各种表盘、电子示波器、显示屏等。数据记录可采用模拟式的磁带记录仪、光线示波器等,磁带记录仪能将原始的模拟信号记录下来,但目前数据记录一般是采用虚拟仪器直接记录并储存在硬盘或其他储存设备上。

(4)**课程的研究对象和学习要求**

1)课程的研究对象

本课程的研究对象有以下两个:

①本课程研究的是动态测试技术,本书所涉及的主要是动态量的测试。例如,对机器设备的振动、噪声的测试;对机器设备的各种物理参量如应力应变、力、压力、位移等的测试。通过测试结果对机器设备的质量进行评价和控制,特别是对常见石油机械设备的测试和评价。

②研究测量测试的方法与测试系统特性(其内容参考图 0.1 和图 0.2),从而正确地设计测试方案,正确地使用仪器设备,以及正确地进行测量测试结果的分析处理。

2)课程的学习要求

根据本门学科的对象和任务,结合石油高校的特点,通过对本课程的学习,培养学生能根据具体的测试对象和测试要求合理地选用测试装置,并初步掌握静、动态机械参量测试方法和常用工程试验所需的基本知识和技能,为在工程实际中完成对对象的测试任务打下必要的基础。

具体而言,学生在学完本门课程后应具备以下的知识和技能:

①对机械工程测试工作的概貌和思路有一个比较完整的概念。对机械工程测试系统及其各环节有一个比较清楚的认识,并能初步运用于机械工程中某些静、动态参量的测试和产品或结构的动态特性试验。

②了解常用传感器、中间转换放大器的工作原理、性能和特点,并能依据测试工作的具体要求进行较为合理的选用。

③掌握测试装置静、动态特性的评价、测试方法,以及测试装置实现不失真测量的条件,并能正确地运用于测试装置的分析和选择。

④掌握信号在基本变换域(时域:幅值域和频域)的描述方法,信号分析的一些基本概念;掌握信号频谱分析、相关分析的基本原理和方法,并对其延拓的其他分析方法有所了解。

⑤了解一些现代测试技术的基本原理和应用。

⑥掌握常用石油机械,如钻井泵、钻井振动筛、井架等的测试技术。

⑦通过本课程的学习和实践,应能对机械工程中某些静、动态参数的测试自行选择,设计测试仪器仪表,组建测试系统和确定测试方法,并能对测试结果进行必要的数据处理,以获得有用的信息。

由于本门课程综合应用了多学科的原理和技术,既是多门学科的交叉,又是数学、物理学、电工学、电子学、机械振动工程、自动控制工程及计算机技术的交叉融合。因此,要学好本门课程,需要学生在学习本课程之前,具备相关学科的基础知识。

第 1 章 信号分析基础

一般来说,信息的载体称为信号,信息蕴涵在信号之中。信息总是通过某些物理量的形式表现出来,这些物理量也就是信号。根据一定的理论、方法,对测试系统中的信号进行变换与处理的过程称为信号分析。信号分析的目的是使我们能够更有效地从被测对象中获得有用信息。

1.1 信号的分类

1.1.1 信号的概念及其描述方法

信号是信号本身在其传输的起点到终点的过程中所携带的信息的物理表现。例如,在研究质量—弹簧—阻尼系统受到激励后的运动状况时,可通过系统质量块的位移-时间关系来描述。反映质量块位移的时间变化过程的信号则包含了该系统的固有频率和阻尼比的信息。

现实世界中的信号有两种:一种是自然和物理信号,如语音、图像、振动信号、地震信号、物理信号等;另一种是人工产生信号经自然的作用和影响而形成的信号,如雷达信号、通信信号、医用超声信号及机械探伤信号等。

在机械工程领域的生产实践和科学实验中,需要研究大量的现象及其参量的变化。这些变化可通过特定的测试装置转换成可供测量、记录和分析的电信号。这些信号包含着反映被测系统的状态或特性的某些有用信息,它是人们认识客观事物规律、研究事物之间相互联系及预测未来发展的依据。

数学上,信号可描述为一个或若干个自变量的函数或序列的形式。例如,信号 $x(t)$,其中,t 是抽象化了的自变量,它可以是时间,也可以是空间。信号也可用“波形”描述,即按照函数随自变量的变化关系,把信号的波形画出来。信号的波形描述方式比函数或序列表达式描述更具一般性。有些信号无法用某个数学函数或序列描述,但却可画出它的波形图。

同时需要提到的是噪声的概念。噪声也是一种信号,它是指任何干扰对信号的感知和解释的现象。信噪比是信号被噪声污染程度的一种度量。事实上,信号与噪声的区别是人为划分的,且取决于使用者对两者的评价标准。在一种场合被认为是干扰的噪声信号,在另一种场合却可能是有用的信号。

1.1.2 信号分类

信号分类的方法很多,从不同的角度、不同的特征以及根据不同的使用目的都可以对信号进行分类。对于机械工程测试信号,一般有以下几种分类方法:

(1)确定性信号与非确定性信号

1)确定性信号

能用确定的数学关系式表达的信号或者可用实验的方法以足够的精度重复产生的信号,称为确定性信号。确定性信号又分为周期信号、非周期信号和准周期信号。

①周期信号

周期信号是按一定的时间间隔周而复始重复出现的信号,可表达为

$$x(t)=x(t+nT_0) \qquad n=\pm 1,\ \pm 2,\ \pm 3,\cdots \tag{1.1}$$

式中 T_0——周期,$T_0=2\pi/\omega_0$;

ω_0——基频。

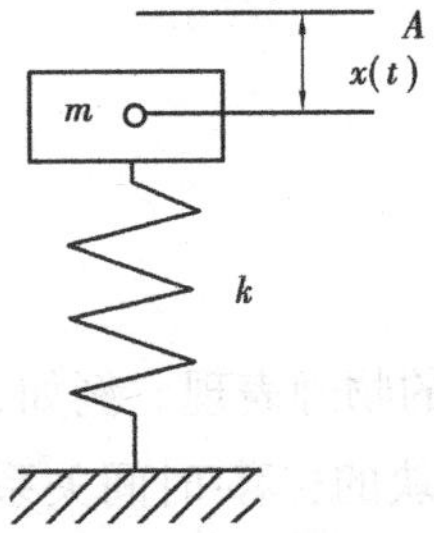

图 1.1 单自由度振动系统

A—质点 m 的静态平衡位置

例如,如图 1.1 所示的集中参量的单自由度振动系统作无阻尼自由振动时,其位移 $x(t)$ 就是确定性的,它可用下式来确定质点的瞬时位置,即

$$x(t)=x_0\sin\left(\sqrt{\frac{k}{m}}t+\varphi_0\right) \tag{1.2}$$

式中 x_0,φ_0——初始条件的常数;

m——质量;

k——弹簧刚度。

其周期 $T_0=\dfrac{2\pi}{\sqrt{k/m}}$,圆频率 $\omega_0=\dfrac{2\pi}{T_0}=\sqrt{\dfrac{k}{m}}$。

余弦信号、三角波、方波和调幅信号都是典型的周期信号,如图 1.2 所示。

周期信号可分为简单周期信号和复杂周期信号。简单周期信号是由单一频率构成的信号,如谐波信号;复杂周期信号是由不同频率的谐波信号组成的。

②非周期信号

非周期信号指的是确定性信号中不具有周期重复性的信号,主要指的是瞬变信号。瞬变信号具有瞬变性,或在一定时间区间内存在,或随时间的增长而衰减至零。锤子的敲击力、承载缆绳断裂时的应力变化、热电偶插入加热炉中温度的变化过程等,这些信号都属于瞬变非周

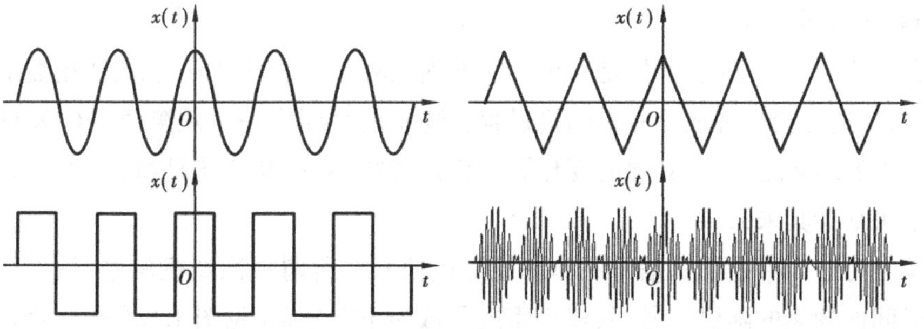

图1.2　典型的周期信号(余弦信号、三角波、方波和调幅信号)

期信号,并且可用数学关系式描述。如图1.1所示的振动系统,若加阻尼装置后,其质点位移$x(t)$则为

$$x(t) = x_0 e^{-at} \sin(\omega_0 t + \varphi_0) \tag{1.3}$$

其图形如图1.3所示。它是衰减振动信号,随时间的无限增加而衰减至零,属于非周期信号。常见的非周期信号有三角形脉冲、矩形脉冲等,如图1.4所示。

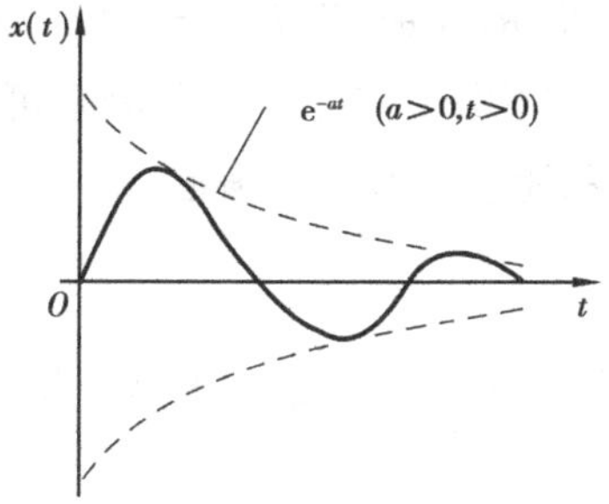

图1.3　衰减振动信号

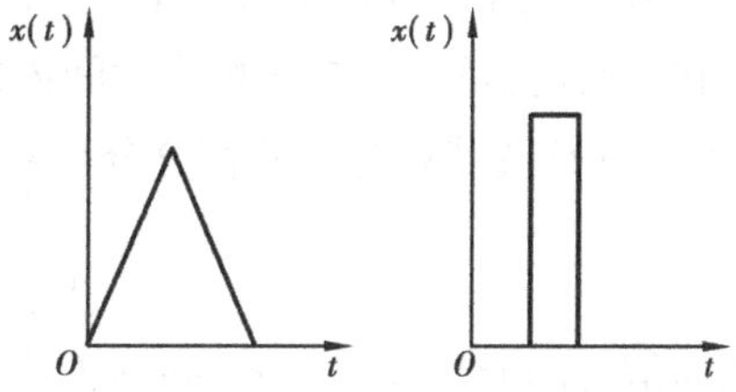

(a)三角形脉冲　　(b)矩形脉冲

图1.4　瞬变信号

③准周期信号

准周期信号和复杂周期信号一样,也是由两种以上的周期信号合成的,但各周期信号的频率相互之间不是公倍关系,没有公有周期,其合成信号不满足周期信号的条件,因而无法按某一时间间隔周而复始重复出现。例如,信号$x(t)=\sin \omega_0 t+\sin\sqrt{2}\omega_0 t$就是准周期信号,如图1.5所示。在工程实际中,由不同独立振动激励的系统响应,往往属于这一类。这种信号往往出现于通信、振动系统,应用于机械转子振动分析、齿轮噪声分析、语音分析等场合。准周期信号的频谱具有周期信号的特点。

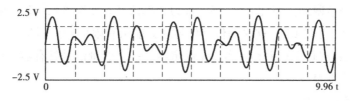

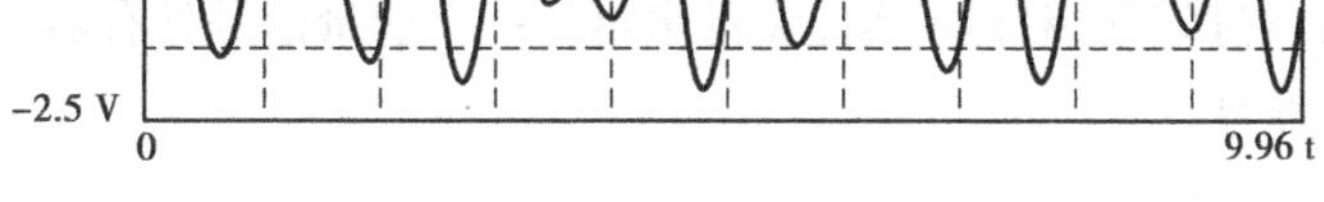

图1.5　准周期信号

2)非确定性信号

非确定性信号也称随机信号,是一种不能准确预测其未来瞬时值,也无法用数学关系式来描述的信号,描述的物理现象是一种随机过程。随机信号任意一次观测值只代表在其变化范围中可能产生的结果之一,但其值的变化服从统计规律,具有某些统计特征,可用概率统计方法由其过去来估计其未来。

随机信号可分为平稳随机信号和非平稳随机信号。所谓平稳随机信号,是指其统计特征参数不随时间而变化的随机信号,其概率密度函数为正态分布(见图 1.12(d)),否则就为非平稳随机信号。

如果一个平稳随机信号的统计平均值等于该信号的时间平均值,则称该信号为各态历经的。对于各态历经随机信号,则可用一个样本的时间平均来代替其集合平均。

(2)能量信号与功率信号

1)能量信号

在非电量测量中,常把被测信号转换为电压和电流信号来处理。当电压信号 $x(t)$ 加到电阻 R 上,其瞬时功率 $P(t)=x^2(t)/R$。若电阻为单位电阻,即 $R=1$ 时,则 $P(t)=x^2(t)$。瞬时功率对时间的积分就是信号在该积分时间内的能量。因此,若不考虑信号实际的量纲,可把信号 $x(t)$ 的平方 $x^2(t)$ 及其对时间的积分分别称为信号的功率和能量。当 $x(t)$ 满足

$$\int_{-\infty}^{\infty} x^2(t)\,\mathrm{d}t < \infty \tag{1.4}$$

时,则认为信号的能量是有限的,并称为能量有限信号,简称能量信号,如矩形脉冲信号、指数衰减信号、三角形脉冲信号等。

2)功率信号

若信号在区间 $(-\infty,\infty)$ 的能量是无限的,即

$$\int_{-\infty}^{\infty} x^2(t)\,\mathrm{d}t \to \infty \tag{1.5}$$

但它在有限区间 (t_1,t_2) 的平均功率是有限的,即

$$\frac{1}{t_2-t_1}\int_{t_1}^{t_2} x^2(t)\,\mathrm{d}t < \infty \tag{1.6}$$

则被称为功率有限信号,简称功率信号。

如图 1.1 所示的单自由度振动系统。其位移信号就是能量无限的正弦信号,但在一定时间区间内其功率是有限的。因此,该位移信号为功率信号。如果该系统加上阻尼装置,其振动能量随时间而衰减(见图 1.3),这时的位移信号就为能量有限信号。但是必须注意,信号的功率和能量,不一定具有真实功率和真实能量的量纲。一个能量信号具有零平均功率,而一个功率信号具有无限大能量。

(3)时限信号与频限信号

1)时限信号

时限信号是指在时域有限区间 (t_1,t_2) 内定义,而其外恒等于零的信号。例如,矩形脉冲、

三角脉冲、余弦脉冲等；反之，若信号在时域无穷区间内定义则被称为时域无限信号，如周期信号、指数衰减信号、随机信号等。

2）频限信号

频限信号是指在频域内占据一定的带宽(f_1,f_2)，而其外恒等于零的信号。例如，正弦信号、sin $c(t)$、限带白噪声等的频域函数。若信号在频域内的带宽延伸至无穷区间，则称为频域无限信号。

时间有限信号的频谱，在频率轴上可延伸至无限远处；同理，一个有限带宽信号，也在时间轴上延伸至无限远处。一个信号不能够在时域和频域上都是有限的，可阐述为以下定理：一个严格的频限信号，不能同时是时限信号；一个严格的时限信号，不可能同时是频限信号。

（4）连续时间信号与离散时间信号

按信号函数表达式中的独立变量取值是连续的还是离散的，可将信号分为连续信号和离散信号。通常独立变量为时间，相应地对应连续时间信号和离散时间信号。

1）连续时间信号

在所讨论的时间间隔内，对任意时间值，除若干个第一类间断点外，都可给出确定的函数值，此类信号称为连续时间信号或模拟信号。常见的正弦、直流、阶跃、锯齿波、矩形脉冲及截断信号等都属连续时间信号。

2）离散时间信号

离散时间信号又称时域离散信号或时间序列。它是在所讨论的时间区间内，在所规定的不连续的瞬时给出函数值，如图 1.6 所示。

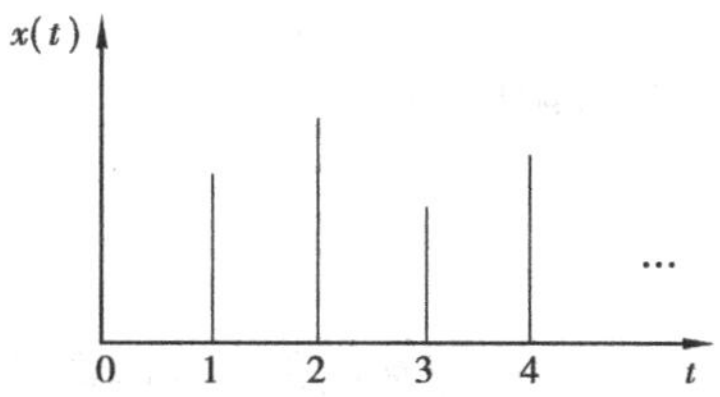

图 1.6　离散时间信号

离散时间信号又可分为两种：采样信号与数字信号。采样信号是时间离散而幅值连续的信号；数字信号是时间离散幅值量化的信号。计算机或信号分析仪所接收的一般是数字信号。

（5）物理可实现信号与物理不可实现信号

1）物理可实现信号

物理可实现信号又称为单边信号，满足条件：$t<0$ 时，$x(t)=0$，即在时刻小于零的一侧全为零，信号完全由时刻大于零的一侧确定。

在实际中出现的信号，大量的是物理可实现信号，因为这种信号反映了物理上的因果律，故也被称为因果信号。实际中所能测得的信号，许多都是由一个激发脉冲或某种激励作用于一个物理系统之后所输出的信号。

2）物理不可实现信号

物理不可实现信号也称为非因果信号，它在事件发生之前，即 $t<0$ 时就预知信号。

（6）其他分类

在对信号做频谱分析时，还常常根据信号的能量或功率的频谱来将信号分为低频信号、高频信号、窄带信号、宽带信号、带限信号等;根据信号的波形相对于纵轴对称性将信号分为奇信号和偶信号;根据信号的函数值是实数还是复数将信号分为实信号和复信号等。

1.1.3 信号分析中的常用函数

(1)单位冲激信号(δ 函数)

1)δ 函数的定义

自然界中常有这样的现象,某个动作只发生在一个很短的瞬间,而在其他时刻没有任何动作。例如,闪电在很短的时间内有很大的能量释放;又如,锤击在很短的时间有一个很强的冲击力。为了描述这种现象,把该现象抽象化,引入单位冲激信号的概念。单位冲击信号的"狄拉克(Dirac)定义法"为

$$\begin{cases}\int_{-\infty}^{\infty}\delta(t)\,\mathrm{d}t = 1\\ \delta(t) = 0 \qquad t \neq 0\end{cases} \tag{1.7}$$

把满足式(1.7)的信号 $\delta(t)$ 称为单位冲激信号,其冲激强度为 1。单位冲激信号也可利用规则信号(如对称矩形脉冲或三角脉冲信号等)"在保证面积不变的前提下使宽度取极限 0"的逼近方法来定义,如图 1.7(a)所示的一个矩形脉冲 $S_\varepsilon(t)$,其面积为 1。保持矩形脉冲 $S_\varepsilon(t)$ 的面积为 1,当 $\varepsilon \to 0$ 时,$S_\varepsilon(t)$ 的极限就称为 δ 函数,如图 1.7(b)所示。δ 函数也称为单位脉冲函数。

从极限的角度看

$$\delta(t) = \begin{cases}\infty & t = 0\\ 0 & t \neq 0\end{cases} \tag{1.8}$$

从面积(通常也称为 δ 函数的强度)的角度来看

$$\int_{-\infty}^{\infty}\delta(t)\,\mathrm{d}t = \lim_{\varepsilon \to 0}\int_{-\infty}^{\infty}S_\varepsilon(t)\,\mathrm{d}t = 1 \tag{1.9}$$

如果将 $\delta(t)$ 出现的时间沿时间轴右移时间 t_0,得到 $\delta(t-t_0)$(见图 1.8),则

$$\delta(t - t_0) = \begin{cases}\infty & t = t_0\\ 0 & t \neq t_0\end{cases} \tag{1.10}$$

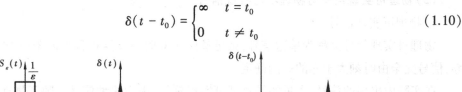

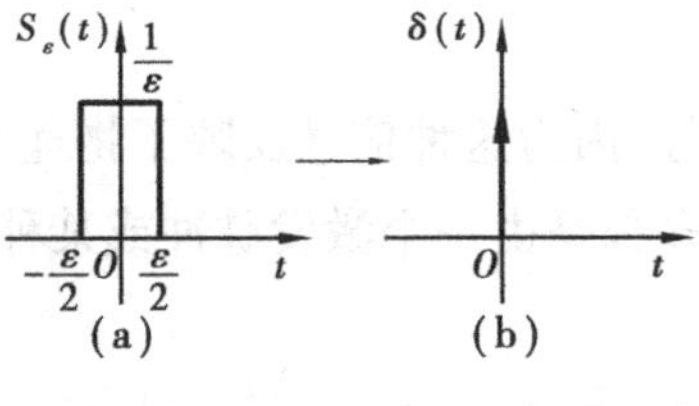

图 1.7 矩形脉冲与 δ 函数

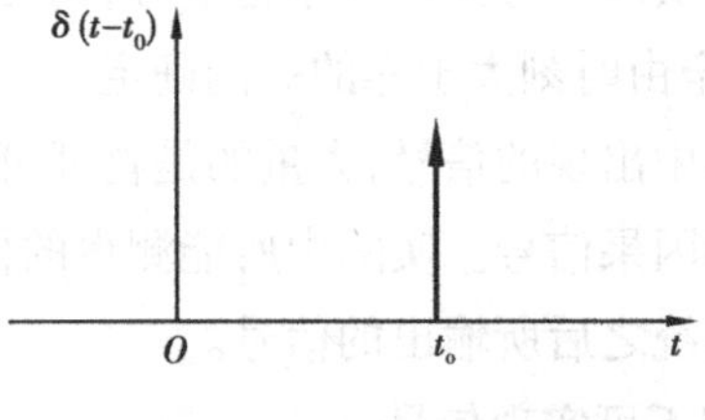

图 1.8 有时延的 δ 函数

2)δ 函数的性质

δ 函数是信号分析中经常会用到的函数,它有一些特殊的性质,利用这些性质可使被分析

的问题大大简化。δ 函数的性质如下：

①对称性(偶函数)

单位冲激函数是偶函数，因为对任意非零的 t，$\delta(t)=0=\delta(-t)$。

②时域压扩性

单位冲激函数的时域压扩性(或尺度变换性)用数学表达式表示就是

$$\delta(at)=\frac{1}{|a|}\delta(t) \qquad a\neq 0 \tag{1.11}$$

该性质表明：把单位冲激信号以原点为基准压缩到原来的$\frac{1}{|a|}$($|a|>1$)或扩展到原来的$\frac{1}{|a|}$倍($0<|a|<1$)，相当于把单位冲激信号的强度乘以$\frac{1}{|a|}$。

③采样特性(筛选特性)

根据“函数相乘定义为函数的逐点相乘”，很容易得到

$$x(t)\delta(t-t_0)=x(t_0)\delta(t-t_0) \tag{1.12}$$

再利用式(1.7)，得出

$$\int_{-\infty}^{\infty}x(t)\delta(t-t_0)\,\mathrm{d}t=x(t_0) \tag{1.13}$$

这就是单位冲激信号的“采样(筛选)特性”，即单位冲激信号与某个函数相乘后的积分，等于该函数在发生冲激信号时刻的函数值。$\delta(t)$ 函数的采样特性是模拟信号离散化的理论基础，用一系列等幅的不同时刻出现的 $\delta(t)$ 函数乘以模拟信号就可使模拟信号离散化，实现采样。

(2) sin $c(t)$ 函数

sin $c(t)$ 函数又称为闸门函数、滤波函数或内插函数，其定义为

$$\sin c(t)=\frac{\sin t}{t} \qquad -\infty<t<\infty \tag{1.14}$$

如图 1.9 所示，它是一个偶函数，在 t 的正、负方向幅值逐渐衰减，当 $t=\pm\pi,\pm 2\pi,\cdots,\pm n\pi$ 时，函数为零；$t=0$ 时，函数为 1。

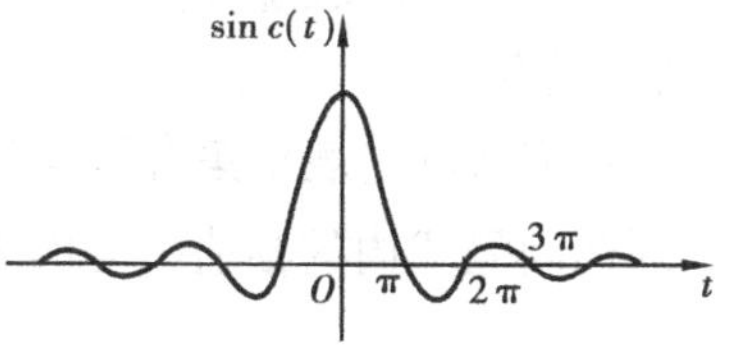

图 1.9　sin $c(t)$ 函数

sin $c(t)$ 函数之所以称为闸门(或抽样)函数，是因为矩形脉冲的频谱为 sin $c(t)$ 型函数；之所以称为滤波函数，是因为任意信号与 sin $c(t)$ 型函数进行时域卷积时，实现低通滤波；之所以称为内插函数，是因为采样信号复原时，在时域由许多 sin $c(t)$ 函数叠加而成，构成非采样点的波形。

1.2 信号的描述

信号的描述是指借助数学工具从不同的方面来表示信号的特征。对信号的描述一般可从时间域、幅值域和频率域 3 个不同的方面来描述。

(1)**时域描述**

直接观察或记录到的信号,一般是以时间为独立变量的,称为信号的时域描述。在该域内分析信号的特征称为信号的时域分析。

时域分析比较直观、简便,是信号分析的最基本方法。但是,信号的时域分析只能反映信号幅值随时间的变化关系,无法显示出信号的频率组成关系。

(2)**幅值域描述**

幅值域描述主要反映的是信号的幅值在某一区间的分布的概率。

(3)**频域描述**

信号的频域描述是将一个时域信号变换成频域信号,根据任务分析的要求将该信号分解成一系列基本信号的频域表达形式之和,从频率分布的角度出发研究信号的结构及各种频率成分的幅值和相位的关系。要将一个时域信号变成频域信号,对于连续系统的信号可采用傅里叶变换或拉普拉斯变换;对离散系统的信号可采用 Z 变换。

此外,还有时差域和倒频域分析等。需要指出的是,无论采用哪种方法对信号进行描述,都相当于从不同的角度去观察同一个信号,同一信号均含有相同的信息量,不会因采取不同的方法而增添或减少信号的信息量。

1.3 信号的时域统计分析

对信号进行时域统计分析,可以求得信号的均值、均方值、方差等参数。

(1)**均值**

均值 $E[x(t)]$ 表示集合平均值或数学期望值,用 μ_x 表示。基于随机过程的各态历经性,可用时间间隔 T 内的幅值平均值表示,即

$$\mu_x = E[x(t)] = \lim_{T\to\infty} \frac{1}{T}\int_0^T x(t)\,\mathrm{d}t \tag{1.15}$$

均值表达了信号变化的中心趋势,或称之为直流分量,也相当于信号的静态分量。

(2)**均方值**

信号 $x(t)$ 的均方值 $E[x^2(t)]$,或称为平均功率 ψ_x^2,其表达式为

$$\psi_x^2 = E[x^2(t)] = \lim_{T\to\infty} \frac{1}{T}\int_0^T x^2(t)\,\mathrm{d}t \tag{1.16}$$

式中,ψ_x 称为均方根值,在电信号中均方根值又被称为有效值。

(3)**方差**

信号 $x(t)$ 的方差定义为

$$\sigma_x^2 = E\{(x(t) - E[x(t)])^2\} = \lim_{T\to\infty}\frac{1}{T}\int_0^T [x(t) - \mu_x]^2 dt \tag{1.17}$$

式中，σ_x 为均方差或标准差。

可以证明，σ_x^2，ψ_x^2，μ_x^2 满足关系

$$\psi_x^2 = \sigma_x^2 + \mu_x^2 \tag{1.18}$$

式中，σ_x^2 描述了信号的波动量，对应电信号中交流成分的功率；μ_x^2 描述了信号的静态量，对应电信号中直流成分的功率，参见图 1.10 信号的分解，$x_1(t)$ 对应 $x(t)$ 的波动量，$x_2(t)$ 对应 $x(t)$ 的静态量。

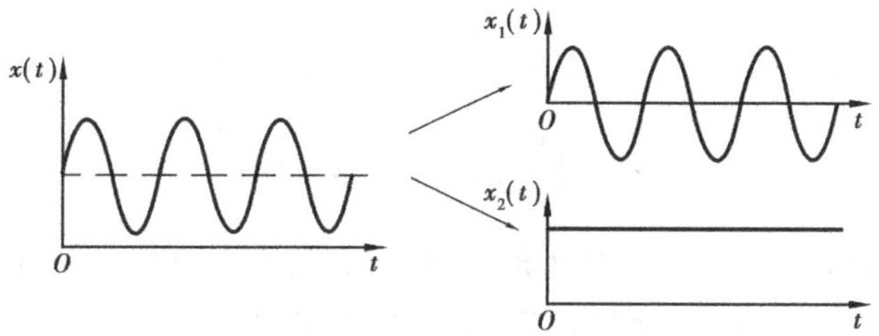

图 1.10　信号的分解

1.4　信号的幅值域分析

1.4.1　概率密度函数

信号的概率密度函数是表示信号幅值落在指定区间内的概率。定义为

$$p(x) = \lim_{\Delta x\to 0}\frac{P[x < x(t) \leqslant x + \Delta x]}{\Delta x} \tag{1.19}$$

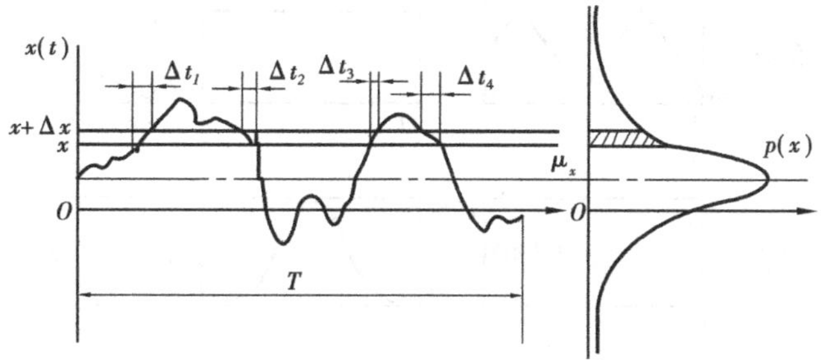

图 1.11　概率密度函数的计算

对如图 1.11 所示的信号，$x(t)$ 的值落在 $(x, x+\Delta x)$ 区间内的时间为

$$T_x = \Delta t_1 + \Delta t_2 + \cdots + \Delta t_n = \sum_{i=1}^{n} \Delta t_i$$

当样本函数的记录时间 T 趋于无穷大时，T_x/T 的比值就是 $x(t)$ 的值落在 $(x,x+\Delta x)$ 区间内的概率，即

$$P[x < x(t) \leqslant x + \Delta x] = \lim_{T\to\infty} \frac{T_x}{T} \tag{1.20}$$

因此，相应的幅值概率密度为

$$p(x) = \lim_{\Delta x\to 0} \frac{1}{\Delta x}\left[\lim_{T\to\infty} \frac{T_x}{T}\right] \tag{1.21}$$

信号的概率密度函数与信号均值、均方值及方差有关系

$$\mu_x = \int_{-\infty}^{\infty} xp(x)\,\mathrm{d}x \tag{1.22}$$

$$\psi_x^2 = \int_{-\infty}^{\infty} x^2 p(x)\,\mathrm{d}x \tag{1.23}$$

$$\sigma_x^2 = \int_{-\infty}^{\infty} (x - \mu_x)^2 p(x)\,\mathrm{d}x \tag{1.24}$$

可以看出，均值是 $x(t)$ 在所有 x 值上的线性加权和；均方值是 $x^2(t)$ 在所有 x 值上的线性加权和；方差则是 $[x(t)-\mu_x]^2$ 在所有 x 值上的线性加权和。

概率密度函数提供了信号幅值分布的信息，是信号的主要特征参数之一。不同的信号有不同的概率密度函数图形，可以借此来识别信号的性质。图 1.12 是常见的 4 种信号（假设这些信号的均值为零）的概率密度函数图形。

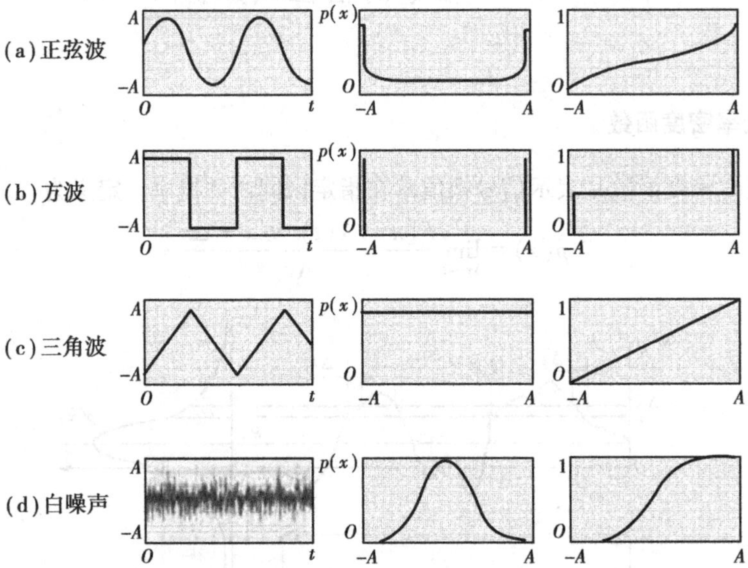

图 1.12　4 种常见信号的概率密度函数图形及概率分布函数图形

1.4.2　概率分布函数

概率分布函数是 $x(t)$ 的瞬时值小于或等于某值 x 的概率。其定义为

$$F(x)=\int_{-\infty}^{x}p(x)\,\mathrm{d}x \tag{1.25}$$

概率分布函数又称累积概率,表示了函数值落在某一区间的概率,也可写为

$$F(x)=P[-\infty<x(t)\leqslant x] \tag{1.26}$$

1.5　信号的频域分析

频域分析是将信号和系统的时间变量函数或序列变换成对应频率域中的某个变量的函数,来研究信号和系统的频域特性。对于连续系统和信号来说,常采用傅里叶变换和拉普拉斯变换;对于离散系统和信号则采用 Z 变换。频域分析法将时域分析法中的微分或差分方程转换为代数方程,给问题的分析带来了方便。

傅里叶分析方法是一种频域分析方法,它包括用于对周期信号进行频域分析的傅里叶变换分析。傅里叶分析方法在信号分析中有非常重要的地位,多年来不断有人对其进行发展和应用,使之成为信息科学与技术领域中应用最广泛的分析方法之一,同时它也是其他许多变换方法的基础。1965年由J.W.库利和T.W.图基提出并实现的"快速傅里叶变换(FFT)",具有计算量小的优点,与高速硬件配合可实现对信号的实时处理,在信号处理技术领域应用广泛。

事实上,由于正弦和余弦信号都是单一频率信号,因此,傅里叶分析可看成按频率对信号进行分解的一种方法。本章将从周期信号的傅里叶级数展开出发,通过使周期信号的周期逼近无穷大,引出非周期信号的傅里叶分析方法——傅里叶变换,最后借助于周期冲激序列的傅里叶变换,导出周期信号的傅里叶变换,并最终把周期信号和非周期信号统一在傅里叶变换的框架之下。

1.5.1　周期信号的频谱

最简单的周期信号是正弦信号或余弦信号,设某正弦信号为

$$x(t)=A\sin(\omega t+\theta)=A\sin(2\pi ft+\theta) \tag{1.27}$$

式中　A——正弦信号的幅值;

θ——正弦信号的相位,rad;

ω——正弦信号的圆频率,rad/s;

f——正弦信号的频率,Hz。

如果正弦信号的周期为 T,则

$$T=\frac{1}{f}=\frac{2\pi}{\omega} \tag{1.28}$$

(1)**傅里叶级数的三角函数展开式**

在有限区间上,凡满足狄里赫利条件,即,信号在一个周期内连续或只含有有限个间断点的周期信号 $x(t)$ 都可展开成傅里叶级数。傅里叶级数展开式有两种形式:三角函数展开式和复指数展开式。傅里叶级数的三角函数展开式为

$$x(t) = a_0 + \sum_{n=1}^{\infty}(a_n \cos n\omega_0 t + b_n \sin n\omega_0 t) \tag{1.29}$$

式中

$$a_0 = \frac{1}{T}\int_{-\frac{T}{2}}^{\frac{T}{2}} x(t)\,\mathrm{d}t \tag{1.30}$$

式中, a_0代表了信号 $x(t)$ 在积分区间内的均值,被称为常值分量或直流分量。

$$a_n = \frac{2}{T}\int_{-\frac{T}{2}}^{\frac{T}{2}} x(t)\cos n\omega_0 t\,\mathrm{d}t \tag{1.31}$$

它是第 n 次谐波分量余弦项的值,被称为余弦分量。

$$b_n = \frac{2}{T}\int_{-\frac{T}{2}}^{\frac{T}{2}} x(t)\sin n\omega_0 t\,\mathrm{d}t \tag{1.32}$$

它是第 n 次谐波分量正弦项的值,被称为正弦分量。

式中 T——基本周期;

ω_0——圆频率,$\omega_0 = \frac{2\pi}{T}$;

$n=1,2,3,\cdots$。

将式(1.29)中同频分量合并,可改写为

$$x(t) = a_0 + \sum_{n=1}^{\infty} A_n \sin(n\omega_0 t + \varphi_n) \tag{1.33}$$

式中

$$A_n = \sqrt{a_n^2 + b_n^2} \tag{1.34}$$

$$\varphi_n = \arctan\frac{a_n}{b_n} \tag{1.35}$$

将式(1.29)中同频分量合并,也可写为

$$x(t) = a_0 + \sum_{n=1}^{\infty} A_n \cos(n\omega_0 t + \theta_n) \tag{1.36}$$

式中,A_n 与式(1.34)相同,则

$$\theta_n = -\arctan\frac{b_n}{a_n} \tag{1.37}$$

从式(1.33)和式(1.36)可以看出,周期信号是由一个或几个、乃至无穷多个不同频率的谐

波叠加而成的。通常把 ω_0 称为基频，并把成分 $A_n\sin(n\omega_0 t+\varphi_n)$ 称为 n 次谐波。A_n 被称为第 n 次谐波的幅值，φ_n 被称为第 n 次谐波的相位。以圆频率 ω 为横坐标，幅值 A_n 或相角 φ_n 为纵坐标作图（见图1.13），可分别得到周期信号的幅值谱图和相位谱图。由于 n 是整数序列，各频率成分都是 ω_0 的整倍数，相邻频率的间隔 $\Delta\omega=\omega_0=2\pi/T$，因而周期信号的谱线是离散的。

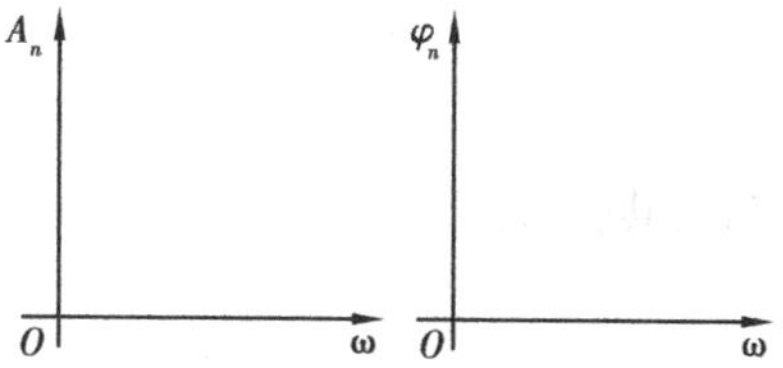

图1.13　幅值谱图和相位谱图坐标

（2）**傅里叶级数的复指数展开式**

傅里叶级数也可写成复指数形式。利用欧拉（Euler）公式

$$e^{\pm j\omega t}=\cos\omega t\pm j\sin\omega t \tag{1.38}$$

$$\cos\omega t=\frac{1}{2}(e^{-j\omega t}+e^{j\omega t}) \tag{1.39}$$

$$\sin\omega t=j\frac{1}{2}(e^{-j\omega t}-e^{j\omega t}) \tag{1.40}$$

式中，$j=\sqrt{-1}$，式（1.29）可改写为

$$x(t)=a_0+\sum_{n=1}^{\infty}\left[\frac{1}{2}(a_n+jb_n)e^{-jn\omega_0 t}+\frac{1}{2}(a_n-jb_n)e^{jn\omega_0 t}\right] \tag{1.41}$$

令

$$c_0=a_0$$

$$c_n=\frac{1}{2}(a_n-jb_n) \tag{1.42}$$

$$c_{-n}=\frac{1}{2}(a_n+jb_n) \tag{1.43}$$

则

$$x(t)=c_0+\sum_{n=1}^{\infty}c_{-n}e^{-jn\omega_0 t}+\sum_{n=1}^{\infty}c_n e^{jn\omega_0 t} \tag{1.44}$$

或

$$x(t)=\sum_{n=-\infty}^{\infty}c_n e^{jn\omega_0 t}\qquad n=0,\ \pm1,\ \pm2,\cdots \tag{1.45}$$

式中

$$c_n=\frac{1}{T}\int_{-\frac{T}{2}}^{\frac{T}{2}}x(t)e^{-jn\omega_0 t}dt \tag{1.46}$$

一般情况下，系数 c_n 是一个以谐波次数 n 为自变量的复值函数，它包含了第 n 次谐波的振幅和相位信息，即

$$c_n=c_{nR}+jc_{nI}=|c_n|e^{j\varphi_n} \tag{1.47}$$

式中

$$|c_n|=\sqrt{c_{nR}^2+c_{nI}^2} \tag{1.48}$$

$$\varphi_n = \angle c_n = \arctan \frac{c_{nI}}{c_{nR}} \tag{1.49}$$

c_n与c_{-n}共轭，即

$$c_n = \overline{c_{-n}}, \varphi_n = -\varphi_{-n}$$

把周期函数$x(t)$展开为傅里叶级数的复指数函数形式后，可分别以$|c_n|-\omega$和$\varphi_n-\omega$作幅值谱图和相位谱图；也可分别以c_n的实部和虚部与频率的关系，即$c_{nR}-\omega$和$c_{nI}-\omega$，作幅值谱图，分别称为实频谱图和虚频谱图。

傅里叶级数复指数展开式与三角函数展开式相比主要的区别在于，复指数函数形式的频谱为双边幅值谱（ω从$-\infty$到$+\infty$），三角函数形式的频谱为单边幅值谱（ω从0到$+\infty$）；这两种频谱各次谐波在量值上有确定的关系，即$c_0 = a_0$，$|c_n| = \frac{1}{2}A_n$。双边幅值谱为偶函数，双边相位谱为奇函数。

负频率是与负指数相关联的，是数学运算的结果，并无确切的物理含义，在工程实际中是不存在的。

例1.1 求如图1.14所示周期性三角波的傅里叶级数表示。

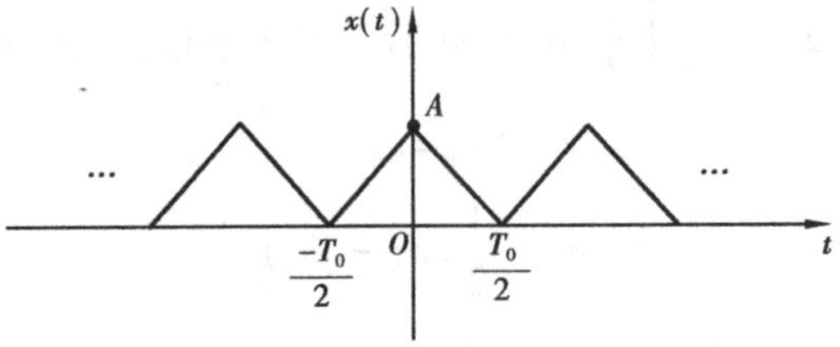

图1.14 周期三角波

解 $x(t)$在一个周期内的数学表达式为

$$x(t) = \begin{cases} A + \dfrac{2A}{T_0}t & -\dfrac{T_0}{2} \leqslant t \leqslant 0 \\ A - \dfrac{2A}{T_0}t & 0 < t \leqslant \dfrac{T_0}{2} \end{cases}$$

常值分量

$$a_0 = \frac{1}{T_0}\int_{-\frac{T_0}{2}}^{\frac{T_0}{2}} x(t)\,\mathrm{d}t = \frac{2}{T_0}\int_0^{\frac{T_0}{2}}\left(A - \frac{2A}{T_0}t\right)\mathrm{d}t = \frac{A}{2}$$

余弦分量的幅值

$$a_n = \frac{2}{T_0}\int_{-\frac{T_0}{2}}^{\frac{T_0}{2}} x(t)\cos n\omega_0 t\,\mathrm{d}t = \frac{4}{T_0}\int_0^{\frac{T_0}{2}}\left(A - \frac{2A}{T_0}t\right)\cos n\omega_0 t\,\mathrm{d}t$$

$$= \frac{4A}{n^2\pi^2}\sin^2\frac{n\pi}{2} = \begin{cases} \dfrac{4A}{n^2\pi^2} & n = 1,3,5,\cdots \\ 0 & n = 2,4,6,\cdots \end{cases}$$

正弦分量的幅值

$$b_n = \frac{2}{T_0}\int_{-\frac{T_0}{2}}^{\frac{T_0}{2}} x(t)\sin n\omega_0 t\mathrm{d}t = 0$$

这样,该周期性三角波的傅里叶级数展开式为

$$x(t) = \frac{A}{2} + \frac{4A}{\pi^2}\left(\cos\omega_0 t + \frac{1}{3^2}\cos 3\omega_0 t + \frac{1}{5^2}\cos 5\omega_0 t + \cdots\right)$$
$$= \frac{A}{2} + \frac{4A}{\pi^2}\sum_{n=1}^{\infty}\frac{1}{n^2}\cos n\omega_0 t \qquad (n = 1,3,5,\cdots)$$

周期性三角波的频谱图如图1.15所示。其幅值谱只包含常值分量、基波和奇次谐波的频率分量,谐波的幅值以$\frac{1}{n^2}$的规律收敛。在其相位谱中,基波和各次谐波的初相位 φ_n 均为零。

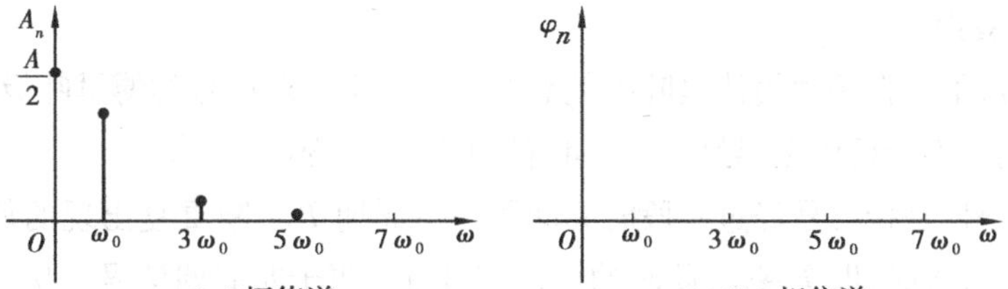

图1.15　周期三角波的频谱

例1.2　画出余弦、正弦信号的实频谱图和虚频谱图。

解　根据式(1.39)和式(1.40)得

$$\cos\omega_0 t = \frac{1}{2}(\mathrm{e}^{-\mathrm{j}\omega_0 t} + \mathrm{e}^{\mathrm{j}\omega_0 t})$$

$$\sin\omega_0 t = \mathrm{j}\,\frac{1}{2}(\mathrm{e}^{-\mathrm{j}\omega_0 t} - \mathrm{e}^{\mathrm{j}\omega_0 t})$$

故余弦信号只有实频谱,与纵轴偶对称。正弦函数只有虚频谱图,与纵轴奇对称。图1.16是这两个函数的频谱图。

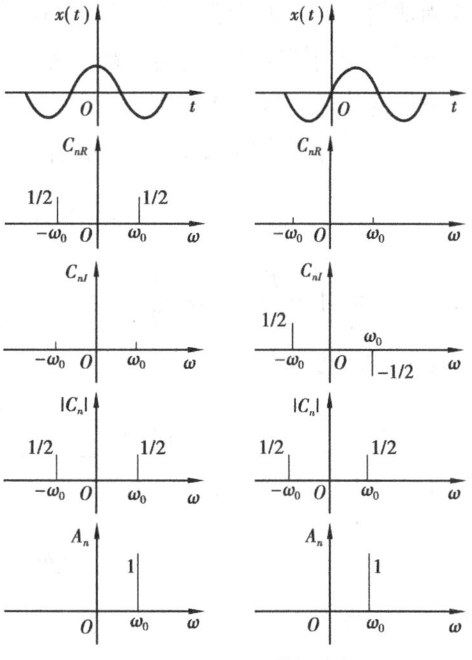

图1.16　余弦函数和正弦函数的频谱

从上例还可得到以下推论:一般周期实函数按傅里叶级数的复指数展开后,其实频谱(对应三角函数展开中的余弦分量)总是偶对称的,其虚频谱(对应三角函数展开中的正弦分量)总是奇对称的。更进一步,若周期实函数为实偶函数,则其傅里叶级数的复指数展开将只有偶对称的实部,若周期函数为实奇函数,

则其傅里叶级数的复指数展开将只有奇对称的虚部。

(3)周期信号频谱的特点

周期信号的频谱具有以下特点:

①周期信号的频谱是离散的。

②每条谱线只出现在基波频率的整倍数上,基波频率是各高次谐波分量频率的公约数。

③各频率分量的谱线高度表示该次谐波的幅值和相位角。谱线的高度也代表了该次谐波的能量大小。工程中常见的周期信号,其谐波分量的幅值总的趋势是随谐波次数的增高而减小。因此,在频谱分析中可根据精度的需要决定所计算谐波的次数,没有必要取那些次数过高的谐波分量。

1.5.2 非周期信号的频谱

(1)傅里叶变换

非周期信号,不能直接利用傅里叶级数展开。但可将周期信号的傅里叶级数展开法,推广到非周期信号的频谱分析中去,导出非周期信号的傅里叶变换。

所谓周期信号,是指信号经过一段时间间隔——周期 T 不断重复出现的信号。当周期信号的周期趋于无穷大时,即 $T\to\infty$,此时的周期信号就相当于非周期信号。从周期信号的傅里叶级数展开已知,随着周期增大,信号的基频分量频率值将降低,各谐波分量的频率间隔减小,当周期为无穷大时,信号的基频分量频率值将趋于零值,各谐波分量间的频率间隔也趋于零,即原周期信号的离散频谱变为了非周期信号的连续频谱,同时原傅里叶级数的求和变为了积分。下面讨论当周期信号的周期趋于无穷大时,傅里叶级数的复指数展开式的具体变化,由此得出非周期信号的傅里叶变换。

由式(1.44)和式(1.45)可知,周期信号的傅里叶级数的复指数展开式为

$$x(t)=\sum_{n=-\infty}^{\infty}\left[\frac{1}{T}\int_{-\frac{T}{2}}^{\frac{T}{2}}x(t)\mathrm{e}^{-\mathrm{j}n\omega_0 t}\mathrm{d}t\right]\mathrm{e}^{\mathrm{j}n\omega_0 t} \tag{1.50}$$

当 $T\to\infty$ 时,$-\dfrac{T}{2}\to-\infty$,$\dfrac{T}{2}\to\infty$,$\omega_0=\dfrac{2\pi}{T}\to d\omega$,即$\dfrac{1}{\mathrm{T}}\to\dfrac{\mathrm{d}\omega}{2\pi}$,离散的 $n\omega_0$ 也将变成连续的 ω,则式(1.50)变为

$$x(t)=\frac{1}{2\pi}\int_{-\infty}^{\infty}\left[\int_{-\infty}^{\infty}x(t)\mathrm{e}^{-\mathrm{j}\omega t}\mathrm{d}t\right]\mathrm{e}^{\mathrm{j}\omega t}\mathrm{d}\omega \tag{1.51}$$

令

$$X(\omega)=\int_{-\infty}^{\infty}x(t)\mathrm{e}^{-\mathrm{j}\omega t}\mathrm{d}t \tag{1.52}$$

式(1.51)可写为

$$x(t)=\frac{1}{2\pi}\int_{-\infty}^{\infty}X(\omega)\mathrm{e}^{\mathrm{j}\omega t}\mathrm{d}\omega \tag{1.53}$$

式(1.52)对时间 t 积分后,仅为角频率 ω 的函数,该式称为 $x(t)$ 的傅里叶变化(FT),即通过该

式，一个时间信号 $x(t)$ 变成了频域信号 $X(\omega)$；式(1.53)对频率 ω 积分后变为了仅为时间 t 的函数，该式称为 $X(\omega)$ 的傅里叶逆变换(IFT)，通过该式，一个频域信号 $X(\omega)$ 变成了时域信号 $x(t)$。式(1.52)和式(1.53)被称为傅里叶变换对。

在工程实际应用中，频率采用国际单位制量纲 Hz，用 f 表示($f=\omega/2\pi$)，并将 $X(\omega)$ 中的 ω 简单用 f 代替，傅里叶变换对变为

$$X(f)=\int_{-\infty}^{\infty}x(t)\mathrm{e}^{-\mathrm{j}2\pi ft}\mathrm{d}t \tag{1.54}$$

$$x(t)=\int_{-\infty}^{\infty}X(f)\mathrm{e}^{\mathrm{j}2\pi ft}\mathrm{d}f \tag{1.55}$$

式(1.52)、式(1.53)、式(1.54)、式(1.55)可用符号简记为

$$\begin{cases}X(\omega)=F[x(t)]\\x(t)=F^{-1}[X(\omega)]\end{cases}$$

$$\begin{cases}X(f)=F[x(t)]\\x(t)=F^{-1}[X(f)]\end{cases}$$

也可用以下的形式表示傅里叶变换对，即

$$X(\omega)\xleftrightarrow{FT}x(t)$$

$$X(f)\xleftrightarrow{FT}x(t)$$

通常情况下 $X(f)$ 是复数，可表示为

$$X(f)=A(f)\mathrm{e}^{\mathrm{j}\varphi(f)} \tag{1.56}$$

式中

$$A(f)=|X(f)| \tag{1.57}$$

被称为 $x(t)$ 的幅值谱密度。

$$\varphi(f)=\angle X(f) \tag{1.58}$$

被称为 $x(t)$ 的相位谱密度。

$X(f)$ 也可写成实部和虚部两部分，即

$$X(f)=Re\{X(f)\}+\mathrm{j}Im\{X(f)\} \tag{1.59}$$

实部 $Re\{X(f)\}$ 称为实谱密度，虚部 $Im\{X(f)\}$ 称为虚谱密度。

之所以将非周期信号的频谱称为频谱密度，是因为非周期信号幅频谱 $|X(f)|$ 的量纲与周期信号的幅频谱 $|C_n|$ 的量纲不同，$|C_n|$ 为信号幅值的量纲，而 $|X(f)|$ 为信号单位频宽上的幅值，故 $X(f)$ 是频谱密度函数。

非周期信号的频谱一般具有连续性和衰减性等特性。

(2)傅里叶变换存在的充要条件

严格来说，非周期信号 $x(t)$ 的傅里叶变换存在的充要条件是：

①$x(t)$ 在 $(-\infty,\infty)$ 范围内满足狄里赫利条件。

②$x(t)$ 绝对可积，即

$$\int_{-\infty}^{\infty} |x(t)| \mathrm{d}t < \infty \tag{1.60}$$

满足上述两个条件的 $x(t)$ 的傅里叶变换如式(1.52)和式(1.54)，式(1.52)和式(1.54)中的 $X(\omega)$ 和 $X(f)$ 就是非周期信号的频谱。

下面通过几个例子来说明非周期信号的频谱分析。

例 1.3 已知单位阶跃函数 $u(t)=\begin{cases}1 & t\geqslant 0\\0 & t<0\end{cases}$，信号 $x(t)=\mathrm{e}^{-at}u(t)$，$a>0$，求 $x(t)$ 的频谱密度。

解 由式(1.54)

$$X(f)=\int_{-\infty}^{\infty}\mathrm{e}^{-at}\mathrm{e}^{-\mathrm{j}2\pi ft}\mathrm{d}t=-\frac{1}{a+\mathrm{j}2\pi f}\mathrm{e}^{-(a+\mathrm{j}2\pi f)t}\Big|_0^{\infty}$$

$$=\frac{1}{a+\mathrm{j}2\pi f}$$

因此，幅值谱密度和相位谱密度分别为

$$A(f)=|X(f)|=\frac{1}{\sqrt{a^2+(2\pi f)^2}}$$

$$\varphi(f)=\angle X(f)=-\arctan\frac{2\pi f}{a}$$

如图 1.17 所示。

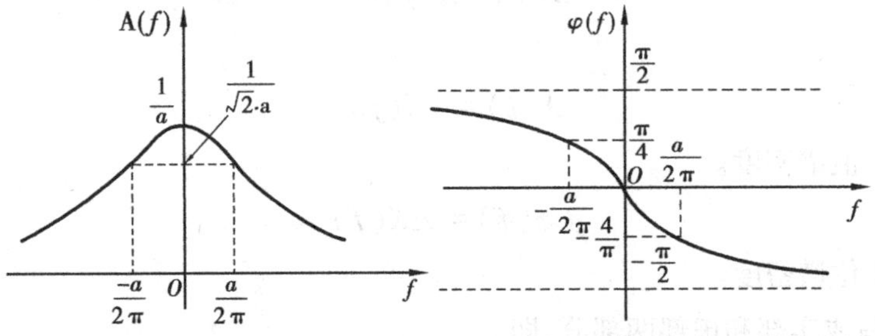

(a)幅值谱密度　　(b)相位谱密度

图 1.17　指数函数的频谱密度

例 1.4 求如图 1.18(a)所示矩形脉冲信号 $x(t)$ 的频谱密度，已知 $x(t)=\begin{cases}1 & |t|<T_1\\0 & |t|>T_1\end{cases}$。

解 根据式(1.54)，信号的傅里叶变换为

$$X(f)=\int_{-\infty}^{+\infty}x(t)\mathrm{e}^{-\mathrm{j}2\pi ft}\mathrm{d}t=\int_{-T_1}^{T_1}\mathrm{e}^{-\mathrm{j}2\pi ft}\mathrm{d}t$$

$$=-\frac{1}{\mathrm{j}2\pi f}\mathrm{e}^{-\mathrm{j}2\pi ft}\Big|_{-T_1}^{T_1}=2\frac{\sin(2\pi fT_1)}{2\pi f}=2T_1\frac{\sin(2\pi fT_1)}{2\pi fT_1}$$

$$=2T_1\sin c(2\pi fT_1)$$

$$A(f)=|X(f)|=2T_1|\sin c(2\pi fT_1)|$$

$$\varphi(f)=\begin{cases}0 & \dfrac{n}{T_1}<|f|<\dfrac{n+\dfrac{1}{2}}{T_1} \\ \pi & \dfrac{n+\dfrac{1}{2}}{T_1}<|f|<\dfrac{n+1}{T_1}\end{cases}\qquad n=0,1,2,\cdots$$

该矩形脉冲信号的频谱密度如图 1.18(b)所示。它是一个 $\sin c(t)$ 型函数，并且是连续谱，包含了无穷多个频率成分，在 $f=\pm\dfrac{1}{2T_1},\pm\dfrac{1}{T_1},\cdots$ 处，幅值谱密度为零。相位谱在 $x(f)$ 大于零时为 0，在 $x(f)$ 小于零时为 π。

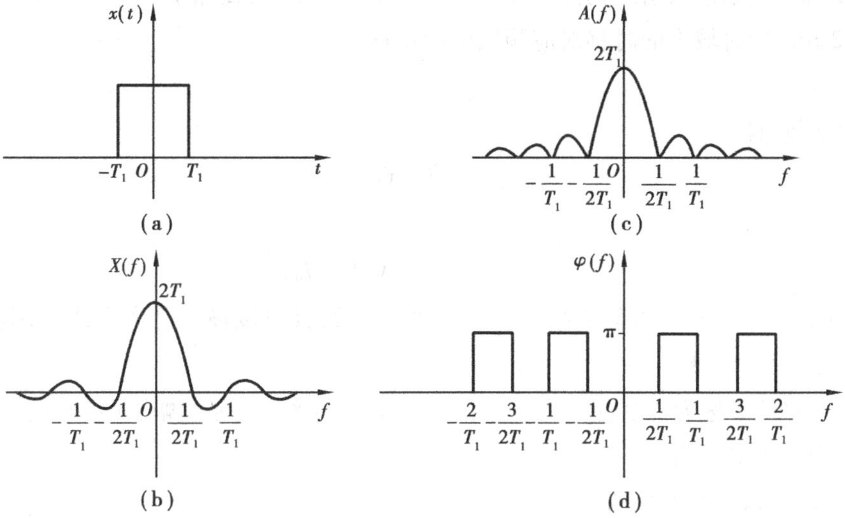

图 1.18　矩形脉冲信号的频谱密度

(3)**傅里叶变换的主要性质**

傅里叶变换是信号分析与处理中时域描述与频域描述之间相互转换的基本数学工具。熟悉并掌握傅里叶变换的主要性质有助于了解信号在时域的某些特征、运算和变化在频域中所产生的相应的特征、运算和变化，以及频域对时域的反向影响。这里用 FT 表示傅里叶变换。

1)线性特性

若

$$x_1(t)\xleftrightarrow{FT}X_1(f),x_2(t)\xleftrightarrow{FT}X_2(f)$$

则

$$[a_1x_1(t)+a_2x_2(t)]\xleftrightarrow{FT}[a_1X_1(f)+a_2X_2(f)] \tag{1.61}$$

式中　a_1,a_2——常数。

式(1.61)说明一个时域信号的幅值扩大若干倍，其对应的频谱函数幅值也扩大若干倍；线性特性还表明了任意数量信号的线性叠加性质:若干信号的时域叠加对应它们频域内频谱的矢量叠加。该性质可将一些复杂信号的傅里叶变换简化为计算参与叠加的简单信号的傅里叶变换之和,使求解简化。

2)时移性

若 t_0为常数,且

$$x(t) \xleftrightarrow{FT} X(f)$$

则

$$x(t \pm t_0) \xleftrightarrow{FT} e^{\pm j2\pi f t_0} X(f) \tag{1.62}$$

由式(1.62)有

$$F[x(t \pm t_0)] = e^{\pm j2\pi f t_0} X(f) = |X(f)| e^{j[\varphi(f) \pm 2\pi f t_0]} = A(f) e^{j[\varphi(f) \pm 2\pi f t_0]}$$

即信号时移$\pm t_0$后其幅值谱密度仍然为$A(f)$,而相位谱密度则叠加了一个与频率呈线性关系的附加量$\pm 2\pi f t_0$,即时域中的时移对应频域中的相移。

3)频移性

若f_0为常数,且

$$x(t) \xleftrightarrow{FT} X(f)$$

则

$$x(t) e^{\pm j2\pi f_0 t} \xleftrightarrow{FT} X(f \mp f_0) \tag{1.63}$$

式(1.63)说明,信号 $x(t)$乘以复指数 $e^{\pm j2\pi f_0 t}$(复调制)后,其时域描述已大大改变,但其频谱的形状却无变化,只在频域作了一个位移。

信号的频移性又称为调制性,广泛应用于各类电子系统中,如调幅、同步解调等技术都是以频移特性为基础实现的。

4)时间比例性(尺度变换性)

若

$$x(t) \xleftrightarrow{FT} X(f)$$

则

$$x(at) \xleftrightarrow{FT} \frac{1}{|a|} X\left(\frac{f}{a}\right) \tag{1.64}$$

式中 a——非零实数。

若令 $a=-1$,则可得

$$x(-t) \xleftrightarrow{FT} X(-f)$$

上式表明若在时域将某一信号反转,则其对应的傅里叶变换也将反转。

时间比例性表明,信号的持续时间与信号占有的频带宽度成反比,当时域尺度压缩($a>1$)时,对应的频域展宽且幅值减小;当时域尺度展宽($a<1$)时,对应的频域压缩且幅值增加,如图1.19 所示。在测试技术中,有时需要缩短信号的持续时间,以加快信号的传输速度,相应地在频域中便会展宽其频带。

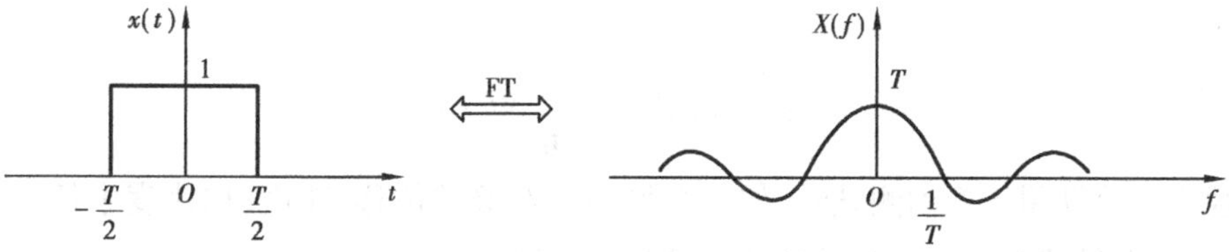

(a) $a=1$

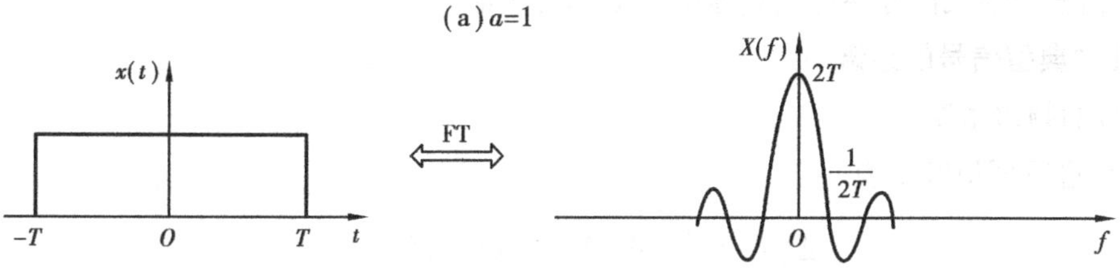

(b) $a=0.5$

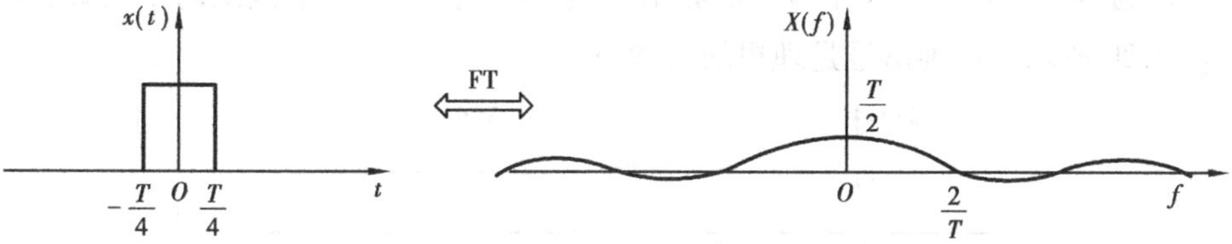

(c) $a=2$

图 1.19　时间比例性举例

5) 对称性(对偶性)

若

$$x(t) \xleftrightarrow{FT} X(f)$$

则

$$X(t) \xleftrightarrow{FT} x(-f) \tag{1.65}$$

利用傅里叶变换的对称性,可由已知的傅里叶变换对,获得逆向相应的变换对。例如,时域的矩形窗函数对应频域的森克函数,则时域的森克函数对应频域的矩形窗函数。

6) 微分性

若

$$x(t) \xleftrightarrow{FT} X(f)$$

则

$$\frac{dx(t)}{dt} \xleftrightarrow{FT} j2\pi f X(f) \tag{1.66}$$

推论:

$$\frac{d^n x(t)}{dt^n} \xleftrightarrow{FT} (j2\pi f)^n X(f) \tag{1.67}$$

7) 积分性

若

$$x(t) \xleftrightarrow{FT} X(f)$$

则

$$\int_{-\infty}^{t} x(t)\,\mathrm{d}t \xleftrightarrow{FT} \frac{1}{\mathrm{j}2\pi f}X(f) \tag{1.68}$$

微分性和积分性用于振动测试时，如果测得同一对象的位移、速度、加速度中任一参量的频谱，则可由积分性或微分性得到其他两个参量的频谱。

(4)几种典型信号的频谱

1)$\delta(t)$的频谱密度

将$\delta(t)$进行傅里叶变换

$$\Delta(f) = \int_{-\infty}^{\infty} \delta(t)\,\mathrm{e}^{-\mathrm{j}2\pi ft}\mathrm{d}t = \mathrm{e}^{0} = 1$$

因此，单位冲击函数具有无限宽广的频谱密度，而且在整个频率范围内不衰减，处处强度相等，如图1.20所示。这种信号是理想的白噪声。

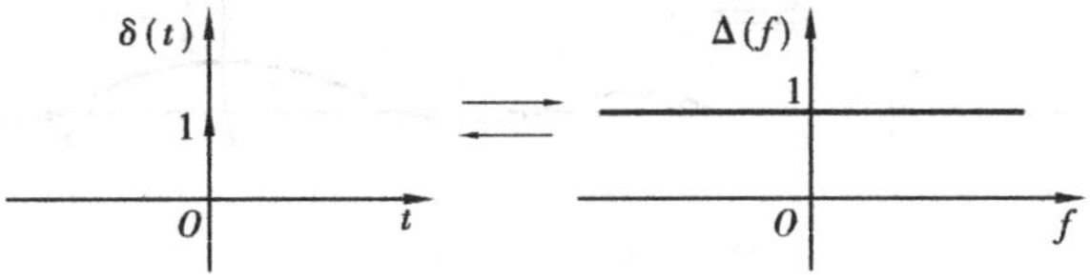

图1.20　δ函数及其频谱密度

根据傅里叶变换的对称性质和时移、频移性质可得到傅里叶变换

$$F[\delta(t)] = 1 \tag{1.69}$$

$$F[1] = \delta(f) \tag{1.70}$$

$$F[\delta(t \pm t_0)] = \mathrm{e}^{\pm \mathrm{j}2\pi f t_0} \tag{1.71}$$

$$F[\mathrm{e}^{\pm \mathrm{j}2\pi f_0 t}] = \delta(f \mp f_0) \tag{1.72}$$

2)正、余弦函数的频谱密度

由于正、余弦函数不满足绝对可积条件，故不能直接用式(1.54)对其进行傅里叶积分变换，而需要在傅里叶变换时引入δ函数。

根据欧拉公式，正、余弦函数可写为

$$\sin 2\pi f_0 t = \mathrm{j}\,\frac{1}{2}(\mathrm{e}^{-\mathrm{j}2\pi f_0 t} - \mathrm{e}^{\mathrm{j}2\pi f_0 t})$$

$$\cos 2\pi f_0 t = \frac{1}{2}(\mathrm{e}^{-\mathrm{j}2\pi f_0 t} + \mathrm{e}^{\mathrm{j}2\pi f_0 t})$$

根据式(1.72)，可求得正、余弦函数的傅里叶变换

$$\begin{aligned} F[\sin 2\pi f_0 t] &= F\left[\frac{\mathrm{j}}{2}(\mathrm{e}^{-\mathrm{j}2\pi f_0 t} - \mathrm{e}^{\mathrm{j}2\pi f_0 t})\right] \\ &= \frac{\mathrm{j}}{2}[\delta(f+f_0) - \delta(f-f_0)] \end{aligned} \tag{1.73}$$

$$F[\cos 2\pi f_0 t] = F\left[\frac{1}{2}(\mathrm{e}^{-\mathrm{j}2\pi f_0 t} + \mathrm{e}^{\mathrm{j}2\pi f_0 t})\right]$$

$$= \frac{1}{2}[\delta(f+f_0) + \delta(f-f_0)] \tag{1.74}$$

作出正弦函数和余弦函数的频谱密度函数图形，如图 1.21 所示。

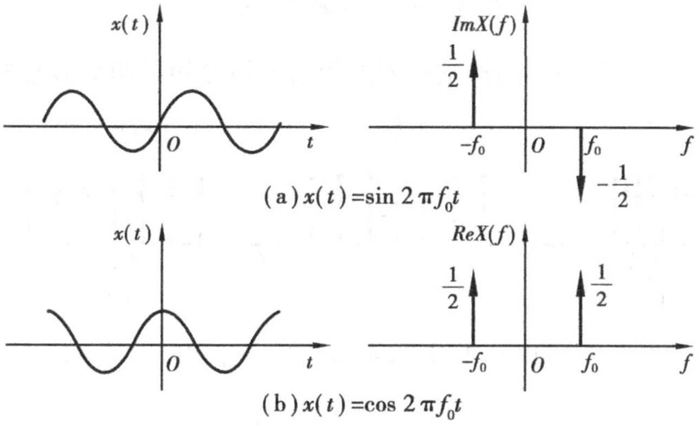

图 1.21　正弦函数和余弦函数的频谱密度

3) 周期信号的频谱密度

严格来说，周期信号不满足绝对可积条件，不能直接用式(1.52)和式(1.54)来求其频谱密度，而需借助 δ 函数来求其频谱密度。具体步骤如下：

设 $x(t)$ 为周期信号，将其展开为傅里叶级数有

$$x(t) = \sum_{n=-\infty}^{+\infty} c_n e^{j2\pi n f_0 t}$$

式中

$$c_n = \frac{1}{T}\int_{-\frac{T}{2}}^{\frac{T}{2}} x(t) e^{-jn2\pi f_0 t} dt$$

再由式(1.72)求得 $x(t)$ 的傅里叶变换为

$$F[x(t)] = \sum_{n=-\infty}^{+\infty} c_n \delta(f-nf_0) = \sum_{n=-\infty}^{+\infty} \{Re[c_n]\delta(f-nf_0) + jIm[c_n]\delta(f-nf_0)\} \tag{1.75}$$

例 1.5　求均匀冲击序列的频谱密度。

均匀冲击序列是周期为 T_0 的单位冲击函数组成的无穷序列，如图 1.22(a) 所示。其数学表达式为

$$g(t) = \sum_{n=-\infty}^{+\infty} = \delta(t-nT_0)$$

由于均匀冲击序列是周期函数，故可由式(1.75)写出其傅里叶变换为

$$G(f) = \sum_{n=-\infty}^{+\infty} c_n \delta(f-nf_0)$$

式中

$$f_0 = \frac{1}{T_0}$$

$$c_n = \frac{1}{T_0}\int_{-\frac{T_0}{2}}^{\frac{T_0}{2}} g(t)\mathrm{e}^{-\mathrm{j}n2\pi f_0 t}\mathrm{d}t = f_0\int_{-\frac{T_0}{2}}^{\frac{T_0}{2}}\delta(t)\mathrm{e}^{-\mathrm{j}n2\pi f_0 t}\mathrm{d}t = f_0$$

$$G(f) = \sum_{n=-\infty}^{+\infty} f_0\delta(f - nf_0) \tag{1.76}$$

如图 1.22(c)所示,即时域均匀冲击序列的频谱为强度和周期都为f_0的频域冲击序列。

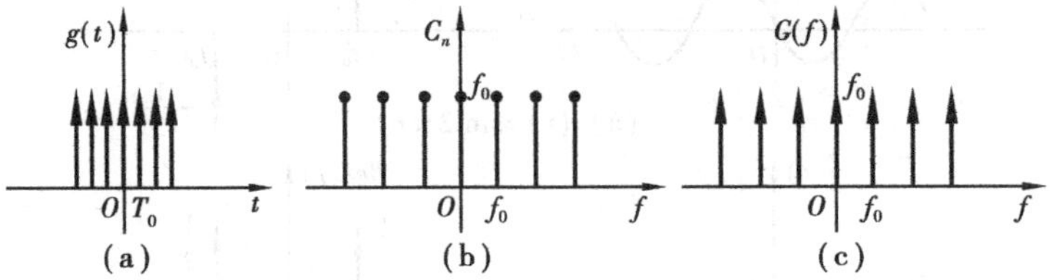

图 1.22　均匀冲击序列的频谱密度

1.5.3　随机信号的频谱

随机信号不能用确定的数学关系式来描述,也无法预测其未来某一时刻的精确值。对于随机信号,每一次观测结果都不一样,每一次观测结果都只是许多可能产生的结果中的一种,但是其观测值的变动服从统计规律,必须用概率和统计的方法来描述。如果某随机信号是各态历经随机信号,则该随机信号的统计特征参数主要有均值、均方值、均方根值、方差及概率密度函数。也可利用相关函数对各态历经随机信号进行描述。如要从频率域对各态历经随机信号进行描述,则可用自功率谱密度函数、互谱密度函数和相干函数。

(1)随机信号的自功率谱密度函数

设$x(t)$为一个均值为零的随机信号,由于随机信号的持续期为无限长,不满足绝对可积与能量有限条件。因此,它的傅里叶变换不存在。但是,随机信号的平均功率却是有限的,即有

$$p_x = \lim_{T\to\infty}\frac{1}{T}\int_{-\infty}^{\infty} x^2(t)\,\mathrm{d}t < \infty \tag{1.77}$$

因此,可研究随机信号的功率谱。

为了将傅里叶变换方法应用于随机信号,必须对随机信号做某些限制。最简单的一种方法是先对随机信号进行截断,再进行傅里叶变换,这种方法称为随机信号的有限傅里叶变换。

设$x(t)$为任一随机信号,如图 1.23 所示。现任意截取其中长度为T(T为有限值)的一段信号,记为$x_T(t)$,称作$x(t)$的截取信号,即

$$x_{\mathrm{T}}(t) = \begin{cases} x(t) & |t| < \dfrac{T}{2} \\ 0 & |t| \geqslant \dfrac{T}{2} \end{cases}$$

随机信号$x(t)$的截取信号$x_{\mathrm{T}}(t)$满足绝对可积条件,$x_{\mathrm{T}}(t)$的傅里叶变换存在,有

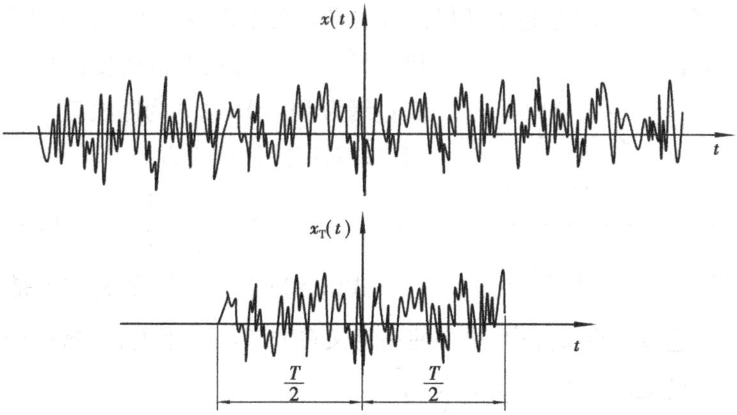

图 1.23　随机信号及其截断

$$X_T(f)=\int_{-\infty}^{\infty}x_T(t)e^{-j2\pi ft}dt=\int_{-\frac{T}{2}}^{\frac{T}{2}}x_T(t)e^{-j2\pi ft}dt \tag{1.78}$$

和

$$x_T(t)=\int_{-\infty}^{\infty}X_T(f)e^{j2\pi ft}df \tag{1.79}$$

随机信号 $x(t)$ 在时间区间$\left(-\frac{T}{2},\frac{T}{2}\right)$内的平均功率为

$$\frac{1}{T}\int_{-\frac{T}{2}}^{\frac{T}{2}}x^2(t)dt=\frac{1}{T}\int_{-\frac{T}{2}}^{\frac{T}{2}}x_T^2(t)dt=\frac{1}{T}\int_{-\frac{T}{2}}^{\frac{T}{2}}x_T(t)\left[\int_{-\infty}^{\infty}X_T(f)e^{j2\pi ft}df\right]dt$$

$$=\frac{1}{T}\int_{-\infty}^{\infty}X_T(f)\left[\int_{-\frac{T}{2}}^{\frac{T}{2}}x_T(t)e^{j2\pi ft}dt\right]df$$

$$=\frac{1}{T}\int_{-\infty}^{\infty}X_T(f)\cdot X_T(-f)df$$

因为 $x(t)$ 为实函数,则 $X_T(-f)=\overline{X_T(f)}$,所以

$$\frac{1}{T}\int_{-\frac{T}{2}}^{\frac{T}{2}}x^2(t)dt=\frac{1}{T}\int_{-\infty}^{\infty}X_T(f)\cdot\overline{X_T(f)}df=\frac{1}{T}\int_{-\infty}^{\infty}|X_T(f)|^2df \tag{1.80}$$

令 $T\to\infty$,对式(1.80)两边取极限,便可得到随机信号的平均功率

$$P_x=\lim_{T\to\infty}\frac{1}{T}\int_{-\infty}^{\infty}x^2(t)dt=\lim_{T\to\infty}\frac{1}{T}\int_{-\infty}^{\infty}|X_T(f)|^2df \tag{1.81}$$

令

$$S_x(f)=\lim_{T\to\infty}\frac{1}{T}|X_T(f)|^2 \tag{1.82}$$

则

$$P_x=\int_{-\infty}^{+\infty}S_x(f)df \tag{1.83}$$

由式(1.83)可看出,$S_x(f)$描述了随机信号的平均功率在各个不同频率上的分布,称为随机信号 $x(t)$ 的自功率谱密度函数,简称自谱密度。其量纲为 EU^2/Hz,EU 为随机信号的工程单位。式(1.82)对应的估计式为

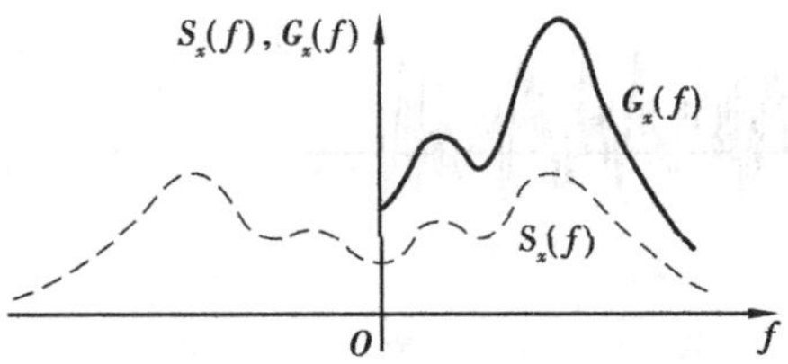

图 1.24　单边与双边自功率谱密度

$$\hat{S}_x(f) = \frac{1}{T} \left| X_T(f) \right|^2 \tag{1.84}$$

式(1.82)中自谱密度 $S_x(f)$ 是定义在所有频率域上,一般称为双边谱。在实际中,更多使用定义在非负频率上的谱,这种谱称为单边自功率谱密度函数 $G_x(f)$(见图 1.24)。其定义为

$$G_x(f) = \begin{cases} 2S_x(f) & f \geqslant 0 \\ 0 & f < 0 \end{cases} \tag{1.85}$$

(2)两随机信号的互谱密度函数

与定义自功率谱密度函数一样,可用两个随机信号 $x(t)$ 和 $y(t)$ 的有限傅里叶变换来定义 $x(t)$ 和 $y(t)$ 的互谱密度函数 $S_{xy}(f)$,即

$$S_{xy}(f) = \lim_{T \to \infty} \frac{1}{T} \overline{X_T(f)} \cdot Y_T(f) \tag{1.86}$$

实际分析中是采用估计式

$$\hat{S}_{xy}(f) = \frac{1}{T} \overline{X_T(f)} \cdot Y_T(f) \tag{1.87}$$

进行近似计算。

$S_{xy}(f)$为双边谱,其对应的单边谱 $G_{xy}(f)$定义为

$$G_{xy}(f) = \begin{cases} 2S_{xy}(f) & f \geqslant 0 \\ 0 & f < 0 \end{cases} \tag{1.88}$$

互谱密度函数是一个复数,常用实部和虚部来表示,即

$$G_{xy}(f) = C_{xy}(f) + jQ_{xy}(f) \tag{1.89}$$

在实际中,常用互谱密度函数的幅值和相位来表示,即

$$G_{xy}(f) = \left| G_{xy}(f) \right| e^{j\theta_{xy}(f)} \tag{1.90}$$

$$\left| G_{xy}(f) \right| = \sqrt{C_{xy}^2(f) + Q_{xy}^2(f)} \tag{1.91}$$

$$\theta_{xy}(f) = \arctan \frac{Q_{xy}(f)}{C_{xy}(f)} \tag{1.92}$$

互谱密度函数表示出了两信号之间的幅值和相位关系。但是,互谱密度函数不像自谱密度函数那样具有功率的物理涵义,引入互谱这个概念是为了能在频率域描述两个平稳随机过程的相关性。在工程实际中,常利用测定线性系统的输出与输入的互谱密度函数来识别系统的动态特性。

(3) **相干函数与频率响应函数**

利用互谱密度函数可以定义相干函数 $\gamma_{xy}^2(f)$ 及系统的频率响应函数 $H(f)$，即

$$\gamma_{xy}^2(f)=\frac{|G_{xy}(f)|^2}{G_x(f)G_y(f)} \tag{1.93}$$

$$H(f)=\frac{G_{xy}(f)}{G_x(f)} \tag{1.94}$$

相干函数(coherence function)又称凝聚函数，是谱相关分析的重要参数，特别是在系统辨识中相干函数可判明输出 $y(t)$ 与输入 $x(t)$ 的关系。

相干函数 $\gamma_{xy}^2(f)$ 是一个无量纲函数，它的取值范围为[0,1]。当 $\gamma_{xy}^2(f)=0$ 时，表明 $y(t)$ 与 $x(t)$ 不相干，即输出 $y(t)$ 不是由输入 $x(t)$ 引起；当 $\gamma_{xy}^2(f)=1$ 时，说明 $y(t)$ 与 $x(t)$ 完全相干；当 $0<\gamma_{xy}^2(f)<1$ 时，有以下 3 种可能：

①测试中有外界噪声干扰。

②输出 $y(t)$ 是输入 $x(t)$ 和其他输入的综合输出。

③联系 $x(t)$ 和 $y(t)$ 的系统是非线性的。

频率响应函数 $H(f)$ 是由互谱与自谱的比值求得的。它是一个复矢量，保留了幅值大小与相位信息，描述了系统的频域特性。对 $H(f)$ 作傅里叶逆变换，即可求得系统时域特性的单位脉冲响应函数 $h(t)$。

(4) **巴塞伐尔定理**

假设

$$x(t)\xleftrightarrow{FT}X(f)$$

则有

$$\int_{-\infty}^{\infty}x^2(t)\,\mathrm{d}t=\int_{-\infty}^{\infty}|X(f)|^2\mathrm{d}f \tag{1.95}$$

式(1.95)即为巴塞伐尔定理，它表明信号在时域中计算的总能量等于其在频域中计算的总能量，故又被称为信号能量等式。$|X(f)|^2$ 被称为能量谱，它是沿频率轴的能量分布密度。

根据信号功率(或能量)在频域中的分布情况，随机过程可分为窄带随机、宽带随机和白噪声等类型。窄带随机过程的功率谱(或能量)集中于某一中心频率附近，宽带随机过程的能量则分布在较宽的频率上，白噪声过程的能量在所分析的频域内呈均匀分布状态。

1.6　信号的相关分析

在对随机信号的时域描述中，人们通常并不关心单个样本函数的波形或时域表达式，而是关心信号在不同时刻瞬时值的相互依从关系，即时域相关特性。单个信号的相关特性用自相关函数来描述，两个信号之间的时域相关特性则用互相关函数来描述。相关分析也可用于确定性信号的分析。

1.6.1 相关函数

(1)**信号的自相关函数 $R_x(\tau)$**

假如信号 $x(t)$ 是随机信号的一个样本记录,$x(t+\tau)$ 是 $x(t)$ 延时τ后的样本,则对于各态历经的随机过程,其自相关函数 $R_x(\tau)$ 可定义为

$$
\begin{aligned}
R_x(\tau) &= \lim_{T\to\infty}\frac{1}{T}\int_{-\frac{T}{2}}^{\frac{T}{2}} x(t)x(t-\tau)\,\mathrm{d}t \\
&= \lim_{T\to\infty}\frac{1}{T}\int_{-\frac{T}{2}}^{\frac{T}{2}} x(t)x(t+\tau)\,\mathrm{d}t
\end{aligned}
\tag{1.96}
$$

式中 T——样本记录时间,即观测时间。

根据自相关函数的定义,可得出自相关函数的几个重要性质。

①自相关函数是 τ 的偶函数,即

$$R_x(\tau) = R_x(-\tau) \tag{1.97}$$

②自相关函数在$\tau=0$ 时为最大值,并等于该信号的均方值 ψ_x^2。

③周期信号的自相关函数仍然是同频率的周期信号,并保留了原信号的幅值信息,但不具有原信号的相位信息。

④随机信号的自相关函数将随 $|\tau|$ 值增大而很快衰减。当随机信号的均值为零时,$R_x(\tau)$ 将衰减至零;当随机信号的均值为 μ_x 时,$R_x(\tau)$ 将衰减至 μ_x^2。

例 1.6 求正弦信号 $x(t)=A\sin(\omega_0 t+\varphi)$ 的自相关函数。

解 该正弦信号为一周期信号,周期 $T_0=2\pi/\omega_0$,即

$$
\begin{aligned}
R_x(\tau) &= \frac{1}{T}\int_{-\frac{T}{2}}^{\frac{T}{2}} x(t)x(t-\tau)\,\mathrm{d}t \\
&= \frac{1}{T_0}\int_{-\frac{T_0}{2}}^{\frac{T_0}{2}} A^2\sin(\omega_0 t+\varphi)\sin\left[\omega_0(t-\tau)+\varphi\right]\mathrm{d}t
\end{aligned}
$$

根据三角公式

$$\sin\alpha\sin\beta = \frac{1}{2}\cos(\alpha-\beta) - \frac{1}{2}\cos(\alpha+\beta)$$

所以

$$R_x(\tau) = \frac{A^2}{2T_0}\int_{-\frac{T_0}{2}}^{\frac{T_0}{2}}\left[\cos(\omega_0\tau) - \cos(2\omega_0 t - \omega_0\tau + 2\varphi)\right]\mathrm{d}t$$

又因为

$$\int_{-\frac{T_0}{2}}^{\frac{T_0}{2}}\cos(2\omega_0 t - \omega_0\tau + 2\varphi)\,\mathrm{d}t = 0$$

故

$$R_x(\tau)=\frac{A^2}{2T_0}\int_{-\frac{T_0}{2}}^{\frac{T_0}{2}}\cos(\omega_0\tau)\,\mathrm{d}t=\frac{A^2}{2}\cos(\omega_0\tau)$$

可见正弦函数的自相关函数是一个余弦函数,在 $\tau=0$ 处具有最大值。它保留了原正弦信号的幅值信息和频率信息,但丢失了原正弦信号的初始相位信息。

图 1.25 是 4 种典型信号的自相关函数,可以看出自相关函数是区别信号类型的一个非常有效的手段,只要信号中含有周期成分,其自相关函数在 τ 很大时都不衰减,并具有明显的周期性。不包含周期成分的随机信号,当 τ 稍大时其自相关函数就将趋于零。宽带随机噪声的自相关函数很快衰减到零,窄带随机噪声的自相关函数则有较慢的衰减特性。

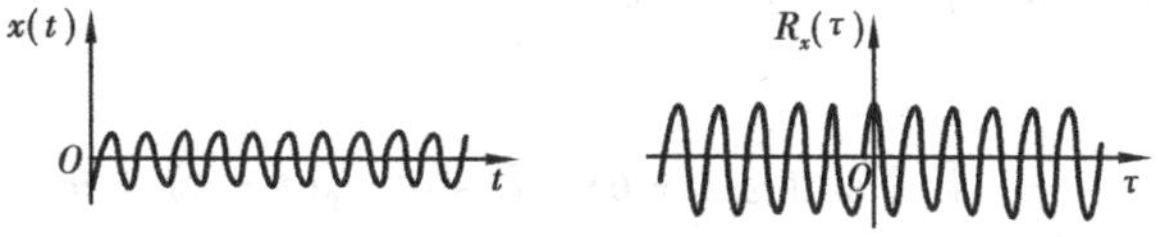

(a)正弦信号

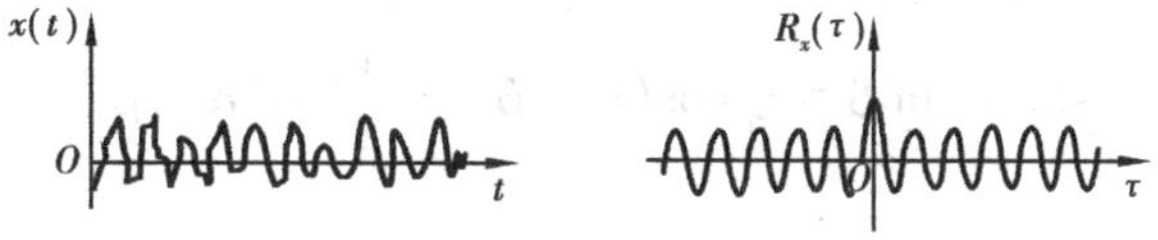

(b)随机信号+正弦信号

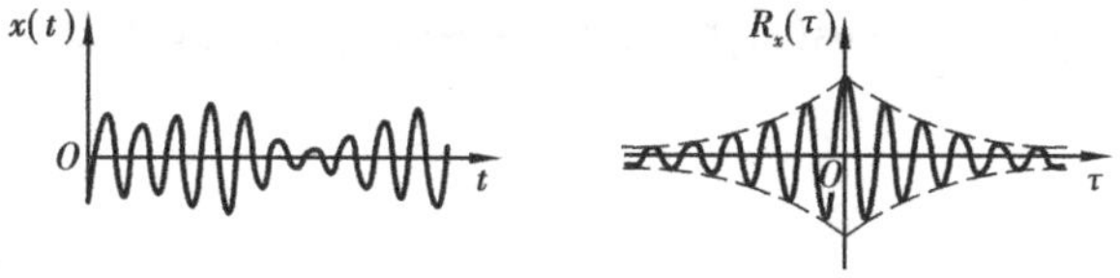

(c)宽带随机信号

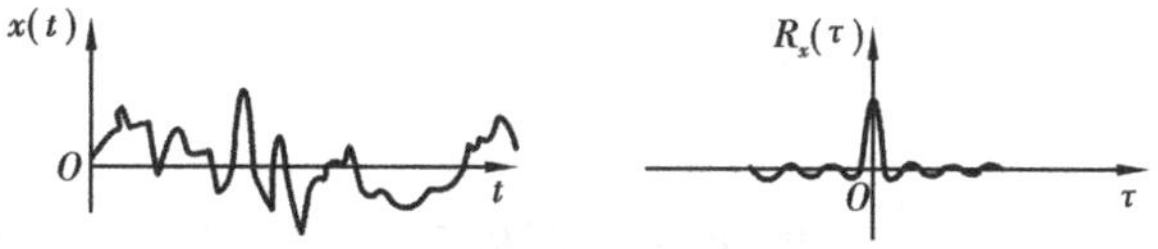

(d)窄带随机信号

图 1.25　4 种典型信号的自相关函数图形

(2)**信号的互相关函数** $R_{xy}(\tau)$

两个各态历经随机信号 $x(t)$ 和 $y(t)$ 的互相关函数 $R_{xy}(\tau)$ 定义为

$$\begin{aligned}R_{xy}(\tau)&=\lim_{T\to\infty}\frac{1}{T}\int_{-\frac{T}{2}}^{\frac{T}{2}}y(t)x(t-\tau)\,\mathrm{d}t\\&=\lim_{T\to\infty}\frac{1}{T}\int_{-\frac{T}{2}}^{\frac{T}{2}}y(t+\tau)x(t)\,\mathrm{d}t\end{aligned}\tag{1.98}$$

互相关函数有以下一些性质:

①互相关函数为非奇非偶函数,但满足下式

$$R_{xy}(-\tau)=R_{yx}(\tau)\tag{1.99}$$

②两周期信号的互相关函数仍然是同频率的周期信号，且保留了原信号的相位差信息和幅值信息。

③两个非同频的周期信号互不相关。

例 1.7 设有两个周期信号 $x(t)$ 和 $y(t)$

$$x(t)=A\sin(\omega_0 t+\theta) \qquad y(t)=B\sin(\omega_0 t+\theta-\varphi)$$

式中，θ 为 $x(t)$ 相对于 $t=0$ 时刻的相位角；φ 为 $x(t)$ 与 $y(t)$ 的相位差。试求其互相关函数 $R_{xy}(\tau)$。

解 因为两信号是同频率的周期函数，其周期为 $T_0=2\pi/\omega_0$，则

$$R_{xy}(\tau)=\frac{1}{T}\int_{-\frac{T}{2}}^{\frac{T}{2}}x(t)y(t+\tau)\mathrm{d}t$$

$$=\frac{1}{T_0}\int_{-\frac{T_0}{2}}^{\frac{T_0}{2}}A\sin(\omega_0 t+\theta)\cdot B\sin[\omega_0(t+\tau)+\theta-\varphi]\mathrm{d}t$$

根据三角公式

$$\sin\alpha\sin\beta=\frac{1}{2}\cos(\alpha-\beta)-\frac{1}{2}\cos(\alpha+\beta)$$

所以

$$R_{xy}(\tau)=\frac{AB}{2T_0}\int_{-\frac{T_0}{2}}^{\frac{T_0}{2}}[\cos(\omega_0\tau-\varphi)-\cos(2\omega_0 t+\omega_0\tau+2\theta-\varphi)]\mathrm{d}t$$

又因为

$$\int_{-\frac{T_0}{2}}^{\frac{T_0}{2}}\cos(2\omega_0 t+\omega_0\tau+2\theta-\varphi)\,\mathrm{d}t=0$$

所以最后求得

$$R_{xy}(\tau)=\frac{AB}{2T_0}\int_{-\frac{T_0}{2}}^{\frac{T_0}{2}}\cos(\omega_0\tau-\varphi)\mathrm{d}t=\frac{1}{2}AB\cos(\omega_0\tau-\varphi)$$

由例 1.7 可见，两个均值为零且有相同频率的周期信号，其互相关函数中保留了这两个信号的圆频率 ω_0、对应的幅值 A 和 B 以及相位差值 φ 的信息。

例 1.8 若两个周期信号 $x(t)$ 和 $y(t)$ 的圆频率不等

$$x(t)=A\sin(\omega_1 t+\theta) \qquad y(t)=B\sin(\omega_2 t+\theta-\varphi)$$

试求其互相关函数。

解 因为两信号的圆频率不等($\omega_1\neq\omega_2$)，不具有共同的周期，因此，按式(1.98)计算

$$R_{xy}(\tau)=\lim_{T\to\infty}\frac{1}{T}\int_{-\frac{T}{2}}^{\frac{T}{2}}x(t)y(t+\tau)\,\mathrm{d}t$$

$$=\lim_{T\to\infty}\frac{AB}{T}\int_{-\frac{T}{2}}^{\frac{T}{2}}\sin(\omega_1 t+\theta)\sin[\omega_2(t+\tau)+\theta-\varphi]\mathrm{d}t$$

$$=0$$

由此可见，两个非同频率的周期信号是不相关的。

1.6.2　相关函数的工程意义及应用

(1)利用自相关函数检测淹没在随机信号中的周期信号

自相关函数可用来检测淹没在随机信号中的周期分量。这是因为随机信号的自相关函数当 $\tau\to\infty$ 时趋于零或某一常值(μ_x^2)，而周期成分的自相关函数可保持原有的幅值与频率等周期性质。

(2)利用自相关函数区分不同类别的信号

工程中常会遇到各种不同类别的信号，这些信号的类别从时域波形往往难以辨别，利用自相关函数则可以十分简单地加以识别，如图 1.25 所示。

利用信号的自相关函数区分其类别，在工程应用中有着重要的意义。例如，利用某一零件被切削加工表面的粗糙度波形的自相关函数可识别导致这种粗糙度的原因中是否有某种周期性的因素，从中可查出产生这种周期因素的振动源所在，改善加工质量。

(3)利用互相关函数测速和测距

实例 1：测运动速度。

如图 1.26(a)为非接触测量高速运行弹丸运动的示意图。测试系统由性能相同的两个光源以及光电元件、可调延时器及相关仪器组成。

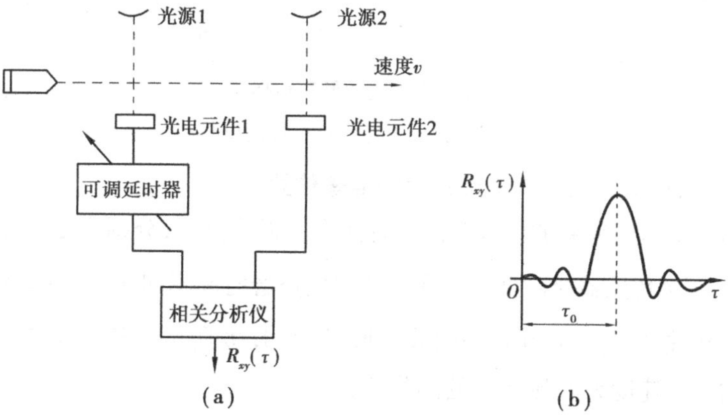

图 1.26　相关法测弹丸飞行速度

当弹丸分别通过两光电元件时，光源被挡，光电元件产生电信号，经可调延时进行互相关处理。当可调延时 τ 等于弹丸在两个测点之间经过所需的时间 τ_0 时，互相关函数为最大值(见图 1.26(b))，则弹丸飞行速度为

$$v=\frac{d}{\tau_0}$$

式中　d——两光源之间的距离；

　　τ_0——互相关函数出现最大值时的延时。

实例 2:测量声音传播的距离及材料音响特性。

利用互相关函数测量声音传播的距离及材料音响特性的原理如图 1.27 所示。图 1.27(a)中,扬声器为声源,记录的信号为 $x(t)$,麦克风为声音接收器,记录的信号为 $y(t)$。信号 $y(t)$ 包括 3 部分:第一部分来源于从扬声器经直线距离 A 直接传过来的声波信号;第二部分是被试验材料反射后经线路 B 传播的声波;第三部分是经室壁即线路 C 反射传到麦克风的信号。对 $x(t)$ 和 $y(t)$ 所作的互相关运算所得的结果 $R_{xy}(\tau)$ 曲线将出现 3 个峰值。假设声音传播速度为 v,则第一个峰值出现在 $t_A=A/v$ 处,第二个峰值出现在 $t_B=B/v$ 处,第三个峰值出现在 $t_C=C/v$ 处。由此可由 t_B 及其峰值幅度测出被试验材料的位置及其音响特性;反过来,在已知声音传播距离的条件下,也可测定声音传播的速度。这种方法常用来识别振动源或振动传播的途径,也可用于测定运动物体的速度。

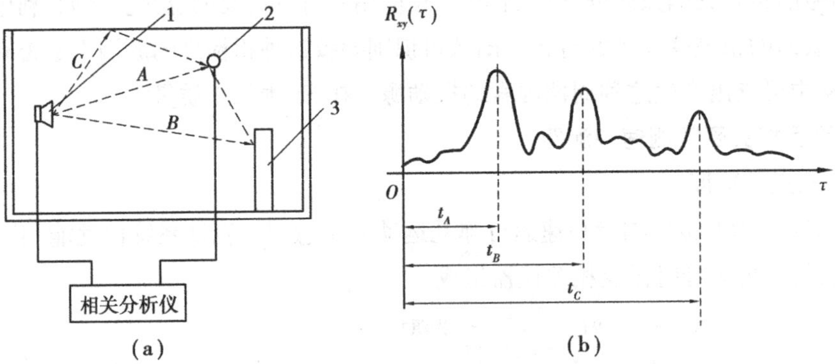

图 1.27　相关法测量声传播距离

1—扬声器;2—麦克风;3—被测试材料

(4)利用互相关函数检测地下输油管道的泄露位置

在地下输油管道可能泄露的位置两侧放置两个声强检测器,分别为传感器 1 和传感器 2,如图 1.28 所示。两个传感器接收到从泄露点传来的声音时间不同,时差为 τ,将两个传感器拾取的信号进行互相关处理,得到互相关函数图形,如图 1.28 所示。其中,τ 就为时间差。假设声音在管道中的传播速度为 v,则泄露处的位置为

$$S=\frac{v\tau}{2}$$

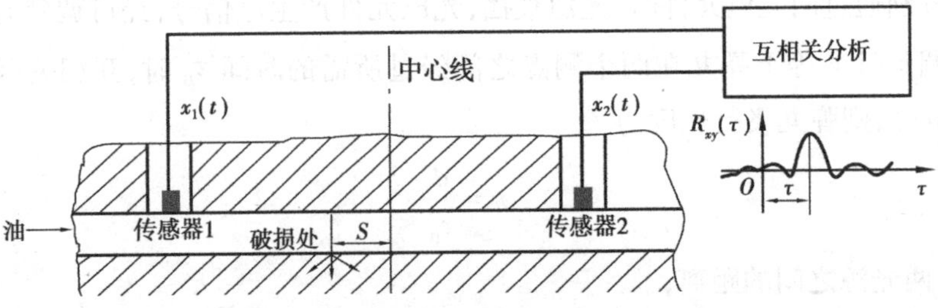

图 1.28　相关性确定地下输油管道泄露位置

1.6.3　随机信号的相关函数与其频谱的关系

对于平稳随机信号，自相关函数 $R_x(\tau)$ 是时域描述的重要统计特征，而自功率谱密度函数 $S_x(f)$ 则是频域描述的重要统计特征，可证明 $R_x(\tau)$ 与 $S_x(f)$ 有着密切的关系。自相关函数 $R_x(\tau)$ 与自功率谱密度函数 $S_x(f)$ 是一对傅里叶变换对，即

正变换

$$S_x(f)=\int_{-\infty}^{+\infty}R_x(\tau)\,\mathrm{e}^{-\mathrm{j}2\pi f\tau}\mathrm{d}\tau \tag{1.100}$$

逆变换

$$R_x(\tau)=\int_{-\infty}^{+\infty}S_x(f)\,\mathrm{e}^{\mathrm{j}2\pi f\tau}\mathrm{d}f \tag{1.101}$$

式(1.100)和式(1.101)组成的傅里叶变换对被称为维纳-辛钦(Wiener-Хинчин)定理，维纳-辛钦定理揭示了平稳随机信号时域统计特征与其频域统计特征之间的内在联系，是分析随机信号的重要公式。由于 $S_x(f)$ 和 $R_x(\tau)$ 之间是傅里叶变换对的关系，两者唯一对应，$S_x(f)$ 中包含着 $R_x(\tau)$ 的全部信息。因为 $R_x(\tau)$ 为实偶函数，$S_x(f)$ 也为实偶函数。

例 1.9　已知，有限带宽白噪声信号的自功率谱密度函数

$$S_x(f)=\begin{cases}N_0 & -B\leqslant f\leqslant B\\ 0 & \text{其他}\end{cases}$$

试求其自相关函数。

解　根据维纳-辛钦定理，自相关函数与自功率谱密度函数互为傅里叶变换，故有

$$R_x(\tau)=\int_{-\infty}^{\infty}S_x(f)\,\mathrm{e}^{\mathrm{j}2\pi f\tau}\mathrm{d}f=\int_{-B}^{B}N_0\mathrm{e}^{\mathrm{j}2\pi f\tau}\mathrm{d}f=2N_0B\,\frac{\sin(2\pi B\,\tau)}{2\pi B\,\tau}=2N_0B\,\sin c(2\pi B\,\tau)$$

可知，限带白噪声的自相关函数是一个 $\sin c(\tau)$ 型函数。此例也可说明，随机信号的自相关函数在 $\tau=0$ 点附近有较大值，随 $|\tau|$ 值增大，$R_x(\tau)$ 衰减为零。

互谱密度函数 $S_{xy}(f)$ 和互相关函数 $R_{xy}(\tau)$ 也构成一对傅里叶变换对，即

$$S_{xy}(f)=\int_{-\infty}^{+\infty}R_{xy}(\tau)\,\mathrm{e}^{-\mathrm{j}2\pi f\tau}\mathrm{d}\tau \tag{1.102}$$

$$R_{xy}(\tau)=\int_{-\infty}^{+\infty}S_{xy}(f)\,\mathrm{e}^{\mathrm{j}2\pi f\tau}\mathrm{d}f \tag{1.103}$$

式中

$$S_{xy}(f)=\overline{X(f)}Y(f)$$

1.7 卷 积

卷积(Convolution)是一种运算方法,它不仅是分析线性系统的重要工具,而且在计算离散傅里叶变换,导出许多重要的有关信号和系统的性质以及数字滤波等方面也经常采用。

函数 $x(t)$ 与 $h(t)$ 的卷积定义为

$$y(t)=\int_{-\infty}^{\infty}x(\tau)h(t-\tau)\mathrm{d}\tau=x(t)*h(t) \tag{1.104}$$

或

$$y(t)=\int_{-\infty}^{\infty}h(\tau)x(t-\tau)\mathrm{d}\tau=h(t)*x(t) \tag{1.105}$$

利用卷积运算,可描述线性时不变系统的输出与输入的关系。在物理概念上是十分清楚的,即系统的输出 $y(t)$ 是任意输入 $x(t)$ 与系统脉冲响应函数 $h(t)$ 的卷积。

根据卷积的定义式(1.104),可给出两个信号 $x(t)$ 与 $h(t)$ 卷积的几何解释。先把两个信号的自变量变为τ,即两个信号变为 $x(\tau)$ 与 $h(\tau)$。任意给定某个 t_0,式(1.104)可有以下解释:

①将 $h(\tau)$ 关于 τ 进行反褶得到 $h(-\tau)$。

②再平移至 t_0 得到 $h(-(\tau-t_0))=h(t_0-\tau)$。

③与 $x(\tau)$ 相乘得到 $x(\tau)\cdot h(t_0-\tau)$。

④对 τ 进行积分得到 $\int_{-\infty}^{\infty}x(\tau)h(t_0-\tau)\mathrm{d}\tau$,这就是 $y(t_0)$。

⑤变化 t_0,就可得到 $y(t)$。

1.7.1 卷积积分的重要性质

卷积积分有下面一些重要的性质,掌握它们有助于简化系统的分析。

(1)卷积的代数运算

1)交换律

$$x_1(t)*x_2(t)=x_2(t)*x_1(t) \tag{1.106}$$

2)分配律

$$x_1(t)*[x_2(t)\pm x_3(t)]=x_1(t)*x_2(t)\pm x_1(t)*x_3(t) \tag{1.107}$$

3)结合律

$$[x_1(t)*x_2(t)]*x_3(t)=x_1(t)*[x_2(t)*x_3(t)] \tag{1.108}$$

(2)卷积的微分与积分

1)微分性

若对任一函数 $x(t)$ 有

$$x(t)=x_1(t)*x_2(t)=x_2(t)*x_1(t)$$

则

$$\frac{\mathrm{d}x(t)}{\mathrm{d}t}=\frac{\mathrm{d}x_1(t)}{\mathrm{d}t}*x_2(t)=x_1(t)*\frac{\mathrm{d}x_2(t)}{\mathrm{d}t} \tag{1.109}$$

2)积分性

若对任一函数 $x(t)$ 有

$$x(t)=x_1(t)*x_2(t)=x_2(t)*x_1(t)$$

则

$$\int_{-\infty}^{t}x(t)\,\mathrm{d}t=\left[\int_{-\infty}^{t}x_1(t)\,\mathrm{d}t\right]*x_2(t)=x_1(t)*\left[\int_{-\infty}^{t}x_2(t)\,\mathrm{d}t\right] \tag{1.110}$$

1.7.2　含有单位脉冲函数 $\delta(t)$ 的卷积

如图 1.29 所示,设

$$h(t)=\delta(t+T)+\delta(t-T)$$

$$x(t)=\begin{cases}A & 0\leqslant t\leqslant a\\0 & 其他\end{cases}$$

由式(1.105),可得

$$\begin{aligned}y(t)&=h(t)*x(t)\\&=\int_{-\infty}^{\infty}h(\tau)x(t-\tau)\,\mathrm{d}\tau\\&=\int_{-\infty}^{\infty}[\delta(\tau-T)+\delta(\tau+T)]x(t-\tau)\,\mathrm{d}\tau\end{aligned}$$

根据 δ 函数的积分筛选特性,得

$$y(t)=x(t-T)+x(t+T)$$

即

$$x(t)*[\delta(t+T)+\delta(t-T)]=x(t+T)+x(t-T) \tag{1.111}$$

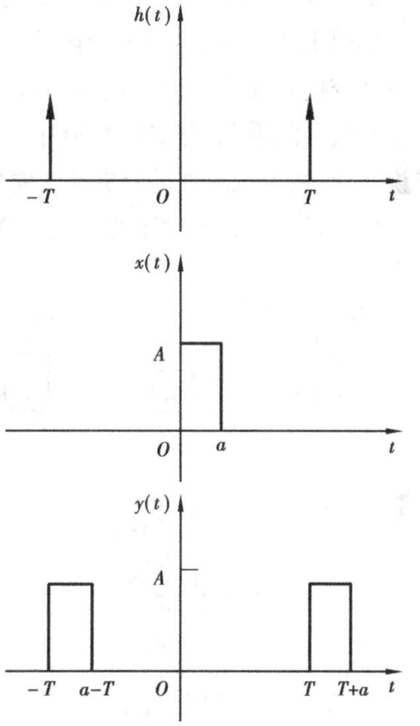

图 1.29　含有脉冲函数的卷积

可见,函数 $x(t)$ 与 δ 函数的卷积结果,就是在发生 δ 函数的坐标位置上(以此作为坐标原点)将 $x(t)$ 重新构图。

1.7.3　卷积定理

(1)时域卷积定理

如果

$$h(t)\xleftrightarrow{FT}H(f)$$

$$x(t)\xleftrightarrow{FT}X(f)$$

则

$$h(t)*x(t)\xleftrightarrow{FT}H(f)X(f) \tag{1.112}$$

证：

$$F[h(t)*x(t)]=\int_{-\infty}^{\infty}\left[\int_{-\infty}^{\infty}h(\tau)x(t-\tau)\mathrm{d}\tau\right]\mathrm{e}^{-\mathrm{j}2\pi ft}\mathrm{d}t$$
$$=\int_{-\infty}^{\infty}h(\tau)\left[\int_{-\infty}^{\infty}x(t-\tau)\mathrm{e}^{-\mathrm{j}2\pi ft}\mathrm{d}t\right]\mathrm{d}\tau$$
$$=\int_{-\infty}^{\infty}h(\tau)X(f)\mathrm{e}^{-\mathrm{j}2\pi f\tau}\mathrm{d}\tau$$
$$=X(f)H(f)$$

时域卷积定理说明两个时间函数卷积的频谱等于各个时间函数频谱的乘积，即在时域中两信号的卷积，等效于在频域中频谱相乘。

例 1.10 用时域卷积定理研究两个矩形脉冲信号 $h(t)$ 和 $x(t)$ 的卷积与傅里叶变换的关系。

如图 1.30 所示，两个矩形函数的卷积是如图 1.30(e)所示的三角形函数；单个矩形函数的傅里叶变换是如图 1.30(c)、(d)所示的 sin $c(t)$ 型函数。根据时域卷积定理：时域中的卷积对应于频域中的乘积，可知图 1.30 中三角形与[sin $c(t)$]^2 型函数是一个傅里叶变换对。此例可以说明，时域卷积定理是分析其他傅里叶变换对的一个方便的工具。

例 1.11 研究脉冲序列 $h(t)$ 与矩形脉冲 $x(t)$ 的卷积与傅里叶变换之间的关系，如图 1.31 所示。

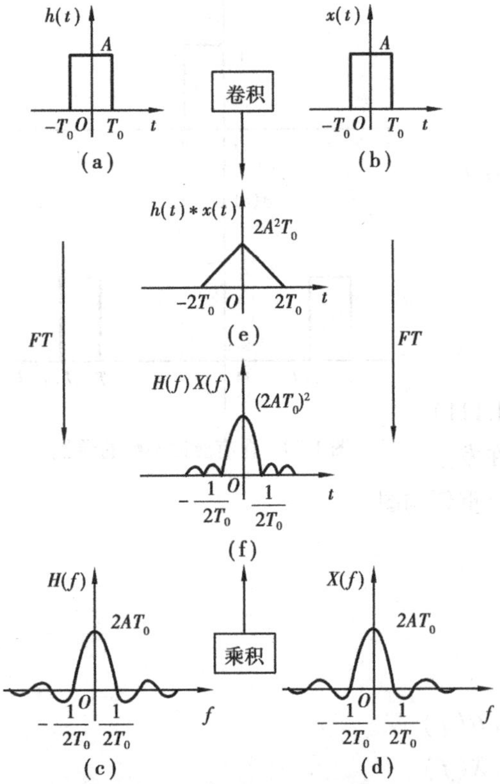

图 1.30 两矩形脉冲信号的卷积与傅里叶变换的关系

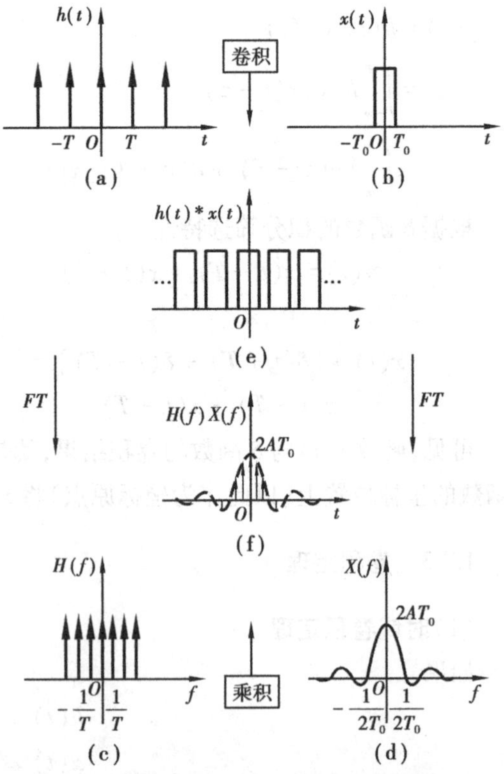

图 1.31 脉冲序列与矩形脉冲的卷积与傅里叶变换之间的关系

脉冲序列 $h(t)$ 与单个矩形脉冲的卷积为矩形脉冲序列，如图 1.30(e) 所示；脉冲序列 $h(t)$ 的傅里叶变换仍为脉冲序列，如图 1.30(c) 所示；矩形脉冲函数的傅里叶变换为 $\sin c(t)$ 型函数，如图 1.30(d) 所示；由时域卷积定理，时域卷积的傅里叶变换对应于频域乘积，故而矩形脉冲序列的傅里叶变换，是幅度被 $\sin c(t)$ 型函数所加权的脉冲序列，如图 1.30(f) 所示。

从以上两例分析中，可了解到信号的卷积与傅里叶变换之间的关系，并且也可知，非周期信号（如矩形脉冲、三角脉冲）的傅里叶变换是连续频谱，而周期信号（脉冲序列）的傅里叶变换是离散谱。

(2) **频域卷积定理**

如果

$$F[h(t)] = H(f), F[x(t)] = X(f)$$

则

$$F[h(t)x(t)] = H(f) * X(f) \tag{1.113}$$

频域卷积定理说明两时间函数的频谱的卷积等于时域两函数的乘积的傅里叶变换，即在时域中两信号的乘积等效于在频域中频谱的卷积。

例 1.12　利用频域卷积定理来研究余弦信号截断后的频谱，如图 1.32 所示。

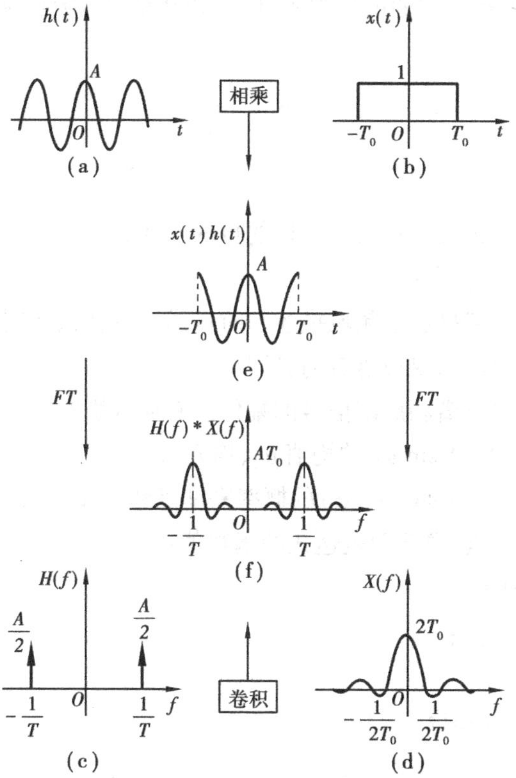

图 1.32　截断余弦信号的傅里叶变换

余弦信号 $h(t)$ 与矩形函数 $x(t)$ 相乘，得到余弦的截断信号，如图 1.32(e) 所示；余弦信号的傅里叶变换是 δ 函数，如图 1.32(c) 所示；矩形函数的傅里叶变换是 $\sin c(t)$ 型函数，如图

1.32(d)所示;$H(f)$与$X(f)$的卷积是 sin $c(t)$型函数被移至δ函数点重新构图,如图 1.32(f)所示,它是$h(t)$与$x(t)$乘积的傅里叶变换。

此例表明了无限长余弦信号的频域能量集中在$-1/T$与$1/T$点,而截断后的余弦信号的频域能量则在$-1/T$与$1/T$点附近分散。

1.7.4 卷积与相关之间的关系

卷积与相关之间的关系为

$$\begin{aligned} R_{yx}(\tau) &= \int_{-\infty}^{\infty} x(t)\,\overline{y(t-\tau)}\,\mathrm{d}t \\ &= \int_{-\infty}^{\infty} x(t)\,\overline{y(-(\tau-t))}\,\mathrm{d}t \\ &= \int_{-\infty}^{\infty} x(\tau)\,\overline{y(-(t-\tau))}\,\mathrm{d}\tau \\ &= x(t) * \overline{y(-t)} \end{aligned} \tag{1.114}$$

$$R_{xy}(\tau) = \overline{x(-t)} * y(t) \tag{1.115}$$

两式揭示了相关和卷积之间的内在关系,也为计算相关函数提供了一个方法。

习　题

1.1　信号与信息是什么关系?信号处理的目的是什么?

1.2　信号分类的方法有哪些?

1.3　什么是信号的频域描述?频域描述与时域描述有什么不同?

1.4　周期信号的单边谱与双边谱有何异同?

1.5　非周期信号的幅值谱和周期信号的幅值谱有何区别?

1.6　求正弦信号$x(t)=A\sin\omega t$的均值μ_x、均方值ψ_x^2。

1.7　求正弦信号$x(t)=A\sin(\omega t+\varphi)$的概率密度函数$p(x)$。

1.8　利用δ函数的性质,求下列表达式的函数值:

(1)$f(t)=\mathrm{e}^{-2t-1}\delta(t-0.5)$

(2)$f(t)=\int_{-\infty}^{\infty}\delta(t^2-9)\,\mathrm{d}t$

(3)$f(t)=\int_{-\infty}^{\infty}(2t^2+1)\delta(t-2)\,\mathrm{d}t$

(4)$f(t)=\int_{-\infty}^{\infty}(1+2\sin t)\delta\left(t-\frac{\pi}{6}\right)\mathrm{d}t$

1.9　求如图 1.33 所示周期性方波的复指数形式的幅值谱和相位谱。

1.10　设c_n为周期信号$x(t)$的傅里叶级数序列系数,证明傅里叶级数的时移特性。即

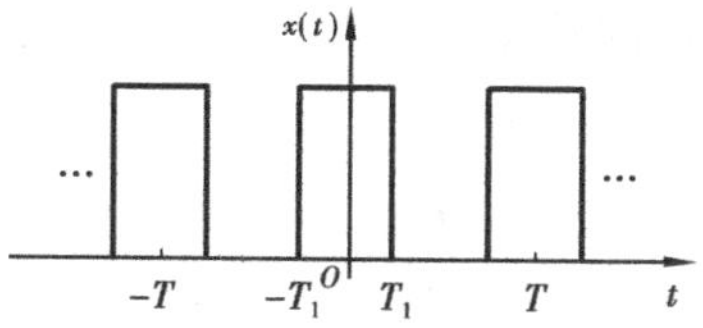

图 1.33

若有

$$x(t) \xleftrightarrow{FS} c_n$$

则

$$x(t \pm t_0) \xleftrightarrow{FS} e^{\pm j\omega_0 t_0} c_n$$

1.11　求周期性方波的(图 1.33)的幅值谱密度。

1.12　已知信号 $x(t)=4\cos\left(2\pi f_0 t-\dfrac{\pi}{4}\right)$，试计算并绘图表示。

(1)傅里叶级数三角函数展开的幅值谱、相位谱。

(2)傅里叶级数复指数展开的幅值谱、相位谱。

(3)幅值谱密度。

1.13　求指数衰减振荡信号 $x(t)=e^{-at}\sin\omega_0 t$ 的频谱($t>0$)。

1.14　设 $X(f)$ 为周期信号 $x(t)$ 的频谱，证明傅里叶变换的频移特性。即若

$$x(t) \xleftrightarrow{FT} X(f)$$

则

$$x(t)e^{\pm j2\pi f_0 t} \xleftrightarrow{FT} X(f \mp f_0)$$

1.15　求信号 $x(t)$ 的傅里叶变换，$x(t)=e^{-a|t|}$($a>0$)。

1.16　已知 $x(t)$ 的傅里叶变换为 $X(f)$，试求 $x(4-2t)$ 的傅里叶变换表达式。

1.17　已知信号 $x(t)$，试求信号 $x(0.5t)$，$x(2t)$ 的傅里叶变换。

$$x(t)=\begin{cases}1 & |t| < T_1 \\ 0 & |t| > T_1\end{cases}$$

1.18　已知如图 1.34 所示的信号 $x(t)$ 的时域波形及频谱 $X(f)$，试求函数

$$y(t)=x(t)[1+2\cos\omega_0 t]$$

的傅里叶变换 $Y(f)$，并画出其图形。

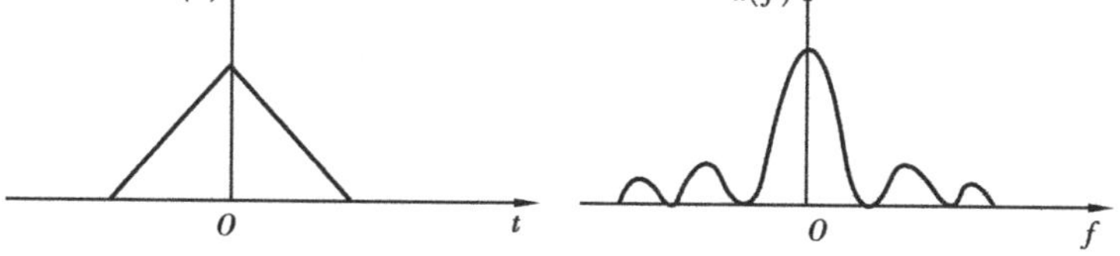

图 1.34

1.19　求如图 1.35 所示的三角调幅波的频谱。

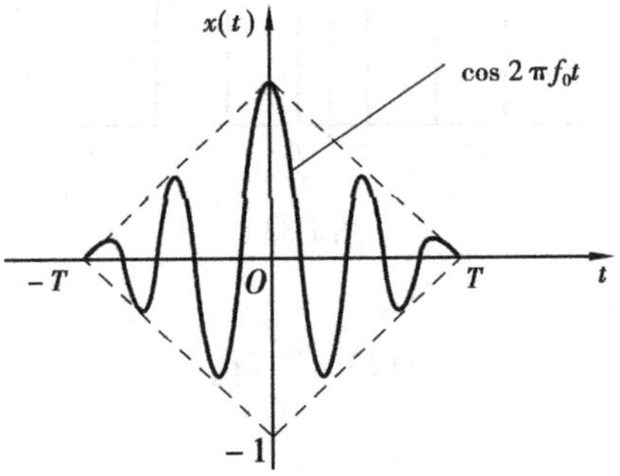

图 1.35

第2章 测试系统及其基本特性

2.1 测试系统的组成

测试系统用于对研究对象进行具有试验性质的测量，以获取研究对象的有关信息。通常的测试，需要用试验装置使被测对象处于某种预定的状态下，将被测对象的内在联系充分地暴露出来以便进行有效的测量。然后通过传感器拾取被测对象所输出的特征信号并使其转换成适于测量的物理量或电信号，再经后续电路和仪器进行传输、变换、放大、运算等使之成为易于处理和记录的信号。这些变换器件和仪器，总称为测量装置。经测量装置输出的信号需要进一步由数据处理装置进行数据处理，以排除干扰、估计数据的可靠性以及抽取信号中各种特征信息等，最后将测试、分析处理的结果记录或显示，得到所需要的信息。一般的测试系统由被测对象、试验装置、测量装置、数据处理装置及显示记录装置组成。如图 2.1 所示为测试系统的基本构成。

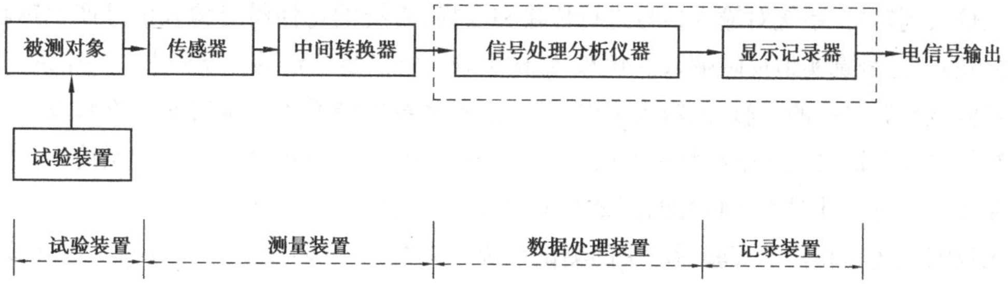

图 2.1　测试系统的基本构成框图

由于测试对象、测试目的和具体要求的不同，实际的测试系统可能会有很大的差异，有的测试系统可以很简单，有的测试系统也可能相当复杂。例如，温度测试系统可由被测对象和一个液柱式温度计构成,也可以组成复杂的自动测温系统,如热电偶或热电阻测温系统。图 2.1 所给出的一般测试系统中的各个装置,各自具有独立的功能,是构成测试系统的子系统。信号从发生到分析的结果显示,流经各子系统并受子系统特性的影响而发生改变。研究测试系统的基本特性,可以是测试系统中的某个子系统,甚至是子系统中的某个组成环节的基本特性。例如,测量装置或测量装置的组成部分如传感器、放大器、中间变换器、电器元件、芯片、集成电路等,都可视为研究对象。因此,在研究测试系统的基本特性时,测试系统的概念是广义的,在信号流传输通道中,任意连接输入、输出并有特定测试功能的部分,均可视为测试系统。

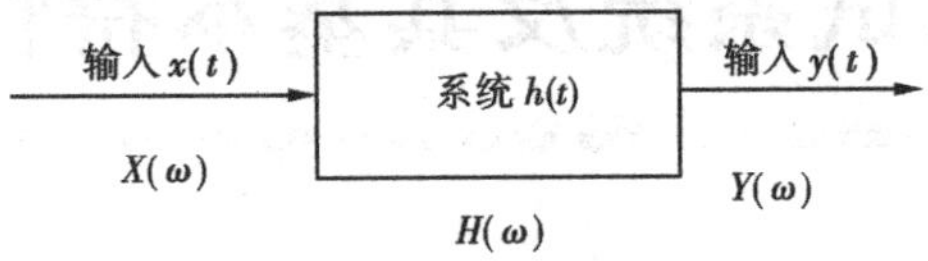

图 2.2　测试系统及其输入、输出

基于广义测试系统的观点,测试系统是连接输入、输出的某个功能块,尽管测试系统的组成各不相同,但总可将其抽象和简化。如果把功能块简化为一个方框表示测试系统,并用 $x(t)$ 表示输入量,用 $y(t)$ 表示输出量,用 $h(t)$ 表示系统的传递特性,则输入、输出和测试系统之间的关系如图 2.2 所示。

$x(t)$,$y(t)$ 和 $h(t)$ 是 3 个彼此具有确定关系的量。当已知其中任何两个量,便可推断或估计第三个量,这便构成了工程测试中需要解决的 3 个方面的实际问题。

①系统辨识。已知激励、响应,求系统的动态特性(传递函数),用以验证系统特性的数学模型。在工程模型试验方面,可进行产品的动态设计、结构参数设计和模型特征参数的研究等。

②载荷识别。已知系统的特性(传递函数)和响应(输出),求激励(输入),用以研究载荷或载荷谱。某些工程系统(如火箭、车辆、井下钻具等)的载荷(如阻力、风浪等)很难直接测得,设计这些系统时往往凭经验和假设,因此误差较大。采用参数识别的方法能准确地求得载荷。为此目的组成的测试系统称为载荷识别系统,它为产品的优化设计提供了依据。

③响应预测。由已知的测量系统对被测系统的响应进行测量分析(即数据采集分析系统)。被测量可以是电量,也可以是非电量。该系统的功用是测量响应的大小、频率结构和能量分布等。也可用于计量、系统监测以及故障诊断等。

从输入到输出,系统对输入信号进行传输和变换,系统的特性将对输入信号产生影响,因此,要使输出信号真实地反映输入的状态,测试系统必须满足一定的性能要求。一个理想的测试系统应该具有单一的、确定的输入输出关系,而且系统的特性不应随时间的推移发生改变。当系统的输入与输出之间呈线性关系时,分析处理最为简便,满足上述要求的系统,是线性时不变系统。具有线性时不变特性的测试系统为最佳测试系统。

工程测试实践和科学实验活动中的测试系统大多数属于线性时不变系统;一些非线性系统或时变系统,在限定的范围与指定的条件下,也遵从线性时不变的规律。线性时不变系统的分析方法已形成了完整的严密的体系,较为完善和成熟,而非线性系统与时变系统的研究还未能总结出令人满意的、具有普遍意义的分析方法。动态测试中,要作非线性校正还存在一定的困难。因此,本章讨论的是线性时不变系统。

2.2　测试系统的数学描述

描述测试系统通常是通过对测试系统的数学建模，利用测试系统的物理特性建立系统输入、输出的运动微分方程实现系统的数学描述。较复杂的系统，其数学模型可能是一个高阶微分方程，微分方程的阶数就是系统的阶数。下面通过对几个简单的测试系统的分析，说明测试系统的描述和系统输入、输出之间的联系。

图 2.3 是一个 RC 低通滤波系统，其输入电压为 $x(t)$，输出电压为 $y(t)$，根据电路电压平衡关系为

$$x(t) = R \cdot i(t) + y(t)$$

设流经电阻和电容的电流为 $i(t)$，则

$$i(t) = c\frac{\mathrm{d}y(t)}{\mathrm{d}t}$$

据此，可建立 $x(t)$ 和 $y(t)$ 之间的运动微分方程为

$$RC \cdot \frac{\mathrm{d}y(t)}{\mathrm{d}t} + y(t) = x(t)$$

这是一个一阶常系数线性微分方程，由于决定微分方程的系统结构参数 R、C 是不随时间改变的常数，系统的响应与激励施加于系统的时刻无关。因此，该微分方程描述的系统是一阶线性时不变系统。常见的一阶线性时不变系统还有忽略质量的弹簧阻尼系统、液柱式温度计测温系统等。

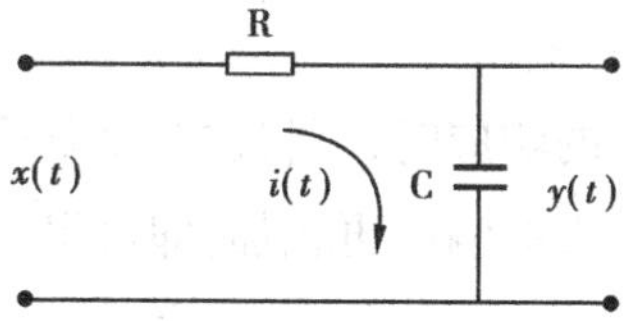

图 2.3　RC 低通滤波系统

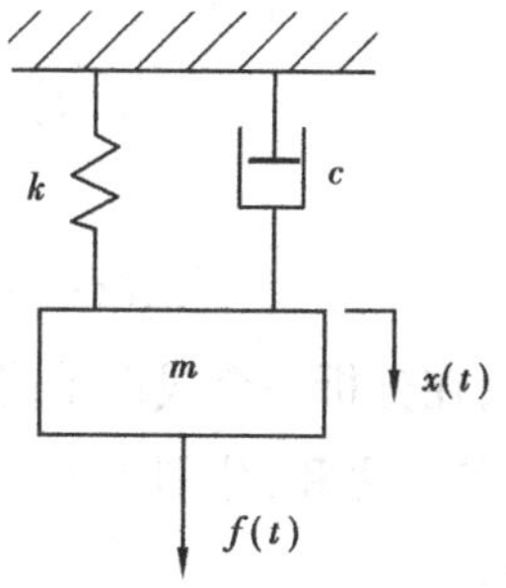

图 2.4　质量-弹簧-阻尼系统

如图 2.4 所示为一个质量-弹簧-阻尼系统。$f(t)$ 为作用在质量块上的力，是系统的输入；$x(t)$ 为质量块的位移，是系统的输出。对质量块进行受力分析，根据牛顿第二定律可得，系统的运动微分方程为

$$m\frac{\mathrm{d}^2x(t)}{\mathrm{d}t^2} + c\frac{\mathrm{d}x(t)}{\mathrm{d}t} + kx(t) = f(t)$$

式中　m——质量块的质量；

c——阻尼器的阻尼系数；

k——弹簧的刚度系数。

该运动微分方程为一个二阶常系数微分方程，所以该质量-弹簧-阻尼系统为一个二阶线性时不变系统。电工学中的 RLC 电路也是常见的二阶系统。

对于线性时不变系统，可用输入 $x(t)$、输出 $y(t)$ 之间的常系数线性微分方程来描述。其微分方程的一般形式为

$$a_n \frac{d^n y(t)}{dt^n} + a_{n-1} \frac{d^{n-1} y(t)}{dt^{n-1}} + \cdots + a_1 \frac{dy(t)}{dt} + a_0 y(t)$$

$$= b_m \frac{d^m x(t)}{dt^m} + b_{m-1} \frac{d^{m-1} x(t)}{dt^{m-1}} + \cdots + b_1 \frac{dx(t)}{dt} + b_0 x(t) \tag{2.1}$$

式中，$a_n, a_{n-1}, a_{n-2}, \cdots, a_0$ 和 $b_m, b_{m-1}, b_{m-2}, \cdots, b_0$ 是与测试系统的物理特性、结构参数和输入状态有关的常数；n 和 m 为正整数，表示微分的阶，一般 $n \geqslant m$，并称 n 值为线性系统的阶数。

2.3 线性系统的主要特性

对于式(2.1)所确定的线性时不变系统，用 $x(t) \to y(t)$ 表示输入为 $x(t)$，其对应的输出为 $y(t)$，则线性时不变系统具有以下主要特性：

(1)叠加性

叠加性指的是当有几个激励同时作用于线性系统时，系统的响应等于每个激励单独作用于线性系统的响应之和，即若

$$x_1(t) \to y_1(t), x_2(t) \to y_2(t)$$

则

$$[x_1(t) \pm x_2(t)] \to [y_1(t) \pm y_2(t)] \tag{2.2}$$

利用叠加性，在分析一个线性系统对较复杂的输入的响应时，可将这个复杂输入分解为一系列简单的输入信号之和，分别求出系统对这些简单输入的响应再相加，即可得到复杂输入下线性系统的响应。

(2)比例性

比例性指的是当线性系统的激励扩大 k 倍，其响应也扩大 k 倍，即若

$$x(t) \to y(t)$$

则

$$kx(t) \to ky(t) \tag{2.3}$$

式中　k——任意常数。

叠加性和比例性合起来被称为线性系统的线性性。

(3)**时不变特性**

时不变特性指的是线性系统的激励发生延时或超前，其响应也相应地延时或超前，并且波形保持为原响应的波形，即若

$$x(t) \to y(t)$$

则

$$x(t \pm t_0) \to y(t \pm t_0) \tag{2.4}$$

对于线性时不变系统，由于系统参数不随时间改变，因此，系统对输入的影响也不会随时间而改变。

(4)**微分特性**

线性系统对输入微分的响应，等同于对原响应的微分，即若

$$x(t) \to y(t)$$

则

$$\frac{\mathrm{d}x(t)}{\mathrm{d}t} \to \frac{\mathrm{d}y(t)}{\mathrm{d}t} \tag{2.5}$$

(5)**积分特性**

若线性系统初始状态为零，则对输入积分的响应等于对原响应的积分，即若

$$x(t) \to y(t)$$

则

$$\int_0^t x(t)\,\mathrm{d}t \to \int_0^t y(t)\,\mathrm{d}t \tag{2.6}$$

(6)**频率保持特性**

若线性系统的输入为某一频率的谐波信号，则其稳态输出将为同频率的谐波信号，即若

$$x(t) = \sum_{i=1}^{n} X_i \cdot \mathrm{e}^{\mathrm{j}\omega_i t}$$

则

$$y(t) = \sum_{i=1}^{n} Y_i \cdot \mathrm{e}^{\mathrm{j}(\omega_i t + \varphi_i)} \tag{2.7}$$

该性质说明，一个系统如果处于线性工作范围内，它的稳态输出将只有与输入信号同频率的谐波分量，但是各谐波分量的幅值和相位较之于输入信号有所改变。由此可由激励信号的频率，确定响应的频率成分。如果输入是单一频率的正弦信号，则线性系统的稳态输出一定是与输入信号同频率的正弦信号。若系统的输出信号中含有其他频率成分时，可认为是外界干扰的影响或系统内部的噪声等原因所致，应采用滤波等方法进行处理，予以排除。同样的道理，如果已知输入和输出信号的频率，则可根据两者频率的异同来推断系统是否具有线性特性。

线性系统的频率保持特性在测试工作中具有非常重要的作用。因为在实际测试中，测试得到的信号常常会受到其他信号或噪声的干扰，根据频率保持特性可认定测得的信号中只有

与输入信号相同的频率成分才是真正由输入引起的输出。同样,在故障诊断中,根据测试信号的主要频率成分,在排除干扰的基础上,依据频率保持特性推出输入信号也应包含该频率成分,通过寻找产生该频率成分的原因,就可诊断出故障的原因。

2.4 测试系统的静态特性

测试分为静态测试和动态测试。在测试过程中,如果被测量不随时间的改变而发生变化,或者虽随时间变化但变化缓慢以至可以忽略,称为静态测试;如果被测量随时间变化而变化较快,则称为动态测试。描述测试系统静态测试时输入、输出关系的方程、图形与特性参数等称为测试系统的静态传递特性,简称为测试系统的静态特性,测试系统的准确度在很大程度上与静态特性有关。描述测试系统动态测试时输入、输出关系的方程、图形与特性参数等称为测试系统的动态传递特性,简称测试系统的动态特性。

进行静态测试时,需要考虑测试系统的静态特性。测试系统最常用的静态特性有灵敏度、线性度、回程误差、分辨力、漂移、重复性、误差及精确度等。

2.4.1 静态传递方程与定度曲线

测试系统处于静态测量时,输入量和输出量不随时间而变化,因此,输入和输出的各阶导数均为零,式(2.1)将变为代数方程

$$y(t)=\frac{b_0}{a_0}x(t) \tag{2.8}$$

式(2.8)是常系数线性微分方程的特例,称为测试系统的静态传递方程,简称静态方程。描述静态方程的曲线称为测试系统的静态特性曲线或定度曲线。

通过标定,可赋予测试系统分度值并消除测试系统的系统误差,改善测试系统的精确度,进一步确定测试系统的静态特性指标,只有经过检测和标定过的测试系统的测量结果,才具有普遍的科学意义。

2.4.2 静态特性参数

(1)灵敏度

灵敏度是指测试系统在静态测量时,输出量的增量与输入量的增量之比的极限值(见图2.5),即

$$S=\lim_{\Delta x\to 0}\frac{\Delta y}{\Delta x}=\frac{\mathrm{d}y}{\mathrm{d}x} \tag{2.9}$$

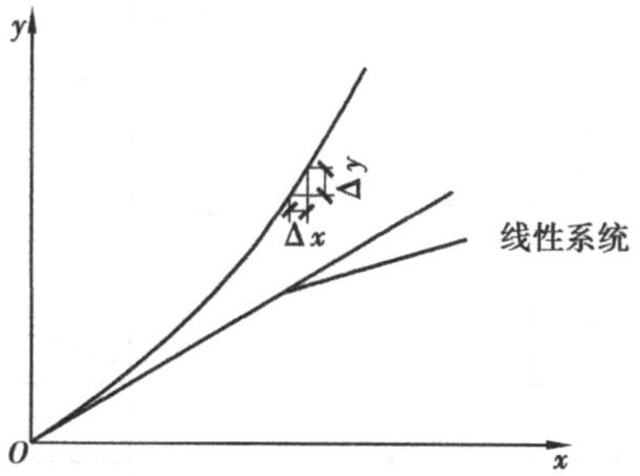

图 2.5　灵敏度

一般情况下，灵敏度 S 将随输入 x 的变化而改变，是系统输入- 输出特性曲线的斜率。反映测试系统对输入信号变化的敏感程度。若灵敏度越高，系统的稳定性越差，测量范围也越小。

对于线性系统，则

$$S = \frac{y}{x} = \frac{b_0}{a_0} = \tan\theta = \text{常数} \tag{2.10}$$

灵敏度的量纲由输出和输入的量纲决定。当测试系统的输出与输入的量纲相同时，灵敏度为无量纲的形式，习惯上常将这类灵敏度称为“增益”或“放大倍数”。

(2) **分辨力**

分辨力指的是测试系统能检测出来的输入量的最小变化量。通常用最小单位输出量所对应的输入量来表示。测试系统的分辨力越高，则它能检测出的输入量的最小变化量值越小。

(3) **线性度**

线性度是指测试系统输出、输入之间保持常值比例关系的程度。实际的测试系统输出与输入之间，并非是严格的线性关系。为了使用简便，约定用直线关系代替实际关系，即用某种拟合直线代替定度曲线(校准曲线或标定曲线)作为测试系统的静态特性曲线。定度曲线接近拟合直线的程度，称为测试系统的线性度。在系统标称输出范围内，以实际输出对拟合直线的最大偏差 ΔL_{max} 与满量程输出 A 的比值的百分率为线性度的指标，即

$$\text{线性度} = \pm \frac{\Delta L_{max}}{A} \times 100\% \tag{2.11}$$

拟合直线的确定方法常用以下两种：

1) 端基直线法

端基直线法也称两点连线法，是在测得的定度曲线上，把通过零点和满量程输出点的连线作为拟合直线，如图 2.6(a) 所示。这种方法简单，但由于与数据的分布无关，因此，拟合精度较低，主要用于描述以系统误差为主的系统。

2) 最小二乘法

最小二乘法的拟合直线通过坐标原点，使它与定度曲线输出量偏差的平方和为最小，这种方法计算复杂，但它保证了所有测量值最接近拟合直线、有很高的拟合精度，如图 2.6(b) 所示。

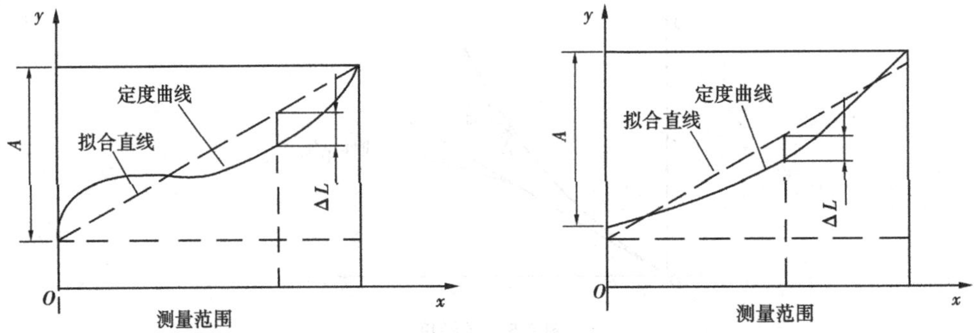

(a)端基线性度　　(b)最小二乘线性度

图 2.6　线性度

(4)**回程误差**

实际的测试系统,由于内部的弹性元件的弹性滞后、磁性元件的磁滞现象以及机械摩擦、材料受力变形、间隙等原因,使得相同的测试条件下,在输入量由小增大和由大减小的测试过程中,对应于同一输入量所得到的输出量往往存在差值,这种现象称为迟滞。对于测试系统的迟滞的程度,用回程误差来描述。定义测试系统的回程误差是在相同的测试条件下,全量程范围内的最大迟滞差值 h_{max} 与标称满量程输出 Y_{max} 的比值的百分率,(见图 2.7),则

$$回程误差 = \frac{h_{max}}{Y_{max}} \times 100\% \tag{2.12}$$

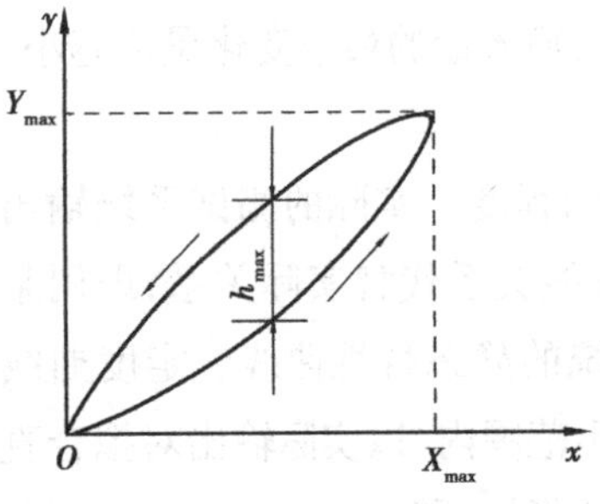

图 2.7　回程误差

(5)**稳定性**

稳定性指的是测试系统在一定的工作条件下,即使保持输入信号不变,其输出信号也可能随时间或温度的变化而发生缓慢变化的特性。测试系统的稳定性有两种指标:一是时间上的稳定性,以稳定度表示;二是测试仪器外部环境和工作条件变化所引起的示值的不稳定性,以各种影响系数表示。

1)稳定度

稳定度是指在规定的工作条件下,测试系统的某些性能随时间变化的程度。它是由测试系统内部存在的随机性变动、周期性变动和漂移等原因所引起的示值变化。一般用示值的波动范围与时间之比 δ_s 来表示。例如,示值的电压在 24 h 内的波动幅度为 2.1 mV,则系统的稳定度为

$$\delta_s = \frac{2.1\ \text{mV}}{24\ \text{h}}$$

2)环境影响

室温、大气压等外界环境的状态变化对测试系统示值的影响,以及电源电压、频率等工作条件的变化对示值的影响,用影响系数 β 表示。例如,周围介质温度变化所引起的示值的变化,可

用温度系数 β_t 表示；电源电压变化所引起的示值变化，可用电源电压系数 β_v（示值变化/电压变化率）表示。如某应变仪的指示应变在温度变化 1 ℃时，读数变化 0.015 με，则其温度系数为

$$\beta_t = 0.015\mu\varepsilon/℃$$

3）漂移与零漂

测试系统在正常使用的条件下，系统的输入量不发生任何变化，而系统的输出量在经过一段时间后却发生了改变，这种现象称为漂移，以输出量的变化表示。当输入量为零时，测试系统也有一定的输出，习惯上称这种现象为零漂。零漂中既含有直流成分，也含有交流成分，环境条件的影响较为突出，特别是湿度和温度的影响，其变化趋势较为缓慢。工程上常在零输入时，对漂移进行观测和度量。测量时，只需将输入端对地短接，再测量其输出，即可得到零漂值，并以此修正测试系统的输出零点，减小零漂对测试精度的影响。漂移主要由仪器的内部温度变化和元件的不稳定性引起。

（6）**精确度**

精确度是指测试系统的指示值与被测量值真值的符合程度。精确度是由非线性、迟滞、温度变化、漂移等一系列因素所导致的不确定度之和。

（7）**可靠性**

可靠性是指测试系统无故障工作时间的长短，特别要考虑到工作环境对测试系统的影响。

（8）**重复性**

重复性指的是测试系统在同一工作条件下，按同一方向进行全量程多次（3 次以上）测量时，对于同一个输入量其输出量的不一致程度，如图 2.8 所示。

重复性误差为随机误差，用正反行程中最大偏差 Δ_{max} 与满量程输出 Y_{max} 的比值的百分数表示，即

$$\eta = \frac{\Delta_{max}}{Y_{max}} \times 100\% \tag{2.13}$$

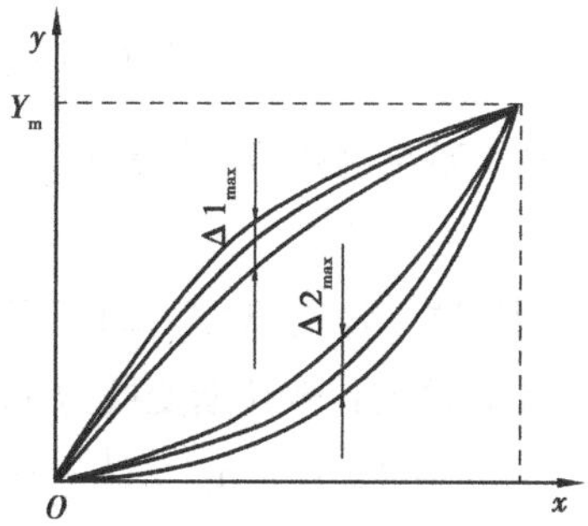

图 2.8　重复性特性曲线

2.4.3　静态参数的测定

测试系统的静态特性参数可通过实验方法测得。测试时，首先需要作出测试系统的静态特性曲线即定度曲线。在工程测试应用中，习惯上是通过所谓的静态标定来确定定度曲线：以比被标定系统准确度高的标准信号源或已知量加载于被标定系统，测得系统的激励-响应的量值关系并在直角坐标系中描绘其图形。一般应在全量程范围内，均匀地取 5 个以上的标定点，从 O 点开始先由低到高，再由高到低地逐次输入预定的标定值，记录被标定系统响应并绘出激励-响应的关系图，重复以上操作若干次并以其均值关系确定定度曲线。根据定度曲线，便可确定出测试系统的静态特性参数。

绘制定度曲线时需要注意的是：

①如果测试系统本身存在某些随机因素，则对于某一确定的输入值，其输出值是随机的，

则需要在相同的条件下多次重复测量,求出同一输入下输出的平均值。

②当测试系统存在迟滞时,正行程和反行程组成一个循环,需要在相同的条件下进行多次循环测量,求出平均值,由此得到正反行程的定度曲线。

2.5 测试系统的动态特性

被测物理量随时间变化的测量,称为动态测量。描述测试系统动态测量时输入与输出之间函数关系的方程、图形、参数,称为测试系统的动态传递特性。在进行动态测量时,要求测试系统能迅速准确地测出信号的大小以及真实地再现信号的波形变化。也就是要求测试系统在输入量发生变化时,其输出量能立即随之不失真地改变。测试系统的动态传递特性一般可从频率域和时间域来描述。从频率域描述系统的动态特性多采用频率响应函数,从时间域描述系统的动态特性则多用脉冲响应函数。

2.5.1 测试系统动态传递特性的频域描述

(1)传递函数

传递函数是在系统的初始条件为零的前提下,线性定常系统输出量的拉普拉斯变换与输入量的拉普拉斯变换之比,记为 $H(s)$。根据拉普拉斯变换的微分性质,如果以下拉普拉斯变换存在

$$L[f(t)] = \int_0^{\infty} f(t)\mathrm{e}^{-st}dt = F(s) \qquad s = \sigma + \mathrm{j}\omega \tag{2.14}$$

则当系统的初始条件为零时,有

$$L[f^{n}(t)] = s^{n}F(s) \tag{2.15}$$

利用这一性质,对式(2.1)两边作拉普拉斯变换,设输入量 $x(t)$ 的拉普拉斯变换为 $X(s)$,输出量 $y(t)$ 的拉普拉斯变换为 $Y(s)$,则

$$(a_n s^n + a_{n-1}s^{n-1} + \cdots + a_0)Y(s) = (b_m s^m + b_{m-1}s^{m-1} + \cdots + b_0)X(s)$$

可得线性定常系统的传递函数

$$H(s) = \frac{Y(s)}{X(s)} = \frac{b_m s^m + b_{m-1}s^{m-1} + \cdots + b_0}{a_n s^n + a_{n-1}s^{n-1} + \cdots + a_0} \tag{2.16}$$

传递函数具有以下 4 个特点:

①传递函数 $H(s)$ 只反映系统的特性,而与系统的输入 $x(t)$ 以及系统的初始状态无关,即对于某一系统,其传递函数不会因其输入的变化而不同,但对任一具体输入,系统都能确定地给出相应的输出。

②传递函数 $H(s)$ 是对物理系统微分方程取拉普拉斯变换求得的,它只反映系统的传输特性,而不能确定系统的物理结构。两个完全不同的物理系统可能就有相似的传递函数,如液柱

式温度计和 RC 低通滤波器，它们虽然物理结构和性质完全不同，但传递函数形式却相似。

③传递函数中的各个系数 $a_0, a_1, \cdots, a_n; b_0, b_1, \cdots, b_m$ 是由测试系统本身结构特性唯一确定的常数。其量纲将因具体物理系统和输入量以及输出量的量纲的不同而不同。

④传递函数 $H(s)$ 的分母取决于测试系统的结构，分母中 s 的最高幂次 n 代表测试系统微分方程的阶次；分子表示系统与外界之间的联系，如输入点的位置、输入方式、被测量及测点布置情况等。

(2)频率响应函数

传递函数是在复数域描述测试系统的特性，相比于在时域中用微分方程来描述系统特性有很多优点。但是，工程中的许多系统很难建立起微分方程和传递函数，而且传递函数的物理概念也较难理解。因此，采用在频域中描述测试系统特性的频率响应函数更为合适。频率响应函数物理概念明确，容易通过实验来建立，也可通过它求出系统的传递函数。因此，频率响应函数是实验研究测试系统的重要工具。

频率响应函数指的是系统稳态输出 $y(t)$ 的傅里叶变换与输入信号 $x(t)$ 的傅里叶变换之比，即

$$H(\omega) = \frac{F[y(t)]}{F[x(t)]} = \frac{Y(\omega)}{X(\omega)} \tag{2.17}$$

线性时不变系统可用式(2.1)所给出的常系数线性微分方程来描述。由于对于形如 $x(t) = X_0 e^{j(\omega t + \varphi_x)}$ 的函数，其 n 阶微分为 $\frac{d^n x(t)}{dt^n} = (j\omega)^n x(t)$，其傅氏变换为 $(j\omega)^n X(\omega)$。因此，当输入信号为 $x(t) = X_0 e^{j(\omega t + \varphi_x)}$ 时，并达到稳态输出的时候，式(2.1)有以下形式的方程

$$[a_n(j\omega)^n + a_{n-1}(j\omega)^{n-1} + \cdots + a_0]y(t) = [b_m(j\omega)^m + b_{m-1}(j\omega)^{m-1} + \cdots + b_0]x(t)$$

由此可得

$$H(\omega) = \frac{F[y(t)]}{F[x(t)]} = \frac{Y(\omega)}{X(\omega)} = \frac{b_m(j\omega)^m + b_{m-1}(j\omega)^{m-1} + \cdots + b_0}{a_n(j\omega)^n + \cdots + a_0} \tag{2.18}$$

从式(2.18)可知，分母 ω 的幂的次数 n 确定了测试系统的阶数，$H(\omega)$ 是由系统结构参数和测试系统的布置情况所确定的微分方程的常系数所决定的，与输入、输出本身没有关系。因此，$H(\omega)$ 反映系统本身所具备的特性。对于任一具体的输入 $x(t)$，由于 $Y(\omega) = X(\omega)H(\omega)$，都可由系统的频率响应函数确定相应的输出 $y(t)$，因此，$H(\omega)$ 反映了测试系统的传输特性。

(3)幅频特性与相频特性

一般情况下 $H(\omega)$ 是复函数，可将其写成为

$$H(\omega) = A(\omega) e^{j\varphi(\omega)} \tag{2.19}$$

其中

$$A(\omega) = |H(\omega)| = \frac{|Y(\omega)|}{|X(\omega)|} = \frac{Y_0(\omega)}{X_0(\omega)} \tag{2.20}$$

式中　$A(\omega)$——幅频特性；

$X_0(\omega)$——输入信号的幅值；

$Y_0(\omega)$——稳态输出的幅值,则

$$\varphi(\omega)=\varphi_y(\omega)-\varphi_x(\omega) \tag{2.21}$$

式中　$\varphi(\omega)$——相频特性；

$\varphi_y(\omega)$——稳态输出的相位；

$\varphi_x(\omega)$——输入信号的相位。

可见$A(\omega)$是$H(\omega)$的模,是给定频率点输出信号幅值与输入信号幅值之比。换句话说,给定频率点的输出信号的幅值$Y_0(\omega)$可由该频率点输入信号的幅值$X_0(\omega)$乘以$A(\omega)$求得。因此,$A(\omega)$相当于一个比例系数,反映测试系统对输入信号的ω频率分量的幅值的缩放能力,称$A(\omega)$为系统的幅频特性。

$\varphi(\omega)$是给定频率的输出信号与该频率输入信号的相位差,反映出测试系统对输入信号的ω频率分量的初相位的移动程度,称为测试系统的相频特性。

图2.9表示了测试系统幅频特性和相频特性对输入信号的影响。根据信号分析理论,一般的时间信号总可分解为多个不同频率成分的正弦信号。换句话说,一般的时间信号可由不同频率成分的正弦信号叠加而成。当信号通过测试系统的时候,受系统幅频特性的影响,各频率成分的幅值将会被相应频率点的系统幅频特性所缩放;受系统相频特性的影响,各频率成分的相位将发生相应的移动。得到的输出信号是由与输入信号有着相同的频率成分的正弦信号叠加而成的,但各频率成分的幅值和相位却因系统作用而发生改变。

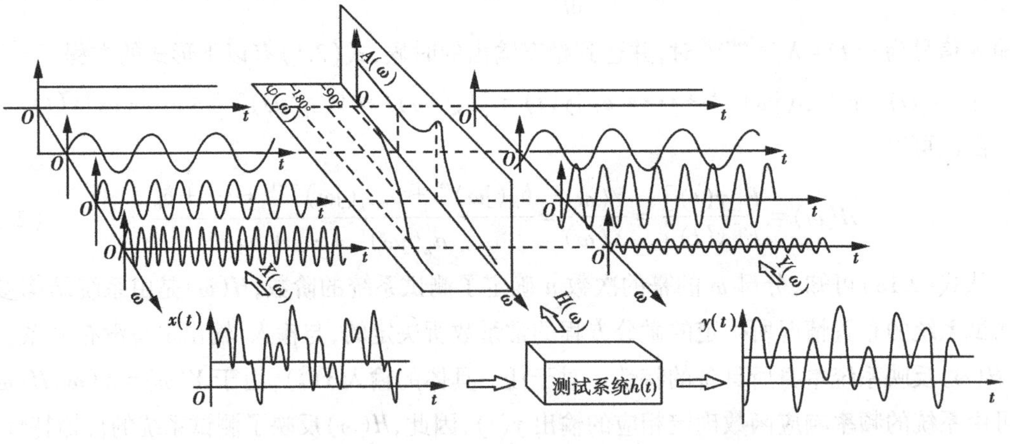

图2.9　测试系统幅频特性、相频特性对输入信号的影响

如果将$H(\omega)$表示为实部$P(\omega)$与虚部$Q(\omega)$之和的形式,则$H(\omega)$又可表示为

$$H(\omega)=P(\omega)+jQ(\omega) \tag{2.22}$$

其幅频特性和相频特性分别为

$$A(\omega)=\sqrt{P^2(\omega)+Q^2(\omega)} \tag{2.23}$$

$$\varphi(\omega)=\arctan\frac{Q(\omega)}{P(\omega)} \tag{2.24}$$

以 $A(\omega)$，$\varphi(\omega)$，$P(\omega)$ 和 $Q(\omega)$ 为纵坐标，ω 为横坐标，分别绘出 $A(\omega)$-ω，$\varphi(\omega)$-ω，$P(\omega)$-ω，$Q(\omega)$-ω 曲线，称为幅频特性曲线、相频特性曲线、实频特性曲线、虚频特性曲线。

在工程应用技术中，对于幅频特性曲线和相频特性曲线的纵坐标、横坐标除了取线性标尺外，还常对自变量 ω 取对数标尺，幅值取分贝数，画出的 $20\lg A(\omega)$-$\lg\omega$ 曲线和 $\varphi(\omega)$-$\lg\omega$ 曲线，分别称为对数幅频特性曲线和对数相频特性曲线。两种曲线总称为伯德(Bode)图。

如果以 $H(\omega)$ 的实部和虚部分别作为横坐标和纵坐标，在此复平面画出 $Q(\omega)$-$P(\omega)$ 曲线，并在曲线对应点上标注相应的频率，则所得曲线图称为奈魁斯特图(Nyquist 图)。

(4)传递函数与频率响应函数的关系

传递函数与频率响应函数之间有着密切的内在联系，这种内在联系源于傅氏变换与拉氏变换的关系，由傅里叶变换的定义式可知，频率响应函数只不过是传递函数的一种特例，是 $s=\mathrm{j}\omega$ 时的传递函数。因此，频率响应函数可以在求得传递函数之后，取 $s=\mathrm{j}\omega$ 即可。

传递函数和频率响应函数都可表示系统的传递特性，但两者的含义不同。推导传递函数时，系统的初始条件为零。而对于一个从 $t=0$ 时刻开始施加的简谐信号来说，通过拉普拉斯变换解得的系统输出包含瞬态输出和稳态输出两部分。系统在受到激励后有一段过渡过程，经过一定的时间后，系统的瞬态输出趋于定值，进入稳态输出。频率响应函数表达的是系统对简谐输入信号的稳态输出。在观察时，系统的瞬态输出已经趋于零。因此，用频率响应函数不能反映响应的过渡过程，而传递函数则能反映响应的全过程。但频率响应函数能直观地反映系统对不同频率输入信号的响应特性。

在实际的工程技术问题中，为了获得较好的测量效果，常在系统处于稳态输出的阶段上进行测试。在测试工作中，常用频率响应函数来描述测试系统的动态特性。而控制系统要研究的是典型扰动引起控制系统的响应，研究一个过程从起始的瞬态变化过程到最终的稳态过程的全部特性。因此，在控制工程中常用传递函数来描述控制系统的动态特性。

(5)一阶系统的传递函数与频率响应函数

如图 2.3 所示的 RC 低通滤波电路，以及无质量的弹簧阻尼系统、液柱式温度计测温系统等，都属一阶系统。其运动微分方程的一般形式

$$a_1\frac{\mathrm{d}y(t)}{\mathrm{d}t}+a_0y(t)=b_0x(t)$$

对于以上的微分方程，可将其改写成标准归一化的形式

$$\tau\frac{\mathrm{d}y(t)}{\mathrm{d}t}+y(t)=Sx(t) \tag{2.25}$$

式中　τ——时间常数，$\tau=a_1/a_0$，具有时间的量纲；

S——静态灵敏度，$S=b_0/a_0$，由具体的系统参数决定。

线性系统中 S 为常数，在对系统的特性作动态分析时，它仅仅使系统的传递特性放大 S 倍，而不会改变特性曲线的变化规律。为了讨论和分析的方便，突出系统的特性，约定 $S=1$，则式(2.25)可写为

$$\tau\frac{\mathrm{d}y(t)}{\mathrm{d}t}+y(t)=x(t) \tag{2.26}$$

对上式作拉氏变换得

$$\tau sY(s)+Y(s)=X(s)$$

则一阶系统的传递函数为

$$H(s)=\frac{Y(s)}{X(s)}=\frac{1}{\tau s+1} \tag{2.27}$$

令 $s=\mathrm{j}\omega$，其频率响应函数为

$$H(\omega)=\frac{1}{1+\mathrm{j}\tau\omega}=\frac{1}{1+(\tau\omega)^2}-\mathrm{j}\frac{\tau\omega}{1+(\tau\omega)^2} \tag{2.28}$$

则其幅频特性和相频特性函数分别为

$$A(\omega)=|H(\omega)|=\frac{1}{\sqrt{1+(\tau\omega)^2}} \tag{2.29}$$

$$\varphi(\omega)=\angle H(\omega)=-\arctan(\omega\tau) \tag{2.30}$$

根据式(2.29)和式(2.30)绘出幅频曲线和相频曲线如图2.10所示。

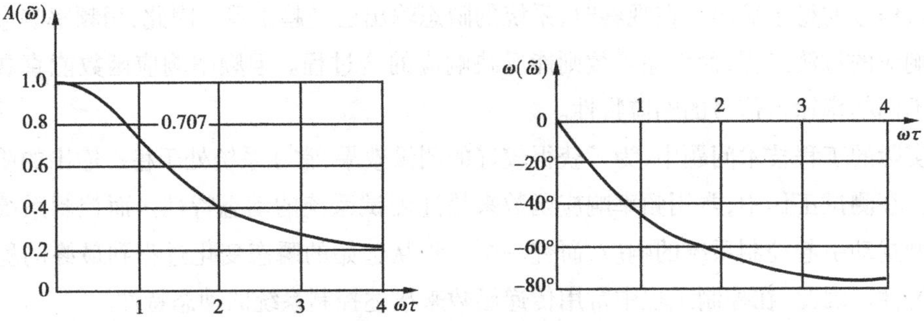

图2.10　一阶系统的幅频特性曲线和相频特性曲线

从频率响应特性图上可以看出，一阶系统有以下两个特点：

①一阶系统是一个低通环节，当 ω 远小于 $1/\tau$ 时（约 $\omega<1/5\tau$），幅频特性 $A(\omega)$ 近似为1（误差不超过2%）。信号通过系统后，各频率成分的幅值基本保持不变。在高频段，幅频特性与 ω 成反比，其水平渐近线为 $A(\omega)=0$，此时的一阶系统，演变成为积分环节。从图2.10可以看出，当 $\omega>4/\tau$ 时，$A(\omega)<0.25$，且存在较大的相差，信号通过系统，各频率成分的幅值将有很大的衰减。因此，一阶装置只适用于测量缓变的低频信号。

②时间常数 τ 决定了一阶系统适用的频率范围，从幅频特性曲线和相频特性曲线可以看出，当 $\omega=1/\tau$ 时，输出输入的幅值比 $A(\omega)$ 降为0.707（-3 dB），此点对应着输出信号的功率衰减到输入信号半功率的频率点，被视为信号通过系统的截止点。因此，τ 是反映一阶系统动态特性的重要参数。

(6)二阶系统的传递函数与频率响应函数

典型的二阶系统有质量-弹簧-阻尼系统、RLC 电路系统、测力弹簧秤等,二阶系统可用二阶常系数微分方程表示,即

$$a_2 \frac{d^2y(t)}{dt^2} + a_1 \frac{dy(t)}{dt} + a_0 y(t) = b_0 x(t)$$

通过数学处理可使其变为以下标准归一化的形式

$$\frac{d^2y(t)}{dt^2} + 2\zeta\omega_n \frac{dy(t)}{dt} + \omega_n^2 y(t) = S\omega_n^2 x(t) \tag{2.31}$$

式中　ω_n——系统的固有频率,$\omega_n = \sqrt{a_0/a_2}$;

ζ——系统的阻尼比,$\zeta = \dfrac{a_1}{2\sqrt{a_0 a_2}}$;

S ——系统的灵敏度系数,$S = b_0/a_0$。

S 是取决于输出与输入量纲和比值的常数因子,不会改变特性曲线的变化规律,对相频特性也没有影响。因此,约定取 $S=1$,则二阶系统的传递函数为

$$H(s) = \frac{\omega_n^2}{s^2 + 2\zeta\omega_n s + \omega_n^2} \tag{2.32}$$

二阶系统的频率响应函数为

$$H(\omega) = \frac{\omega_n^2}{(\omega j)^2 + 2\zeta\omega_n\omega j + \omega_n^2} \tag{2.33}$$

将式(2.33)分子和分母同除以 ω_n^2,并令 $\eta = \omega/\omega_n$,则

$$H(\omega) = H(\eta) = \frac{1}{(1-\eta^2) + 2\zeta\eta j}$$

二阶系统的幅频特性和相频特性分别为

$$A(\omega) = A(\eta) = |H(\eta)| = \frac{1}{\sqrt{(1-\eta^2)^2 + 4\zeta^2\eta^2}} \tag{2.34}$$

$$\varphi(\omega) = \varphi(\eta) = \angle H(\eta) = -\arctan \frac{2\zeta\eta}{1-\eta^2} \tag{2.35}$$

相应的幅频、相频特性曲线如图 2.11 所示。

二阶系统具有以下的特点:

①当 $\omega \ll \omega_n$ 时,$A(\omega) \approx 1$,$\varphi(\omega)$ 很小;当 $\omega \gg \omega_n$ 时,$A(\omega) \to 0$,$\varphi(\omega)$ 接近$-180°$。因此,二阶系统也是低通环节。

②当 $\omega = \omega_n$ 时,幅频特性曲线出现峰值,系统将发生“共振”。在进行测试时,要避开“共振区”工作。但可利用共振来确定测试系统本身的参数。发生共振时,即当 $\omega = \omega_n$ 时,$A(\omega) = 1/(2\zeta)$,$\varphi(\omega) = -90°$,并且不会因阻尼比的不同而改变。

由一阶系统和二阶系统的频率响应可以看出,一阶系统的灵敏度系数 S、时间常数 τ,二阶

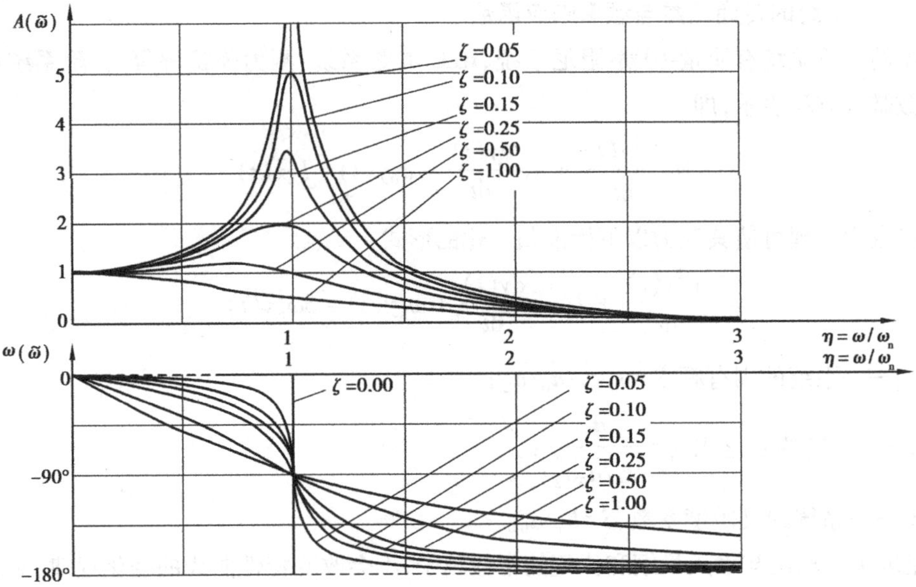

图 2.11　二阶系统的幅频特性曲线和相频特性曲线

系统的灵敏度系数 S、固有频率 ω_n、阻尼比 ζ 是由系统的结构参数决定的。当测试系统制造、调试完成之后,其参数就随之确定了。

2.5.2　测试系统动态传递特性的时域描述

测试系统动态传递特性的时域描述,指的是用时域函数或时域特征参数来描述测试系统的输出量与变化的输入量之间的内在联系。通常是以一些典型信号如脉冲信号、阶跃信号、斜坡信号及正弦信号等作为输入,加载到测试系统,以特定输入下的时域响应的特征参数如响应速度、峰值时间、稳态输出及超调量等来描述系统的动态传递特性。

(1)单位脉冲输入下系统的脉冲响应函数

若输入信号为单位脉冲信号 $x(t)=\delta(t)$,根据 $\delta(t)$ 函数的筛选性质有

$$X(\omega)=\int_0^{\infty}\delta(t)\mathrm{e}^{-\mathrm{j}\omega t}\mathrm{d}t=1$$

根据测试系统的传递关系,则

$$Y(\omega)=H(\omega)X(\omega)=H(\omega)$$

对上式两边求傅里叶逆变换可得

$$y(t)=F^{-1}[H(\omega)]=h(t) \tag{2.36}$$

$h(t)$ 常被称为单位脉冲响应函数或权函数。

从以上推导可以看出,在单位脉冲信号输入的时候,时域响应函数 $y(t)$,就是脉冲响应函数 $h(t)$,而系统输出的频域函数 $Y(\omega)$,就是系统的频率响应函数 $H(\omega)$。同样道理可知,系统输出的拉氏变换,就是系统的传递函数。因此,脉冲响应函数是测试系统动态传递特性的时域

描述。实际上理想的单位脉冲函数是不存在的，但如果能让输入信号的幅值足够大，且其持续时间相对于系统的响应速度足够短，则测试系统便近似于对一脉冲函数作响应。实际测试时，当输入信号的作用时间小于 $0.1\,\tau$（τ 为一阶系统的时间常数或二阶系统的振荡周期）时，则可近似地认为输入信号是脉冲信号，其响应则可视为脉冲响应函数。

对于式（2.26）所给出的一阶系统，则可由其传递函数通过拉普拉斯逆变换求得脉冲响应函数

$$h(t)=\frac{1}{\tau}e^{-\frac{t}{\tau}} \tag{2.37}$$

一阶系统的单位脉冲响应曲线如图 2.12（a）所示。

对于式（2.32）所给出的二阶系统（取静态灵敏度 $S=1,\zeta<1$），其脉冲响应函数为

$$h(t)=\frac{\omega_n e^{-\zeta\omega_n t}}{\sqrt{1-\zeta^2}}\sin\left(\omega_n\sqrt{1-\zeta^2}\,t\right) \tag{2.38}$$

不同阻尼比的二阶系统的脉冲响应曲线如图 2.12（b）所示。

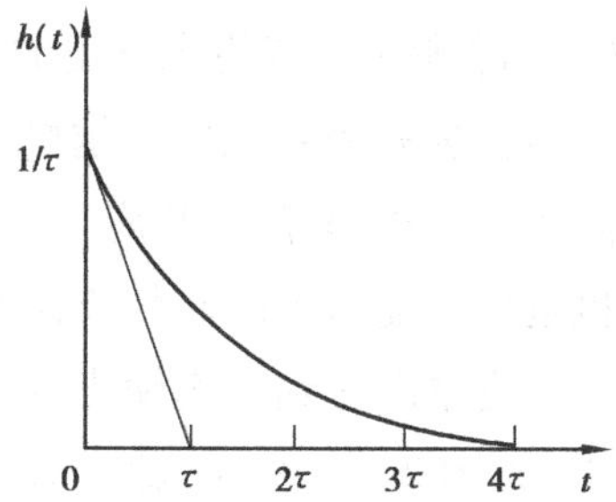

（a）一阶系统

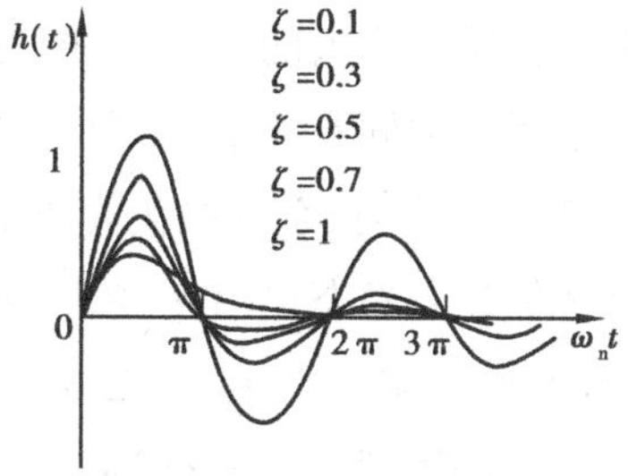

（b）二阶系统

图 2.12　一阶系统和二阶系统的脉冲响应函数

（2）单位阶跃输入下系统的响应函数

当输入信号为单位阶跃信号 $u(t)=\begin{cases}0 & t<0\\ 1 & t\geqslant 0\end{cases}$ 时，则一阶系统的时域响应为

$$y_u(t)=1-e^{-\frac{t}{\tau}} \tag{2.39}$$

其响应曲线如图 2.13（a）所示。可知，一阶系统对单位阶跃输入的稳态输出的理论误差为零，系统的初始响应速率为 $1/\tau$，若初始响应的速率不变，则经过时间 τ 后，其输出应等于输入。但实际上响应的上升速率随时间 t 的增加而减慢。当 $t=\tau$ 时，其输出仅达到输入量的 63.2%；当 $t=4\tau$ 时，其输出才为输入量的 98.2%，故 τ 越小，响应越快，动态性能越好。通常，采用输入量的 95%~98% 所需要的时间作为衡量响应速度的指标。

单位阶跃信号输入二阶系统（$\zeta<1$）时，系统的时域响应为

$$y_u(t)=1-\frac{e^{-\zeta\omega_n t}}{\sqrt{1-\zeta^2}}\sin\left(\sqrt{1-\zeta^2}\,\omega_n t+\varphi\right) \tag{2.40}$$

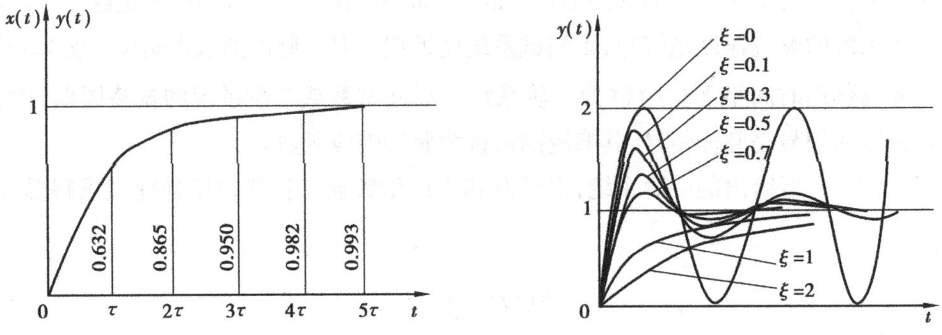

(a)一阶系统　　(b)二阶系统

图 2.13　一阶系统和二阶系统的单位阶跃响应函数

式中

$$\varphi=\arctan\frac{\sqrt{1-\zeta^2}}{\zeta}$$

二阶系统对单位阶跃输入的响应曲线如图 2.13(b)所示。其稳态输出的理论误差为零，响应则主要取决于系统的固有频率 ω_n 和阻尼比 ζ。ω_n 越高，系统的响应越快。阻尼比将影响超调量和振荡周期。$\zeta\geqslant1$ 时，系统蜕化为两个一阶系统串联，其阶跃响应不会产生振荡，但需要经过较长时间才能达到稳态输出，ζ 越大，输出接近稳态输出的时间越长；$\zeta<1$ 时，系统的输出将产生振荡，ζ 越小，超调量会越大，也会因振荡而使输出达到稳态输出的时间加长。当 ζ 为 0.6~0.8 时，最大超调量为 2.5%~10%。当允许误差为 2%~5%时，此时达到稳态时所需的调整时间最短，为 $(3\sim4)/(\zeta\omega_n)$。

(3)单位斜坡输入下系统的响应

当输入信号为单位斜坡信号 $y(t)=\begin{cases}0 & t<0\\ t & t\geqslant0\end{cases}$ 时，一阶系统的单位斜坡响应为

$$y(t)=t-\tau(1-e^{-\frac{t}{\tau}}) \tag{2.41}$$

二阶系统($\zeta<1$)的单位斜坡响应为

$$y(t)=t-\frac{2\zeta}{\omega_n}+\frac{e^{-\zeta\omega_n t}}{\omega_n\sqrt{1-\zeta^2}}\sin(\omega_n\sqrt{1-\zeta^2}\ t+\varphi) \tag{2.42}$$

式中

$$\varphi=\arctan\frac{2\zeta\sqrt{1-\zeta^2}}{2\zeta^2-1}$$

一阶系统和二阶系统对单位斜坡输入的响应曲线如图 2.14 所示。由于输入量的不断增大，一、二阶系统的输出总是滞后于输入一段时间，存在一定的误差。随时间常数 τ、阻尼比 ζ 的增大和固有频率 ω_n 的减小，其稳态误差增大，反之亦然。

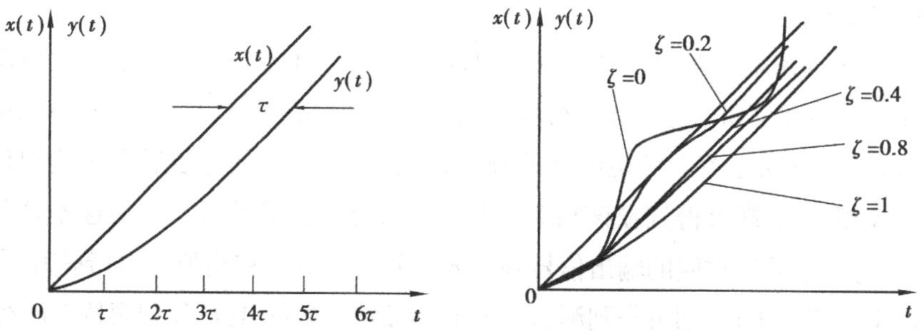

(a)一阶系统　　(b)二阶系统

图2.14　一阶系统和二阶系统的单位斜坡响应函数

(4)单位正弦信号输入时的响应

当输入为正弦信号时,一、二阶系统的稳态输出是与输入信号同频率的正弦信号,只是输出的幅值发生了变化,相位产生了滞后。由于标准正弦信号容易获得,用不同的正弦信号激励系统,观察达到稳态时响应的幅值和相位,就可较为正确地测得幅频和相频特性,这一方法准确可靠,但需要花费较长的时间。

(5)任意输入作用下的响应

对于任意输入 $x(t)$,如果系统的脉冲响应函数为 $h(t)$,则响应 $y(t)$ 为

$$y(t)=\int_0^t x(\tau)h(t-\tau)\mathrm{d}\tau=x(t)*h(t) \tag{2.43}$$

这表明测试系统的时域响应,等于输入信号 $x(t)$ 与系统的脉冲响应函数 $h(t)$ 的卷积。

时域中求系统的响应需要进行卷积积分运算,常采用计算机进行离散数字卷积计算,计算量较大。利用卷积定理将它转化为频域的乘积处理则相对较简单。由卷积定理可知,式(2.43)的频域表达式为

$$Y(s)=X(s)H(s) \tag{2.44}$$

若系统为稳定的系统,输入 $x(t)$ 符合傅里叶变换的条件,则也可写为

$$Y(\omega)=X(\omega)H(\omega) \tag{2.45}$$

2.5.3　测试系统动态特性参数的实验测定

通常情况下测试系统动态特性的测定,是通过试验的方法实现的,最常用的方法有频率响应法、阶跃响应法和脉冲响应法。这里,主要介绍频率响应法、阶跃响应法。如前所述,一阶系统的主要动态特性参数是时间常数 τ,而二阶系统的主要动态特性参数是固有频率 ω_n 和阻尼比 ζ。对测试系统的动态特性参数的测定,是测试系统可靠性和准确度保证的前提。一方面新的测试系统的动态特性参数,除了理论计算外,必须通过试验验证以最终确定;另一方面任何测试系统的动态特性都会发生变化,为了确保测试的可靠性,也应该定期或在测试之前校准测试系统。另外,对于未知特性的系统,有必要通过试验了解系统的动态特性。

(1)**频率响应法**

如图 2.15 所示为系统动态特性测定试验原理框图。通过稳态正弦激励试验可求得测试系统的动态特性。具体做法如下:测试时,给测试系统输入正弦信号 $x(t)=X_0\sin 2\pi ft$,刚开始时正弦输入信号的频率 f 从接近零频的足够低的频率开始,在输出达到稳定后测量输出信号和输入信号的幅值比和相位差,即可得到在该频率 f 下测试系统的传输特性。然后逐渐增加正弦信号的频率,并测出每一个频率对应的输出信号和输入信号的幅值比和相位差,直到输出信号的幅值减少到初始输出幅值一半止,则可得到测试系统的幅频特性曲线 $A(f)$ 和相频特性曲线 $\varphi(f)$。

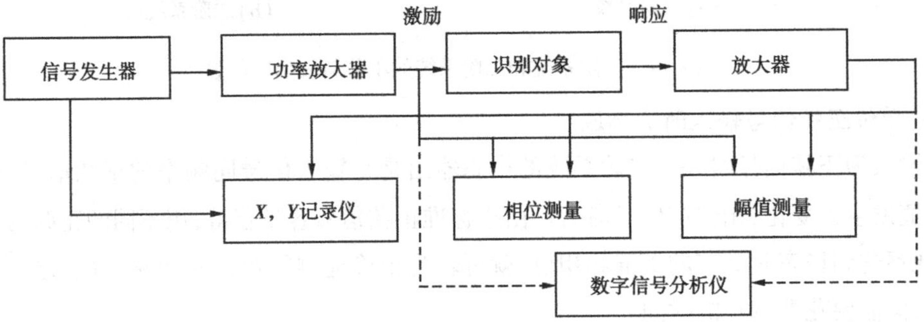

图 2.15　系统特性识别试验原理框图

对于一阶系统,利用系统幅频特性与相频特性的关系,可直接由频率响应试验得到系统的幅频特性曲线和相频特性曲线并确定系统的 τ 值。当一阶系统的 $A(\omega)$ 为 0.707 时,对应的 $1/\omega=\tau$ 即为所求,如图 2.10 所示。理想的一阶系统的波德图中输出与输入的幅值比曲线在低频段为水平直线,在高频段则趋近于斜率为-20 dB/10 倍频的倾斜直线,转折频率点所对应的 $A(\omega)$ 即为0.707。据此,也可由试验曲线形状偏离理想曲线的程度判断被测系统是否属于一阶系统。

对于二阶系统,理论上根据试验得到的相频特性曲线,就可直接估计其动态特性参数 ω_n 和 ζ,因为输出相角滞后于输入相位角 90°时,频率比 $\omega/\omega_n=1$,即 $\omega=\omega_n$ 时特性曲线上对应点的斜率为阻尼比 ζ。但是,该点曲线陡峭,准确的相角测试比较困难。因此,通常利用幅频特性曲线来估计系统的动态特性参数:对于 $\zeta<1$ 的欠阻尼二阶系统,其幅频特性曲线的峰值处于稍微偏离 ω_n 的 ω_r 处(见图 2.11),两者之间的关系式为

$$\omega_r=\omega_n\sqrt{1-2\zeta^2} \tag{2.46}$$

欠阻尼二阶系统固有频率 ω_r 处的输出和 0 频率输出处的幅频特性比为

$$\frac{A(\omega_r)}{A(0)}=\frac{1}{2\zeta\sqrt{1-\zeta^2}} \tag{2.47}$$

由式(2.46)和式(2.47)可解出 ω_n 和 ζ。

另外,ζ 的估计常采用以下方法,由试验得到的幅频特性曲线,曲线上峰值对应的频率为 ω_n,如图 2.16 所示。在峰值的 $1/\sqrt{2}$ 处,作一水平线交幅频特性曲线于 a、b 两点,其对应的频

率为 ω_1,ω_2，则阻尼比的估计值为

$$\zeta = \frac{\omega_2 - \omega_1}{2\omega_n} \tag{2.48}$$

此法称为半功率点法。

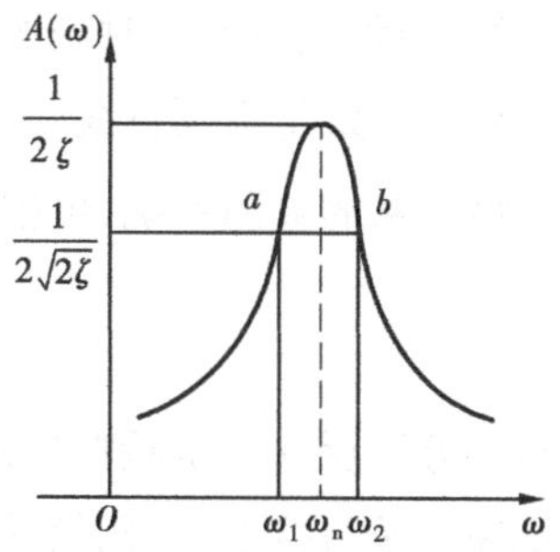

图 2.16　二阶系统的阻尼比估计

（2）**阶跃响应法**

阶跃响应法是给被测系统输入一阶跃信号，再根据所测得的阶跃响应曲线求取一阶测试系统的 τ 以及二阶测试系统的 ω_n 和 ζ 的一种试验方法。测试时，应根据测试系统可能的最大超调量来选择阶跃输入信号的幅值，当测试系统的超调量较大时，应选择较小的阶跃输入信号幅值。

1）一阶系统特性参数的阶跃响应确定法

根据一阶系统的单位阶跃响应的特点，在 $t=\tau$ 时，$y(t)=0.632$。因此，确定一阶系统时间常数 τ 的最简单的方法是在输入阶跃信号后测其阶跃响应（见图 2.17(a)）。当输出值达到稳态值的 63.2% 时所需的时间即为系统的时间常数。但是，如此求取的 τ 值，由于没有事先检验被测系统是否是一阶系统，测试仅仅依赖于起点和终点两个瞬时值而没有涉及阶跃响应的全过程，加之起始时间 $t=0$ 点不易确定，因此，这种方法的可靠性和精确度不高。

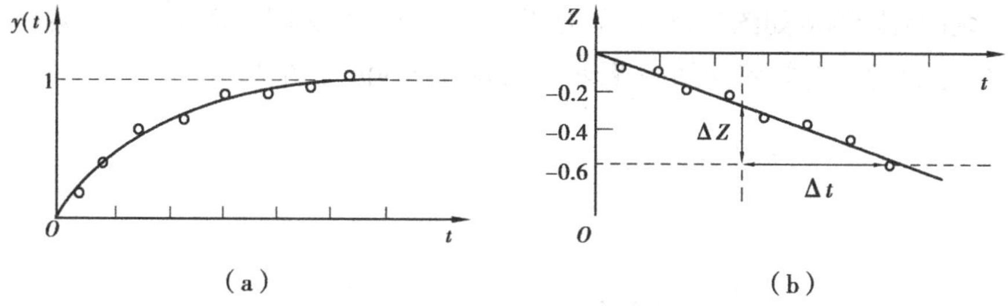

图 2.17　一阶系统的阶跃响应试验

下面介绍另一种确定一阶系统时间常数 τ 的方法：一阶系统的阶跃响应函数为

$$y_u(t) = 1 - e^{-\frac{t}{\tau}}$$

如果被测系统是一阶系统，其阶跃响应必将满足该方程。因此，如果构造线性的函数为

$$Z = -\frac{t}{\tau} \tag{2.49}$$

则对于一个一阶系统，存在关系

$$1 - y_u(t) = e^Z$$

两边取对数，即有

$$Z = \ln[1 - y_u(t)] = -\frac{t}{\tau} \tag{2.50}$$

由 $\ln[1-y_u(t)]$ 确定 Z 和时间 t 之间应呈线性关系，也就是说当加载阶跃输入一阶系统

后,沿时间历程记录不同时刻的 $y_u(t)$,若在 Z-t 直角坐标系绘出 Z 与 t 的关系图,应该是一条直线;反之,如果得不到直线关系 Z 与 t 的关系图,则被测系统将不属于一阶系统。由此,对于满足线性关系的被测系统,可根据 Z 与 t 的关系图(见图 2.17(b)),确定τ值为

$$\tau = -\frac{\Delta t}{\Delta Z} \tag{2.51}$$

这种方法反映了阶跃响应的全过程,如果所测得的各数据点在 Z-t 直角坐标系中的分布近似地在一条直线上,将确信该系统为一阶系统。由于采用的直线可以是接近各数据点的最佳的拟合直线,故得到的 τ 值有较高的精度。

2)二阶系统特性参数的阶跃响应确定法

二阶系统的阻尼比,通常取值范围在 $\zeta=0.6\sim0.8$,由于静态灵敏度系数 S 可通过静态标定确定,此处为便于分析,取灵敏度系数 $S=1$,这种典型的欠阻尼二阶系统的阶跃响应函数为

$$y_u = 1 - \frac{e^{-\zeta\omega_n t}}{\sqrt{1-\zeta^2}}\sin(\omega_d t + \varphi) \tag{2.52}$$

式中

$$\varphi = \arctan\frac{\sqrt{1-\zeta^2}}{\zeta}$$

二阶系统的阶跃响应如图 2.18 所示,是以 $\omega_d=\omega_n\sqrt{1-\zeta^2}$ 为圆频率且以指数规律衰减振荡波形,ω_d 称为有阻尼固有频率,可由阶跃响应试验记录的波形图算出。

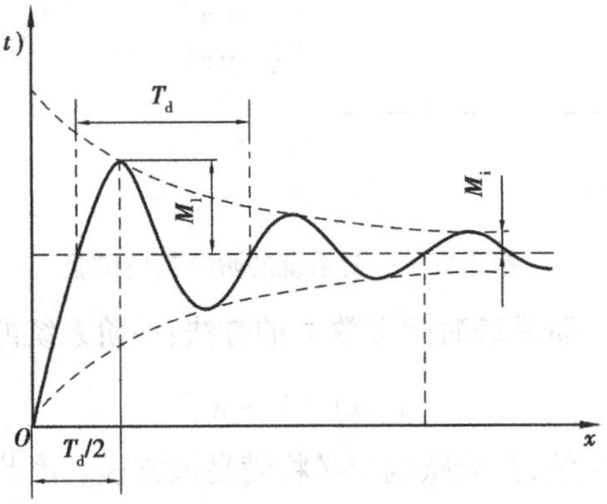

图 2.18 欠阻尼二阶系统的阶跃响应

定义最大超调量

$$M_p = \frac{y_u(t_p) - y_u(\infty)}{y_u(\infty)} \times 100\% \tag{2.53}$$

分析阶跃响应曲线可知,曲线的极值发生在 $t=t_p=0,\pi/\omega_d,2\pi/\omega_d,\cdots$,处;最大超调量出现在 $t_p=T_d/2=\pi/\omega_d$ 处。

将 t_p、式(2.52)以及 $y_u(\infty)=1$ 代入式(2.53),可求得最大超调量 M_p 和阻尼比之间的关

系为

$$M_p = e^{-\frac{\zeta\pi}{\sqrt{1-\zeta^2}}} \tag{2.54}$$

即

$$\zeta = \sqrt{\frac{1}{\left(\frac{\pi}{\ln M_p}\right)^2 + 1}} \tag{2.55}$$

$$\omega_n = \frac{\omega_d}{\sqrt{1-\zeta^2}} \tag{2.56}$$

如果测得的阶跃响应是较长的瞬变过程，即记录的阶跃响应曲线有若干个超调量出现时，则可利用任意两个超调量 M_i 和 M_{i+n} 来求取被测系统的阻尼比。

设相隔周期数为 n 的任意两个超调量 M_i 和 M_{i+n}，其对应的时间分别是 t_i 和 t_{i+n}，则

$$t_{i+n} = t_i + \frac{2n\pi}{\omega_d}$$

注意到二阶系统阶跃响应的任一波峰所对应的超调量 M_i 为

$$M_i = e^{-\zeta\omega_n t_i}$$

所以

$$\frac{M_i}{M_{i+n}} = e^{-\zeta\omega_n(t_i - t_{i+n})} = e^{\zeta\omega_n 2n\pi/\omega_d}$$

令

$$\delta_n = \ln\frac{M_i}{M_{i+n}} \tag{2.57}$$

则化简整理可得

$$\delta_n = \frac{2n\pi\zeta}{\sqrt{1-\zeta^2}} \tag{2.58}$$

由此可得

$$\zeta = \sqrt{\frac{\delta_n^2}{\delta_n^2 + 4\pi^2 n^2}} \tag{2.59}$$

根据式(2.57)和式(2.59)，即可求得 ζ。

(3)**脉冲响应法**

脉冲响应法是给被测系统施以脉冲激励，然后通过测量时域脉冲响应，根据响应特征，确定系统的特征参数，或者通过计算输入输出的互谱和输入的自谱，由 $H(f) = G_{xy}(f)/G_x(f)$ 得到系统的频率响应函数。

分析可知，对于一个静态灵敏度为 S 的一阶系统，当 $t=0^+$ 时，其脉冲响应函数的值为

$$h(0^+) = \frac{SA}{\tau} \tag{2.60}$$

式中,A 为脉冲的面积,因此,由测得的 0^+ 时脉冲响应值即可确定 τ。实测时,理想的脉冲输入无法获得,但只要脉冲作用时间足够小,通常要求小于 0.1τ,而对脉冲波形可不予限制,则确定的 τ 有足够的精度。

对于小阻尼二阶系统,任何快速的瞬态输入所产生的响应将是幅值呈指数衰减正弦波,设相隔周期数为 n 的任意两个波峰值为 M_i 和 M_{i+n},则系统的 ζ 可近似求得

$$\zeta \approx \frac{\ln \dfrac{M_i}{M_{i+n}}}{2\pi n} \tag{2.61}$$

如图 2.19 所示为脉冲激励试验原理框图。被测系统是机械系统,用脉冲锤敲击被测对象,给系统以脉冲输入,输出的振动信号由加速度计检出,然后通过对输入、输出信号的频谱分析,得到系统的频率响应函数。由于脉冲输入信号具有很宽频带,因此,识别的频带宽度宽,有很高的识别效率。

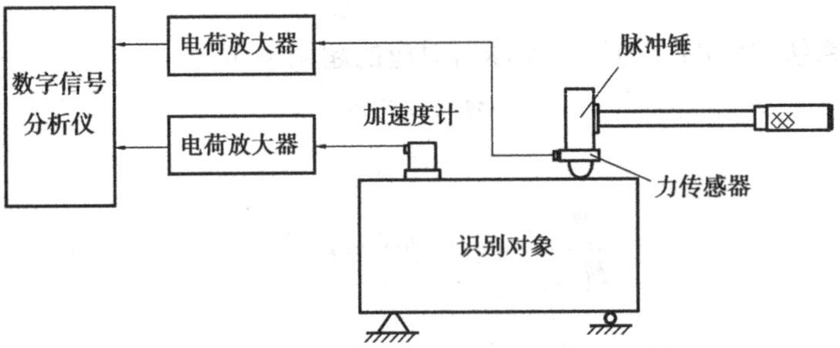

图 2.19 脉冲激振试验原理框图

2.6 测试系统的级连

实际的测量仪器或测试系统多数情况是由若干个子系统通过串联或并联的方式组成的。如图 2.20 所示的测试系统是由频率响应函数分别为 $H_1(\omega)$ 和 $H_2(\omega)$ 的两个子系统串联而成,系统在稳态时的输入和输出分别为 $x(t)$, $y(t)$,如果两个子系统之间没有能量交换,根据频率响应函数的定义,有

$$H(\omega)=\frac{Y(\omega)}{X(\omega)}=\frac{Y(\omega)}{Z(\omega)}\cdot\frac{Z(\omega)}{X(\omega)}$$

即

$$H(\omega)=H_1(\omega)\cdot H_2(\omega) \tag{2.62}$$

对于 n 个子系统串联而成的测试系统,可将前 $(n-1)$ 个子系统视为一个子系统,而把第 n 个子系统视为另一个子系统,应用两个子系统串联时频率响应函数的结论并递推可得

$$H(\omega) = \prod_{i=1}^{n} H_i(\omega) \tag{2.63}$$

由两个子系统并联而成的测试系统，如图 2.21 所示。其频率响应函数为

$$H(\omega) = \frac{Y(\omega)}{X(\omega)} = \frac{Y_1(\omega) + Y_2(\omega)}{X(\omega)} = H_1(\omega) + H_2(\omega) \tag{2.64}$$

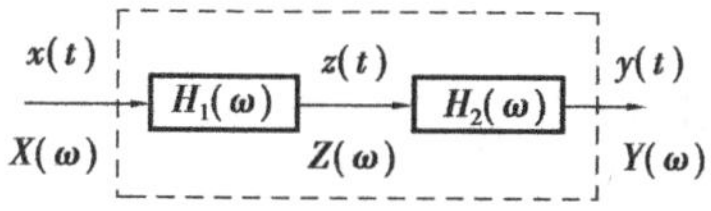

图 2.20　串联测试系统

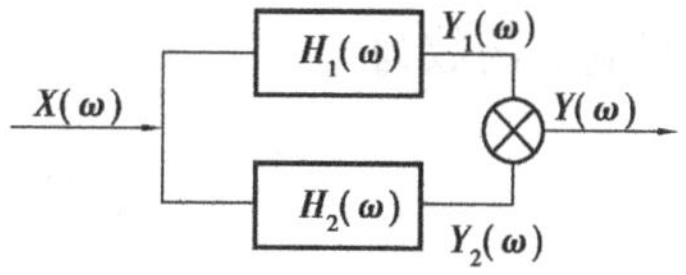

图 2.21　并联测试系统

由 n 个子系统并联的系统的频率响应函数为

$$H(\omega) = \frac{Y(\omega)}{X(\omega)} = \frac{Y_1(\omega) + Y_2(\omega) + \cdots + Y_n(\omega)}{X(\omega)} = \sum_{i=1}^{n} H_i(\omega) \tag{2.65}$$

更一般地讲,一个高阶测试系统,根据系统稳定的条件,其频率响应函数 $H(\omega)$ 分母中 ω 的次数必然高于分子的 ω 的次数,即 $H(\omega)$ 为有理分式。由数学分析可知,任何一个有理分式总可分解为分母次数小于或等于 2 的部分分式之和或连乘积的形式。也就是说,任何稳定的测试系统都可视为由若干个一阶和二阶系统的串联或并联构成。因此,复杂的高阶系统特性的研究可转化为对一阶和二阶系统特性的研究的进一步延伸。

2.7　测试系统不失真传递信号的条件

信号通过测试系统后,仍然保持信号原形,这种传递状态只是一种理想的传递状态,实际测试是不可能的,同时也是不必要的。例如,对微弱信号的测量,需要对其加强、放大,有时还需要对其进行变换等,系统特性不可避免地会对信号产生影响。根据测试技术的要求,经测试系统传递后的信号,只要能够准确、更有效地反映原信号的运动与变化状态,并保留原信号的特征和全部有用信息,则测试系统对信号的传递即可认为是不失真的传递。通常意义下,如果输入信号 $x(t)$ 通过测试系统后,输出信号 $y(t)$ 仅仅是信号波形的幅值被线性放大或者除信号波形被线性放大外,在时间上还有一定的滞后,这两种结果均属于不失真传递的范畴,并被称为波形相似。图 2.22 给出了符合上述两个条件的输入输出波形关系。这种不失真传递的输入-输出关系,可由数学关系式描述为

$$y(t) = A_0 x(t) \tag{2.66}$$

$$y(t) = A_0 x(t - t_0) \tag{2.67}$$

式中　A_0, t_0——常数。

能够满足上述形式不失真传递输入-输出关系的测试系统,应该具有什么系统特性？即系统应有什么样的频率响应特性、幅频特性和相频特性才能不失真传递信号？

式(2.66)所描述的关系是式(2.67)描述的关系式中 $t_0=0$ 时的一种特殊情况。因此,以式(2.67)为研究对象。若

$$F[x(t)]=X(\omega)$$

对式(2.67)两边同时作傅里叶变换,再由时移性质可得

$$Y(\omega)=X(\omega)\cdot A_0\mathrm{e}^{-\mathrm{j}\omega t_0}$$

则系统的频率响应函数为

$$H(\omega)=\frac{Y(\omega)}{X(\omega)}=A_0\mathrm{e}^{-\mathrm{j}\omega t_0} \tag{2.68}$$

系统的幅频特性和相频特性分别为

$$A(\omega)=A_0 \tag{2.69}$$

$$\varphi(\omega)=-t_0\omega \tag{2.70}$$

由式(2.69)和式(2.70)可知,测试系统要实现信号不失真传递,必须满足以下两个条件:

①系统的幅频特性在输入信号 $x(t)$ 的频谱范围内为常数。

②系统的相频特性 $\varphi(\omega)$ 是过原点且具有负斜率的直线。

例如,某信号 $x(t)$ 的频谱函数是 $X(\omega)$,如图 2.23 所示。其最高截止频率为 ω_c,则当 $|\omega|<\omega_c$ 时,系统幅频特性为 $A(\omega)=A_0$,$\varphi(\omega)=-t_0\omega$ 的测试系统,对 $x(t)$ 来说,就是信号的不失真传递系统。

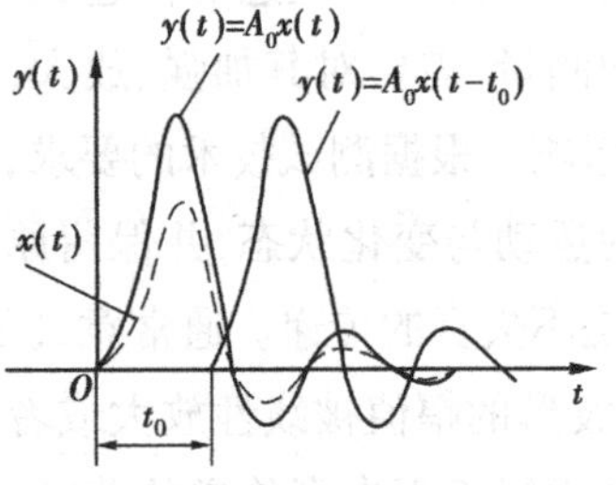

图 2.22　波形不失真复现

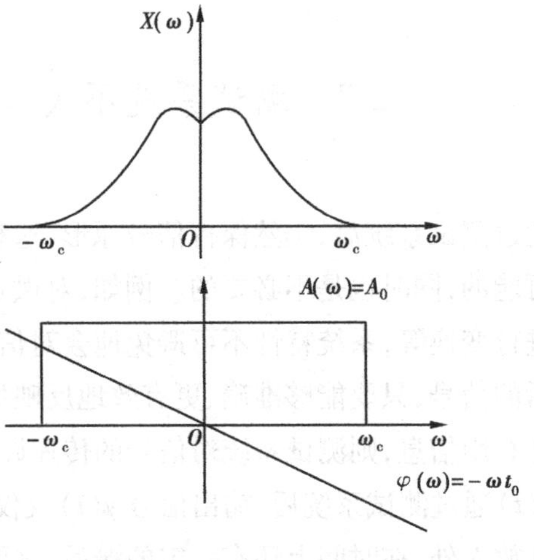

图 2.23　不失真传递的测试系统的幅、相频特性

从式(2.68)可以看出,满足该式的测试系统其输出比输入滞后时间 t_0。对于一般的工程应用而言,测试的目的仅要求输出能精确地复现输入的波形,对时间上的滞后没有严格的要求。但如果系统的输出要用作反馈控制的信号时,为了实现实时控制和减小因输出对输入的滞后所造成系统不稳定,输出信号不应有时间滞后,即 $t_0=0$,此时,测试系统理想的频响特性应满足

$$A(\omega)=A_0 \tag{2.71}$$

$$\varphi(\omega)=0 \tag{2.72}$$

实际的测试系统一般很难在很宽的频带范围内满足不失真传递信号的两个条件。在实际测试时，首先应根据被测对象的特征，选择适当特性的测试系统，使其幅频特性和相频特性尽可能接近不失真传递的条件，并限制幅值失真和相位失真在一定的误差范围内；其次应对输入信号做必要的前置处理，及时滤除非信号频带的噪声，以避免噪声进入测试系统的共振区，造成信噪比降低。

从系统不失真传递信号的条件和其他工作性能要求综合考虑，对于一阶系统来说，时间常数 τ 越小越好。τ 越小，系统对输入的响应就越快。如对于斜坡输入的响应，τ 越小，其时间滞后和稳态误差就越小。一阶系统的时间常数 $\tau=a_1/a_0$，一般来说，a_0 取决于灵敏度，故只能调节 a_1 来满足时间常数的要求。

对于二阶系统，动态特性的参数有两个，即 ω_n 和 ζ。在幅频特性曲线中，$\omega<0.3\omega_n$ 范围内的值接近 1，且 $\varphi(\omega)$-ω 曲线接近直线。$A(\omega)$ 在该范围内的变化不超过 10%，可作为不失真的波形输出。在 $\omega>(2.5\sim3.0)\omega_n$ 的范围内，$\varphi(\omega)$ 接近 180°，幅频特性 $A(\omega)$ 趋于零。若输入信号的频率范围在上述两者之间，则由于系统的频率特性受 ζ 的影响较大，因而需作具体分析。分析表明，当 $\zeta=0.6\sim0.7$ 时，在 $\omega=(0\sim0.58)\omega_n$ 的频率范围中，幅频特性 $A(\omega)$ 的变化不超过 5%，此时的相频特性曲线也接近于直线，所产生的相位失真很小，通常将上述数值作为实际测试系统工作范围的依据。由分析可知，ζ 越小，对斜坡输入响应的稳态误差 $2\zeta/\omega_n$ 也越小，但随着 ζ 的减小，超调量增大，回调时间加长。只有 $\zeta=0.6\sim0.8$ 时，才可获得最佳的综合特性。系统的 ω_n 与 a_0，a_2 有关，而 a_0 与灵敏度有关，在设计中应考虑其综合性能。

习　题

2.1　系统的传递函数与频率响应函数有什么区别和联系？

2.2　分别用什么数学模型表示系统在时域、复频域和频域中的动态特性？它们彼此之间有什么联系？

2.3　试说明信号的幅值谱与系统的幅频特性之间的区别。

2.4　为什么二阶系统的阻尼比 ζ 多采用 0.7 左右？

2.5　线性系统最主要的特性是什么？有何应用？

2.6　试证明由若干个子系统串联而成的测试系统的频率响应函数为

$$H(\omega)=\prod_{i=1}^{n}H_i(\omega)$$

2.7　某一阶温度传感器，其时间常数 $\tau=5$ s，试求：

(1) 将其快速放入某液体中测得温度误差在 2% 范围内所需的近似时间。

(2) 如果液体的温度每分钟升高 10 ℃，测温时传感器的稳态误差是多少？

2.8 试求由两个传递函数分别为$\frac{2.8}{1.6s+0.4}$和$\frac{20\omega_n^2}{s^2+1.2\omega_n s+\omega_n^2}$的两个子系统串联而成的测试系统的总灵敏度(不考虑负载效应)。

2.9 对某静态增益为2.0的二阶系统输入单位阶跃信号后,测得其响应的第一个峰值的超调量为1.20,同时测得其振荡周期为6.28 s,试求该测试系统的传递函数和系统在无阻尼固有频率处的频率响应。

2.10 想用一个一阶系统测量200 Hz的正弦信号,如要将幅值误差限制在5%以内,则系统的时间常数应该为多少?如果用这个系统测量100 Hz的正弦信号,此时的幅值误差和相位误差是多少?

2.11 某线性系统的幅频特性$A(\omega)=\frac{1}{\sqrt{1+0.01\omega^2}}$,相频特性$\varphi(\omega)=-\arctan 0.1\omega$。现测得该系统的稳态输出$y(t)=20\sin(45°t-60°)$,试求该系统的输入信号$x(t)$。

2.12 求$x(t)=2\sin(31.4t)$通过一个频率响应函数为$\frac{1\ 183\ 152}{(1+0.1j\omega)(394\ 384+880j\omega-\omega^2)}$的系统的输出信号。

第 3 章 常用传感器

3.1 传感器基本概念

3.1.1 传感器的定义

在测试系统中,需要一个装置将被测量转换成与之相对应的其他形式如电的、气压的、液压的等形式的输出。这种装置就被称为传感器或敏感元件。我国国家标准 GB/T 7665—2005《传感器通用术语》中将传感器定义为能够感受规定的被测量并按照一定规律转换成可用输出信号的器件和装置,通常由敏感元件和转换元件组成。

现代测试中传感器的输出大多是电信号,因此,从狭义上来说,传感器可定义为“把外界输入的非电量转换成相应的电量输出的器件或装置”。

传感器的典型组成如图 3.1 所示。敏感元件是传感器中直接感受或响应被测量的部分,转换元件是将敏感元件感受或响应的被测量转换成适合传输和测量的电信号的部分。某些传感器可能只由敏感元件组成(兼转换器),如热电偶、热电阻。而一般只由敏感元件和转换元件组成的传感器的输出信号较微弱或不便于处理,此时则需要通过信号调理转换电路将其输出信号放大或转换为便于测量的电信号。信号调理转换电路以及某些传感器本身还需要辅助电源提供能量。

由测试系统的组成可知,传感器处于测试系统的输入端,是测试系统的第一个环节,传感器性能的好坏将直接影响到整个测试系统的性能,甚至影响到整个测试任务完成的质量。传感器必须要在其工作频率范围内满足不失真测试的条件。此外,在选择和使用传感器时还应该注意以下 4 点:

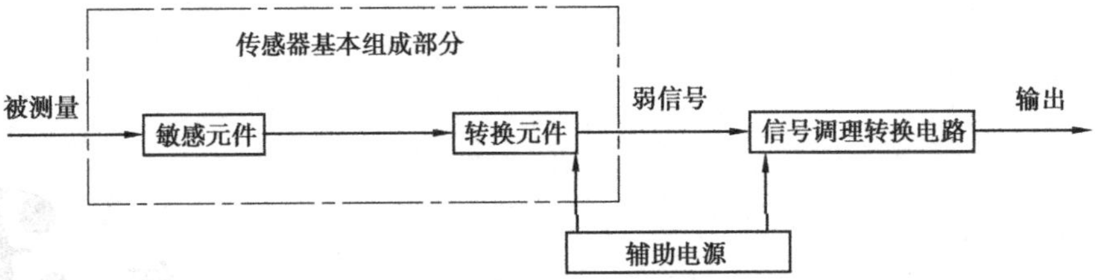

图 3.1　传感器的典型组成

(1)**适当的灵敏度**

灵敏度是反映传感器对输入信号变化的一种反应能力的参数。灵敏度高则说明被测量即使只有较微小的变化,传感器就会有较大的输出。但传感器灵敏度越高,其测量范围越窄,也容易受到噪声的干扰。因此,同一种传感器常常做成一个序列,有灵敏度高但测量范围窄的,也有测量范围宽但灵敏度较低的。实际测试时,对传感器的选择则要根据被测量的变化范围并留有足够的余量来选择灵敏度适当的传感器。

(2)**足够的精确度**

精确度是反映传感器输出信号与被测量真值的一致程度的参数。传感器的精确度越高,价格也越高,对测量环境的要求也越高。因此,在选择传感器时,不能一味追求高精度,而是选择能满足测量需要的足够精度的传感器。例如,如果测试是属于相对比较的定性试验研究,只需要得到相对比较值即可,则无须要求传感器具有很高的精确度;如果是定量分析,必须获得测试的精确量值,则要求传感器具有足够高的精确度。

(3)**高度的可靠性**

可靠性是表征传感器是否能长期完成其功能并保持其性能的参数。工作环境对传感器的可靠性影响较大,而在实际测试中,有时传感器是在较恶劣的工况下工作,如灰尘、高温、潮湿、油污及振动等。此时,特别要注意传感器的稳定性和可靠性。为了保证传感器在应用中具有较高的可靠性,必须选用设计、制造良好,使用条件适宜的传感器;使用过程中应严格规定使用条件,尽量减轻使用条件的不良影响,如电阻应变式传感器,湿度会影响其绝缘性,温度会影响其零漂,以及长期使用会产生蠕变现象等。

(4)**对被测对象的影响小**

对于接触式传感器,在测试时将与被测物体接触或直接固定在被测物体之上,因此传感器的质量将附加在被测物体上,如果传感器的质量与被测物体相比不能忽略,则将对被测物体的运行状态产生影响。此时,需要选择质量较小的传感器,以保证测试结果的真实性。在很多石油机械的测试中,由于被测对象的质量较大,传感器的质量对被测对象影响不大,因此对传感器的质量没有过多要求。对于旋转机械或往复机械,多采用非接触式传感器。

3.1.2　传感器的分类

由于被测量范围广、种类多，传感器的工作原理也多样，因此传感器种类繁多。为了更好地对传感器进行研究，需要对传感器进行科学系统的分类。传感器的分类方法很多，常用的有以下4种：

(1)按被测量分类

根据被测量分类，被测量为什么则可称为什么传感器。测位移的为位移传感器，测速度的为速度传感器，测加速度的为加速度传感器，测力的为力传感器，测温度的为温度传感器……以此类推。

(2)按传感器信号变换特征分类

根据传感器信号变换特征，可将传感器分为物性型传感器和结构型传感器。

物性型传感器是根据传感器敏感元件材料本身物理特性的变化来实现信号的转换。例如，热电阻就是利用导体或半导体材料的热阻效应进行工作的。

结构型传感器是根据传感器的结构变化来实现信号的转换与传递。例如，电容式传感器就是利用电容器两极板之间距离的变化或作用面积的改变进行工作的。

(3)按传感器与被测对象之间的能量转换关系分类

根据传感器与被测对象之间的能量转换关系可将传感器分为能量转换型传感器(无源传感器)和能量控制型传感器(有源传感器)。

能量转换型传感器直接由被测对象输入能量使传感器工作，如热电偶、弹性压力计等。由于传感器与被测对象之间存在能量交换，因此，能量转换型传感器在测试时可能导致被测对象状态的变化，引起测量误差。

能量控制型传感器是依靠外部提供辅助能源而使传感器工作的，并由被测量来控制外部辅助能源的变化，如图3.2所示。例如，电阻应变计中电阻应变片接在电桥上，电桥能源由外部供给，而由被测量变化所引起的电阻应变片电阻的变化来控制电桥输出。

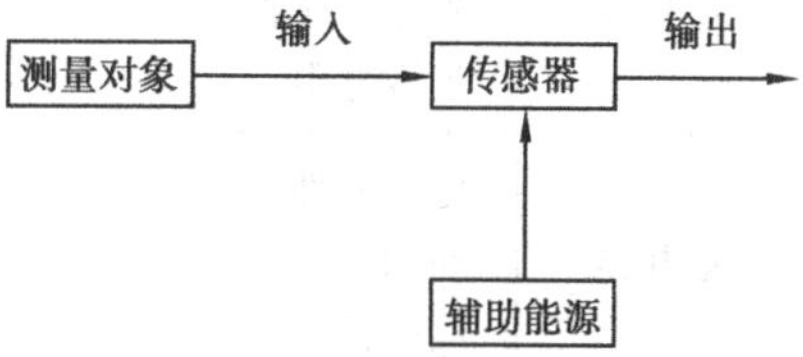

图3.2　能量控制型传感器工作原理

(4)按传感器的物理原理分类

根据传感器的工作的物理原理，可将传感器分为应变式、压电式、压阻式、电感式、电容式、光电式及霍尔式等。按传感器的物理原理分类有利于从原理上和设计上对传感器作归纳性的分析和研究。本章对传感器的介绍就是按物理原理进行分类介绍的。

另外，根据传感器的输出信号是模拟信号还是数字信号，传感器可分为模拟传感器和数字传感器；根据信号转换过程是否可逆，传感器可分为双向传感器和单向传感器。

表3.1列举出了机械工程中常用传感器的基本类型及其名称、基本原理和被测量。

表 3.1　机械工程常用的传感器的基本类型

类　型	传感器名称	变换原理	被测量
机械类	测力杆 测力环 波纹管 波登管 波纹膜片 双金属片 微型开关 液柱 热电偶	力—位移 力—位移 压力—位移 压力—位移 压力—位移 温度—位移 力—位移 压力—位移 热—电位	力、力矩 力 压力 压力 压力 温度 物体尺寸、位置、有无 压力 温度
电阻类	电位计 电阻应变片 热敏电阻 气敏电阻 光敏电阻	位移—电阻 变形—电阻 温度—电阻 气体浓度—电阻 光—电阻	位移 力、位移、应变、加速度 温度 可燃气体浓度 开关量
电感类	可变磁阻电感 电涡流 差动变压器	位移—自感 位移—自感 位移—互感	力、位移 测厚度、位移 力、位移
电容类	变气隙、变面积型电容 变介电常数型电容	位移—电容 位移—电容	位移、力、声 位移、力
压电类	压电元件	力—电荷，电压—位移	力、加速度
光电类	光电池 光敏晶体管 光敏电阻	光—电压 光—电流 光—电阻	光强等 转速、位移 开关量
磁电类	压磁元件 动圈 动磁铁	力—磁导率 速度—电压 速度—电压	力、扭矩 速度、角速度 速度
霍尔效应类	霍尔元件	位移—电势	位移、转速
辐射类	红外 χ 射线 γ 射线 β 射线 激光 超声	热—电 散射、干涉 射线穿透 射线穿透 光波干涉 超声波反射、穿透	温度、物体有无 厚度、应力 厚度、探伤 厚度、成分分析 长度、位移、角度 厚度、探伤
流体类	气动 流量	尺寸、间隙—压力 流量—压力差、转子位置	尺寸、距离、物体大小 流量

3.2　电阻式传感器

电阻式传感器是将被测量的变化转换成电阻值的变化,再经过相应的测量电路显示或记录被测量的变化。按照引起传感器电阻变化的参数不同,可将电阻式传感器分为电阻应变式传感器和变阻式传感器两大类。

3.2.1　电阻应变式传感器

电阻应变式传感器是利用电阻应变片将应变转换为电阻的变化的传感器。任何能转变为应变的非电量都可以利用电阻应变片进行测量。

电阻应变式传感器可测量应变、力、位移、加速度及扭矩等参数。电阻应变式传感器具有体积小、动态响应快、测量精度高、使用简便等优点,在航空、机械、船舶、建筑等行业中广泛应用。

电阻应变式传感器可分为金属电阻应变片式和半导体应变片式两类传感器。

(1)**金属电阻应变片**

1)工作原理

电阻应变片是一种能将被测试件的应变量转换成电阻变化量的敏感元件。它的结构形式多种多样,但基本构造大致相同,主要由敏感删、基底、引线、黏结剂及表面覆盖层5部分组成。

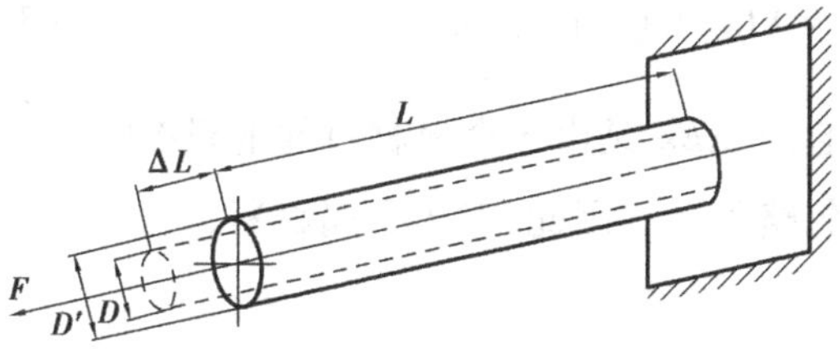

图3.3　金属线材的应变效应

金属电阻应变片是利用金属导体的电阻应变效应将被测对象的应变转换为电阻值变化的。所谓电阻应变效应,是指金属导体在受到外力作用发生机械变形时,金属导体的电阻也将发生变化。

如图3.3所示,设有一圆截面的导线,其初始电阻为

$$R=\rho\frac{L}{A} \tag{3.1}$$

式中　ρ——金属材料的电阻率;

L——导线长度;

A——导线截面积。

若导线沿轴向受拉力 F,则其长度的变化率即应变为 $\varepsilon=\frac{\Delta L}{L}$,其径向相对变形即横向应变为$\frac{\mathrm{d}D}{D}$。

设金属材料的泊松比为μ,压阻系数为λ,弹性模量为E。

将式(3.1)取对数并微分得

$$\frac{dR}{R}=\frac{d\rho}{\rho}+\frac{dL}{L}-\frac{dA}{A} \tag{3.2}$$

式中 $\frac{d\rho}{\rho}$——金属材料电阻率的相对变化,与电阻丝轴向正应力σ有关,即

$$\frac{d\rho}{\rho}=\lambda\sigma=\lambda E\varepsilon \tag{3.3}$$

$\frac{dL}{L}$——金属材料轴向相对变形即纵向应变,即

$$\frac{dL}{L}=\varepsilon \tag{3.4}$$

$\frac{dA}{A}$——金属材料横截面积的相对变化。

由于$A=\frac{\pi D^2}{4}$,故

$$\frac{dA}{A}=\frac{2dD}{D}=-2\mu\frac{dL}{L}=-2\mu\varepsilon \tag{3.5}$$

将式(3.3)~式(3.5)代入式(3.2),得到

$$\frac{dR}{R}=\lambda E\varepsilon+\varepsilon+2\mu\varepsilon=\lambda E\varepsilon+(1+2\mu)\varepsilon \tag{3.6}$$

式中,$(1+2\mu)\varepsilon$是由金属材料几何尺寸改变引起的,$\lambda E\varepsilon$是由于金属材料的电阻率随应变的改变引起的,对于金属材料而言,该项很小,可忽略不计。因此,对于金属材料,式(3.6)可简化为

$$\frac{dR}{R}\approx(1+2\mu)\varepsilon \tag{3.7}$$

从式(3.7)可知,金属材料电阻的相对变化率与应变ε成正比。

将式(3.7)两边同时除以应变ε,得到

$$K_0=\frac{dR}{R}/\varepsilon=1+2\mu=\text{常数} \tag{3.8}$$

式中,K_0为金属材料的灵敏度系数,定义为单位应变的电阻变化率。用于制造电阻应变片的金属丝的灵敏度系数一般为1.7~3.6。表3.2中列举出了几种常见金属丝的物理性能。

表3.2　常用金属丝应变片材料物理性能

材料名称	成分质量分数		灵敏度	电阻率	电阻温度系数	线胀系数
	元素	%	K_0	/(Ω·mm²·m⁻¹)	/(×10⁻⁶·℃)	/(×10⁻⁶·℃)
康铜	Cu	57	1.7~2.1	0.49	-20~20	14.9
	Ni	43				
镍铬合金	Ni	80	2.1~2.5	0.9~1.1	110~150	14.0
	Cr	20				
镍铬铝合金	Ni	73	2.4	1.33	-10~10	13.3
	Cr	20				
	Al	3~4				
	Fe	余量				

2)金属电阻应变片的结构

由金属电阻应变片的工作原理可知,当电阻应变片与受力元件一起变形时,应变片电阻的变化量可反映出应变片所在处元件的应变大小。为了使应变片既具有一定的电阻值,又不太长,应变片都做成栅状,如图3.4所示。

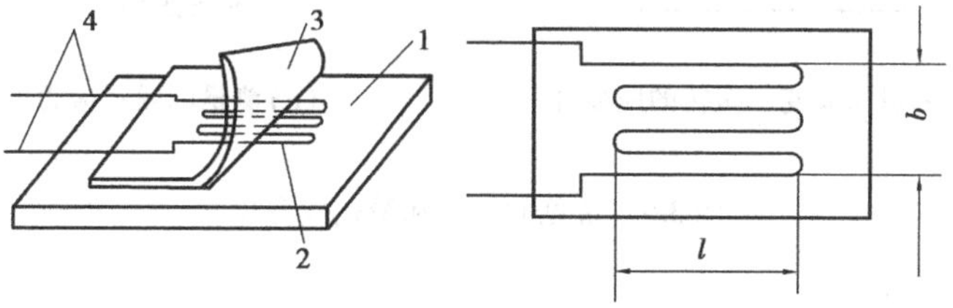

图3.4　电阻应变片的基本结构

1—基底;2—电阻丝;3—覆盖层;4—引线

①基底

基底用来保持电阻丝、引线的几何形状和相对位置,同时可起到绝缘的作用。一般基底的厚度为0.02~0.04 mm。常用的材料有纸基、布基和玻璃纤维布基等。

②电阻丝

电阻丝也称应变片的敏感栅。电阻应变片中的电阻丝通常采用直径为20~30 μm的康铜材料制成,是应变片的转换元件。电阻丝粘贴在绝缘的基底上,再在电阻丝上粘贴上覆盖层以保护电阻丝,两端焊接上引线。

图3.4中,l为栅长(标距),b为栅宽(基宽),$l×b$为应变片的使用面积。应变片的规格一般以使用面积和电阻值表示,如3 mm×20 mm,120 Ω。一般电阻应变片的标准电阻值有60,120,350,600,1 000 Ω等。其中,以120 Ω最常用。

③覆盖层

覆盖层用于保持电阻丝和引线的形状和相对位置，同时也保护电阻丝不被损坏及受潮。

④引线

引线是从应变片的电阻丝引出的细金属丝，通常采用直径为0.1~0.15 mm的镀锡铜线或扁带形的其他金属材料制成。引线材料一般要求电阻率低，电阻温度系数小，抗氧化性能好，易于焊接。

3）金属电阻应变片的分类

根据电阻应变片原材料形状和制造工艺的不同，应变片的结构形式有丝式、箔式和膜式3种。常见的丝式和箔式应变片形式如图3.5所示。

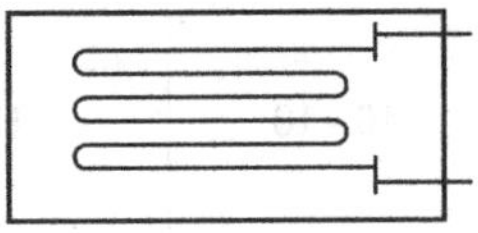

(a)丝绕式应变片

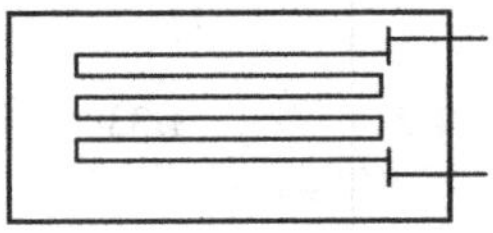

(b)短接式应变片

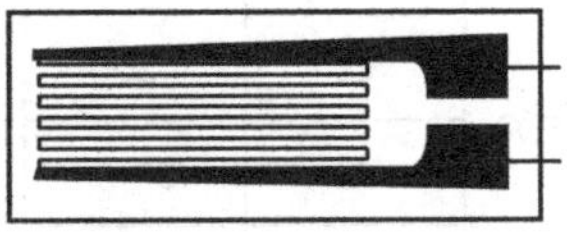

(c)一般箔式应变片

(d)测量切应变、扭转的应变片

(e)测量圆膜片应力的应变片

图3.5　常见的丝式和箔式应变片

①金属丝式应变片

金属丝式应变片有丝绕式和短接式两种。图3.5中，a表示的是丝绕式应变片，丝绕式应变片制作简单、性能稳定、成本低、易粘贴，但由于敏感栅的圆弧部分要参与变形，因此应变片的横向效应较大；图3.5中，b为短接式应变片，它的敏感栅平行排列，两端用直径比敏感栅直径大5~10倍的镀银丝短接而成，主要目的是为了克服横向效应。金属丝式应变片由于敏感栅上焊点较多，因此疲劳性能差，不适宜于长期的动应力测量。

②金属箔式应变片

金属箔式应变片的敏感部分通常是用照相制版或光刻法在厚度0.003~0.01 mm的金属箔片上制造，一般也做成栅状形式。金属箔的材料多采用康铜和镍铬合金。如今，绝大部分金属丝式应变片被金属箔式应变片取代，主要是因为箔式应变片具有以下一些优点：

a.由于采用光刻法，应变片的形状具有很大的灵活性，可制成多种形状复杂、尺寸准确的敏感栅，其栅长目前最小可以做到0.2 mm。

b.横向效应小。

c.散热条件好，允许电流大，提高了输出灵敏度。

d.蠕变和机械滞后小，疲劳寿命长。

e.生产效率高，便于实现自动化、批量生产。

③金属膜式应变片

金属膜式应变片是采用真空蒸镀、沉积或溅射等方法，在薄的绝缘基片上形成厚度小于0.1 μm的金属电阻材料薄膜的敏感栅，然后加上保护层。金属膜式应变片的优点主要如下：

a.当膜片很薄时，应变片的灵敏度系数很高。

b.由于膜式应变片不需要采用箔式应变片那样的腐蚀工序，因此，可采用耐腐蚀的高温金属材料制成耐高温应变片。

但由于目前在制造膜式应变片时还不能很好地控制膜层性能的一致性，因此，作为商品出售的膜式应变片还较少，大多是将膜层直接做在弹性元件上。

(2)**半导体应变片**

1)工作原理

半导体应变片的工作原理是基于半导体材料的压阻效应，即当单晶半导体材料沿某一轴向受到外力作用时，其电阻率随之发生变化的现象。

由式(3.6)可知，当金属材料受到外力作用时，其电阻的变化由两部分组成：一部分是由于变形引起的；另一部分是电阻率的变化引起的。由于金属材料的电阻率变化很小，因此可忽略不计。而对于半导体材料，由于电阻率的变化引起的电阻相对变化 $\lambda E\varepsilon$ 远远大于由于机械变形引起的电阻相对变化 $(1+2\mu)\varepsilon$，故由机械变形引起的电阻相对变化可忽略不计。因此，对半导体材料，在受到外力作用时，其电阻的相对变化为

$$\frac{\mathrm{d}R}{R} \approx \lambda E\varepsilon \tag{3.9}$$

则半导体材料的灵敏度系数 S_0 为

$$S_0 = \frac{\frac{\mathrm{d}R}{R}}{\varepsilon} = \lambda E \tag{3.10}$$

半导体材料的灵敏度系数比金属丝应变片大50~70倍。

由以上的分析可知，金属丝应变片是利用金属材料的形变引起电阻的变化，半导体应变片是利用半导体材料的电阻率变化引起电阻的变化。

典型的半导体应变片的构成如图 3.6 所示。单晶硅或单晶锗条作为敏感栅，连同引线端子一起粘贴在有机胶膜或其他材料制成的基底上，栅条与引线端子用引线连接。

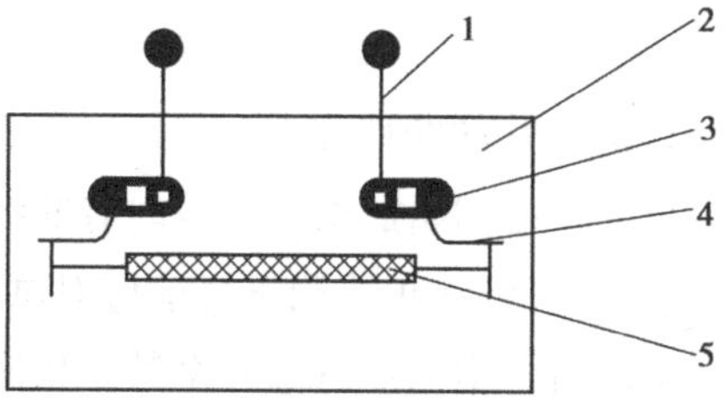

图 3.6　半导体应变片

1—外引线；2—胶膜衬底；3—焊接板；4—内引线；5—P-Si

表 3.3 列举了几种常见的半导体材料的特性。由表 3.3 可知,不同材料、不同的施加载荷的方向,半导体材料的灵敏度也不相同。

表 3.3 几种常用半导体材料的特性

材　料	电阻率 $\rho/(\Omega\cdot cm)$	弹性模量 $E/[\times10^{11}(N\cdot m^{-2}]$	灵敏度	晶　向
P 型硅	7.8	1.87	175	[111]
N 型硅	11.7	1.23	−132	[100]
P 型锗	15.0	1.55	102	[111]
N 型锗	16.6	1.55	−157	[100]
N 型锗	1.5	1.55	−147	[111]
P 型锑化铟	0.54		−45	[100]
P 型锑化铟	0.01	0.745	30	[111]
N 型锑化铟	0.013		74.5	[100]

2)半导体应变片的特点

半导体应变片的优点主要有:灵敏度高;分辨率高;机械滞后小;横向效应小;体积小。其缺点主要有:温度误差大,需要进行温度补偿或在恒温下使用;由于晶向、杂质等原因,其灵敏度离散度大;非线性误差大。

用半导体应变片制成的传感器也称为压阻传感器。

(3)应变片的性能指标

1)应变片的横向效应

类似于直杆受拉(压)时,若纵向产生应变 ε_x,则横向产生应变 $\varepsilon_y=-\mu\varepsilon_x$。$\varepsilon_x$ 使线材电阻增加(降低),ε_x 则使线材电阻降低(增加),因而横向将抵消纵向一部分电阻变化,使整个应变片的灵敏度降低,这种现象称为横向效应。当外力作用方向不同时,横向效应也将有不同的效果。为了表示应变片的横向效应,引入横向灵敏度的概念。优质应变片的横向灵敏度在 0.3% 以下。

2)应变片的线性和滞后

应变片在初始加载和卸载时有非线性和较显著的滞后现象。为降低新粘贴应变片的机械滞后和非线性,在正式测量之前应对试件进行 3 次以上的加卸载循环。

热滞后是指当从室温升至某一极限温度,或由极限温度降至室温时,在试件应变值恒定的条件下,应变片将产生热滞后现象。而应变片和试件的热膨胀系数不一样也会产生应变片的附加变形,出现热滞后。

3)零点漂移

零点漂移是指应变片在试件不受力的条件下,温度恒定,而应变片的指示应变值随时间而改变的特性。指示应变的最大值除以与之相应的时间即为零点漂移的指标。

4)蠕变

蠕变指应变片在某一恒定应变状态下,保持温度不变,其指示应变值随时间而变化的特性。在长时间持久测量时应特别注意。

5)应变极限

应变极限是指在特制的试件上进行,将试件拉伸,直至应变片的指示应变值降至等于试件真实应变的 90%时,即认为应变片已失去工作能力。这时,试件的真实应变即定为应变片的应变极限。其真实应变是用另外的测量系统测定的。

6)应变片的动态寿命和动态响应

动态寿命是指在某一交变应变幅度下,应变片所能经受的有效工作循环次数。

有效工作循环次数指的是不能连续测量,或测出的读数比开始时降低 5%以上时的循环次数。

动态寿命的鉴定由专门的设备进行。A 级规定为 10^7 次,B 级规定为 10^6 次。

动态响应:应变从试件传到线栅所需的时间是很短的[为$(1.5\sim2.5)\times10^{-7}$ s]。动态响应问题比较复杂,应变片的响应波形和实际情况相比有较大的畸变,无论是波幅、波形和持续时间都和原波形不一样。当应变片标距越大,脉冲持续时间越短,畸变也就越大。

3.2.2　变阻式传感器

(1)工作原理

变阻式传感器也被称为电位器式传感器(简称电位器)。这种传感器由电阻元件及电刷(活动触点)组成,通过滑动触点的移动改变电阻丝的长度,从而改变电阻值的大小,进而再将电阻值的变化转变成电流或电压的变化。常见的变阻式传感器有直线位移型、角位移型和非线性型,如图 3.7 所示。

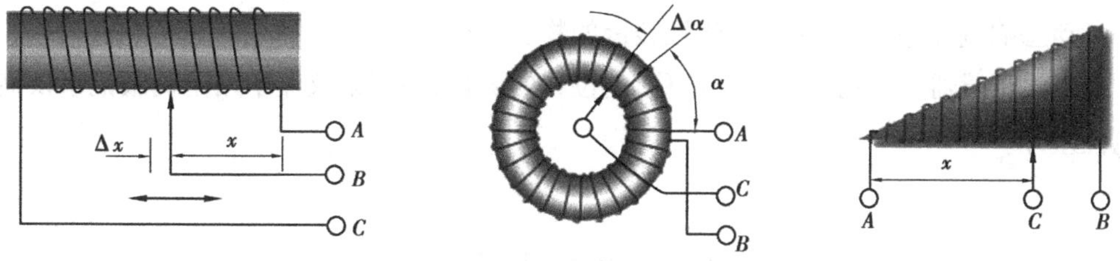

(a)直线位移型　(b)角位移型　(c)非线性型

图 3.7　变阻式传感器

图 3.7(a)为直线位移型变阻式传感器,滑动触点 C 沿变阻器移动,假设移动距离为 x,则 C 点与 A 点之间的电阻为

$$R = k_1 x \tag{3.11}$$

其灵敏度为

$$S = \frac{dR}{dx} = k_1 \tag{3.12}$$

式中　k_1——单位长度的电阻值。

当导线分布均匀时，k_1 为常数。此时，传感器的输出（电阻）和输入（位移）呈线性关系。

图 3.7(b) 为角位移型变阻式传感器，其电阻值随活动触点的转角而变化，假设活动触点的转角为 α(rad)，则其灵敏度为

$$S = \frac{dR}{d\alpha} = k_\alpha \tag{3.13}$$

式中　k_α——单位弧度所对应的电阻值。

图 3.7(c) 为一种非线性变阻式传感器，非线性变阻式传感器骨架的形状决定了传感器的输出。例如，当变阻器骨架形状为直角三角形时（见图 3.7(c)），传感器的输出为 kx^2；变阻器骨架形状为抛物线形时，其输出为 kx^3。其中，x 为活动触点移动距离，k 为传感器灵敏度。

(2) 变阻式传感器的特点及应用

1) 变阻式传感器的优点

①结构简单、尺寸小、质量轻，性能稳定。

②受环境因素（如温度、湿度、电磁场干扰等）影响小。

③可以实现输出-输入之间任意函数关系。

④输出信号大，一般不需要额外的放大器。

2) 变阻式传感器的缺点

①由于活动触点与电阻元件之间存在摩擦，因此需要较大的输入能量。

②由于受到电阻丝直径的影响，分辨力不高。要提高分辨力则需要使用更细的电阻丝，但绕制较困难，因此，变阻式传感器的分辨力很难小于 20 μm。

③变阻式传感器由于活动触点和电阻元件之间接触面变动和摩擦、尘埃附着等，会使活动触点在滑动过程中的接触电阻发生不规则的变化，从而产生噪声。

④动态响应较差，适合测量变化较缓慢的物理量。

变阻式传感器主要用来进行线位移、角位移的测量，在测量仪器中用于伺服记录仪器或电子电位差计。

3.3 电容式传感器

3.3.1 工作原理

电容式传感器采用电容器作为传感元件，将不同物理量的变化转换为电容量的变化，从物理学可知，由两个平行极板组成的电容器的电容量为

$$C = \frac{\varepsilon_0 \varepsilon A}{\delta} \tag{3.14}$$

式中　C——电容器电容量，F；

ε——极板间介质的相对介电常数，介质为空气时 $\varepsilon=1$；

ε_0——真空中介电常数，$\varepsilon_0=8.85\times10^{-12}$ F/m；

δ——极板间距离，m；

A——极板面积，m^2。

式(3.14)中，当输入信号使电容器的 A，δ 或 ε 的任一参数发生变化，都会使电容器的电容量 C 发生变化。只要保持其中两个参数不变，而仅改变另一个参数，这样就可把该参数的变化转换为电容量的变化。

3.3.2　电容式传感器的类型

根据电容器变化的参数，电容器可分为极距变化型电容器、面积变化型电容器和介质变化型电容器 3 类。

(1)极距变化型电容器

由式(3.14)可知，如果电容器的两极板相互覆盖面积 A 和极间介质 ε 保持不变，则当极距有一微小的变化量 $\mathrm{d}\delta$ 时，引起电容的变化量 $\mathrm{d}C$ 为

$$\mathrm{d}C = -\varepsilon\varepsilon_0 A \frac{1}{\delta^2}\mathrm{d}\delta$$

由此可得传感器的灵敏度为

$$S = \frac{\mathrm{d}C}{\mathrm{d}\delta} = -\varepsilon\varepsilon_0 A \frac{1}{\delta^2} \tag{3.15}$$

因此，极距变化型传感器灵敏度 S 与极距的平方成反比，极距越小，灵敏度越高。由于传感器的灵敏度随极距而变化，这将引起非线性误差。为了减小此误差，通常规定在较小的间隙变化范围内工作，以便获得近似线性关系。一般取极距变化范围约为 $\Delta\delta/\delta_0\approx0.1$。

实际应用中为提高极距变化型传感器的灵敏度，常采用差动式结构，如图 3.8 所示。差动式电容传感器中中间的极板为活动极板，该活动极板分别与两边的固定极板形成两个电容器 C_1 和 C_2。当中间极板向一个极板移动时，其中一个电容器 C_1 的电容因间距增大而减小，另一个电容器 C_2 因为间距减小而增大，则电容器总的电容变化为

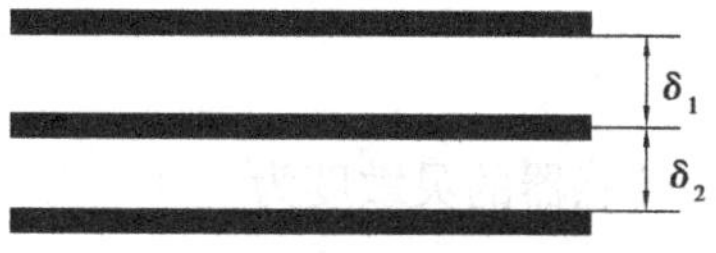

图 3.8　差动式电容传感器

$$\mathrm{d}C = C_1 - C_2 = -\frac{2\varepsilon_0\varepsilon A}{\delta^2}\mathrm{d}\delta$$

则其灵敏度为

$$S = \frac{dC}{d\delta} = -\frac{2\varepsilon_0 \varepsilon A}{\delta^2} \tag{3.16}$$

这种差动式电容传感器不仅提高了传感器的灵敏度，也相应地改善了测量线性度。

极距变化型电容传感器的优点是可进行动态非接触测量，对被测系统的影响小，灵敏度高，适合测量较小的位移(0.01 μm~数百微米)，测量范围最大可达到 1 mm；测量的频率范围为 0~10^5 Hz。但是，由于极距变化型电容传感器具有非线性特性，非线性误差为满量程的 1%~3%，传感器的杂散电容也对灵敏度和测量精确度有影响，与传感器配合使用的电子线路也比较复杂，因此其使用范围受到一定限制。

(2)**面积变化型电容传感器**

面积变化型电容传感器的工作原理是被测量使电容器极板的有效面积发生变化，进而电容发生变化。常见的面积变化型电容传感器有线位移型和角位移型。几种常见的面积变化型电容器传感器如图 3.9 所示。

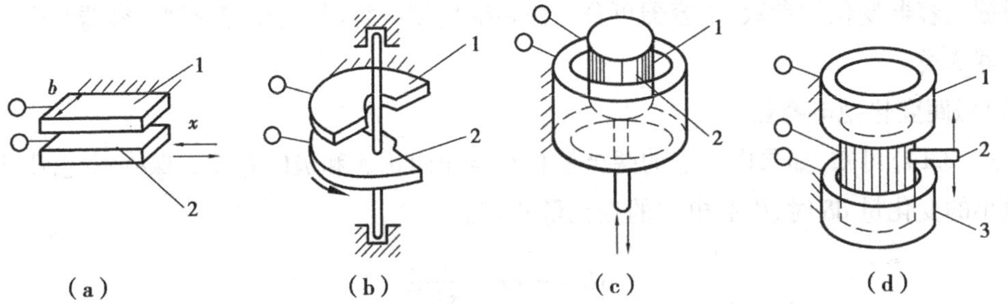

图 3.9　面积变化型电容传感器

1,3—固定极板；2—活动极板

图 3.9(a)是通过线性位移改变电容器极板面积。当活动极板在 x 方向有位移 Δx 时，极板面积的改变量为

$$\Delta A = b \cdot \Delta x \tag{3.17}$$

因此，电容器电容的改变量为

$$\Delta C = \frac{\varepsilon_0 \varepsilon b}{\delta} \Delta x \tag{3.18}$$

则该传感器的灵敏度为

$$S = \frac{\Delta C}{\Delta x} = \frac{\varepsilon_0 \varepsilon b}{\delta} \tag{3.19}$$

由此可知，传感器的灵敏度为常数，即输入-输出关系为线性。

由于平板型线位移电容传感器的可动极板沿极距方向稍有移动就会影响测量精度，故常做成圆柱形，如图 3.9(c)、(d)所示。其中，圆筒固定，圆柱在圆筒中移动。

圆柱形电容传感器的电容为

$$C = \frac{2\pi\varepsilon_0\varepsilon h_x}{\ln\frac{r_2}{r_1}} \tag{3.20}$$

式中　h_x——圆筒与圆柱覆盖部分长度；

r_1——圆柱外径；

r_2——圆筒内径。

当 h_x 发生变化 Δx 时，电容量的变化为

$$\Delta C = \frac{2\pi\varepsilon_0\varepsilon}{\ln\frac{r_2}{r_1}}\Delta x \tag{3.21}$$

则圆柱形电容传感器的灵敏度为

$$S = \frac{\Delta C}{\Delta x} = \frac{2\pi\varepsilon_0\varepsilon}{\ln\frac{r_2}{r_1}} \tag{3.22}$$

该灵敏度为一常数。

图 3.9(b)为角位移型电容传感器。当两极板之间的相对转角发生变化时，两极板之间的相对公共面积也发生变化。公共相对面积为

$$A = \frac{\alpha r^2}{2} \tag{3.23}$$

式中　α——公共相对面积对应的中心角(rad)；

r——半圆形极板半径。

当转角发生 $\Delta\alpha$ 的变化时，电容量的改变为

$$\Delta C = \frac{\varepsilon_0\varepsilon r^2}{2\delta}\Delta\alpha \tag{3.24}$$

则该传感器的灵敏度为

$$S = \frac{\Delta C}{\Delta\alpha} = \frac{\varepsilon_0\varepsilon r^2}{2\delta} \tag{3.25}$$

由此可见，传感器的灵敏度为一常数，即输出与输入之间呈线性关系。

由上述可知，面积变化型电容器的灵敏度为常数，输出与输入呈线性关系，主要用于测量位移、压力以及加速度等物理量。其缺点主要是电容器的横向灵敏度较大，且其机械结构要求十分精确，因此，相对于极距变化型电容器测量精度较低，适合于较大的角位移或线位移的测量。

(3)介质变化型电容传感器

介质变化型电容传感器可用来测量电介质的厚度、温度、湿度等。其相应的结构原理如图 3.10 所示。在两固定极板间有一个介质层，如纸张、塑料、纤维等通过，当介质层的厚度、温度、

湿度等发生变化时,其介电常数发生变化,从而引起电容量的变化。

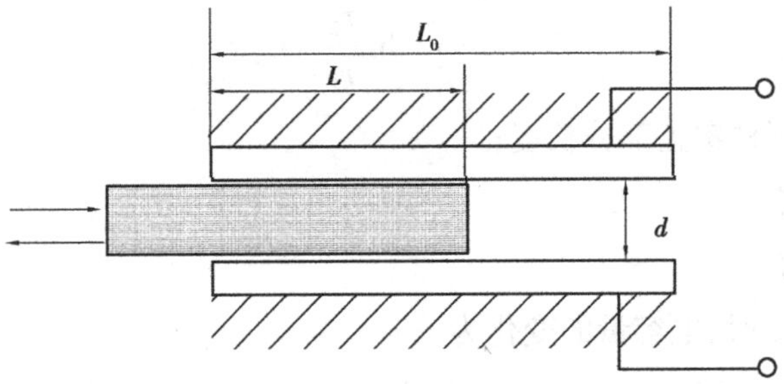

图 3.10 介质变化型电容传感器

在图 3.10 中,传感器若忽略边缘效应,则传感器的总电容量为

$$C = C_1 + C_2 = \varepsilon_0 b_0 \frac{\varepsilon_{r1}(L_0 - L) + \varepsilon_{r2} L}{d} \tag{3.26}$$

式中 b_0, L_0——固定极板的宽和长;

d——两固定极板间的距离;

L——被测物体进入极板间的长度;

ε_0——真空介电常数;

ε_{r1}——间隙中介质的相对介电常数;

ε_{r2}——被测物体相对介电常数。

当间隙中介质为空气,则 $\varepsilon_{r1}=1$,当 $L=0$ 时,传感器的初始电容为

$$C_0 = \frac{\varepsilon_0 \varepsilon_{r1} L_0 b_0}{d} = \frac{\varepsilon_0 L_0 b_0}{d} \tag{3.27}$$

当被测物体进入极间距离 L 后,电容的相对变化为

$$\frac{\Delta C}{C_0} = \frac{C - C_0}{C_0} = \frac{(\varepsilon_{r2} - 1) L}{L_0} \tag{3.28}$$

由此可见,电容器电容的变化与被测物体的移动距离 L 呈线性关系。

3.3.3 测量电路

电容式传感器将被测量的变化转换为电容的变化,但是电容式传感器输出的电容及电容变化量很小,一般需要适当的后续电路将其转换为电压、电流或频率信号。常用的电路有以下 4 种:

(1)变压器式交流电桥

电容器传感器所用的变压器式交流电桥测量电路如图 3.11 所示。电桥两臂 C_1, C_2 为差动式电容传感器的电容,另外两臂为交流变压器二次绕组阻抗的 1/2,即 L_1, L_2。电桥的输出为一调幅波,经放大、相敏检波、滤波后获得输出,再推动显示仪表。

(2)直流极化电路

直流极化电路又称为静压电容式传感器电路,多用于电容式传感器或压力传感器。其结

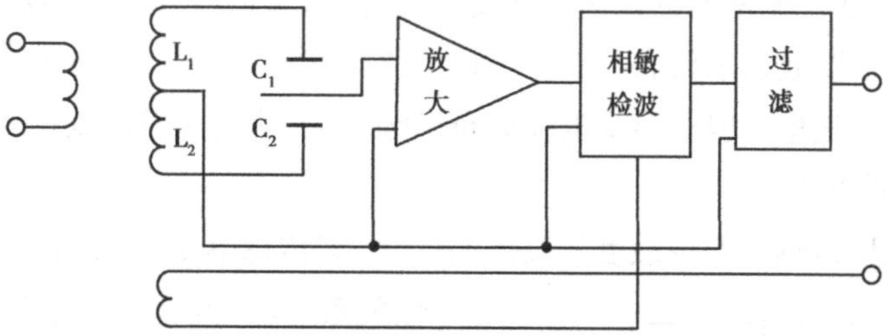

图 3.11　变压器式交流电桥测量电路

构如图 3.12 所示。弹性膜片在外力作用下发生位移，使电容器电容量发生变化，电容器接在具有直流极化电压 U_0 的电路中，电容的变化由高阻值电阻 R 转换为电压变化。由图 3.12 可知，电压输出为

$$U_g = RU_0 \frac{\mathrm{d}C}{\mathrm{d}t} = - RU_0 \frac{\varepsilon\varepsilon_0 A}{\delta^2} \frac{\mathrm{d}\delta}{\mathrm{d}t} \tag{3.29}$$

式中　A——两极板所覆盖的面积。

由式(3.29)可知，电路输出电压与膜片的运动速度成正比。因此，此种传感器可测量气流（或液流）的振动速度，进而得到压力。

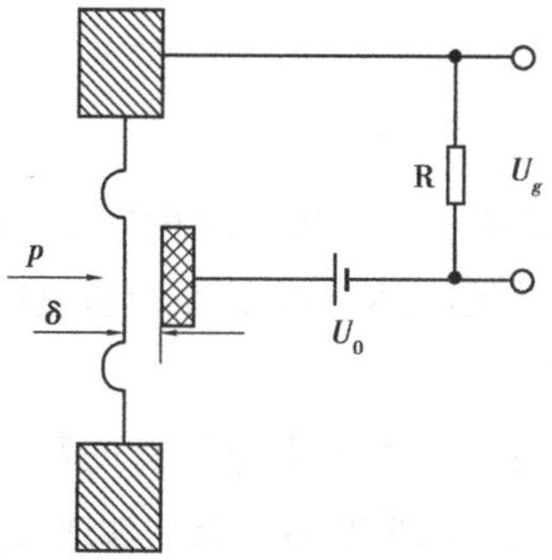

图 3.12　直流极化电路

(3)**调频电路**

调频电路结构如图 3.13 所示。传感器是电容式振荡器谐振回路的一部分，当输入量使传

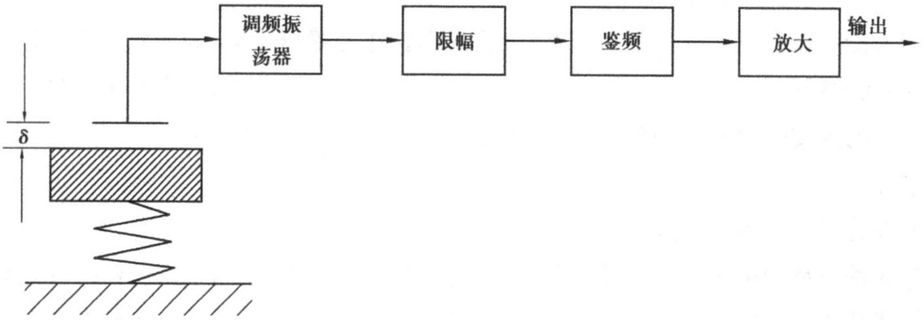

图 3.13　调频电路工作原理

感器电容量发生变化时，振荡器的振荡频率发生变化，频率的变化经过鉴频器变为电压变化，再经过放大后由记录器或显示仪表指示。这种电路具有抗干扰性强、灵敏度高等优点，能够测量 0.01 μm 的位移变化量。但电容受电缆分布影响较大，使用中需注意。

(4)**运算放大器电路**

由于极距变化型传感器的灵敏度随极距而变化，即传感器电容量的变化量与极距变化呈非线性关系，这使得电容式传感器的应用受到一定限制。若采用比例运算放大器电路可得到输出电压与极距变化的线性关系，运算放大器电路如图 3.14所示。输入阻抗采用固定电容 C_0，反馈阻抗采用电容式传感器的电容 C_x，根据比例器的运算关系，当激励电压为 U_0 时，输出电压为

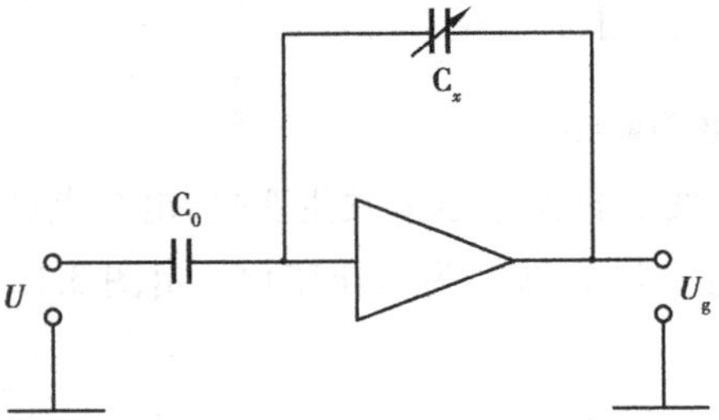

图 3.14　运算放大器电路

$$U_g = - U_0 \frac{C_0}{C_x} = - U_0 \frac{C_0\delta}{\varepsilon\varepsilon_0 A} \tag{3.30}$$

3.3.4　电容式传感器的特点与应用

(1)**电容式传感器的特点**

1)优点

①输入能量小且动态特性好

电容式传感器需要的作用能量极小并且可动质量很小，因而有较高的固有频率。同时，电容式传感器能在几兆赫兹的频率下工作，从而保证系统有良好的动态响应能力。

②电参量相对变化大且灵敏度高

电容式压力传感器电容的相对变化大于 100%，有的甚至可达到 200%，即电容式传感器的信噪比大，稳定性好。因此，可测量很小的力和振动加速度，而且很灵敏。

③本身发热影响小，有良好的零点稳定性

电容式传感器本身的损耗是非常小的，电容式传感器工作时变化的是极板的间距或覆盖面积，而电容变化不产生热量，因此，电容式传感器本身发热而引起的零漂可忽略不计。

④结构简单，能在恶劣环境下工作

电容式传感器常用无机材料如玻璃、石英或陶瓷作为绝缘支架，表面镀以金属作为极板即可，所以结构比较简单，可做得很小巧。由于电容式传感器不用有机材料和磁性材料，因此，可承受相当大的温度变化及各种辐射作用，可在恶劣环境中工作。

2)缺点

①电缆分布对电容影响大

不论何种类型的电容式传感器，其电容量都很小，一般只有几十皮法，有的甚至只有几皮法。而传感器与电子仪器之间的连接电缆却具有较大的电容。这不仅使传感器的电容相对变化量很小，灵敏度也降低。特别是当电缆本身放置的位置和形状不同，或因振动等原因，都会

引起电缆本身电容的较大变化，使传感器的输出不真实，给测量带来误差。

②非线性大

极距变化型电容传感器的输出与输入之间存在较大的非线性，采用差动式结构可以使非线性结构得到适当改善，但不能完全消除。如要消除非线性，可采用如图 3.14 所示的运算放大器电路。

（2）**电容式传感器的应用举例**

1）电容式物位计

电容式物位计的工作原理是利用介质液面或物位变化使电容器介电常数发生变化，进而电容发生变化。

如图 3.15 所示为介质变化型电容传感器测量液位。当被测液面高度发生变化时，两电极间浸入的液体高度也发生变化，引起电容量发生变化。电容为

$$C = \frac{2\pi\varepsilon_0(h - h_x)}{\ln\frac{r_2}{r_1}} + \frac{2\pi\varepsilon h_x}{\ln\frac{r_2}{r_1}} \tag{3.31}$$

图 3.16 为裸金属管电极电容式液位计结构示意图和等效电路图。由图 3.16 可知，该液位计的总电容相当于 3 个电容并联。其中，C_1 为不随液位变化的等效杂散电容，C_2 为液位上部介质与两个电极形成的电容，C_3 为被测介质与两个电极形成的电容，总电容 $C=C_1+C_2+C_3$。当液位发生变化时，C_2 和 C_3 发生变化，则总电容发生变化。

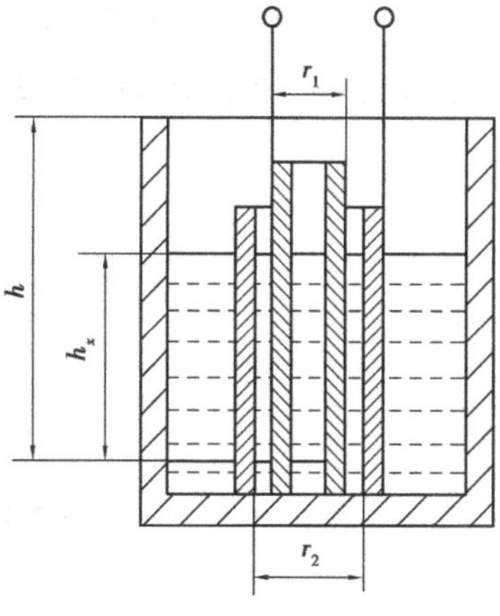

图 3.15　介质变化型电容传感器

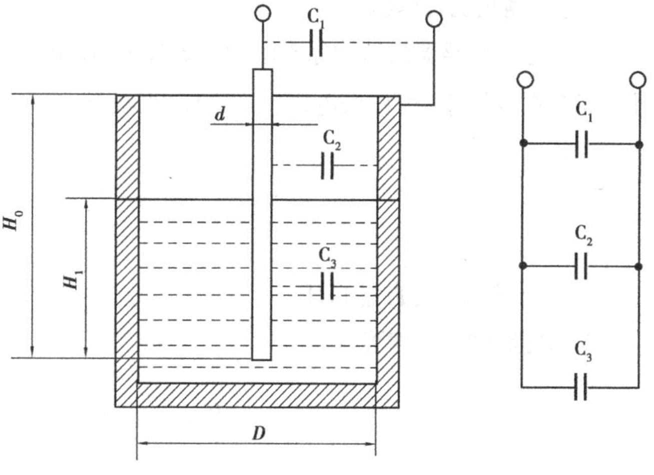

图 3.16　电容式液位计结构示意图及等效电路

2）电容式测厚仪

电容式传感器可用于测厚，如可测量金属带材在轧制过程中的厚度，原理如图 3.17 所示。工件极板与带材之间形成两个电容 C_1 和 C_2，总电容为 $C=C_1+C_2$。当金属带材在轧制过程中厚度发生变化时将引起电容器电容量的变化，通过检测电路可反映出这个电容量的变化，并将其转换，最终显示出带材的厚度。

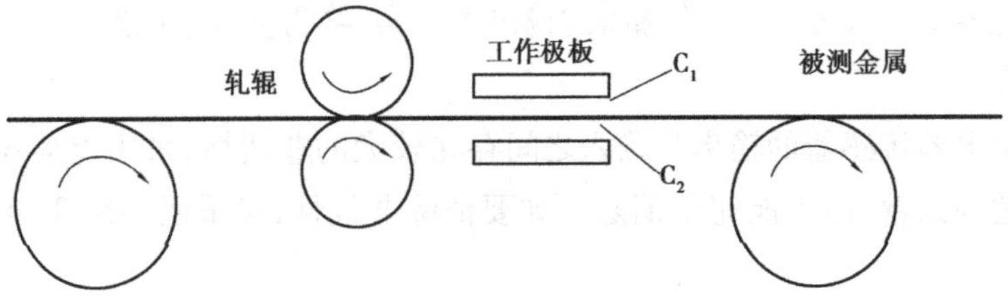

图 3.17　电容式测厚仪的工作原理

目前,电容式传感器已经广泛应用于位移、角度、压力、转速、速度、流量、液位、料位及成分等方面的测量。

3.4　电感式传感器

电感式传感器是利用电磁感应原理,将被测的非电量,如力、位移等,转换成电磁线圈自感或互感量变化的一种装置。按照不同的转换方式,电感式传感器可分为自感式和互感式两类。

3.4.1　自感式传感器

自感式传感器包括可变磁阻式传感器和涡流式传感器。

(1)可变磁阻式传感器

可变磁阻式传感器的结构原理图如图 3.18 所示,传感器由铁芯、线圈和衔铁组成,铁芯与衔铁之间存在空气隙 δ。根据电磁感应原理,当线圈中通以电流 i 时,将产生磁通 Φ_m,其大小与电流成正比,即

$$N\Phi_m = Li \tag{3.32}$$

式中　N——线圈匝数;

L——比例系数(自感),H。

又根据磁路欧姆定律可知

$$\Phi_m = \frac{Ni}{R_m} = \frac{F}{R_m} \tag{3.33}$$

式中　F——磁动势,A;

R_m——磁阻,H^{-1}。

由式(3.32)和式(3.33)可知,自感 L 为

$$L = \frac{N^2}{R_m} \tag{3.34}$$

对于如图 3.18 所示的传感器来说,当不考虑磁路的铁损,且气隙 δ 较小时,该磁路的总磁阻为

$$R_m = \frac{l}{\mu A} + \frac{2\delta}{\mu_0 A_0} \tag{3.35}$$

式中　l——铁芯的导磁长度，m；

μ——铁芯磁导率，H/m；

A——铁芯导磁截面积，m^2；

μ_0——空气磁导率；$\mu_0 = 4\pi\times10^{-7}$ H/m；

A_0——空气隙导磁横截面积，m^2。

式(3.35)中右边第一项为铁芯磁阻，第二项为气隙磁阻，铁芯磁阻比气隙磁阻小很多，可忽略不计，则总磁阻可近似为

$$R_m \approx \frac{2\delta}{\mu_0 A_0} \tag{3.36}$$

将式(3.36)代入式(3.34)，可得

$$L = \frac{N^2 \mu_0 A_0}{2\delta} \tag{3.37}$$

由式(3.37)可知，自感 L 与气隙导磁截面积 A_0 成正比，与气隙 δ 成反比。当 A_0 固定不变，气隙 δ 变化时，L 与 δ 呈非线性变化关系，如图 3.19 所示。传感器的灵敏度为

$$S = \frac{dL}{d\delta} = -\frac{N^2 \mu_0 A_0}{2\delta^2} \tag{3.38}$$

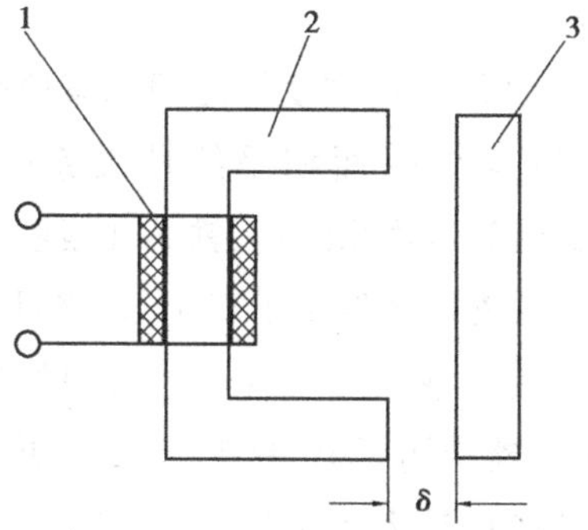

图 3.18　可变磁阻式传感器结构

1—线圈；2—铁芯；3—衔铁

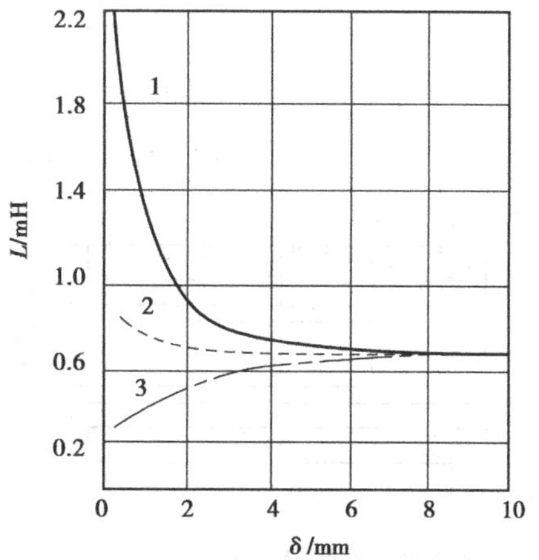

图 3.19　不同衔铁材料的自感与气隙关系曲线

1—铁氧体；2—软铁；3—黄铜

即可变磁阻式传感器的灵敏度与气隙的平方成反比，气隙越小灵敏度越高。由于气隙不是常数，会产生非线性误差，因此，这种传感器常规定在较小气隙变化范围内工作，常取 $\Delta\delta/\delta_0 \leqslant 0.1$。可变磁阻式传感器适合测量较小的位移，一般为 0.001~1 mm。

实际使用中，为了提高自感式电感传感器的灵敏度，增大其线性工作范围，常将两个结构相同的自感线圈组合在一起形成差动式自感传感器，如图 3.20 所示。

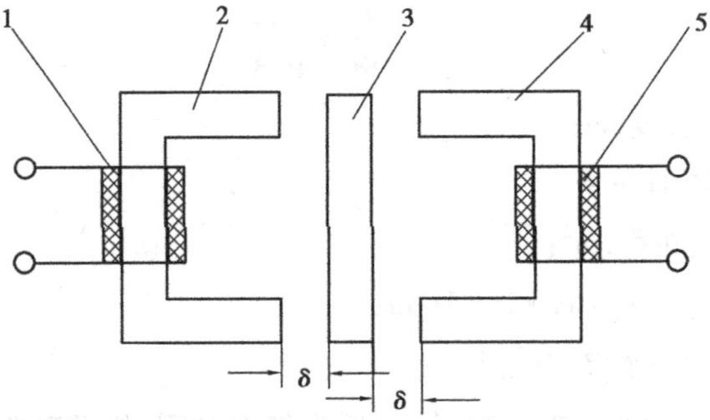

图 3.20　差动式自感传感器

1—线圈一;2—铁芯一;3—衔铁;4—铁芯二;5—线圈二

由式(3.37)可知,改变导磁面积 A_0 和线圈匝数 N 也可改变电感 L 的大小。如图 3.21 所示为几种常用的可变磁阻式电感传感器的结构形式。

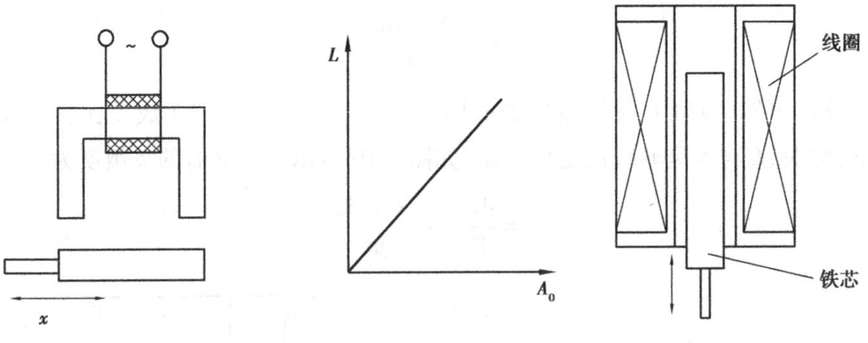

图 3.21　常用可变磁阻式电感传感器结构形式

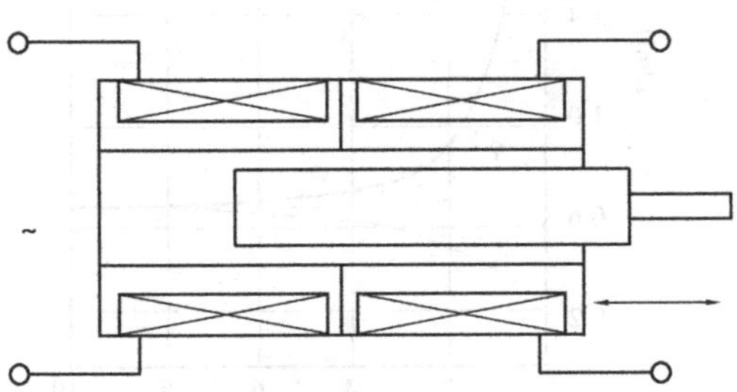

图 3.22　双螺线管线圈差动型传感器

图 3.21(a)是通过改变导磁面积来改变磁阻,其自感与导磁面积呈线性关系;图 3.21(b)是螺线管线圈型结构,铁芯在线圈中运动时,有效线圈匝数发生了变化,总磁阻发生变化,从而使自感发生变化。这种单螺线管线圈型传感器结构简单,制造容易,但灵敏度较低,适合测量较大的位移(几毫米)。螺线管线圈型结构也可做成由两个单螺线管线圈组成的差动型形式,如图 3.22 所示。与单螺线管线圈形式相比,差动型形式灵敏度更高,线性工作范围更宽,常被用于电感测微仪中,测量范围为 0~300 μm,最小分辨力为 0.5 μm。

(2)**涡流式传感器**

1)工作原理

涡流式传感器的工作原理是利用金属导体在交流磁场中的涡流效应,即当金属导体置于变化着的磁场中或者在磁场中运动时，金属导体内部会产生感应电流，由于这种电流在金属导体内是自身闭合的，故称为涡电流或涡流。

如图3.23所示，当一线圈靠近一金属导体，两者相距δ，当线圈中通以交变电流 i_1 时，会产生一磁场 H_1，同时产生交变磁通量 Φ_1。由于该交变磁通的作用，在金属导体表面内部会产生一感应电流 i_2，该电流即为涡流。由楞次定律可知，该涡流将产生一个反向磁场 H_2，同时产生反向的交变磁通 Φ_2。由于 Φ_2 与 Φ_1 方向相反，因此，Φ_2 将抵抗 Φ_1 的变化。由于该涡流磁场的作用，线圈的等效阻抗将发生变化。线圈阻抗的变化主要与线圈与金属导体之间的距离、金属导体的电阻率、磁导率、线圈的激励电流圆频率有关。因此，改变上述任意一个参数，都可改变线圈的等效阻抗，从而制作出不同的传感器。

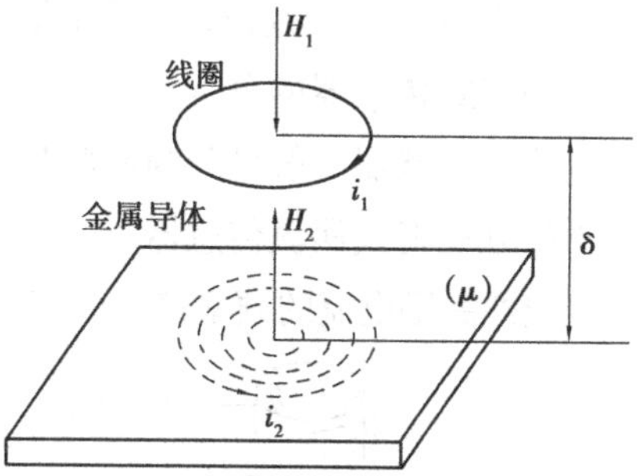

图3.23 涡流式传感器工作原理图

在金属导体中产生的涡流具有趋肤效应，也称集肤效应，即当交变电流通过导体时，分布在导体横截面上的电流密度是不均匀的，即表层密度最大，越靠近截面的中心电流密度越小的现象，如图3.24所示。涡流的衰减按指数的规律进行，即

$$J_x = J_0 e^{-x\sqrt{\pi f \mu \sigma}} \tag{3.39}$$

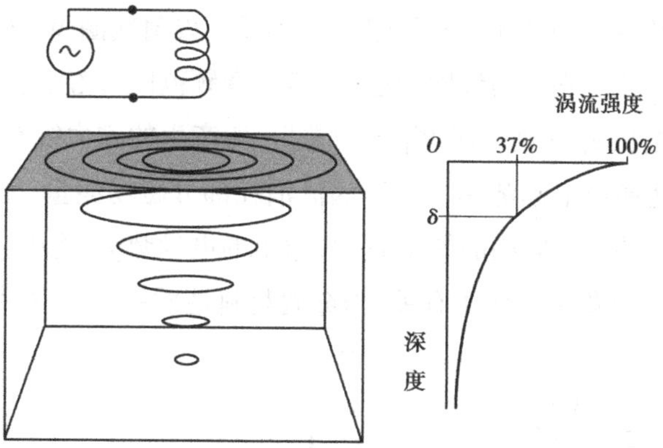

图3.24 涡流的趋肤效应

式中 J_x——距金属导体表面 x 深处的涡流强度；

J_0——金属导体表面的涡流强度；

x——金属导体内部到表面的距离，m；

f——线圈激励电流频率，Hz；

μ——金属导体的磁导率，H/m；

σ——金属导体的电导率，S/m。

将涡流强度衰减为其表面密度的1/e，即36.8%时对应的深度定义为渗透深度，则渗透深度为

$$h=\frac{1}{\sqrt{\pi f\mu\sigma}} \tag{3.40}$$

由式(3.40)可知,渗透深度与线圈激励电流频率成反比,即激励电流频率越高,渗透深度越小。

2)涡流式传感器的分类

涡流式传感器一般可分为高频反射式和低频透射式两种。

①高频反射式涡流传感器

当线圈激励电流的频率较高(大于1 MHz),产生的高频磁场作用于金属导体的表面,由于趋肤效应,在金属导体的表面形成涡流,该涡流产生的交变磁场反作用于线圈,使线圈阻抗发生变化,其变化与线圈到金属导体之间的距离、金属导体的电阻率、磁导率、线圈的激励电流圆频率有关。若保持其他参数不变而改变金属导体到线圈的距离,则可以将金属导体到线圈之间的距离(即位移)的变化转换为线圈阻抗的变化,通过测量电路可以将其转换为电压输出。高频反射式涡流传感器多用于位移测量,如图3.25所示。

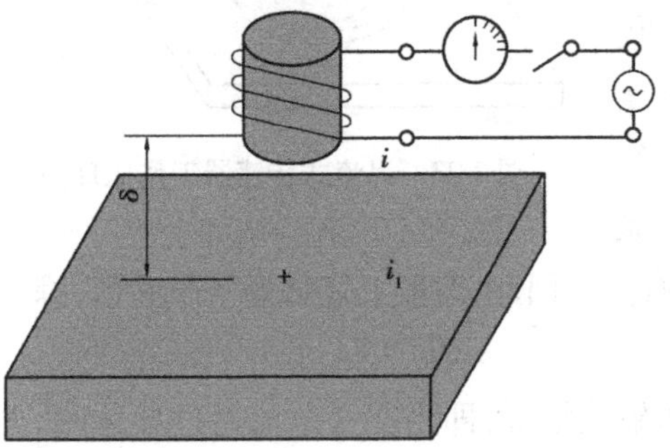

图3.25　高频反射式涡流传感器原理

②低频透射式涡流传感器

低频透射式涡流传感器的工作原理如图3.26所示。发射线圈 W_1 和接收线圈 W_2 分别位于被测金属导体材料两侧。在发射线圈中通以低频(音频范围)激励电流,由于激励电流频率较低,渗透深度大,当电压 e_1 加到线圈 W_1 的两端后,所产生的磁力线有一部分透过金属导体G,使接收线圈 W_2 产生感应电动势 e_2。由于涡流消耗部分磁场能量,使感应电动势 e_2 减少,当金属导体材料G厚度越大,损耗的能量越大,输出的电动势 e_2 越小。因此,感应电动势 e_2 的大小与金属导体的厚度及材料性质有关,当金属材料性质一定时,根据 e_2 的变化即可测量出金属导体的厚度。

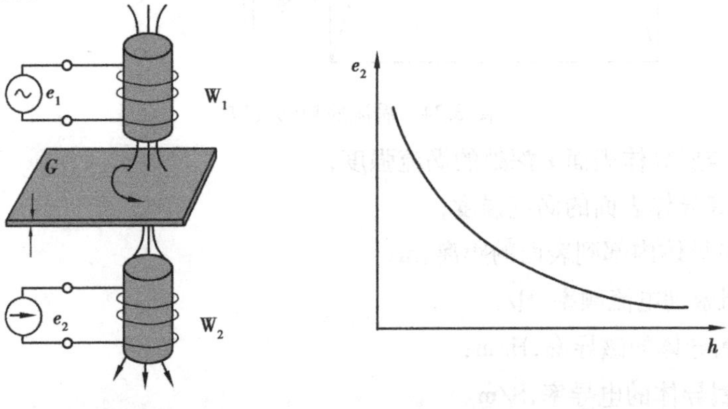

(a)结构原理图　(b)感应电动势与材料厚度关系曲线

图3.26　低频透射式涡流传感器

3）涡流式传感器的应用

涡流式传感器可用于动态非接触式测量，其测量范围和精度取决于传感器的结构尺寸、线圈匝数以及激励电流频率等因素。其测量范围为0~30 mm，最高分辨力可达0.05 μm，线性度误差为1%~3%。涡流式传感器结构简单、使用方便、不受油污等介质的影响，频率响应范围宽（$0\sim10^4$Hz）。涡流式传感器主要用于以下4个方面的测量：

①利用金属导体位移δ做变换量，可制成测量位移、厚度、振动、转速等传感器，也可制成接近开关、计数器等，如图3.25、图3.26所示。

②利用金属导体电阻率作变换量，可制成温度测量、材质判别等的传感器。

利用涡流传感器测温的基本原理是导体的电阻率随着温度的变化而变化，一般情况下，导体电阻率与温度的关系在小范围内满足公式：

$$\rho_t=\rho_0[1+\alpha(t-t_0)] \tag{3.41}$$

式中　ρ_t,ρ_0——温度为t和t_0时导体的电阻率；

α——导体的电阻温度系数。

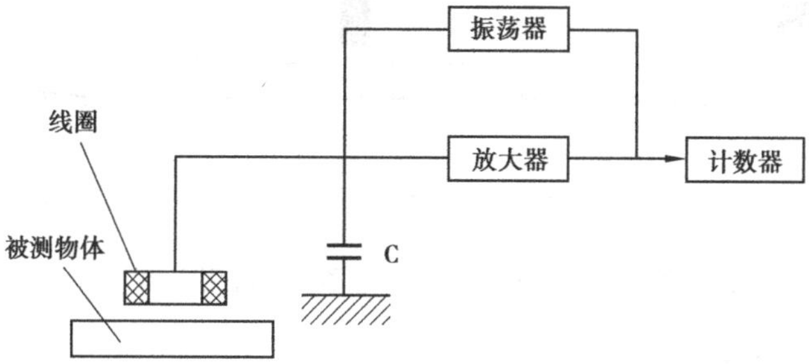

图3.27　电涡流温度计结构示意图

当导体的电阻率随温度的变化发生变化时，涡流传感器的输出也发生变化，并且这个变化正比于温度的变化。如图3.27所示为一种电涡流测温计的结构示意图。测量时，保持线圈与被测物体的距离不变，导体的磁导率不变，线圈与电容器C组成LC谐振回路，用计数器来记录输出的振荡频率。涡流测温典型的应用如在钢板表面处理作业线中钢板温度的测量，由于钢板表面涂敷材料的影响，若采用高温辐射计测量必须对辐射率进行修正，而涡流传感器则不受金属表面的涂料、油、水等物质的影响。图3.28列出了几种金属材料的温度特性，从图3.28可以看出，铁磁性材料，如铁的温度敏感度较大，而铝、铜等非磁性材

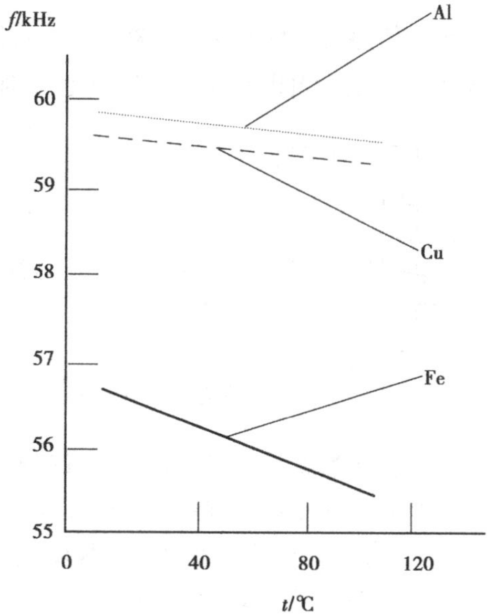

图3.28　几种材料的温度特性

料的温度敏感度较小。因此,这种利用电阻率随温度变化来测温的方法仅适用于铁磁性材料。

③利用金属导体磁导率做变换量,可制成测量应力、硬度等的传感器。

④利用金属导体位移、电阻率、磁导率的综合影响,可以制成探伤装置。

如图 3.29 所示为涡流式传感器的工程应用实例。

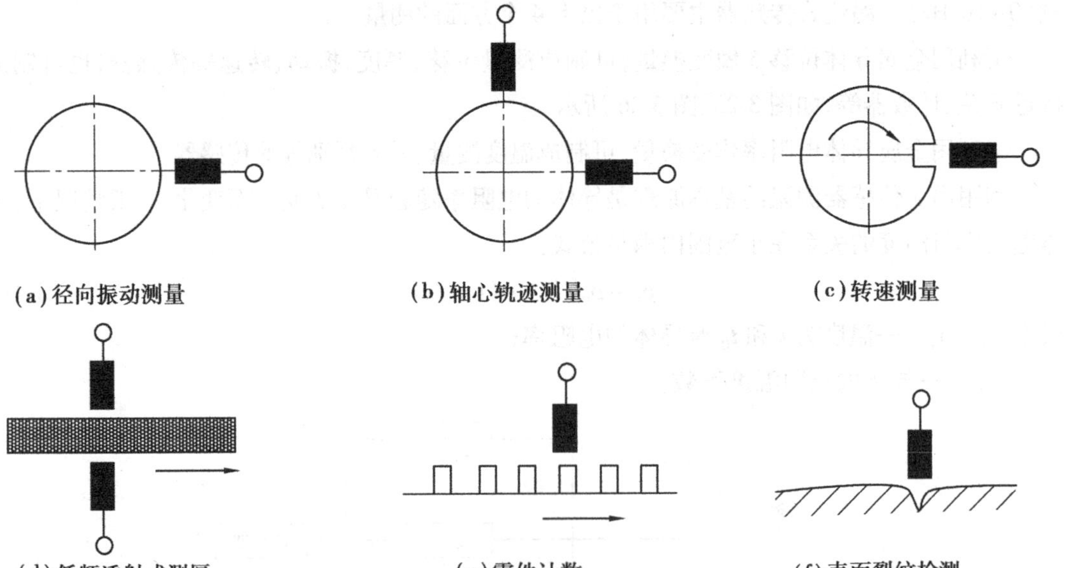

(a)径向振动测量　(b)轴心轨迹测量　(c)转速测量

(d)低频透射式测厚　(e)零件计数　(f)表面裂纹检测

图 3.29　几种涡流式传感器工程应用实例

3.4.2　互感式传感器

(1)工作原理

互感式传感器也称差动变压器式电感传感器,其基本原理是利用电磁感应中的互感现象。如图 3.30 所示,当线圈 W_1 输入交流电流 i 时,在线圈 W_2 中会产生感应电动势 e_{12},其大小正比于电流 i 的变化率,即

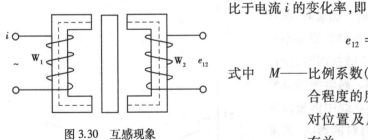

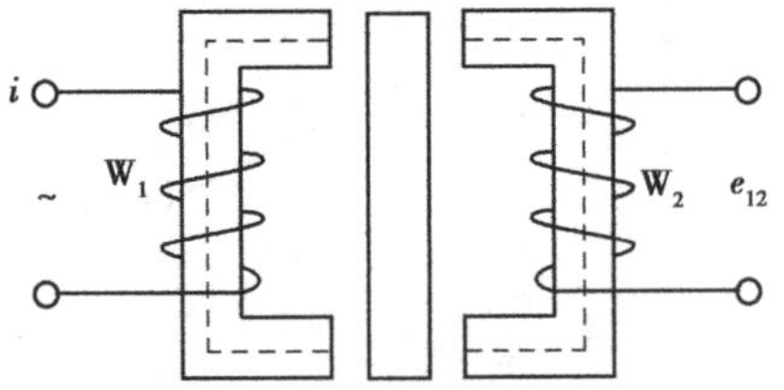

图 3.30　互感现象

$$e_{12} = -M\frac{di}{dt} \tag{3.42}$$

式中　M——比例系数(互感),H,是两线圈之间耦合程度的度量,其大小与两线圈的相对位置及周围介质的磁导率等因素有关。

互感式传感器就是利用互感现象将被测的位移或转角转换为线圈互感的变化,这种传感器实质上是一个变压器。传感器的初级线圈 W_1 接入稳定的交流激励电源,次级线圈 W_2 被感应而产生对应的输出电压,当被测参数使互感 M 发生变化时,输出电压也随之变化。由于次级线圈常采用两个线圈组成差动型,故这种传感器也被称为差动变压器式传感器。

(2)**结构形式**

差动变压器式传感器的结构形式较多,以螺管线圈形差动变压器居多。其工作原理如图 3.31 所示。传感器由线圈和衔铁组成。线圈包括一个一次绕组和两个反接的二次绕组。当一次绕组输入交流励磁电时,一般交流电压为 3~15 V,频率为 60~20 000 Hz,二次绕组中将产生感应电动势 e_1 和 e_2。由于两个二次绕组是极性反接,因此,传感器的输出电压为两者电压之差,即 $e_0=e_1-e_2$。衔铁的移动能改变线圈之间耦合程度,输出电压 e_0 也将随之改变。

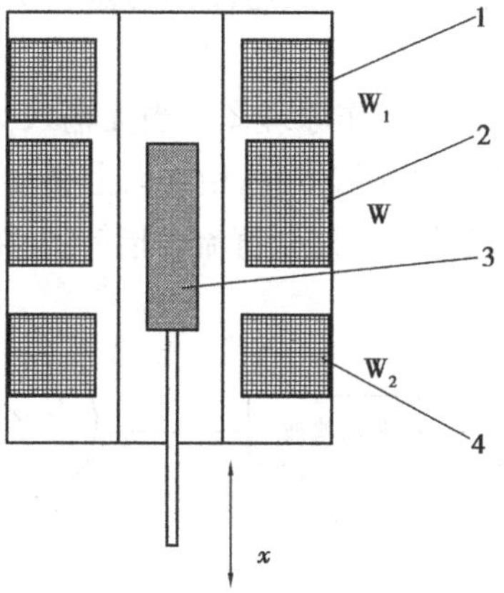

(a)工作原理图

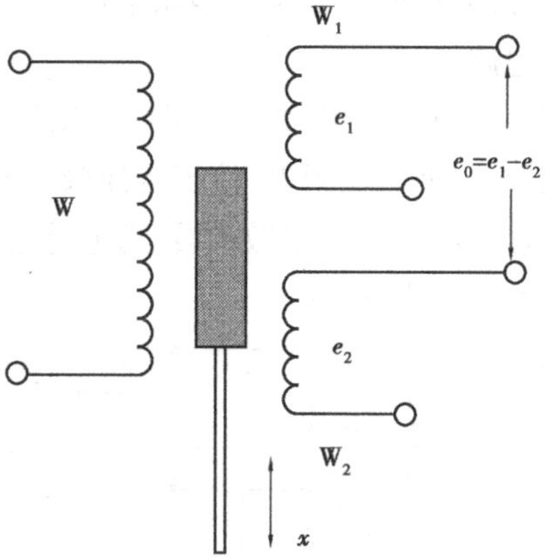

(b)等效电路图

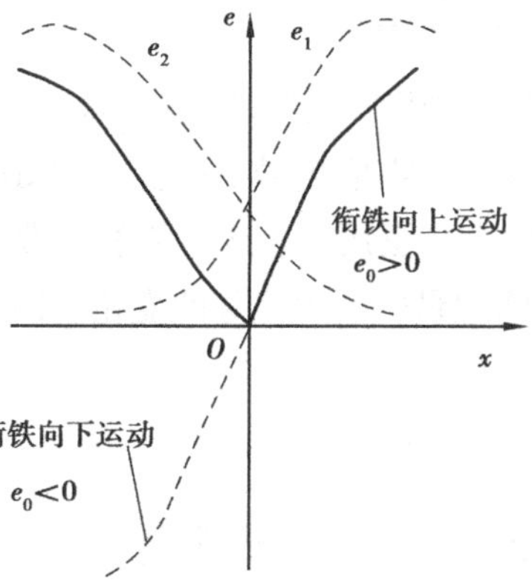

(c)输出特性

图 3.31　差动变压器式传感器

1—次级线圈 1;2—初级线圈;3—衔铁;4—次级线圈 2

由图 3.31(b)可知,当衔铁处在中间位置时,由于两线圈互感相同,即 $M_1=M_2$,$e_1=e_2$,则 $e_0=0$;当衔铁向上移动时,则 $e_1>e_2$,此时 $e_0>0$;当衔铁向下移动时,$e_1<e_2$,则 $e_0<0$。当衔铁的位置往复变化时,其输出电压也随之变化,其输出特性如图 3.31(c)所示。由图 3.31 可知,衔铁偏离中心位置越大,输出电压 e_0 越大。

(3)**测量电路**

差动变压器式传感器输出电压是交流量,其幅值与衔铁位移成正比,输出电压若用交流电压表表示,输出值就只能反映衔铁位移的大小,而不能反映移动的方向性。同时,当衔铁位于中间位置时,差动变压器式传感器的输出电压也不为零,而是一个较小电压值,称为零点残余电压。零点残余电压的产生主要是因为两个次级线圈结构不对称,以及初级线圈铜损电阻、铁磁质材料不均匀,线圈间分布电容影响等。因此,差动变压器式传感器需采用测量电路来反映衔铁位移的方向,同时补偿零点残余电压。一般采用差动直流输出电路作为差动变压器式传感器的测量电路。

图 3.32 为一种用于小位移测量的差动相敏检波电路的工作原理图。当无输入信号时,衔铁处于中间位置,调节电阻 R,使零点残余电压最小;当有输入信号时,衔铁向上移动或向下移动,其输出电压经放大器、相敏检波、低通滤波后得到直流输出,根据直流表指针的移动来指示输入位移的大小和方向。

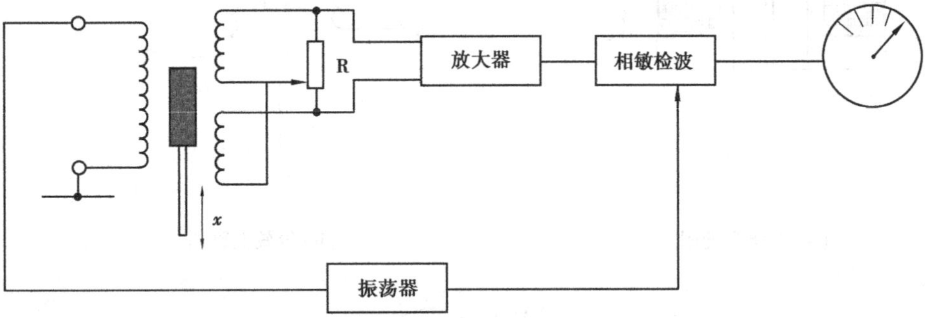

图 3.32　差动相敏检波电路工作原理

差动变压器式传感器的特点是测量精度高,可达 0.1 μm 量级,线性量程大,可达±100 mm,以及稳定性好、使用方便等,广泛用于直线位移的测量,也可用于转角的测量。借助于弹性敏感元件可将压力、质量等物理量转换为位移的变化。因此,这类传感器也可用于压力、质量的测量。

3.5　磁电式传感器

磁电式传感器是将被测量转换为感应电动势的一种传感器,又称为磁感应式传感器或电动力式传感器。

由电磁感应定律可知,当穿过匝数为 N 的线圈的磁通 Φ 发生变化时,线圈中产生的感应电动势为

$$e = -N\frac{\mathrm{d}\Phi}{\mathrm{d}t} \tag{3.43}$$

即线圈中感应电动势的大小取决于线圈的匝数以及穿过线圈的磁通变化率,而磁通变化率又

与施加的磁场强度、磁路磁阻以及线圈相对于磁场的运动速度有关。因此,改变上述因素中的任意一个都会导致线圈中产生的感应电动势发生变化,从而得到相应的不同结构形式的磁电式传感器。

磁电式传感器一般可分为动圈式、动铁式和磁阻式 3 类。

3.5.1　动圈式和动铁式传感器

(1)工作原理

动圈式传感器如图 3.33(a)所示。动铁式传感器如图 3.33(b)所示。图 3.33(a)、(b)为线位移式的,图 3.33(c)为角位移式的。

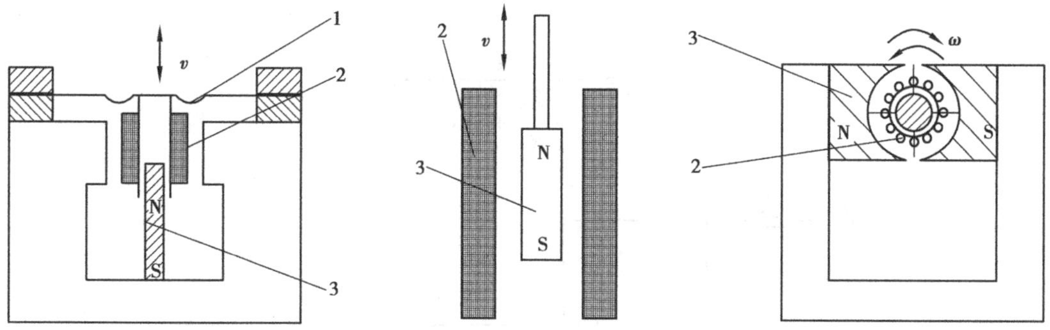

(a)线位移型动圈式传感器　(b)线位移型动铁式传感器　(c)角速度型动圈式传感器

图 3.33　动圈式传感器和动铁式传感器

1—弹性膜片;2—线圈;3—磁铁

由图 3.33(a)可知,当弹性膜片感受到某一速度时,线圈就在磁场中做直线运动,切割磁力线,产生的感应电动势为

$$e = NBlv \sin \theta \tag{3.44}$$

式中　N——有效线圈匝数(在均匀磁场内参与切割磁力线的线圈匝数);

B——磁场的磁感应强度,T;

l——单匝线圈的有效长度,m;

v——线圈在敏感方向相对于磁场的速度,m/s;

θ——线圈运动方向与磁场方向的夹角。

当线圈运动方向与磁场方向垂直时,$\theta=90°$,感应电动势为

$$e = NBlv \tag{3.45}$$

因此,当传感器的结构参数一定,即 B,l,N 为定值时,感应电动势的大小正比与线圈的运动速度 v。由于传感器直接测量到线圈的运动速度,故这种传感器也被称为速度传感器。根据位移、加速度与速度的关系,此速度传感器也可用来测量运动物体的位移和加速度。

图 3.33(c)为角速度型动圈式传感器,当线圈在磁场中转动时,所产生的感应电动势为

$$e = kNBA\omega \tag{3.46}$$

式中 k——系数，取决于传感器结构，$k<1$；

A——单匝线圈的截面，m^2；

ω——线圈转动的角速度。

由式(3.46)可知，当线圈结构确定，感应电动势的大小与线圈相对于磁场的转动角速度成正比，因此，用这种传感器可测量物体的转速。

(2)**等效电路**

将传感器中线圈产生的感应电动势通过电缆与电压放大器连接时，其等效电路如图 3.34 所示。图 3.34 中，e 为发电线圈的感应电动势，Z_0 为线圈阻抗，R_L 为负载电阻(放大器输入电阻)，C_C 为电缆导线的分布电容，R_C 为电缆导线的电阻，R_C 很小，可忽略，则等效电路中的输出电压为

$$U_L = \frac{e}{1 + \frac{Z_0}{R_L} + j\omega C_C Z_0} \tag{3.47}$$

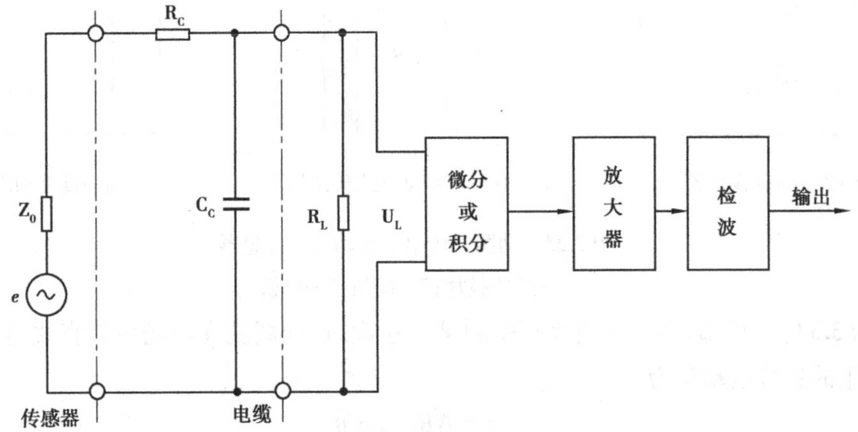

图 3.34 动圈磁电式传感器等效电路

如果不是采用特别加长的电缆，C_C 可以忽略不计。同时，如果 R_L 远远大于 Z_0，则式(3.47)可简化为 $U_L \approx e$。

感应电动势经过放大、检波后即可推动指示仪；若经过微分或积分电路，则可得到运动物体的加速度或位移。

3.5.2 磁阻式传感器

磁阻式传感器的线圈与磁铁彼此不作相对运动，由运动着的物体(导磁材料)改变磁路的磁阻，从而引起磁力线增强或减弱，使线圈产生感应电动势。磁阻式传感器是由永久磁铁及缠绕其上的线圈组成。其工作原理及应用实例如图 3.35 所示。

图 3.35(a)可以测量旋转体频率，当齿轮旋转时，齿的凹凸引起磁阻变化，使磁通量发生变化，在线圈中感应出交流电动势。齿轮的频率就等于齿轮的齿数乘以转速。

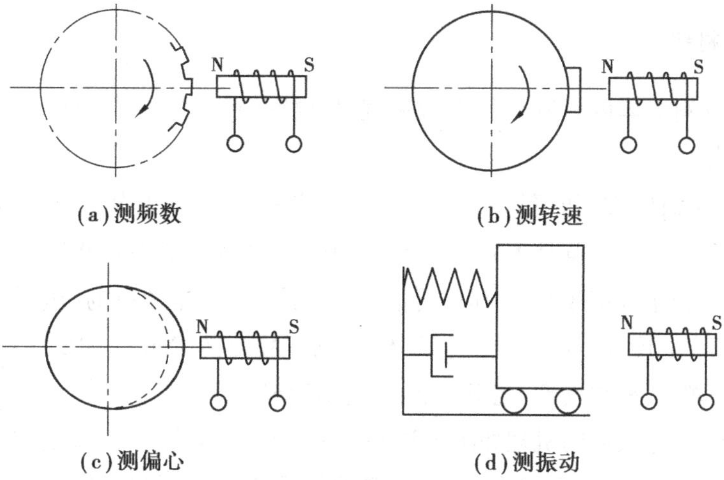

图3.35　磁阻式传感器工作原理及应用实例

磁阻式传感器使用方便、结构简单,可用来测量转速、偏心量以及振动的位移、速度、加速度等。

3.6　压电式传感器

3.6.1　工作原理

压电式传感器是利用某些材料的压电效应进行工作的。压电效应指的是某些物质,如石英、钛酸钡等晶体,在受到外力作用产生形变时,在一定表面上会产生电荷,当去掉外力后又重新回到不带电的状态的现象,也被称为正压电效应;反之,如果在这些物质的极化方向上施加电场,这些物质就会在一定的方向上产生机械变形或机械应力,当外加电场去掉时,变形和应力也消失,这种现象被称为逆压电效应,也称电致伸缩现象。

压电效应和逆压电效应都是线性的,即在外力作用下,晶体表面出现的电荷多少和形变的大小成正比,当形变改变符号时,电荷也改变符号;在外电场作用下,晶体形变大小与电场强度成正比,当电场方向改变时,形变将改变符号。以石英晶体为例,当晶片在电轴 x 方向受到压应力 σ_{xx} 作用时,切片在厚度方向产生形变并极化,极化强度 P_{xx} 与应力 σ_{xx} 成正比,即

$$P_{xx} = d_{11}\sigma_{xx} = d_{11}\frac{F_x}{lb} \tag{3.48}$$

式中　d_{11}——石英晶体在 x 方向力作用下的压电常数,石英晶体的 $d_{11} = 2.3\times10^{-12}\mathrm{C \cdot N^{-1}}$;

F_x——沿晶轴 O_x 方向施加的压力;

l——切片的长;

b——切片的宽。

3.6.2 压电材料

常用的压电材料大体可分为 3 类:单晶陶瓷、压电陶瓷和有机压电薄膜。

(1)**单晶陶瓷**

压电单晶为单晶体,常用的有 α-石英(SiO_2)、铌酸锂($LiNbO_3$)、钽酸锂($LiTaO_3$)等。石英是应用最广的压电单晶。石英晶体分为天然石英和人造石英。石英价格便宜、机械强度较好、时间稳定性及温度稳定性都较好,但压电常数较小。其他的压电单晶的压电常数较大,为石英的 2.5~3.5 倍,但价格较贵。水溶性压电晶体,如酒石酸钾钠($NaKO_4H_4O_5 \cdot 4H_2O$)虽然压电常数较高,但易受潮、机械强度低、电阻率低、性能不稳定。

石英晶体产生压电效应的机理如图 3.36 所示。石英晶体是一种二氧化硅(SiO_2)结晶体,在每个晶体单元中,它具有 3 个硅原子和 6 个氧原子,而氧原子是成对靠在一起的。每个硅原子带 4 个单位正电荷,每个氧原子带两个单位负电荷。在晶体单元中,硅、氧原子排列成六边形,产生的极化效应互相抵消,故整个晶体单元呈中性。如图 3.36(a)所示,沿 x 轴方向施加力 F_x 时,单元中,硅、氧原子排列的平衡性被破坏,晶体单元被极化,在垂直于 F_x 的两个表面上分别产生正、负电荷,这即是纵向效应;如图 3.36(b)所示,沿 y 轴方向施加 F_y 时,也会引起晶体单元变形而产生极化现象,在与图 3.36(a)情况相同的两个面,即垂直于 x 轴的两个晶面上产生电荷,但是电荷的极性与图 3.36(a)的情况相反,这便是横向效应。由图 3.36 可知,当施

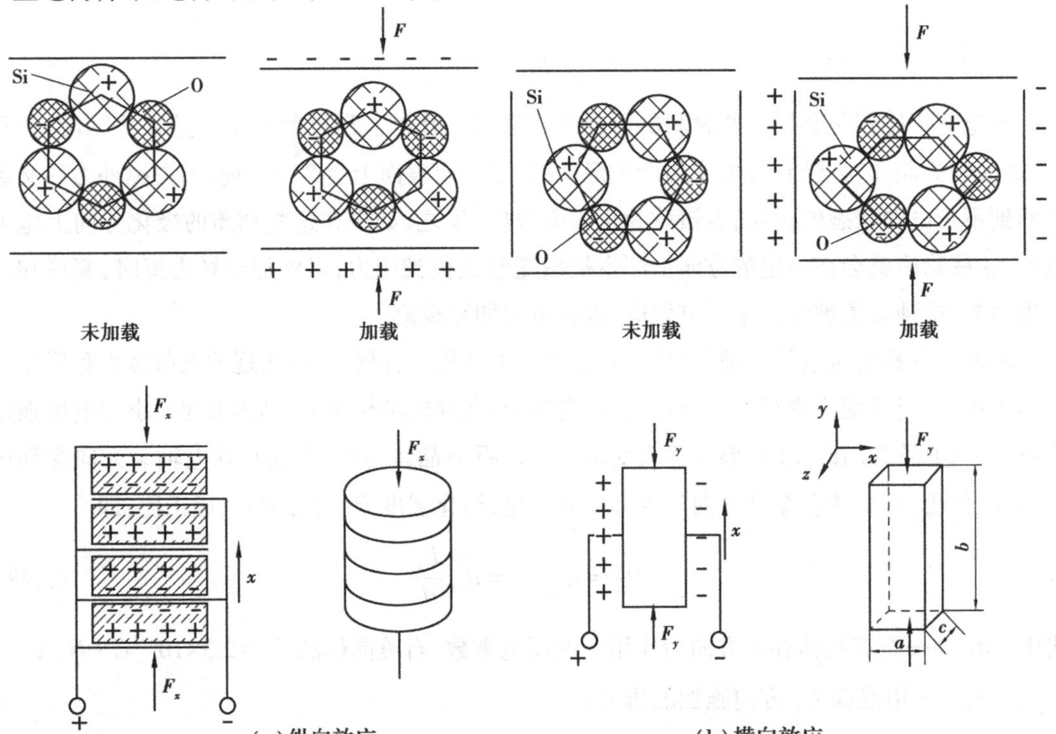

(a)纵向效应　　(b)横向效应

图 3.36　石英晶体压电效应

加反向的力(拉力)时,产生的电荷极性相反。另外,由于原子排列沿 z 轴的对称性,因此,在 z 轴施加作用力不会使晶体单元极化。

在产生电荷的两个面上镀上金属形成电极,便可将产生的电荷引出用于测量等用途。图3.36中分别列出了纵向和横向效应下典型的引线连接方式和形成的传感器形式。

(2)**压电陶瓷**

压电陶瓷是现代声学技术和传感技术中应用最普遍的压电材料。压电陶瓷由许多铁电体的微晶组成,微晶再细分为电畴,因此,压电陶瓷是由许多畴形成的多畴晶体。当压电陶瓷受到机械应力时,它的每一个电畴的自发极化都会发生变化,但由于电畴的无规则排列,因而在总体上不体现电性,没有压电效应。为了获得材料形变与电场呈线性关系的压电效应,在一定温度下对其进行极化处理,即利用强电场(1~4 kV/mm)使其电畴规则排列,呈现压电性。极化电场去除后,电畴取向保持不变,在常温下可呈压电性。

常用的压电陶瓷有钛酸钡($BaTiO_3$)、锆钛酸铅(PTZ)、铌酸镁铅(PMN)等。压电陶瓷压电常数比压电单晶高很多,一般是石英的数百倍,并且压电陶瓷制作方便、成本低。因此,目前大多数的压电元件都采用的是压电陶瓷。

(3)**有机压电薄膜**

有机压电薄膜是一种高分子薄膜,它的压电特性不太好,但易于大批量生产,并且面积大、柔软不易破碎,常用于微压测量和机器人的触觉。最常见的有机压电薄膜是聚偏二氟乙烯(PVDF)。

表3.4列出了常用压电材料的主要性能指标。

表3.4　常用压电材料的主要性能指标

压电材料	石　英	钛酸钡	锆钛酸铅	聚偏二氟乙烯
压电系数/($pC \cdot N^{-1}$)	(d11)2.31	(d31)−78 (d33)190	(d31)−185~−100 (d33)200~600	(d33)6.7
相对介电常数	4.5	1 200	1 000~2 100	5
居里点温度/℃	575	115	180~350	120
密度/($kg \cdot m^{-3}$)	2 650	5 500	7 500	5 600

3.6.3　等效电路

为了测量压电晶片两个工作面上产生的电荷,需要在这两个面上做上电极。最常采用的方法是用金属蒸镀法在压电晶片上蒸上一层金属薄膜,材料一般为金或银,从而构成两个相应的电极,如图3.37所示。当晶片受外力作用在两极上产生等量而极性相反的电荷时,便形成了相应的电场。因此,压电传感器可看成一个电荷发生器,即电容器,其电容量为

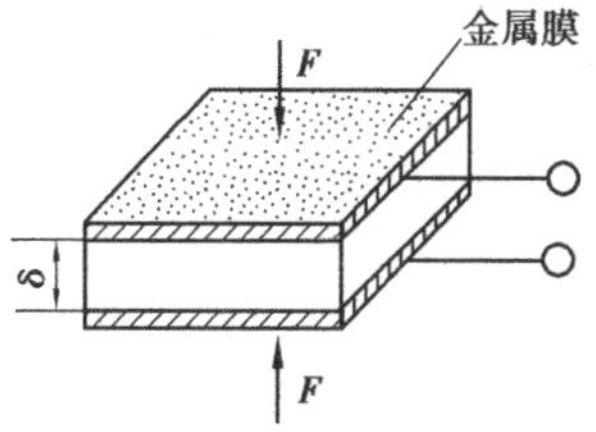

图3.37　压电晶片

$$C=\frac{\varepsilon_0\varepsilon A}{\delta} \tag{3.49}$$

式中 ε——压电材料的相对介电常数；

ε_0——真空介电常数，$\varepsilon_0=8.85\times10^{-12}$F/m；

δ——极板距离，m。

在实际使用中，单片压电晶片产生的电荷量较小，因此一般采用两片或两片以上压电元件组合在一起使用。由于压电晶片是有极性的，因此连接压电晶片的方法有并联连接和串联连接两种，如图 3.38 所示。图 3.38(a)为并联连接，两压电元件的负极集中在中间极板，正极在上下两晶片，将正极连接在一起，这种连接方法电容量大，输出的电荷量大，适合测量缓变信号和以电荷为输出的场合；图 3.38(b)为串联连接，上极板为正极，下极板为负极，一个晶片的负极与另一个晶片的正极相连，此时传感器本身电容量小，输出电压大，适合要求以电压为输出的场合，并要求测量电路有较高的输入阻抗。

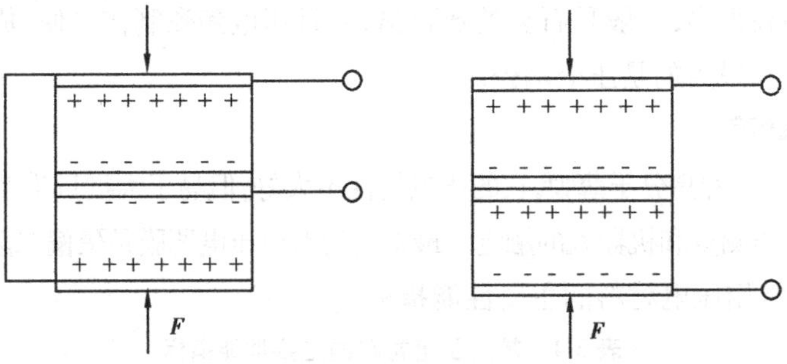

(a)并联　　(b)串联

图 3.38　压电晶片的并联与串联

压电式传感器是一个具有一定电容的电荷源。电容器上的开路电压 u_0 与电荷 q、传感器电容 C_a 之间的关系为

$$u_0=\frac{q}{C_a} \tag{3.50}$$

当压电式传感器接入测量电路，连接电缆的电容为 C_C，后续电路的输入阻抗和传感器中的漏电阻形成泄露电阻 R_0，如图 3.39 所示。为了防止漏电造成电荷损失，通常要求 $R_0>10^{11}\,\Omega$，因此，传感器可近似为开路。

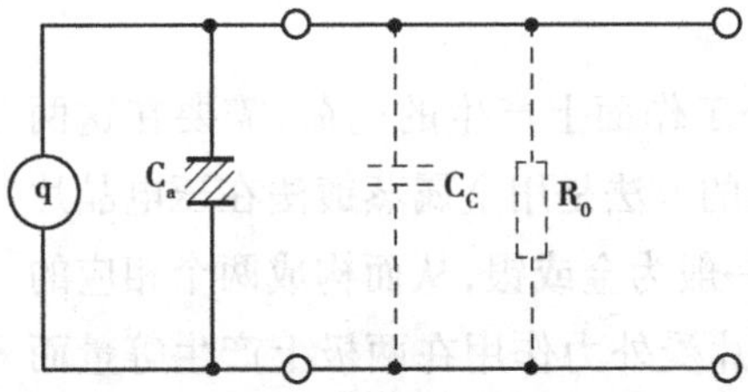

图 3.39　等效电荷源

3.6.4　测量电路

压电式传感器产生的电荷量很小，而传感器本身的内阻很大，因此其输出信号十分微弱，这给后续测量电路提出了很高的要求。因此，压电式传感器需要先接入高输入阻抗的前置放大器，经阻抗变换后再采用一般的放大、检波电路处理，最终将信号输出到指示仪表或记录器。

前置放大器主要有两个作用：一是将压电式传感器的高输出阻抗变为低阻抗输出，二是将压电式传感器微弱电信号放大。

压电式传感器的前置放大器有两种：电压放大器和电容放大器。

(1)**电压放大器**

电压放大器的等效电路图如图3.40所示。使用电压放大器时，输出电压与电容C密切关联，而电容C由压电式传感器等效电容C_a、电缆形成的杂散电容C_C和放大器输入电容C_i组成，即电缆电容和放大器输入电容对输出电压有影响。而C_a和C_i都较小，因此整个测量系统对电缆的对地电容C_C十分敏感，电缆长度过长或位置变化都会对输出造成影响，从而影响仪器的灵敏度。因此，在使用时必须规定电缆的型号和长度，如果改变电缆型号和长度则必须重新标定和计算电压灵敏度，否则将产生测量误差。这一问题也可通过采用短的电缆以及驱动电缆来解决。

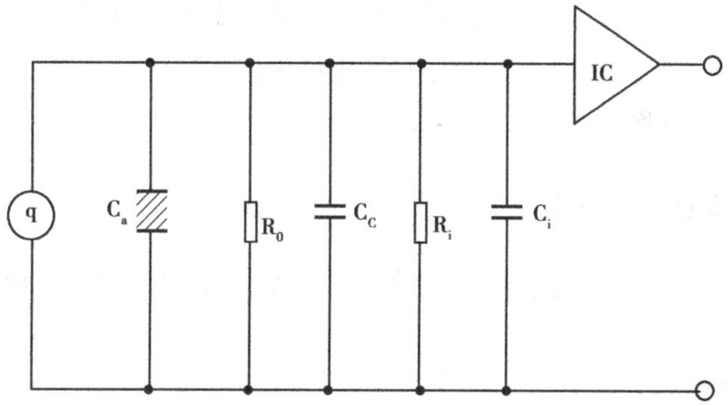

图3.40　压电式传感器接至电压放大器的等效图

(2)**电荷放大器**

电荷放大器是一个带有深度负反馈的高输入阻抗、高增益运算放大器。忽略传感器漏电阻及电荷放大器输入电阻时，其等效电路如图3.41所示。由于忽略电阻，因此，电荷为

$$q \approx u_i(C_a + C_C + C_i) + (u_i - u_y)C_f = u_iC + (u_i - u_y)C_f \tag{3.51}$$

式中　u_i——放大器输入端电压；

u_y——放大器输出端电压，$u_y = -Au_i$，A为电荷放大器开环放大系数；

C_f——电荷放大器反馈电容。

则放大器输出电压为

$$u_y = \frac{-Aq}{(C + C_f) + AC_f} \tag{3.52}$$

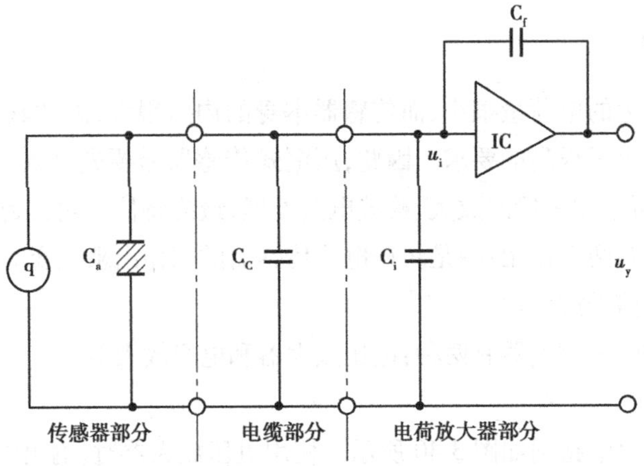

图 3.41 电压式传感器接入电荷放大器等效电路

式(3.52)中,如果开环增益 A 足够大,则 $AC_f \gg (C+C_f)$,式(3.52)可简化为

$$u_y \approx \frac{-Aq}{AC_f} = -\frac{q}{C_f} \tag{3.53}$$

式(3.53)表明,当电荷放大器开环增益足够大时,电荷放大器的输出电压与传感器的电荷量成正比,与电荷放大器的反馈电容成反比,而与电缆的分布电容无关。因此,采用电荷放大器时,即使连接电缆长度很长或者电缆型号改变,仪器灵敏度都无明显变化,这对于小信号和远距离传输信号非常有利。电荷放大器在实际应用中使用较多。但是,与电压放大器相比,电荷放大器电路较复杂,价格也较贵。

3.6.5 压电式传感器的应用

压电式传感器常用来测量力、压力、振动的加速度,也可用于声学(包括超声)和声发射等的测量。

(1)压电式力传感器

根据压电效应,压电式传感器可直接将力转换成电荷量,因此,可直接测量力的大小,目前已形成系列的压电式力传感器。压电式力传感器使用频率上限高、动态范围大、体积小,适合测量动态力,尤其是冲击力。典型的压电式力传感器的非线性度为 1%,刚性高(2×10^7 ~ 2×10^9 N/m),固有频率高(10~300 kHz)。这些传感器通常是用石英晶体片制成的,因为石英具有很高的机械强度,能承受很大的冲击载荷。在测量小的动态力时,为获得足够的灵敏度,也可采用压电陶瓷。

某些类型的力传感器,如石英传感器外加电荷放大器,具有足够大的时间常数,可用于静态力的短时间测量和静态标定。

压电式力传感器对侧向负载敏感,易引起输出误差,因此使用时要注意减小侧向负载。但传感器厂家的技术指标中一般不给出这种横向灵敏度值,通常推荐的横向灵敏度值应小于纵向灵敏度值的 7%。

(2)**压电式加速度传感器**

压电式加速度传感器广泛应用于测量振动,其工作原理图如图3.42所示。基座固定在被测物体上,基座的振动使质量块产生与振动加速度方向相反的惯性力,惯性力作用在压电晶片上,使两片压电晶片的表面产生交变电压输出,而这个输出电压与加速度成正比。通过测量电路处理后,即可得到加速度的大小。

由于压电式运动传感器所固有的基本特征,压电式加速度传感器对恒定的加速度输入不给出相应输出。

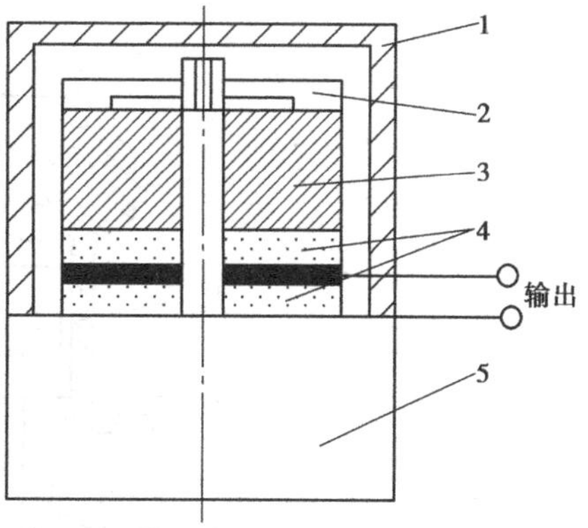

图3.42　压电式加速度传感器
1—壳体;2—弹簧;3—质量块;
4—压电晶片;5—基座

(3)**阻抗头**

阻抗头是压电式力传感器和压电式加速度传感器组合为一体的双重式传感器,主要用于在机械系统动态分析中研究结构的阻抗。

阻抗头的机构图如图3.43所示。在阻抗头的前端是一个力传感器,后面为测量激振点响应的加速度传感器。传感器的质量块常用钨合金制成,壳体用钛材料制成。传感器的激振平台需要刚度大、质量小,故一般常用铍材料制造。由于阻抗研究基本上都涉及力和速度,因此,常采用加速度传感器并通过积分来获得速度。

(4)**其他应用**

1)电声换能器

根据逆压电效应可知,给压电晶片施加交变电场,压电晶片将产生伸缩显现。利用这个效应可以制成扬声器、耳机、蜂鸣器等。特别是可以制成超声发生器,可将相应频率的电震荡转变成频率高于20 000 Hz的超声波,广泛用于探伤、医疗检查、海洋探测、清洗等方面。

2)压电晶体振荡器

压电晶体振荡器是将机械振动变为同频率的电振荡的器件,由夹在两个电极之间的压电晶片构成。应用较多的是石英晶体振荡器,其结构如图3.44所示。石英晶体振荡器的工作原理是利用压电效应和逆压电效应的总效果,两种效应互为因果关系。具体原理如下:在石英晶片上施加电压使之产生形变,而形变又在晶片上产生电荷,通过静电感应则在外电路形成电流,这个电流是由于极化正电荷吸引金属电极上的自由电子和极化负电荷排斥金属电极上的自由电子形成的。如果施加的交变电场,则引起的形变也是交变的,形变所形成的电荷和电流也是交变的,最终由于晶片自身的机械限制而限定在某一幅度上。在此过程中,晶片是在交变电场的作用下作受迫振荡的,晶片的振荡频率就是外加交变电信号的振荡频率。当外加交变电信号的频率等于晶片的固有频率时,就出现共振现象,此时晶片的振荡最强,产生的电荷最多,形成的电流也最大,这种现象被称为晶体的压电谐振荡。

石英晶体振荡器具有制造容易、性能稳定、精度高、体积小等优点,广泛应用于军事通信和

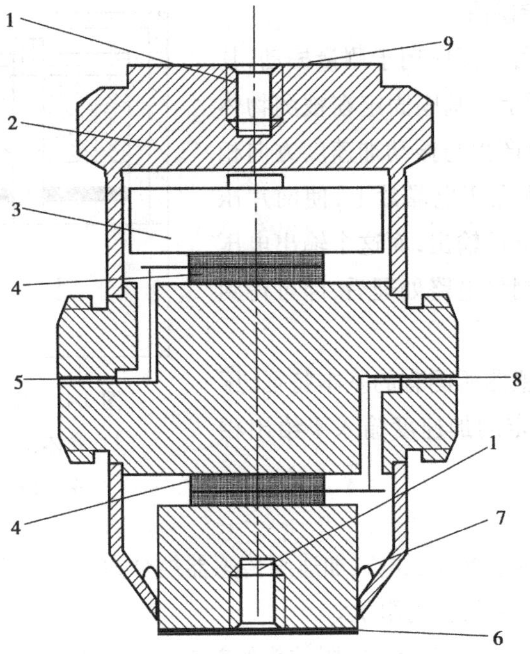

图 3.43　阻抗头结构原理

1—锥孔;2—壳体;3—振动块;4—压电晶片;5—加速度输出接插孔;
6—激振平台;7—硅橡胶;8—力输出接插孔;9—安装面

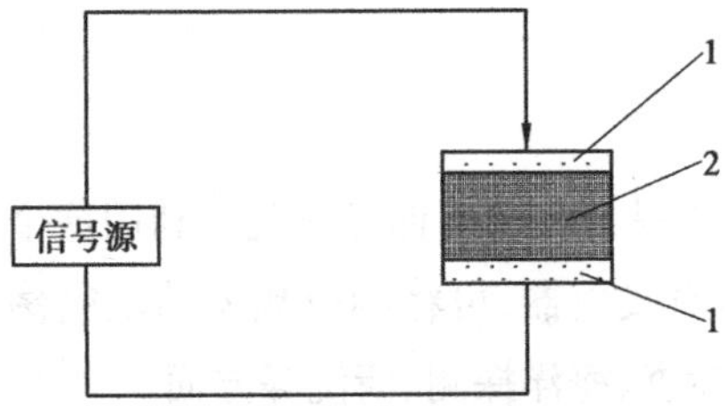

图 3.44　石英晶体振荡器

1—金属电极;2—石英晶体

精密电子设备、小型电子计算机、微处理机、石英钟表内作为时间或频率的标准。有恒温控制的石英晶体振荡器的频率稳定性可达 10^{-13} 量级,可作为原子频率标准而用于原子钟内。

此外,逆压电效应可用于精密微位移装置中,施加一定电压使其产生可控的微伸缩。若将两个压电晶片粘在一起,通过施加电压使其中一个伸长,另一个缩短,则可形成薄片弯曲或翘曲,可用于制成录像带头定位器、点式打印机机头、继电器、压电电风扇等。

3.7　光电式传感器

光电式传感器是以光电器件作为转换元件的传感器。光电式传感器在进行非电量测量时,先将被测量转换为光量,再通过光电器件将该光量转换为电量。

光电式传感器一般由辐射源、光学通路和光电器件 3 部分组成,如图 3.45 所示。被测量通过对辐射源或光学通路的影响,将被测信息调制到光波上,通过改变光波的强度、相位、空间分布及频谱分布等，光电器件将光信号转换为电信号。电信号经过后续电路的解调分离出被测信息，从而实现对被测量的测量。

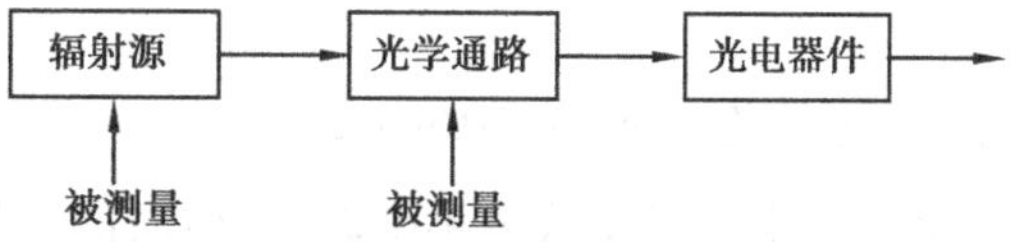

图3.45　光电式传感器原理

3.7.1　光电效应

光电式传感器的工作基础是光电效应，根据作用原理，光电效应又分为外光电效应、内光电效应和光生伏打效应。

(1)外光电效应

外光电效应指的是在光照作用下，物体内的电子从物体表面逸出的现象，也称为光电子发射效应。外光电效应的实质是能量形式的转变，即光辐射能转换为电磁能。

金属中一般都存在大量的自由电子，它们在金属内部作无规则的自由运动，不能离开金属表面。当自由电子获取外界能量且该能量大于或等于电子逸出功时，自由电子便能离开金属表面。为了使电子在逸出时具有一定的速度，就必须给电子大于逸出功的能量。当光辐射通量照到金属表面时，其中一部分被吸收，被吸收的能量一部分使金属温度增高，另一部分被电子吸收，使其受激发而逸出金属表面。

由物理学可知，光具有波粒二重性，光在传播时体现出波动性，而在与物质相互作用时体现出粒子性。根据爱因斯坦的假设，一个光子的能量只给一个电子，因此，如果要使一个电子从物质表面逸出，光子具有的能量必须大于该物质表面的逸出功 A_0，此时，逸出表面的电子就具有动能 E_k，大小为：

$$E_k = \frac{1}{2}mv_0^2 = hv - A_0 \tag{3.54}$$

即

$$hv = \frac{1}{2}mv_0^2 + A_0 \tag{3.55}$$

式中　m——电子质量；

v_0^2——电子逸出时的初速度；

h——普朗克常数，$h=6.626\times10^{-34}$ J·s；

v——光的频率。

式(3.55)被称为爱因斯坦光电效应方程式，它阐明了光电效应的基本规律。由该式可知：

①光电子逸出时所具有的初始动能 E_k 与光的频率有关，光的频率越高，初始动能越大。由于不同的材料具有不同的逸出功。因此，对某种材料而言，都存在一个频率限，当入射光的频率低于此频率时，无论光强多大，也不能激发出电子；反之，当入射光的频率高于此频率时，即使光很微弱，也会有光电子发射出来，这个频率限被称为某种光电器件或光电阴极的“红限频率”，对应于此频率的波长 λ_0 称为“红限”，其大小为

$$\lambda_0 = \frac{hc}{A_0} \tag{3.56}$$

式中　c——光速，$c = 3\times10^8 \mathrm{m \cdot s^{-1}}$。

②当入射光频率成分不变时，单位时间内发射的光电子数与入射光光强成正比，光越强，入射光子数目越大，逸出的光电子数也越多。

③对于外光电效应器件来说，只要光照射在器件阴极上，即使阴极电压为零，也会产生光电流，这是因为光电子逸出时具有初始动能。要使光电流为零，必须使光电子逸出物体表面时初速度为零。为此，需要在阳极加以反向截止电压 U_a，使外加电场对光电子所做的功等于光电子逸出时的动能，即

$$\frac{1}{2}mv_0^2 = e\,|U_a| \tag{3.57}$$

式中　e——电子电荷，$e = 1.602\times10^{-19}\mathrm{C}$。

典型的外光电效应器件有光电管和光电倍增管。

(2)**内光电效应**

内光电效应是指在光照作用下，物体的导电性能如电阻率发生改变的现象，也称光导效应。内光电效应的物理过程如下：光照射在半导体材料上时，价带（价电子所占能带）中的电子受到能量大于或等于禁带（不存在电子所占能带）宽度的光子轰击，使其由价带越过禁带而跃入导带（自由电子所占能带），使材料中导带内的电子和价带内的空穴浓度增大，从而使电导率增大。

内光电效应与外光电效应不同，外光电效应产生于物体表面层，在光辐射作用下，物体内部的自由电子逸出到物体外部，而内光电效应则不发生电子逸出。

内光电效应器件主要有光敏电阻以及由光敏电阻制成的光导管。

(3)**光生伏打效应**

光生伏打效应是指在光线照射下物体产生一定方向的电动势的现象。光生伏打效应又分为势垒效应（结光电效应）和侧向光电效应。势垒效应的机理是在金属和半导体的接触区（或在PN结）中，电子受光子的激发脱离势垒（或禁带）的束缚而产生电子空穴对，在阻挡层内电场的作用下电子移向N区外侧，空穴移向P区外侧，形成光生电动势。侧向光电效应是当光电器件敏感面受照射不均匀时，受光激发而产生的电子空穴对的浓度也不均匀，电子向未被照射部分扩散，引起光照部分带正电、未被光照部分带负电的现象。

基于势垒效应的光电器件有光电二极管、光电晶体管和光电池等；基于侧向光电效应的光电器件有半导体位置敏感器件（反转光电二极管）传感器等。

3.7.2　光电器件

(1)光电管

光电管是外光电效应器件,有真空光电管和充气光电管两类,两者结构类似。真空光电管的结构如图3.46所示。在一个抽成真空的玻璃泡内装有两个电极:一个是光电阴极,另一个是光电阳极。光电阴极通常采用逸出功小的光敏材料,如铯,涂覆在玻璃泡内壁上做成,其感光面对准光的照射孔。当光线照射到光敏材料上时便有电子逸出,这些电子被具有正电位的阳极所吸引,在光电管内形成空间电子流,在外电路中就产生电流。在外电路中串入一定阻值的电阻,则在该电阻上的电压降或电路中的电流大小都与光强成函数关系,从而实现光电转换。

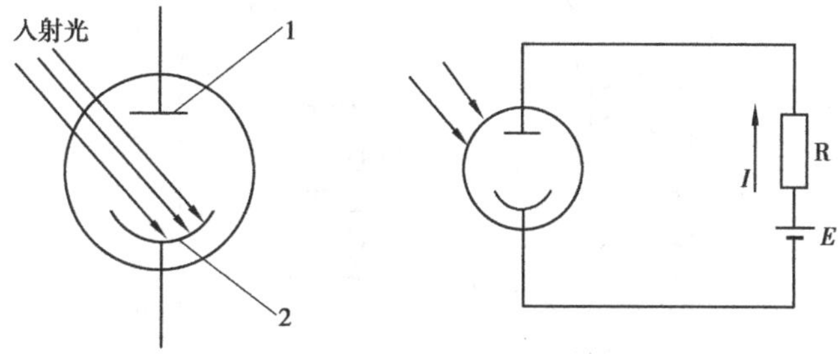

(a)结构　　(b)外接电路

图3.46　真空光电管结构及外接电路

1—光电阳极;2—光电阴极

光导管的特性主要取决于光电阴极材料,不同的阴极材料对不同波长的光辐射有不同的灵敏度。表征光电阴极材料的主要特性的主要参数有频谱灵敏度、红限和逸出功。如银氧铯($Ag\text{-}Cs_2O$)阴极在整个可见光区域都有一定的灵敏度,其频谱灵敏度曲线在近紫外光区(350 nm)和近红外光区(750~800 nm)分别有两个峰值,因此,常用来作为红外光传感器。它的红限约为700 nm,逸出功约0.74 eV,是所有光电阴极材料中最低的。

真空光电管的主要特性如下:

①光电特性

真空光电管的光电特性指的是在工作电压和入射光的频率成分恒定条件下,光电管接收的入射光通量值与其输出光电流之间的比例关系。氧铯光电阴极的光电管在很宽的入射光通量范围内都有良好的线性度,在光测量中获得广泛应用。

②伏安特性

光电管的伏安特性指的是在恒定的入射光频率成分和强度条件下光电管光电流与阳极电压之间的关系。光通量一定时,当阳极电压增加时,光电流趋于一定值(饱和),光电管的工作点一般选在该区域中。

光电管的其他参数还有频谱特性、频率响应、噪声、热稳定性、暗电流等。

(2)**光电倍增管**

光电倍增管在光电阴极和阳极之间装有若干个“倍增极”,也称“次阴极”,如图 3.47(a)所示。倍增极上涂有在电子轰击下能发射更多电子的材料,倍增极的形状和位置设计成正好使前一级倍增极反射的电子继续轰击后一级倍增极,在每个倍增极间均依次增大加速电压。常用光电倍增管的基本电路如图 3.47(b)所示。各倍增极电压由电阻分压获得,流经负载电阻 R_A 的放大电流造成的压降,便得到了输出电压。一般阳极与阴极之间的电压为 1 000~2 000 V,两个相邻倍增电极的电位差为 50~100 V。电压越稳定,由于倍增系数的波动引起的测量误差就越小。

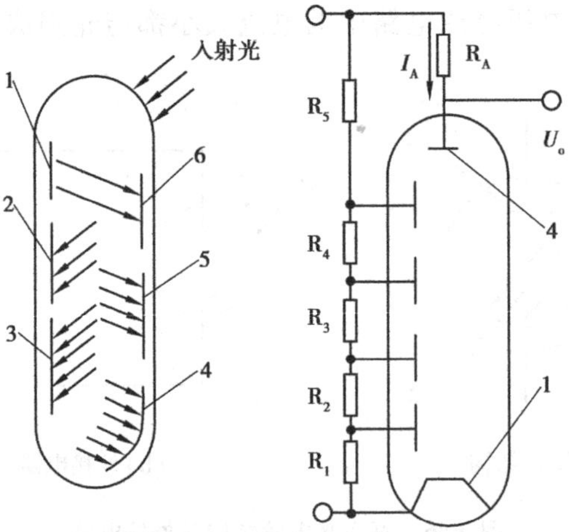

(a)结构　　(b)基本电路

图 3.47　光电倍增管的结构及电路

1—阴极;2—第二倍增极;3—第四倍增极;

4—阳极;5—第三倍增极;6—第一倍增极

光电倍增管主要用于光线微弱,光电管产生的光电流很小的情况,采用光电倍增管可提高光电管的灵敏度。但是,由于光电倍增管的灵敏度高,因此不能接受强光刺激,否则易于损坏。

(3)**光敏电阻**

光敏电阻是内光电效应器件。光敏电阻又称光导管,它的工作原理基于光电导效应。某些半导体受到光照时,如果光照能量 $h\nu$ 大于本征半导体材料的禁带宽度,价带中的电子吸收一个光子后便可跃迁到导带,从而激发出电子-空穴对,这就降低了材料的电阻率,增强了材料的导电性能。电阻值的大小随光照的增强而降低,并且当光照停止后,自由电子与空穴重新复合,电阻恢复原来的值。

利用光敏电阻制成的光导管结构如图 3.48 所示。这种光导管是在半导体光敏材料薄膜或晶体两端接上电极引线组成。接上电源后,当光敏材料受到光照时,阻值发生改变,与之相连的电阻端便有电信号输出。

光敏电阻的特点是灵敏度高,光谱响应范围宽,可从紫外光一直到红外光,体积小,性能稳定,可广泛用于测试技术。

光敏电阻的材料种类很多，适用的波长范围也不一样，如硫化镉（CdS）、硒化镉（CdSe）适用于可见光（0.4~0.75 μm）的范围，氧化锌（ZnO）、硫化锌（ZnS）适用于紫外光线范围，硫化铅（PbS）、硒化铅（PbSe）适用于红外光线范围。

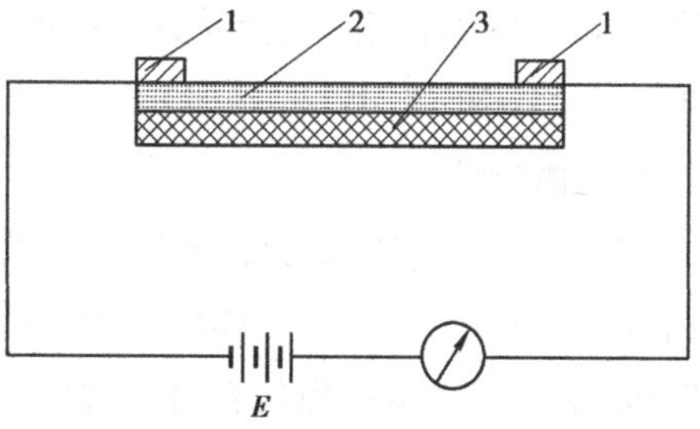

图3.48　光导管结构

1—电极；2—半导体薄膜；3—绝缘底座

光敏电阻的主要特性参数如下：

1）光电流、暗电阻、亮电阻

光敏电阻在未受到光照条件下呈现的阻值称为“暗电阻”，此时流过的电流称为“暗电流”；光敏电阻在受到某一光照条件下呈现的电阻值称为“亮电阻”，此时流过的电流称为“亮电流”。亮电流与暗电流之差称为“光电流”。光电流的大小表征了光敏电阻的灵敏度大小。一般希望光敏电阻的暗电阻大、亮电阻小，这样暗电流小、亮电流大，相应的光电流也大。光敏电阻的暗电阻一般很高，为兆欧量级，而亮电阻则在千欧以下。

2）光照特性

光敏电阻的光电流与光通量之间的关系曲线称为光敏电阻的光照特性。图3.49显示了硫化镉（CdS）光敏电阻的光照特性。一般来说，光敏电阻的光照特性曲线是非线性的，不同材料的光照特性也不相同。

3）伏安特性

伏安特性指的是在一定的光照下，光敏电阻两端所施加的电压与光电流之间的关系。图3.50给出了某光敏电阻分别在照度为零和照度为某值下的伏安特性。由图3.50可知，当给定偏压时，光照度越大，光电流也越大。而在一定的照度下，所加电压越大，光电流也越大，且无

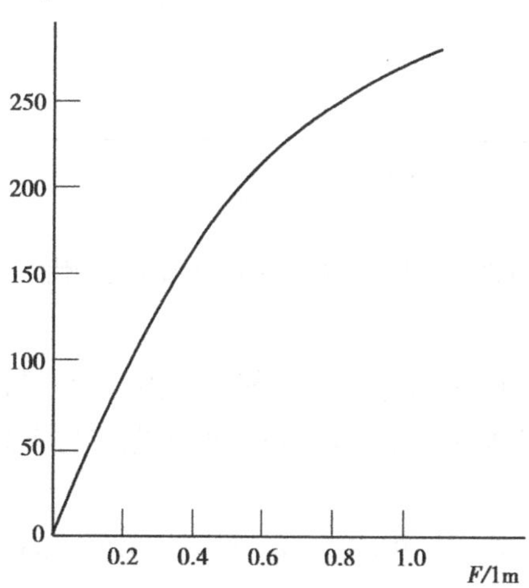

图3.49　硫化镉光敏电阻光照特性曲线

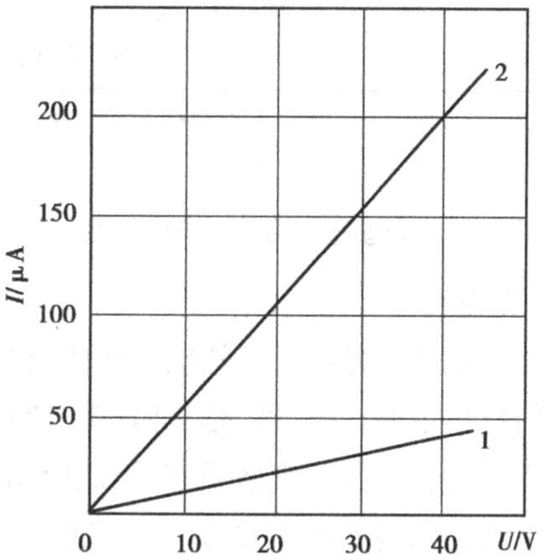

图3.50　光敏电阻的伏安特性

1—照度为零时的伏安特性；2—照度为某值的伏安特性

饱和现象。但电压实际上会受到光敏电阻额定功率和额定电流的限制,因此不可能无限制地增加。

4)光谱特性

对于不同波长的入射光,光敏电阻的相对灵敏度是不同的。光敏电阻的光谱特性主要与材料性质、制造工艺有关。如硫化镉光敏电阻随着掺铜浓度的增加其光谱峰值从 500 nm 移至 640 nm;硫化铅光敏电阻随着材料薄层的厚度减小其光谱峰值朝短波方向移动。因此,在选用光敏电阻时,应当把元件与光源结合起来考虑。

5)响应时间特性

光敏电阻的光电流对光照强度的变化有一定的响应时间,通常用时间常数来描述这种响应特性。光敏电阻的时间常数定义为当光敏电阻的光照停止后光电流下降至初始值的 63%所需要的时间。不同的光敏电阻的时间常数不同,如图 3.51 所示。

6)光谱温度特性

光敏电阻的光学与化学性质受温度影响,温度升高,暗电流和灵敏度下降。温度的变化也影响到光敏电阻的光谱特性。图 3.52 给出了硫化铅光敏电阻在不同温度下其相对灵敏度 K_r 随入射光波长的变化情况。由图 3.52 可知,当温度从-20 ℃变化到 20 ℃时,硫化铅光敏电阻的 K_r 曲线的峰值,即相对灵敏度朝短波方向移动。因此,有时为了提高光敏电阻对较长波长光照(如远红外光)的灵敏度,要采用降温措施。

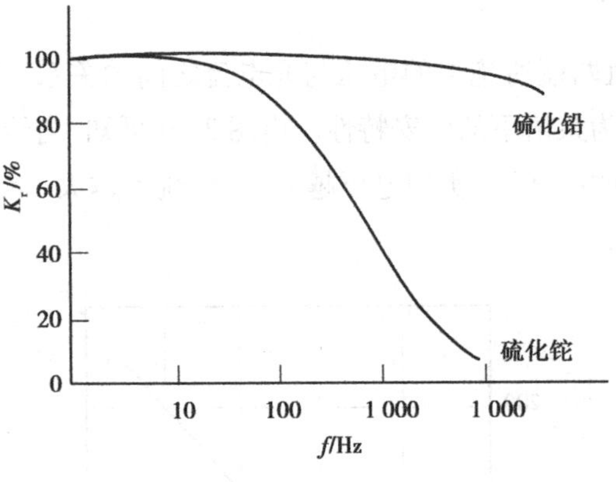

图 3.51 光敏电阻的时间响应特性

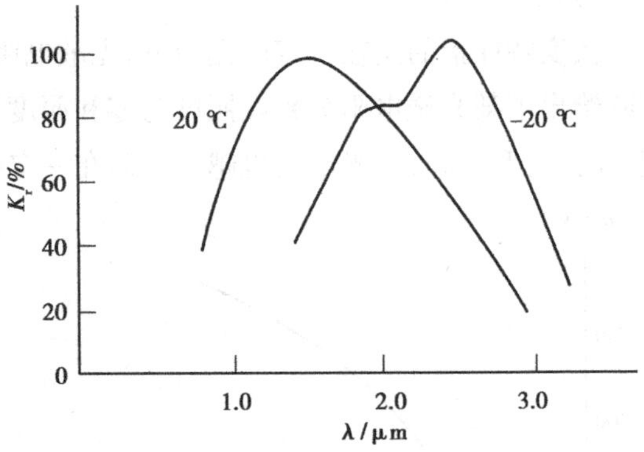

图 3.52 硫化铅光敏电阻的光谱温度特性

(4)**光电池**

光电池是基于光生伏打效应工作的,也称硅太阳电池,它能直接将光能转换为电能。制造光电池的材料主要有硅、硒、锗、砷化镓、硫化镉、硫化铊等。其中,硅光电池的光电转化率高、性能稳定、光谱范围宽、价格便宜,因此应用最广。

光电池的结构如图 3.53 所示。光电池的核心部分是一个 PN 结。在厚为 0.3~0.5 mm 的单晶硅片(如 P 型硅片)表面做一层薄的反型层(如用扩散法形成 N 型层)即做成 PN 结,再用引线将 P 型和 N 型硅片引出形成正、负极并在上表面敷上减反射膜,如此便形成了一个光电池。当光电池受到光辐射时,在两极间接上负载便会有电流流过。

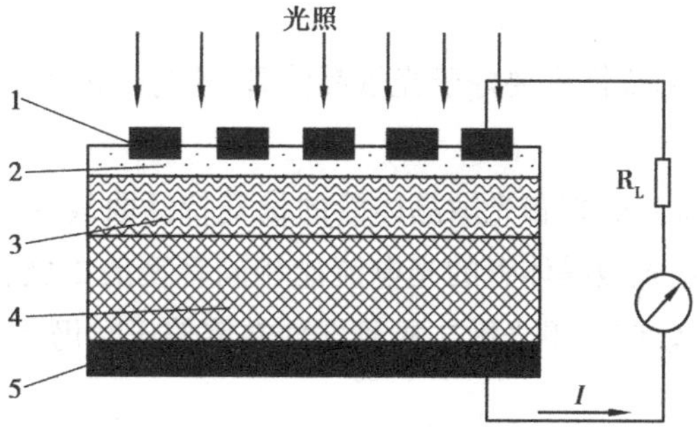

图 3.53　光电池结构示意图

1—正面电极(-);2—减反射膜;3—N 型扩散层;

4—P 型扩散层;5—背面电极(+)

光电池轻便、简单,不会产生气体或热污染,易于适应环境。在不能铺设电缆的地方都可采用光电池,特别适合为宇宙飞行器的各种仪表提供电源。

(5)**光敏晶体管**

光敏晶体管可分为光敏二极管和光敏晶体管。光敏二极管结构原理如图 3.54 所示。光敏二极管的 PN 结安装在管子顶部,可直接接受光照,在电路中一般处于反向工作状态。无光照时,暗电流很小;有光照时,光子打在 PN 结附近,从而在 PN 结附近产生电子-空穴对,它们在内电场作用下定向运动,形成光电流。光电流随光照度的增加而增加。因此,无光照时,光敏二极管处于截止状态,有光照时,光敏二极管导通。

光敏晶体管结构与一般晶体三极管相似,有 NPN 型和 PNP 型两种,如图 3.55 所示。与普通晶体管相比,光敏晶体管的基区做得很大,以便扩大光照面积。光敏晶体管的基极一般不接引线,当集电极加上相对于发射极为正的电压时,集电极处于反向偏置状态。当光线照射到集电极附近的基区,会产生电子空穴对,它们在内电场作用下形成光电流,这相当于晶体管的基极电流,因此,集电极的电流为光电流的 β 倍,故光敏晶体管的灵敏度要高于光敏二极管。

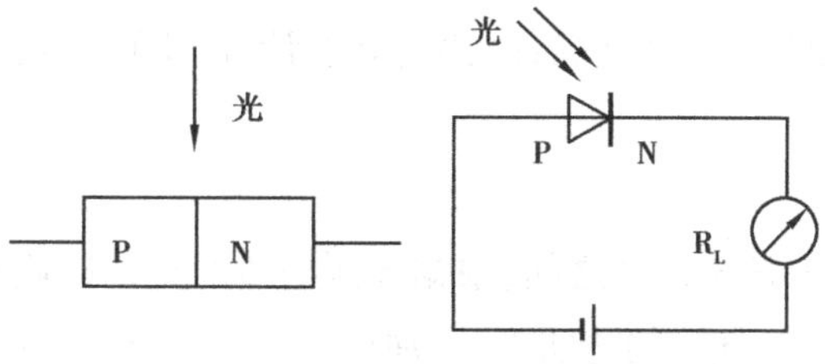

图 3.54　光敏二极管结构及连接电路

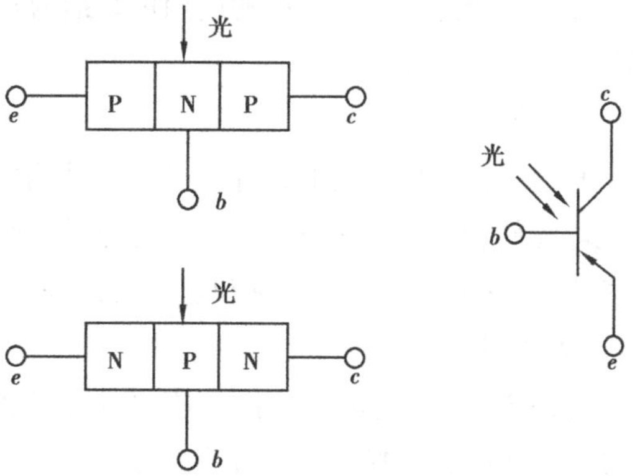

图 3.55　光敏晶体管结构及连接电路

光敏晶体管的基本特性如下:

1)光照特性

光敏二极管特性曲线的线性度要好于光敏晶体管,这与三极管的放大特性有关。

2)伏安特性

在不同的照度下,光敏二极管和光敏晶体管的伏安特性曲线和一般晶体管在不同基极电流时的输出特性一样,并且光敏晶体管的光电流比相同管型的二极管的光电流大数百倍。由于光敏二极管的光生伏打效应使得光敏二极管即使在零偏压时仍有光电流输出。

3)光谱特性

当入射波长增加时,光敏晶体管的相对灵敏度下降,这是由于光子能量太小,不足以激发电子-空穴对。而当入射波长太短时,灵敏度也会下降,这是由于光子在半导体表面激发的电子-空穴对不能到达 PN 结的缘故。

4)温度特性

光敏晶体管的暗电流受温度变化的影响较大,而光电流受温度变化影响较小,使用时应考虑温度因素的影响,采取补偿措施。

5)响应时间

光敏晶体管的输出与光照之间有一定的响应时间。一般锗管的响应时间为 2×10^{-4}s 左右,硅管为 1×10^{-5}s 左右。

3.7.3 光电传感器的应用

由于光通量对光电元件的作用方式不同,光学装置多种多样,按其输出性质可分为两类:模拟量光电传感器和开关量光电传感器。模拟量光电传感器是指光电元件光电流的大小随光通量的大小而变化,为光通量的函数;开关量光电传感器也称脉冲式光电传感器,其光电元件的输出状态只有两种稳定状态,"通"与"断"的开关状态,即光电元件受光照射时,有电信号输出,不受光照射时,无电信号输出。

光电式传感器在工业中的应用可归纳为直射式、吸收式、反射式及遮光式 4 种基本形式。其基本原理如图 3.56 所示。

(1)直射式

直射式光电传感器的光源本身就是被测物体,如图 3.56(a)所示。被测物体的光通量指向光电元件,产生光电流输出。这类传感器常见的有光电高温计、比色高温计等,也可利用其原理进行红外侦查、红外遥感和防火报警等。

(2)吸收式

如图 3.56(b)所示,被测物体位于恒定光源与光电元件之间,根据被测物体对光的吸收程度或对其谱线的选择来测定被测参数,如测量液体、气体的透明度、混浊度,对气体进行成分分析,测定液体中某种物质的含量等。

(3)反射式

如图 3.56(c)所示,光源发射出的光通量投射到被测物体上,被测物体又将部分光通量反

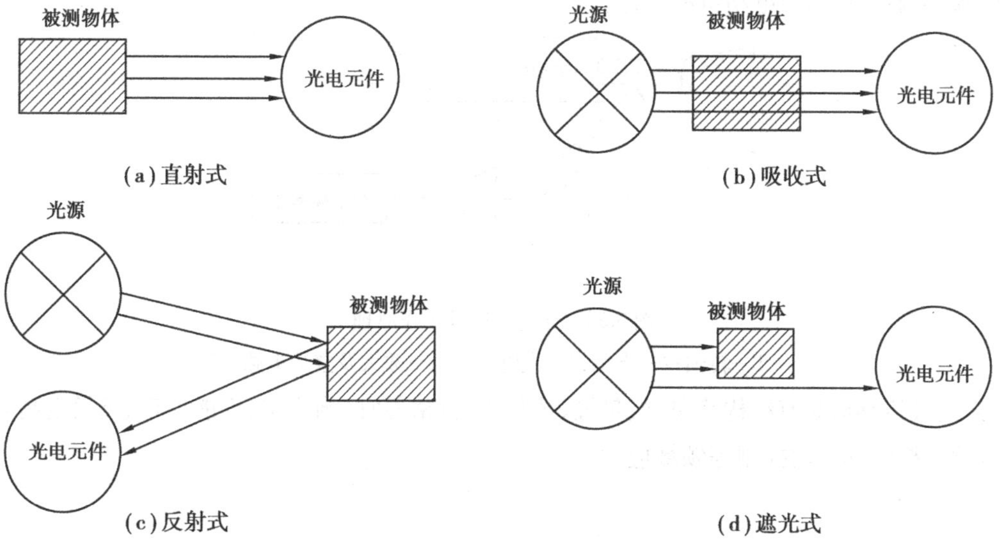

图3.56　光电元件测量的基本方式

射到光电元件上。反射的光通量取决于被测物体的发射条件。这种反射式光电传感器主要用于测量工件表面粗糙度以及转速等。

(4)**遮光式**

如图3.56(d)所示,被测物体位于恒定光源与光电元件之间,光源发出的光通量被被测物体遮挡一部分,使作用在光电元件上的光通量减弱,减弱的程度与被测物体在光学通路中的位置有关。利用这个原理可测量长度、厚度、线位移、角位移及振动等。

下面列举一些具体的光电式传感器的应用实例。

①测量工件表面缺陷。用光电式传感器测量工件表面缺陷的工作原理如图3.57所示。激光管1发出的光束经过透镜2,3变为平行光束,再由透镜4把平行光束聚焦在工件7的表面上,形成宽约0.1 mm的细长光带。光阑5用来控制光通量。如果工件表面有缺陷,如非圆、粗糙、裂纹等,则会引起光束偏转或散射,这些光被光电池6接收,转换成电信号输出。

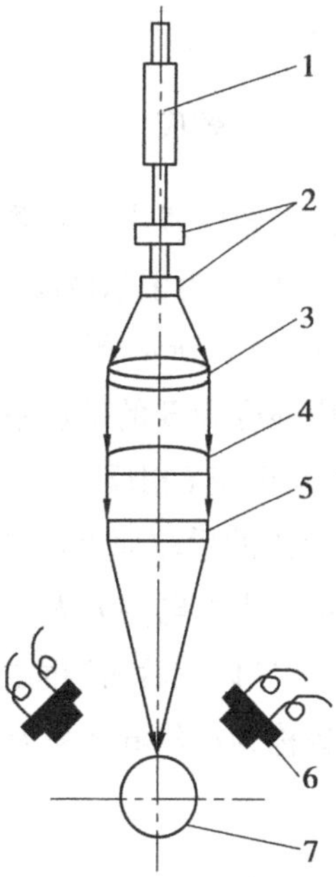

图3.57　检测工件表面缺陷的光电传感器

1—激光管;2,3,4—透镜;5—光阑;6—光电池;7—工件

②测量转速。光电式传感器测量转速的原理如图3.58所示。在电动机的转轴上涂上黑白两种颜色或粘贴反光条,当电动机转动时,反射光与不反射光交替出现,光电元件相应地间断接收光的反射信号,并输出间断的电信号,经过放大及整形电路输出方波信号,最后

由电子数字显示器输出电动机的转速。

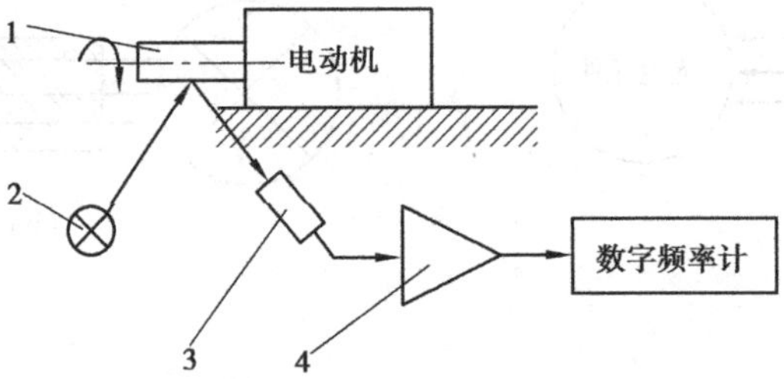

图 3.58　光电转速计工作原理

1—转轴;2—光源;3—光电元件;4—放大及整形电路

光电式传感器具有结构简单、质量轻、体积小、价格便宜、响应快、性能稳定、灵敏度高等优点,因此在检测和自动控制等领域应用广泛。

3.8　霍尔传感器

霍尔传感器是一种半导体磁敏传感器,它是基于霍尔效应将被测量转换成电动势输出的一种传感器。

3.8.1　霍尔效应

金属或半导体薄片置于磁场中,当有电流通过时,在垂直于电流和磁场的方向上将产生电动势,这个现象称为霍尔效应。

如图 3.59(a)所示,将厚度为 d(厚度 d 远远小于薄片的宽度和长度)的 N 型半导体薄片置于磁感应强度为 B 的磁场中,在薄片左右两端通以控制电流 I,那么,半导体中的载流子(电子)将沿着与电流 I 相反的方向运动。由于外磁场 B 的作用,使电子受到磁场力 F_L 发生偏转,结果在半导体的后端面上电子积累带负电,而前端面缺少电子带正电,在前后端面间形成电场。该电场产生的电场力 F_E 阻止电子继续偏转。当 F_E 和 F_L 相等时,电子积累达到动态平衡,这时在半导体前后两端面之间,即垂直于电流和磁场的方向上的电场称为霍尔电场 E_H,相应的电动势称为霍尔电动势 U_H,则

$$U_H = R_H \frac{IB}{d} \cos \alpha = K_H IB \cos \alpha \tag{3.58}$$

式中　R_H——霍尔系数,反映霍尔效应的强弱程度,由载流材料的性质决定;

K_H——灵敏度系数,反映在单位磁感应强度和单位控制电流时霍尔电动势的大小,与载流材料的物理性质和几何尺寸有关;

d——半导体薄片厚度;

B——磁场磁感应强度;

I——控制电流；

α——磁场与薄片法线的夹角。

霍尔传感器的表示符号如图 3.59(b)所示。

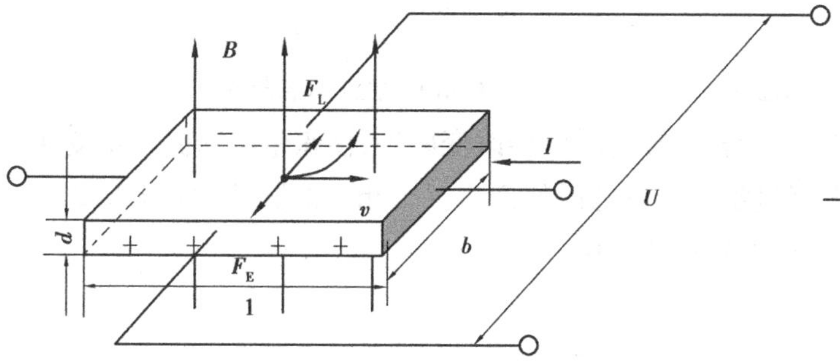

(a)

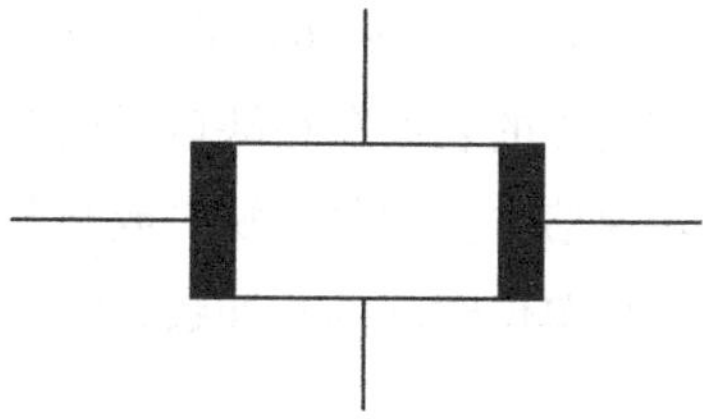

(b)

图 3.59　霍尔效应原理图

霍尔传感器与磁感应传感器不同之处在于：

(1)**测量的物理量不同**

磁感应传感器的工作原理是导体切割磁力线或磁通量变化产生感应电动势，因此，磁感应传感器适合动态测量；霍尔传感器可在静止状态下感受磁场，因此，既可测量动态信号，也可测量静态信号，还可测量磁场强度。

(2)**传感器的类型不同**

磁感应传感器是能量转换型传感器，即传感器本身不需要外部供电电源；霍尔传感器是能量控制型传感器，需要通以控制电流才能产生霍尔电动势，因此，功耗比磁感应传感器大。

基于霍尔效应工作的半导体器件，称为霍尔元件。目前，常用的霍尔元件材料有锗(Ge)、硅(Si)、锑化铟(InSb)、砷化铟(InAs)、砷化镓(GaAs)等高电阻率半导体材料。

3.8.2　霍尔效应的应用

霍尔传感器可将各种磁场及其变化的量转变成电信号输出，可用于测量磁场以及能够产生或影响磁场的各种物理量。在实际应用中，霍尔传感器可用于位移、厚度、质量、速度、电流、磁感应强度及开关量等参数的测量。

(1)**测位移、力**

测量位移时，将两块永久磁铁同极性相对放置，线性型霍尔传感器置于中间，如图 3.60 所示。此时，其磁感应强度为零，这个点可作为位移的零点。当霍尔传感器在 Z 轴上作 ΔZ 位移时，传感器有一个电压输出，电压大小与位移大小成正比。

如果把拉力、压力等参数变成位移，便可测出拉力及压力的大小(见图 3.61)，即是按这一原理制成的力传感器。

(2)**测转速**

霍尔传感器可测量转速，如图 3.62 所示。霍尔传感器采用永磁铁提供磁场，只要黑色金

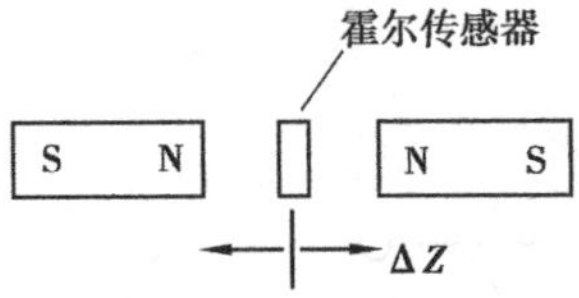

图 3.60　霍尔传感器测位移

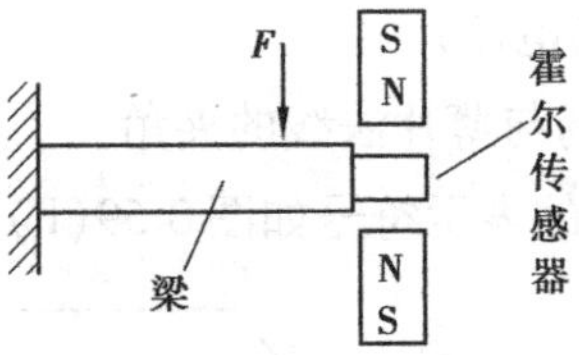

图 3.61　霍尔传感器测力

属旋转体的表面存在缺口或凸起,当旋转体转动时就会改变磁场,使霍尔电动势发生变化,产生转速信号。即每当缺口或凸起通过霍尔传感器时便产生一个相应的脉冲(见图 3.62(c)),检测出单位时间的脉冲数,便可知道旋转体的转速。

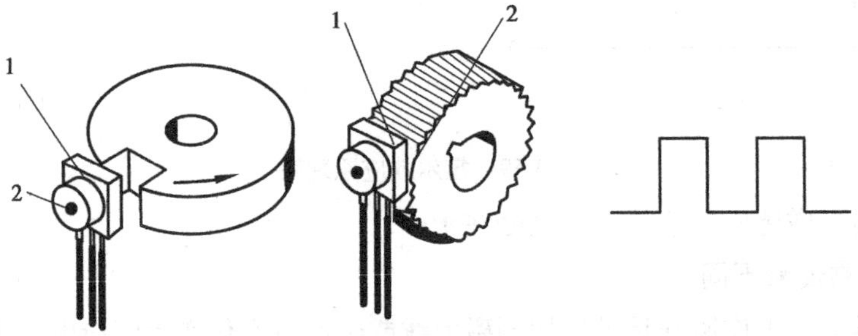

(a)测缺口　　(b)测凸起　　(c)脉冲信号

图 3.62　霍尔传感器测转速

1—霍尔元件;2—永磁铁

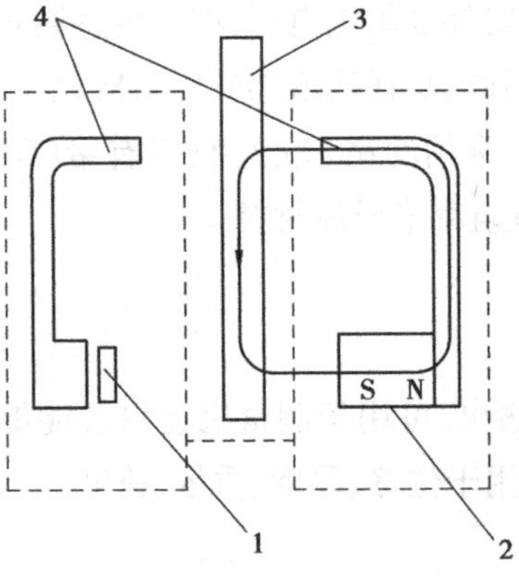

图 3.63　霍尔传感器测量物体位置

1—带集成电路的霍尔探测器;

2—永磁铁;3—软磁铁片;4—导磁铁片

(3)测位置

如图 3.63 所示为采用霍尔元件测量物体位置的原理。图 3.63 中,霍尔传感器 1 位于一个由永磁铁 2 产生的磁场中。在上部的气隙中有一软铁片 3 可上下移动,由此来控制流经霍尔板的磁通量,该磁通则用来度量软磁片的位置。该霍尔电压通过一电子线路进行检测,该电子线路仅产生两个离散的电平,0 V 和 12 V。因此,可用该装置作为终端位置开关,用来无接触地监测机器部件的位置。

(4)探伤

利用霍尔效应可以进行探伤,如图 3.64 所示的钢丝绳探伤。如果钢丝绳中有断丝,则当钢丝绳通过霍尔元件时,钢丝绳中的断丝会改变永久磁铁产生的磁场,从而在霍尔板中产生一个脉动电压信号。对该脉动信号进行放大和后续处理便可确定断丝根数及断丝位置。

以上列举了霍尔效应的一些应用实例。霍尔传感器具有结构简单、体积小、质量轻、频带宽、动态特性好、元件寿命长等优点,在实际测量中应用广泛。

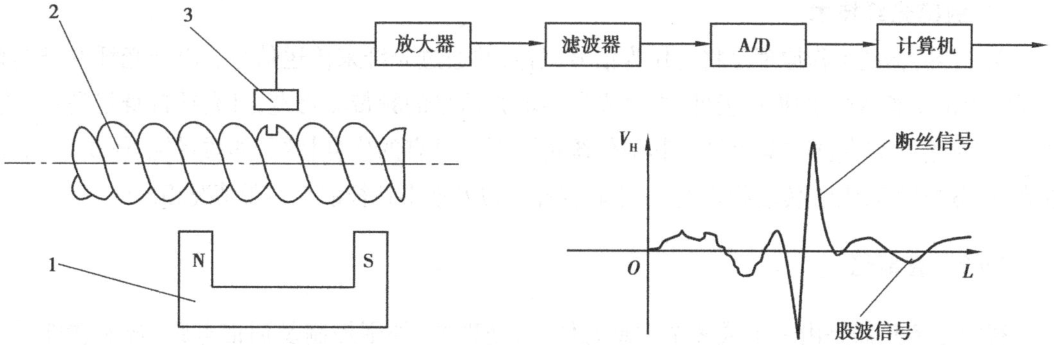

图3.64 利用霍尔效应进行钢丝绳断丝检测

1—永磁铁;2—钢丝绳;3—霍尔元件

3.9 传感器的发展趋势

传感器是测试技术中不可缺少的重要环节,是生产自动化、科学测试、监测诊断等系统中的一个基础环节。由于传感器的重要性,20世纪80年代以来,国际上出现了“传感器热”。随着信息技术和新材料技术的发展,许多新型传感器应运而生,如光纤传感器、CCD传感器、红外传感器、生物传感器、遥控传感器、微波传感器、超导传感器及液晶传感器等。

如今传感器的发展趋势逐渐向着小型化、智能化、多功能化及网络化方面发展。

3.9.1 微型化

传统传感器由于体积较大、性能单一,使其使用受到一定的限制。微型传感器则是基于半导体集成电路技术发展的MEMS(microelectro-mechanicalsystems,微电子机械系统)技术,利用微机械加工技术将微米级的敏感组件、信号处理器、数据处理装置封装在一块芯片上。微型传感器具有体积小、质量轻、反应快、灵敏度高及成本低等优点,广泛应用于航空、医疗、工业自动化等领域。

传感器的微型化主要依赖于以下一些技术:

(1)**计算机辅助设计**(CAD)**和微电子机械系统技术**(MEMS)

计算机辅助设计使传感器的设计逐渐由传统的结构化生产设计向模拟式工程化设计转变,设计者能够在较短的时间内设计出低成本、高性能的新型系统。

微电子机械系统的核心技术是研究微电子与微机械加工及封装技术的巧妙结合,以研制出体积小而功能强大的新型系统。在目前的技术水平下,微切削加工技术可生产出具有不同层次的3D微型结构,从而生产出体积非常微小的微型传感器敏感元件,如微差压传感器、离子传感器和光电探测器等。

(2)敏感光纤技术

光纤传感器的工作原理是将光作为信号载体,并通过光纤来传送信号。由于光纤本身具有良好的传光性能,对光的损耗极低,加之光纤传输光信号的频带非常宽,且光纤自身就是一种敏感元件,因此,光纤传感器具有许多其他传统传感器不具有的优良特征,如质量轻、体积小、敏感性高、动态测量范围大、传输频带宽、易于转向作业以及波形特征能与客观情况相适应等。

3.9.2 智能化

智能化传感器是由一个或多个敏感元件、微处理器、外围控制及通信电路、智能软件系统相结合的产物,它兼有监测、判断和信息处理等功能。智能化传感器相当于微型机与传感器的综合体。

智能化传感器的优点主要有以下 4 点:

①智能化传感器不仅能够对信息进行处理、分析和调节,能对所测的数据及其误差进行补偿,而且还能够进行逻辑思考和结论判断,能够借助于一览表对非线性信号进行线性化处理,借助于软件滤波器对数字信号滤波,还能利用软件实现非线性补偿或其他更复杂的环境补偿,以改进测量精度。

②智能化传感器具有自诊断和自校准功能,可用来检测工作环境。当工作环境临近其极限条件时,传感器将发出警告信号,并根据其分析器的输入信号给出相关的诊断信息。当智能传感器由于某些内部故障而不能正常工作时,传感器能借助其内部检测线路找出异常现象或出故障的部件。

③智能化传感器能够完成多传感器、多参数混合测量,并能对多种信号进行实时处理,也能将检测数据储存,以备事后查询。

④智能化传感器一般都备有一个数字式通信接口,通过此接口可直接与其所属计算机进行通信联络和交换信息。

3.9.3 集成化、多功能

通常情况下,一个传感器只能测量一种物理量。但很多时候为了能更准确地反映客观事物和环境,需要同时测量大量的物理量。如果采用传统传感器,则需要多个传感器。随着传感器技术和微机技术的发展,目前传感器已逐渐集成化、多功能化。集成化包括两类:一种是同类型多个传感器的集成,即同一功能的多个传感元件用集成工艺在同一平面上排列,组成线性传感器(如 CCD 图像传感器);另一种是多功能一体化,如几种不同的敏感元器件制作在同一硅片上,制成集成化多功能传感器,集成度高,体积小,容易实现补偿和校正,是当前传感器集成化发展的主要方向。

多功能传感器中,目前最热门的研究领域是各种类型的仿生传感器。仿生传感器是通过对人的种种行为如视觉、听觉、感觉、嗅觉及思维等进行模拟,研制出的自动捕获信息、处理信息、模仿人类的行为装置,是近年来生物医学和电子学、工程学相互渗透发展起来的一种新型的信息技术。

3.9.4　无线网络化

无线传感器网络的主要组成部分是一个个的传感器节点，这些节点可以感受温度、湿度、压力、噪声等变化。每一个节点都是一个可以进行快速运算的微型计算机，可将传感器收集到的信息转换成数字信号进行编码，然后通过节点与节点之间自行建立的无线网络发送给具有更大处理能力的服务器。

传感器网络综合了传感器技术、嵌入式计算机技术、现代网络、无线通信技术、分布式信息处理技术等，能够通过各类集成化的微型传感器协作地实时监测、感知和采集各种环境或监测对象的信息，通过嵌入式系统对信息进行处理，并通过随机自组织无线通信网络以多跳中继方式将所感知的信息传送到用户终端，从而真正实现“无处不在的计算”理念。

传感器网络的应用在军事、国防、工业、农业、城市管理、环境监测、生物医药、抢险救灾、防恐反恐以及家庭生活等领域有着重要的意义。

习　题

3.1　选择和使用传感器时应注意哪些问题？

3.2　试述金属电阻应变片和半导体应变片的工作原理以及各自的特点。

3.3　应变片主要有哪些性能指标？

3.4　试述电容式传感器的类型及各自的工作原理。

3.5　电容式传感器与电路之间用连接电缆，其分布电容及其电容变化是否会影响传感器的工作性能和稳定性？如有影响，可如何解决？

3.6　试述涡流式传感器的工作原理及其应用。

3.7　试述磁电式传感器的工作原理及类型。

3.8　压电式传感器为什么需要前置放大器？前置放大器的种类有哪些？各有什么特点？

3.9　压电式加速度传感器与超声换能器有何异同？

3.10　光电式传感器主要由哪几部分组成？其工作基础是什么？光电传感器可用来测量哪些物理量？

3.11　常用的光电器件有哪几种？各有什么特点？

3.12　什么叫霍尔效应？利用霍尔传感器可以测量哪些物理量？

3.13　霍尔传感器与磁感应传感器的区别是什么？

3.14　现需要检测输油管道是否存在裂纹？请列举出两种以上的方法，并说明原理。

第 4 章

信号的转换、调理与处理

传感器拾取到被测物体的信息后将其转换成电信号，如电阻、电容、电感、电荷、电流或电压等信号输出。但是，传感器输出的电信号一般情况下都比较微弱，且容易受到各种因素的干扰，无法直接输送到显示、记录装置进行显示、记录或计算机中处理分析。因此，传感器输出的信号需要经过调理、放大、滤波及计算分析等一系列加工处理，以抑制干扰噪声、提高信噪比，便于信号的进一步传输和后续环节的处理。本章主要介绍信号调理和转换中的一些常用环节。

4.1 调制与解调

调制是利用某种低频信号来控制或改变某一高频振荡信号的某个参数的过程。当被控制的参数是高频振荡信号的幅值时，称为幅值调制或调幅；被控制的参数是高频振荡信号的频率时，称为频率调制或调频；被控制的参数是高频振荡信号的相位时，称为相位调制或调相。在调制与解调技术中，高频振荡信号被称为载波，控制高频振荡信号的低频信号称为调制信号，调制后的高频振荡信号称为已调制信号。

解调则是从已调制信号中恢复出原低频调制信号的过程。调制与解调是一对相反的信号变换过程，在工程上常结合在一起使用。

载波信号有多种形式，如正弦信号、余弦信号和方波信号等。本章介绍机械测试技术中较常用的以余弦信号为载波信号的调制与解调。

4.1.1 幅值调制与解调

(1)幅值调制

幅值调制是将一个高频载波信号(本章以余弦信号为例)与被测信号相乘，使高频载波信号的幅值随被测信号的变化而变化。如图 4.1 所示，

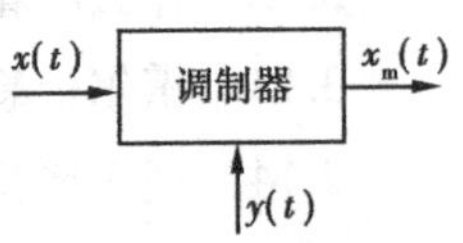

图 4.1 幅值调制

$x(t)$为被测信号,$y(t)=\cos 2\pi f_0 t$ 为高频载波信号,调制器的输出信号$x_m(t)$即为已调制信号,则

$$x_m(t) = x(t) \cdot y(t) = x(t)\cos 2\pi f_0 t \tag{4.1}$$

(2)**调幅信号的频域分析**

由频域卷积定理可知,时域中两个信号的乘积的傅里叶变换对应于频域中它们分别傅里叶变换的卷积,即

$$F[x_m(t)] = F[x(t) \cdot y(t)] = X(f) * Y(f) \tag{4.2}$$

因为 $y(t)=\cos 2\pi f_0 t$,其傅里叶变换为

$$Y(f) = F[\cos 2\pi f_0 t] = \frac{1}{2}[\delta(f-f_0) + \delta(f+f_0)] \tag{4.3}$$

则由卷积的性质有

$$\begin{aligned} F[x_m(t)] &= X(f) * Y(f) \\ &= X(f) * \frac{1}{2}[\delta(f-f_0) + \delta(f+f_0)] \\ &= \frac{1}{2}X(f-f_0) + \frac{1}{2}X(f+f_0) \end{aligned} \tag{4.4}$$

即载波信号 $y(t)$与被测信号 $x(t)$相乘之后的频谱相当于是把 $x(t)$的频谱由坐标原点平移到载波频率$\pm f_0$ 处,幅值减半,如图 4.2 所示。

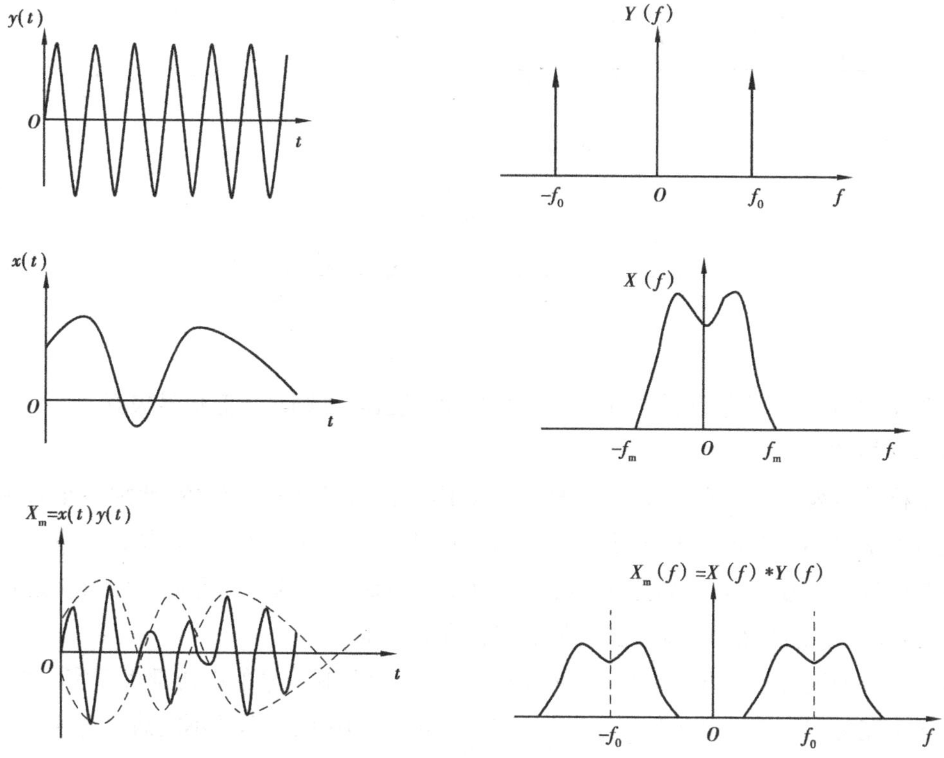

图 4.2　调幅信号的频谱

在幅值调制过程中,载波频率 f_0 必须高于信号中的最高频率 f_{max},这样才能使已调制信号保持被测信号的频谱图形而不产生频率混叠现象。为了减小电路可能引起的失真,信号的频宽 f_m 相对于载波频率 f_0 越小越好。在实际使用中,载波频率一般至少为调制信号上限频率的10倍以上,但是,载波频率的提高也受到放大电路截止频率的限制。

(3)**调幅信号的解调**

幅值调制的解调有多种方法,常用的有同步解调、包络检波和相敏检波。

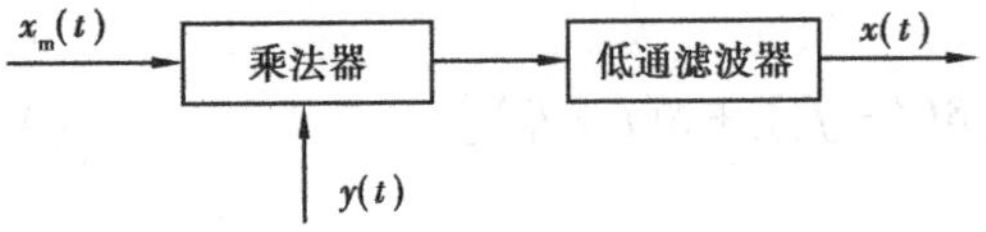

图 4.3　同步解调

1)同步解调

把调幅波 $x_m(t)$ 再次与原载波信号 $y(t)=\cos 2\pi f_0 t$ 相乘(见图 4.3),则其频谱图形将再一次发生频移,即原信号的频谱图形平移到 0 和 $\pm 2f_0$ 的频率处。若用低通滤波器滤除中心频率为 $\pm 2f_0$ 的高频成分,便可复现原信号的频谱,只是其幅值减小为原来的 1/2,如图 4.4 所示。将通过低通滤波器的频谱进行放大处理,则可得到和原被测信号相同的频谱。这种解调方法称为同步解调。所谓"同步",是指解调过程中的载波信号与调制时的载波信号具有相同的频率和相位。

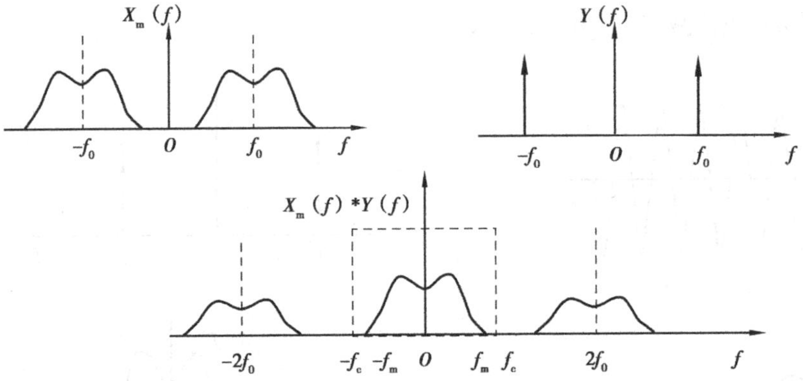

图 4.4　同步解调频谱图

需要注意的是,同步解调需要性能良好的线性乘法器,否则将引起信号失真。

2)包络检波

包络检波也被称为整流检波,其原理是先对调制信号进行直流偏置,叠加一个直流分量 A,使偏置的信号都具有正电压值,那么,用该调制信号进行调幅后得到的调幅波 $x_m(t)$ 的包络线将具有原调制信号的形状,如图 4.5 所示。对调幅波做简单的整流和滤波便可恢复原调制信号,信号在整流滤波之后需要减去所加的偏置直流电压。

包络检波的关键是要准确地加、减偏置电压,必须让调制信号的电压都大于零,如果所加偏置电压未能使调制信号电压都大于零(见图 4.5(b)),则调幅之后便不能简单地通过整流滤波来恢复原信号,而会产生失真。可通过相敏检波技术来解决这一问题。

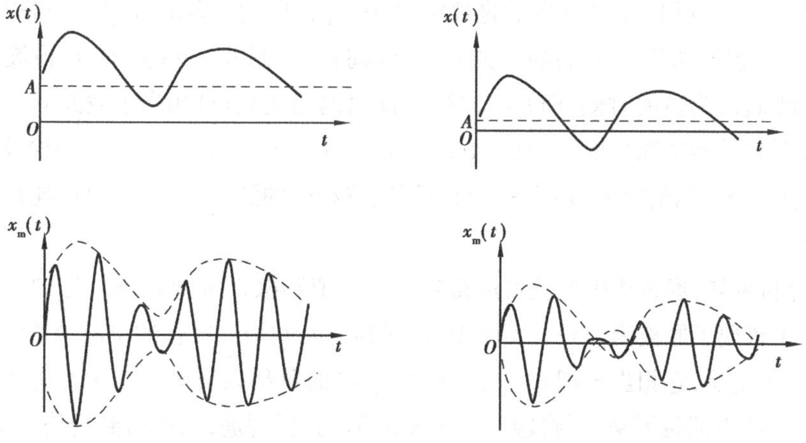

(a)偏置电压足够大　　(b)偏置电压不够大

图 4.5　包络检波

3)相敏检波

相敏检波可鉴别调制信号的极性,因此,采用相敏检波不需要对调制信号施加直流偏置电压。相敏检波利用交变信号在过零位时正、负极发生突变,使调幅波的相位(与载波相比)相应地产生 180°的相位跳变,这样既能反映出原调制信号的幅值,又能反映其极性。图 4.6 表示出了相敏检波解调时的波形转换。

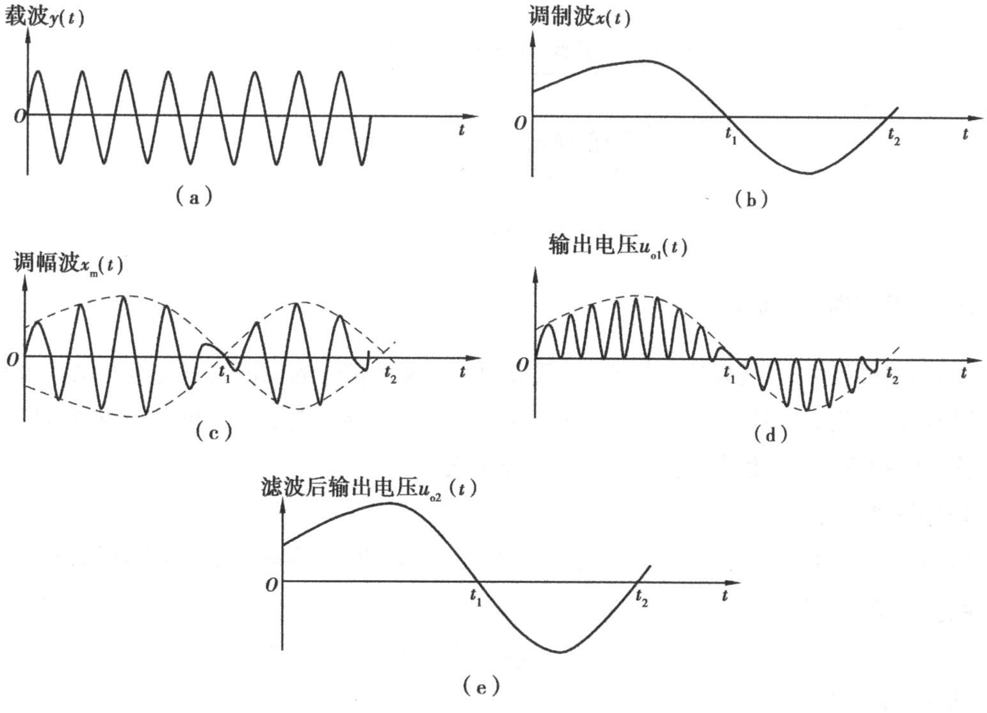

图 4.6　相敏检波

由图4.6可知,当调制波$x(t)$为正的时候,即$0\sim t_1$区间时,调幅波$x_m(t)$与载波$y(t)$同相,检波器输出电压为正,如图4.6(d)所示的$0\sim t_1$区间;当调制波$x(t)$为零时,检波器输出电压为零;当调制波$x(t)$为负的时候,即$t_1\sim t_2$区间,此时调幅波$x_m(t)$相当于载波$y(t)$的极性正好相差180°,此时检波器的输出电压为负,如图4.6(d)所示的$t_1\sim t_2$区间。再将检波器的输出电压$u_{o1}(t)$经过低通滤波器滤波,便可得到与原调制波相同的波形,只是幅值可能被相应地进行了放大或缩小。

由以上分析可知,通过相敏检波可以得到一个幅值和极性都随调制信号的幅值和极性变化的信号,真正重现了原被测信号。实际上,相敏检波是利用二极管的单向导通作用将电路输出极性换向。也就是,它相当于把$0\sim t_1$区间中$x_m(t)$的负部以横坐标为中心翻上去,在$t_1\sim t_2$区间则把$x_m(t)$的正部翻下来,再将输出电压$u_{o1}(t)$经过低通滤波,则得到的信号就是$x_m(t)$经过"翻转"后的包络。对于具有极性或方向性的被测量,经过调制后要想正确地恢复原有的信号波形,必须采用相敏检波的方法,如电阻动态应变仪中的相敏检波,如图4.7所示。

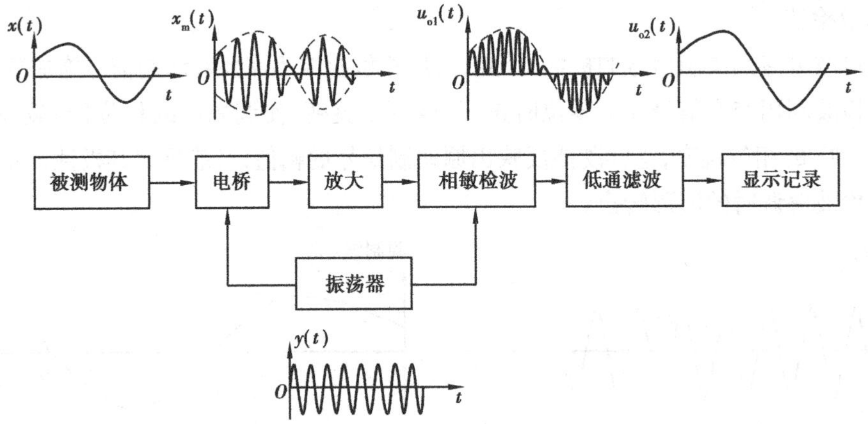

图4.7　动态电阻应变仪框图

4.1.2　频率调制与解调

频率调制过程中,载波幅值保持不变,载波频率随调制信号的幅值成正比地变化。频率按调制信号规律变化的信号,称为调频信号或已调频信号;另外一类信号的相位按调制信号规律变化,称为调相或已调相信号。这里只介绍调频信号。

(1)频率调制原理

设载波$y(t)=A\cos(\omega_0 t+\theta_0)$,保持振幅$A$不变,让载波瞬时角频率$\omega(t)$随调制信号$x(t)$作线性变化,即

$$\omega(t)=\omega_0+kx(t) \tag{4.5}$$

式中　K——比例因子。

则调频信号为

$$x_f(t) = A\cos\left[\omega_0 t + k\int x(t)\,\mathrm{d}t + \theta_0\right] \tag{4.6}$$

当调制信号为三角波时,其调频信号波形如图 4.8 所示。从图 4.8 中可知,在 $0 \sim t_1$ 区间,调制信号 $x(t)=0$,调频信号的频率保持原始的中心频率 ω_0 不变;在 $t_1 \sim t_2$ 区间,调频信号 $x_f(t)$ 的瞬时频率随调制信号 $x(t)$ 幅值的增大而逐渐增高;在 $t_2 \sim t_3$ 区间,$x_f(t)$ 的瞬时频率随调制信号 $x(t)$ 幅值的减小而逐渐降低;当 $t \geqslant t_3$ 之后,调制信号 $x(t)=0$,则调频信号 $x_f(t)$ 的频率又恢复到原始的中心频率 ω_0。

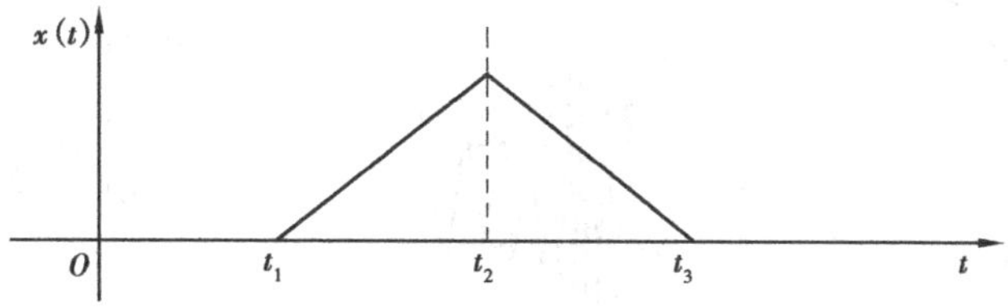

(a)三角波调制信号

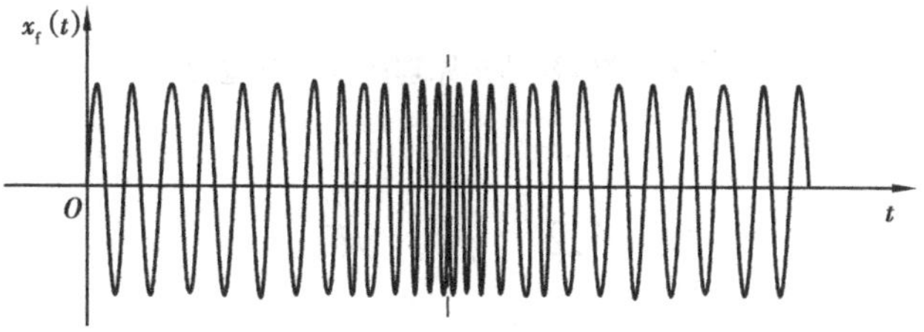

(b)调频信号波形

图 4.8　调制信号为三角波时的调频信号波形

(2)调频信号的解调

对调频信号解调也称为鉴频,可用鉴频器完成。鉴频器的作用是将调频信号频率的变化变换成电压幅值的变化。变化过程分为两步:第一步,先将等幅的调频信号变成幅值随频率变化的调频-调幅波,完成这一功能的称为频率-幅值线性变换器;第二步,检出幅值的变化,得到原调制信号,完成这一功能的称为振幅检波器。

如图 4.9(a)所示为一种鉴频电路。它是由一个高通滤波器和一个包络检波器构成。由图 4.9(b)中高通滤波器的幅频特性的过渡带可以看出,输入信号频率不同,输出信号的幅值也不相同。通常在幅频特性的过渡带上选择一段线性好的区域来实现频率-电压的转换,并使调频信号的载频 f_0 位于这段线性区的中点。由于调频信号的瞬时频率正比于调制信号 $x(t)$,经过高通滤波后,原来等幅的调频信号变为随调制信号 $x(t)$ 变化的"调幅"信号,即包络形状正比于调制信号 $x(t)$,但频率与调频信号保持一致。该信号经后续包络检波器检出包络,则可恢复出原调制信号 $x(t)$,如图 4.9(c)所示。

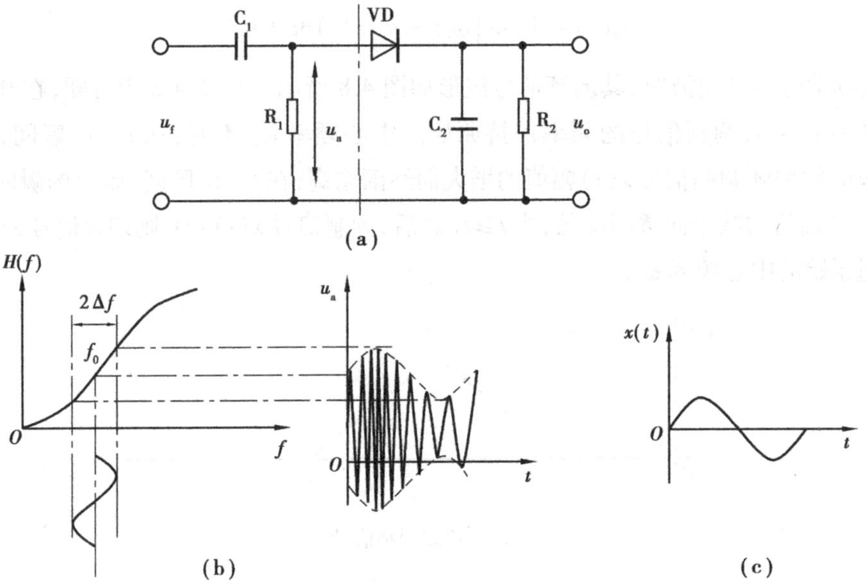

图 4.9　鉴频器结构原理图及鉴频过程

4.2　滤　波

通常传感器拾取到的信号中既包含有有用信息，也包含有噪声等其他一些不需要的信号。选取信号中感兴趣的成分，抑制或衰减掉其他不需要的成分即为滤波，能实现滤波功能的装置称为滤波器。

4.2.1　滤波器的分类及幅频特性

滤波器根据选频方式的不同，一般可分为低通、高通、带通及带阻 4 种滤波器。

(1)低通滤波器

低通滤波器允许低于其截止频率以下的频率成分通过，高于截止频率的频率成分将被衰减。其幅频特性曲线如图 4.10(a)所示。f_{c2}为上截止频率。

(2)高通滤波器

高通滤波器允许高于其截止频率以上的频率成分通过，低于截止频率的频率成分将被衰减。其幅频特性曲线如图 4.10(b)所示。f_{c1}为下截止频率。

(3)带通滤波器

带通滤波器允许频率为下截止频率和上截止频率之间的频率成分通过，其他的频率成分将被衰减。其幅频特性曲线如图 4.10(c)所示。

(4)带阻滤波器

带阻滤波器不允许频率为下截止频率和上截止频率之间的频率成分通过，其间的频率成

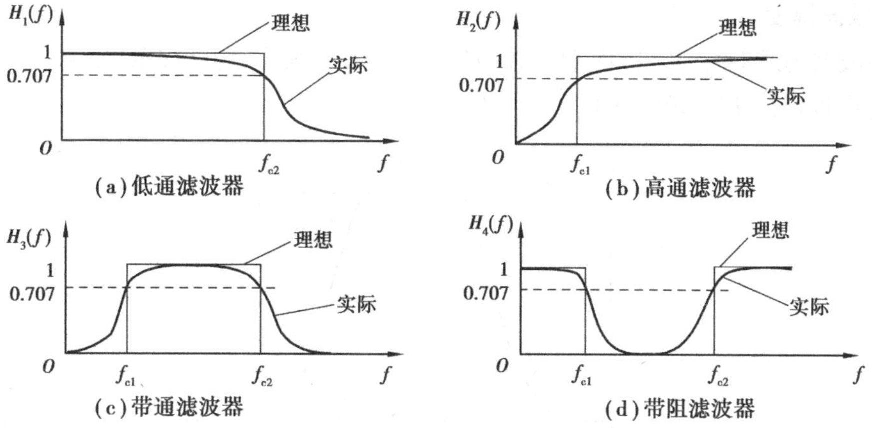

图 4.10 滤波器的幅频特性

分将被衰减。其幅频特性曲线如图 4.10(d)所示。

由图 4.10 可知,实际滤波器的幅频特性与理想滤波器的幅频特性有一定的差距,实际滤波器的幅频特性中,通带和阻带之间没有严格的界限,即它们之间存在一个过渡带,过渡带里的频率成分不会被完全抑制,而是受到不同程度的衰减。一般希望滤波器幅频特性的过渡带越窄越好,这样通带外的频率成分衰减得就越快、越多。而理想滤波器在工程实际中是不存在的。

4.2.2 滤波器的特性参数

滤波器的特性参数主要用于描述滤波器的幅频特性。其特性参数主要有以下 6 个:

(1)截止频率

由于实际滤波器没有明显的截止频率,为了保证通带内的信号幅值不会产生较明显的衰减,一般规定幅频特性值为其峰值 A_0 的$\sqrt{2}/2$ 时的相应频率值为截止频率,截止频率处的幅值衰减为−3 dB。截止频率分为上截止频率f_{c2}和下截止频率f_{c1}。

(2)带宽 B

带宽为上下截止频率之间的频率范围,即 $B=f_{c2}-f_{c1}$。带宽表示滤波器允许通过的频率范围。

(3)品质因数 Q

品质因数 Q 为中心频率f_0 与带宽 B 的比值,即

$$Q=\frac{f_0}{B} \tag{4.7}$$

式中

$$f_0=\sqrt{f_{c1}f_{c2}}$$

品质因数描述了滤波器分辨信号中相邻频率成分的能力。Q 值越大,滤波器的分辨能力越高。

(4)**纹波幅度**

在滤波器的通带内,其幅频特性呈现波纹变化的幅值大小,用 d 表示,如图 4.11 所示。纹波幅度越小越好,一般要求纹波幅度应远小于-3 dB。

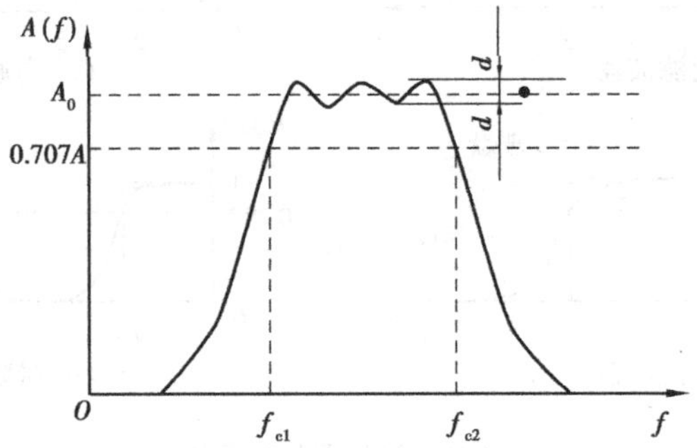

图 4.11 实际带通滤波器的幅频特性

(5)**倍频程选择性**

从阻带到通带,实际滤波器有一个过渡带,过渡带的曲线倾斜度代表着幅频特性衰减的快慢程度,通常用倍频程选择性表示。倍频程选择性是指上截止频率 f_{c2} 与 $f_{c2}/2$ 之间或下截止频率 f_{c1} 与 $f_{c1}/2$ 之间幅频特性的衰减值,即频率变化一个倍频程的衰减量,用分贝 dB 表示。衰减越快,选择性越好。

(6)**滤波器因数 λ**

滤波器因数为滤波器幅频特性的-60 dB 带宽与-3 dB 带宽的比。滤波器因数表示的是滤波器从阻带到通带或从通带到阻带过渡的快慢,以及滤波器对通带以外频率分量的衰减能力,是滤波器选择性的另一种表示方式。滤波器因数越小,滤波器的选择性越好。理想滤波器的滤波器因数为 1,普通使用的滤波器的滤波器因数一般为 1~5。

4.2.3 实际滤波电路

RC 滤波器是测试系统中常用的一类滤波器。RC 滤波器分为无源滤波器和有源滤波器。由于 RC 滤波器低频特性较好,故多用于频率相对不高的信号处理和分析。

(1)RC **无源滤波器**

RC 无源滤波器不需要电源,电路简单,抗干扰能力强,选用标准阻容元件即可实现。

1)RC 低通滤波器

RC 低通滤波器的典型电路和幅频特性如图 4.12 所示。设电路的输入信号为 $u_r(t)$,输出信号为 $u_c(t)$,该滤波器为一阶系统,其时间常数为 $\tau=RC$,则其频率响应函数为

$$H(\omega)=\frac{1}{1+\mathrm{j}\omega\tau} \tag{4.8}$$

幅频特性为

$$A(\omega)=\frac{1}{\sqrt{1+(\omega\tau)^2}} \tag{4.9}$$

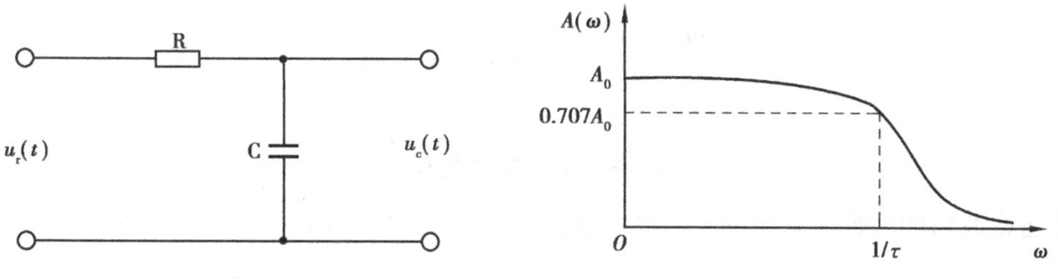

(a)典型电路　　(b)幅频特性

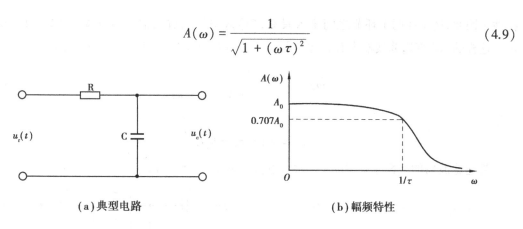

图4.12　RC低通滤波器典型电路和幅频特性

由幅频特性可知,当输入信号的频率 $\omega \ll 1/\tau$ 时,$A(\omega)$ 为常数,信号不衰减;当 $\omega=1/\tau$ 时,$A(\omega)=A_0/\sqrt{2}$,信号衰减3 dB。由此可知,$\omega_{c2}=1/\tau$ 即为低通滤波器的上截止频率。由于 $1/\tau=1/RC$,因此,通过适当改变 RC 参数,可改变滤波器的截止频率。

2)RC高通滤波器

RC高通滤波器的典型电路和幅频特性如图4.13所示。该电路为一阶系统,其时间常数为 $\tau=RC$,则其频率响应函数为

$$H(\omega)=\frac{\mathrm{j}\omega}{1+\mathrm{j}\omega\tau} \tag{4.10}$$

幅频特性为

$$A(\omega)=\frac{\omega\tau}{\sqrt{1+(\omega\tau)^2}} \tag{4.11}$$

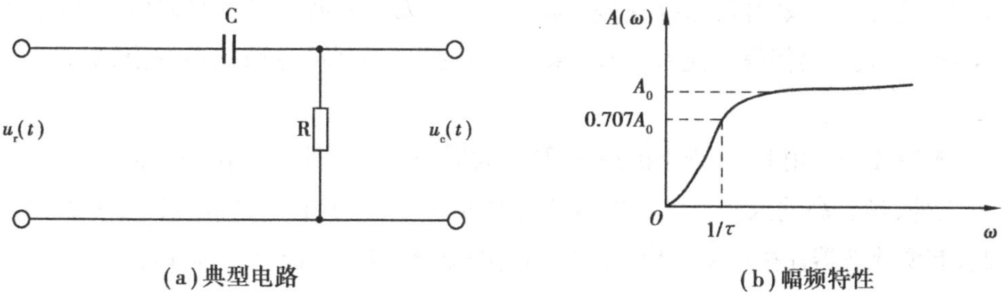

(a)典型电路　　(b)幅频特性

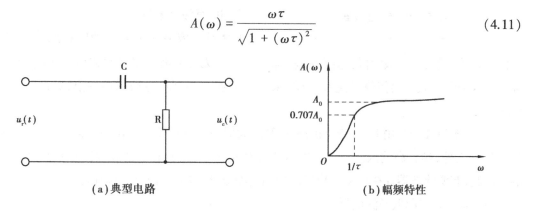

图4.13　RC高通滤波器典型电路和幅频特性

由图4.13(b)可知,当输入信号频率 $\omega \gg 1/\tau$ 时,信号几乎不衰减;当 $\omega=1/\tau$ 时,$A(\omega)=A_0/\sqrt{2}$,信号衰减3 dB,$\omega_{c1}=1/\tau$ 即为高通滤波器的下截止频率。

3)RC带通滤波器

当 $\omega_{c2}>\omega_{c1}$ 时,将RC低通滤波器和高通滤波器串联起来,即可组成RC带通滤波器,如图4.14(a)所示。由于两个串联环节之间存在负载效应,会削弱信号和改变整个系统的频率响应

特性。因此,通常在两个环节之间串入具有高输入阻抗的放大器进行隔离,如图 4.14(b)所示。这样的 RC 带通滤波器为有源滤波器,其频率响应函数为 3 个环节的串联,即

$$A(\omega)=K\cdot\frac{j\omega\tau_1}{1+j\omega\tau_1}\cdot\frac{1}{1+j\omega\tau_2}\tag{4.12}$$

式中

$$\tau_1=R_1C_1,\tau_2=R_2C_2$$

带通滤波器的上截止频率 $\omega_{c2}=1/\tau_2$,下截止频率 $\omega_{c1}=1/\tau_1$。

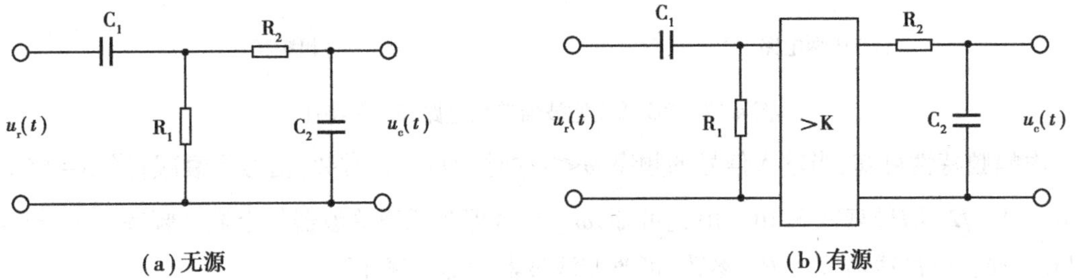

图 4.14　RC 带通滤波器

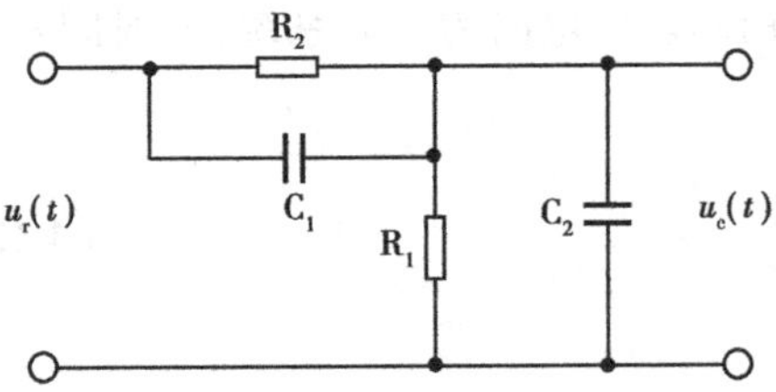

图 4.15　RC 带阻滤波器

4)RC 带阻滤波器

当高通滤波器的下截止频率高于低通滤波器的上截止频率,即 $\omega_{c1}>\omega_{c2}$时,将高通滤波器和低通滤波器并联起来就构成了 RC 带阻滤波器,如图 4.15所示。

(2)RC **有源滤波器**

RC 无源滤波器仅由电阻和电容元件构成,都是低阶系统,过渡带衰减缓慢,选择性差。将几个 RC 无源滤波器串联起来就可提高阶次,但级间耦合的负载效应会使信号逐级减弱,采用有源滤波器则可克服这些缺点,如图 4.14(b)所示。

RC 有源滤波器是用 RC 无源网络和运算放大器等有源器件组合在一起构成的,它除了可放大信号之外,具有高输入阻抗的运算放大器还可进行级间隔离,清除或减小负载效应的影响。因此,有源滤波器往往可多级串联组成高阶滤波器,提高滤波器的选择性。

1)一阶 RC 有源低通滤波器

如图 4.16(a)所示,将简单一阶 RC 低通滤波器的输出端接到运算放大器的同相输入端,则可构成一个基本的一阶有源低通滤波器,运算放大器起到隔离负载影响、提高增益和提高负载的作用。该滤波器的放大倍数为

$$K=1+\frac{R_2}{R_1}\tag{4.13}$$

如果把 RC 高通网络作为运算放大器的(见图 4.16(b)),也可得到低通滤波器的作用。

其放大倍数为

$$K = 1 + \frac{R}{R_0} \tag{4.14}$$

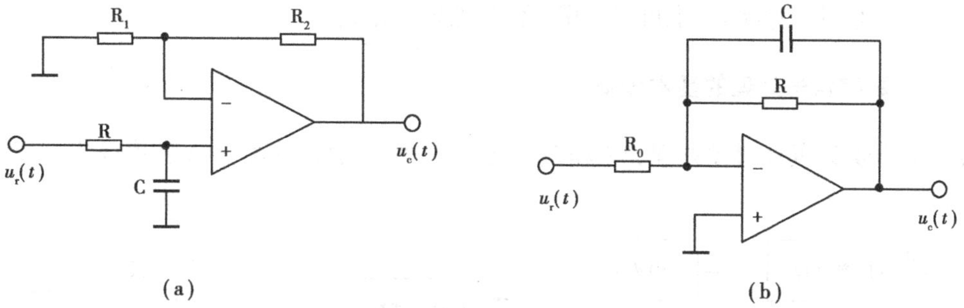

图 4.16　一阶有源低通滤波器

2)二阶 RC 有源低通滤波器

提高滤波器的阶次可改善滤波器的选择性、增大通频带以外信号的衰减量,将两种一阶低通滤波器组成起来可构成二阶有源低通滤波器,如图 4.17 所示。其中,图 4.17(b)是一种改进后的电路,这种电路由于形成了多路负反馈削弱 R_F 在调谐频率附近的负反馈作用,滤波器的特性更接近理想低通滤波器,滤波器特性更好一些。

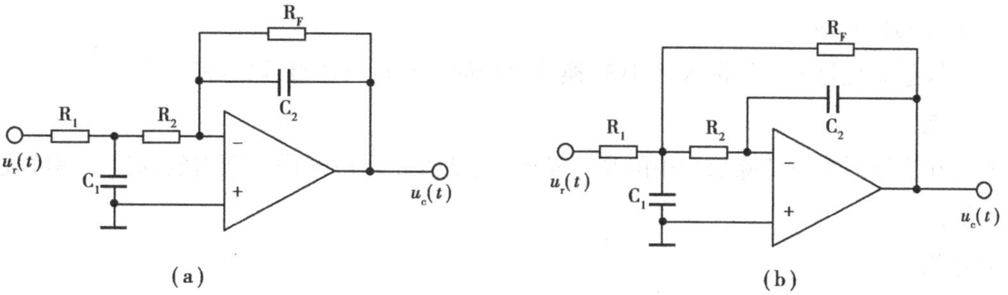

图 4.17　二阶有源低通滤波器

高阶滤波器可用一阶和二阶滤波器作为基本单元,级联而成。滤波器串联得越多,阶次越高,其幅频特性越接近理想特性,但相频特性的非线性会增加。

4.3　信号处理

测试所得到的有用信号通常是和各种噪声混杂在一起的,只有通过分离信号与噪声,并经过必要的处理和分析、清除和修正系统误差之后,才能比较准确地提取所测得信号中所包含的有用信息。对信号进行处理的目的主要是分离信号与噪声,提高信噪比,从信号中提取有用的特征信号,修正测试系统的某些误差,如传感器的线性误差、温度影响等。

信号处理可用模拟信号处理系统和数字信号处理系统来实现。模拟信号处理系统由一系列能实现模拟运算的电路，如模拟滤波器、乘法器、微分放大器等环节组成。模拟信号处理也作为数字信号处理的前奏，如滤波、限幅、解调等。数字信号处理是用数字方法处理信号，可在通用计算机上借助程序实现，也可用专用的信号处理机完成。

4.3.1 数字信号处理的基本步骤

数字信号处理要经过预处理、A/D 转换、运算处理、显示记录及 D/A 转换等主要步骤，如图 4.18 所示。

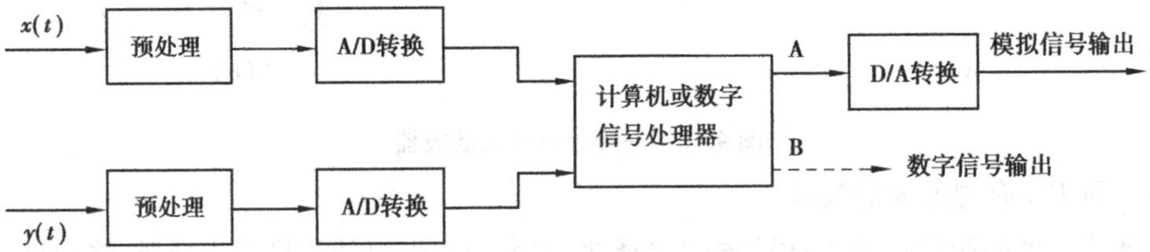

图 4.18 数字信号处理基本步骤方框图

(1) **预处理**

预处理可能包含以下的一项或几项：

1) 电压幅值调理

电压幅值调理是为了将进入 A/D 转换器信号的电平适当调整，以适宜采样。

2) 滤波

有时在测试时需要滤除信号中的高频噪声，这就需要对信号进行适当的滤波。滤波还能提高信噪比。

3) 零均值化

零均值化指的是当所测信号中不应有直流分量时，隔离信号中的直流分量。

4) 解调

如果原信号经过调制，则进入 A/D 转换器之前还应进行解调。

(2) **A/D 转换**

A/D 转换即模-数转换，将模拟信号经过采样、量化并转换为二进制，以便于数字计算机或数字信号处理器进行分析处理。

(3) **运算处理**

数字计算机和数字信号处理器接收 A/D 转换器送过来的离散的时间序列，但由于计算机只能处理有限长度的数据，因此，需要先将原时间序列截断，取其中的一部分来进行运算处理。有时对截取的数字序列还要人为地进行加权，即乘以窗函数以成为新的有限长的时间序列。对时间序列中温漂、时漂等系统性干扰所引起的趋势项（周期大于记录长度的频率成分）要予以分离。

(4) D/A 转换

当数字信号处理器或计算机的输出需要以模拟形式输出时，如语音信号，则需要经过数模转换，即 D/A 转换，将数字信号处理器或计算机输出的数字信号转换成模拟信号，如图 4.18 所示的 A 通路。

如果需要输出信号为数字信号，则不需要 D/A 转换，如图 4.18 所示的 B 通路。

4.3.2　模拟信号数字化

数字信号处理先要把一个时间上连续的模拟信号转换为计算机能接收处理的数字信号，模拟信号数字化的过程包含截断、采样和量化等步骤。

(1) 截断与泄露

计算机只能处理有限长的信号，因此，必须将过长的时间信号加以截断，即将信号乘以一个有限宽的矩形窗函数。下面以对余弦函数 $x(t)=\cos 2\pi f_0 t$ 加矩形窗 $w_T(t)$ 为例说明加窗后信号的变化，如图 4.19 所示。

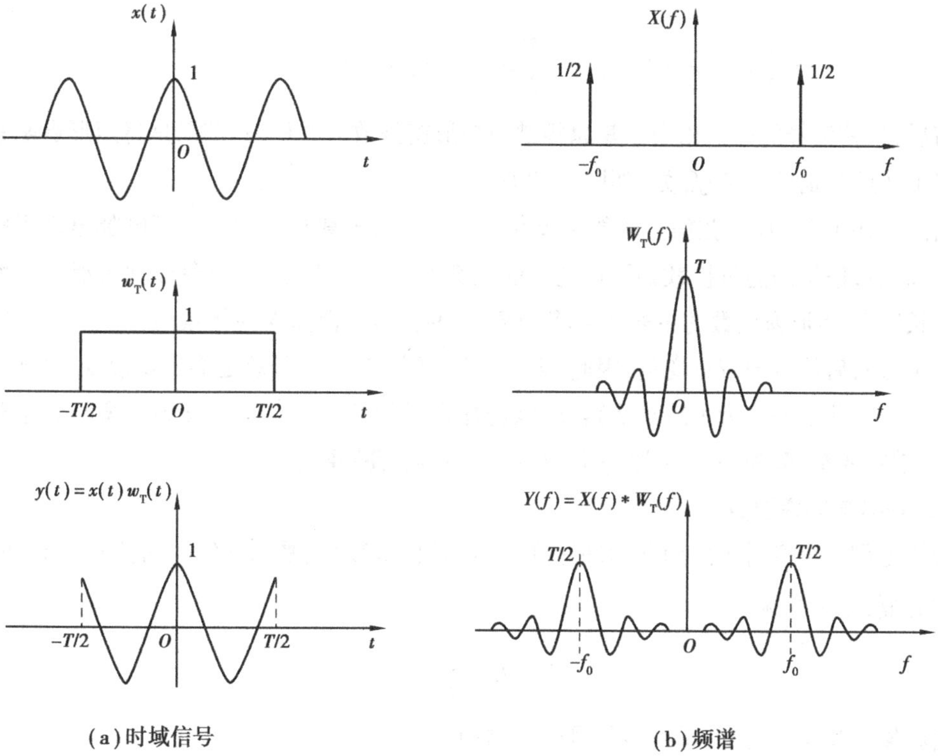

图 4.19　余弦信号被矩形窗函数截断的时域信号及频谱

设窗函数

$$w_T(t)=\begin{cases}1 & |t|<T/2\\0 & |t|>T/2\end{cases}$$

则加窗后的信号

$$y(t)=x(t)\cdot w_T(t)=\begin{cases}\cos 2\pi f_0 t & |t|<T/2\\ 0 & |t|>T/2\end{cases}$$

由于加窗后窗外的数据全部置零,波形发生畸变,其频谱也会发生变化,这就会产生截断误差。

加窗前,$x(t)=\cos 2\pi f_0 t$ 的频谱为

$$X(f)=F[\cos 2\pi f_0 t]=\frac{1}{2}\delta(f-f_0)+\frac{1}{2}\delta(f+f_0) \tag{4.15}$$

其频谱图如图 4.19(b)所示。

加窗后,$y(t)$ 的频谱为

$$\begin{aligned}Y(f)&=F[w_T(t)\cdot\cos 2\pi f_0 t]=W_T(f)*\left[\frac{1}{2}\delta(f-f_0)+\frac{1}{2}\delta(f+f_0)\right]\\&=T\sin c(\pi Tf)*\left[\frac{1}{2}\delta(f-f_0)+\frac{1}{2}\delta(f+f_0)\right]\\&=\frac{T}{2}\sin c\pi T(f-f_0)+\frac{T}{2}\sin c\pi T(f+f_0)\end{aligned} \tag{4.16}$$

即加窗后,余弦信号的频谱相当于其原频谱与矩形窗函数的卷积,其结果是将矩形窗函数的频谱乘以 1/2 后分别搬移到 $\pm f_0$ 处,如图 4.19 所示。

由图 4.19 可知,原余弦信号的能量仅存在于 $\pm f_0$ 处,被截断后,在 $\pm f_0$ 两侧都出现了频率分量,即截断后,信号的能量扩散到了理论上的无穷宽频带中去,这种现象被称为泄露。增加窗函数的长度 T,矩形窗函数的主瓣宽度将变窄,截断信号的泄露误差将减小。

由于截断后信号的带宽变宽,因此,无论采样频率多高,信号总是会出现混叠,也就是截断必然会导致一些误差。为了减小泄露,应该选择合适的窗函数。一个理想的窗函数主瓣宽度要小,即带宽要窄,旁瓣高度与主瓣高度相比要小,且衰减要快。

(2)采样与频率混叠

采样是用一个等时距的周期脉冲序列 $s(t)$(采样函数)去乘以连续时间信号 $x(t)$,时距 T_s 为采样间隔,则采样频率

$$f_s=\frac{1}{T_s} \tag{4.17}$$

由频域卷积定理可知,采样后信号的频谱为

$$F[x(t)s(t)]=X(f)*S(f) \tag{4.18}$$

采样函数 $s(t)$ 及其频谱 $S(f)$ 如图 4.20(a)、(b)所示。假设 $x(t)$ 的时域波形及其频谱 $X(f)$ 如图 4.20(c)、(d)所示,则采样后的时间信号及其频谱则如图 4.20(e)、(f)所示。将采样后信号频谱通过低通滤波器,则可恢复出 $x(t)$ 的频谱 $X(f)$。

采样时,如果采样时间间隔 T_s 较大,即采样频率 f_s 较小,当 $f_s<2f_m$,f_m 为连续时间信号频

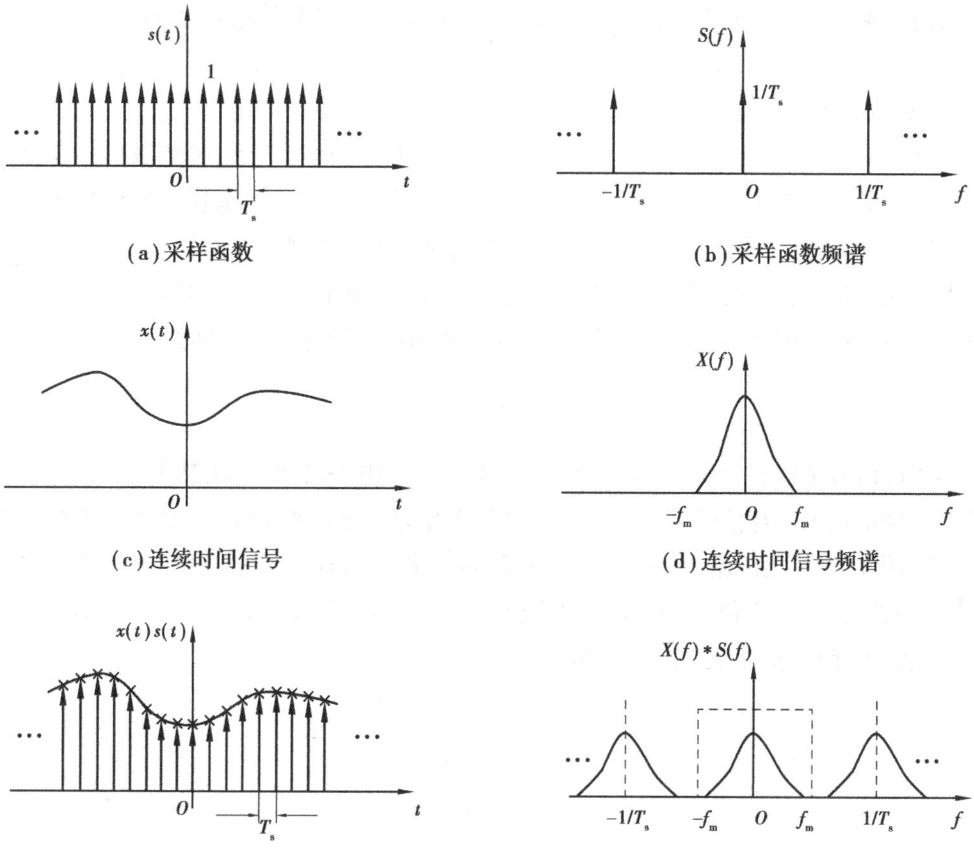

(a)采样函数　(b)采样函数频谱

(c)连续时间信号　(d)连续时间信号频谱

(e)采样后信号　(f)采样后信号频谱

图 4.20　采样过程及采样后信号频谱

谱的最高频率成分，则可能出现频率混叠，如图 4.21 所示。发生频率混叠后，采样后信号的频谱通过低通滤波器后不能完整地恢复出原时间信号的频谱。即在对一个有限带宽的时间信号 $x(t)$ 采样时，为了保证采样后的信号能不失真地还原出原信号，则采样频率 f_s 应该大于等于信号中最高频率成分 f_m 的 2 倍，这也即是时域采样定理。

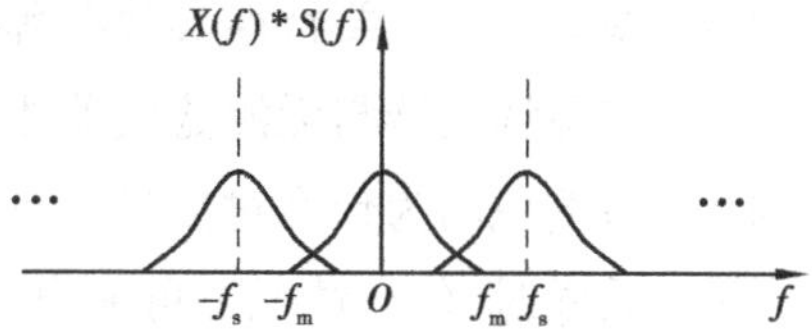

图 4.21　频率混叠现象

为了避免和减小频率混叠误差，可以采取以下两个方法：

①采用尽可能高的采样频率，但是采样频率过高，在模拟信号长度一定的情况下，会导致采样数据点数增加，数值计算工作量增大；如果采样数据点数一定，又会使样本长度减小，导致信号数字谱分析的频率分辨力下降。

②在离散采样前对被分析的模拟信号进行有限带宽处理，即用低通滤波器对模拟信号进行预处理，滤除高频成分和干扰，使信号带宽限制在一定的范围内，这也被称为抗频混滤波。由于信号经过抗频混滤波后，信号中的最高频率已经确定，则可根据采样定理合理地选择采样频率。由于实际使用的抗频混低通滤波器不具有理想的截止特性，阻带内的频率分量只是受

到极大的衰减而并没有被完全滤除，因此，一般采样频率为抗频混低通滤波器名义上截止频率的 2.5~4 倍。

(3)**量化和量化误差**

量化是将采样所得的离散信号的电压幅值用二进制数码组表示，使离散信号变成数字信号的过程。量化需要从一组有限个离散电平中取一个来近似代表采样点的信号实际幅值电平，这些离散电平称为量化电平，每个量化电平对应一个二进制数码。

A/D 转换器的位数是一定的，一个 b 位的二进制数，共有 $L=2^b$ 个数码。如果 A/D 转换器允许的动态工作范围为 D(如±5 V 或 0~10 V)，则两相邻量化电平之间的差 Δx 为

$$\Delta x = \frac{D}{2^{b-1}} \tag{4.19}$$

当离散信号采样值 $x(n)$ 的电平落在两个相邻量化电平之间时，就要舍入相近的一个量化电平上。该量化电平与信号实际电平之间的差值称为量化误差 $\varepsilon(n)$。量化误差的最大值为 $\pm(\Delta x/2)$，可认为量化误差在 $(-\Delta x/2, +\Delta x/2)$ 区间各点出现的概率是相等的，其概率密度为 $1/\Delta x$，均值为零，其均方值 ψ_x^2 为 $\Delta x^2/12$，误差的标准差 σ_x 为 $0.29\Delta x$。实际上，与信号获取、处理的其他误差相比，量化误差通常不算大。

习　题

4.1　什么是幅值调制？幅值调制时对载波频率有什么要求？

4.2　幅值调制的解调方法主要有哪几种？

4.3　滤波器的主要特性参数有哪些？各有什么意义？

4.4　有源滤波器与无源滤波器相比有什么优点？

4.5　举例说明为什么对信号进行截断时会产生能量泄露。减小泄露的措施是什么？

4.6　采样时，什么情况下可能出现频率混叠？

4.7　已知某信号的截止频率为 250 Hz，对其进行数字频谱分析，频率分辨率间隔要求为 1 Hz，则采样间隔和采样频率必须满足什么条件？

第5章 振动测试

5.1 概 述

5.1.1 振动的基本概念

机械振动是工业和生活中常见的现象。从广义上说,振动是指描述系统状态的参量(如位移、电压)在其基准值上下交替变化的过程。狭义的振动,是指机械振动,即力学系统中的振动。即物体(或物体的一部分)在平衡位置(物体静止时的位置)附近作的往复运动。

机械振动有不同的分类方法。按产生振动的原因,可分为自由振动、受迫振动和自激振动;按振动的规律,可分为简谐振动、非谐周期振动和随机振动;按振动系统结构参数的特性,可分为线性振动和非线性振动;按振动位移的特征,可分为扭转振动和直线振动。

自由振动是指去掉激励或约束之后,机械系统所出现的振动。振动只靠其弹性恢复力来维持,当有阻尼时振动便逐渐衰减。自由振动的频率只决定于系统本身的物理性质,称为系统的固有频率。

受迫振动是机械系统受外界持续激励所产生的振动。简谐激励是最简单的持续激励。受迫振动包含瞬态振动和稳态振动。在振动开始一段时间内所出现的随时间变化的振动,称为瞬态振动。经过短暂时间后,瞬态振动即消失。系统从外界不断地获得能量来补偿阻尼所耗散的能量,因而能够作持续的等幅振动,这种振动的频率与激励频率相同,称为稳态振动。

自激振动指的是在非线性振动中,系统只受其本身产生的激励所维持的振动。自激振动系统本身除具有振动元件外,还具有非振荡性的能源、调节环节和反馈环节。因此,不存在外界激励时它也能产生一种稳定的周期振动,维持自激振动的交变力是由运动本身产生的且由反馈和调节环节所控制。振动一旦停止,该交变力也随之消失。自激振动与初始条件无关,其频率等于或接近于系统的固有频率。例如,飞机飞行过程中机翼的颤振、机床工作台在滑动导轨上低速移动时的爬行、钟表摆的摆动和琴弦的振动都属于自激振动。

5.1.2 振动的危害及应用

大多数机械设备和装置内部都安装着各种运动的机构和零部件，在运行时由于负载的不均匀、结构的刚度各向不相等、表面质量不够理想、支承松动及润滑不良等原因，使得工作时总是不可避免地出现振动现象。

在大多数情况下，振动是有害的。例如，振动会影响精密仪器设备的功能，降低加工精度和光洁度，加剧构件的疲劳和磨损，从而缩短机器和结构物的使用寿命；振动还可能引起结构的大变形破坏，有的桥梁曾因振动而坍毁；飞机机翼的颤振、机轮的抖振往往造成事故；车船和机舱的振动会劣化乘载条件。振动一般还伴随着噪声，强烈的振动噪声会形成严重的公害，对人的生理健康产生极大的危害。

另一方面，振动也有可利用的方面，如振动筛、振动搅拌器、振动输矿槽、振动夯实机、超声波清洗设备及钟表等都是利用振动的原理进行工作的设备。针对这些设备，设计和使用时必须选择合理的振动参数，充分发挥振动机械的性能。

因此，无论是为了减小振动、提高机械结构的抗振性能，还是更好地利用振动原理，都有必要进行机械结构的振动分析和振动设计，而这些都离不开振动测试。

5.1.3 振动测试的分类

振动测试一般分为两类：一是测量机器或设备在运行过程中存在的振动，如振动的位移、速度、加速度、频率、相位等，以便了解机器或设备在运行过程中的振动状态、评定等级、寻找振源，对设备进行监测、分析、诊断和预测；二是对机器或设备施加某种激励，使其产生受迫振动，对这个受迫振动进行测量，以便求得机器或设备的振动力学参量或动态性能，如固有频率、阻尼、刚度、频率响应及模态等，从而采取对策来改善机器性能、优化机器部件和系统的设计。

机械振动测量的方法主要有机械法、光学法和电测法。机械法是利用杠杆传动或惯性原理接受并记录振动量的一种方法；光学法是利用光线原理将振动量转换为光信号的一种方法；电测法是将被测的振动量转换成电量，再进行测试的方法。现代振动测试多采用电测法，其测试系统同一般测试系统一样，也是由被测对象、激励装置、传感器与中间转换装置、信号分析处理及显示记录等各个环节组成。

5.2 单自由度系统的受迫振动

5.2.1 作用在系统质量块上的力引起的受迫振动

在对实际的工程结构进行振动分析时，常将它进行简化，单自由度系统是最简化的形式。单自由度系统是指在任意时刻只用一个广义坐标即可完全确定其位置的系统，是最基本的振动模型。它一般可由一个质量块、一个弹簧和一个黏性阻尼器组成。其结构如图 5.1 所示。

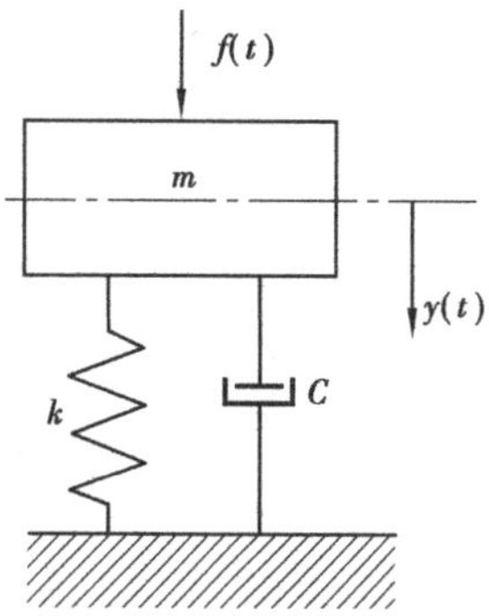

图5.1　单自由度系统在力作用下的受迫振动模型

如图5.1所示的单自由度系统,假设作用在质量块上的力为$f(t)$,质量块的位移为$y(t)$,则其受迫振动的运动方程为

$$f(t)=m\ddot{y}(t)+C\dot{y}(t)+ky(t) \tag{5.1}$$

式中　m——质量块质量;

C——阻尼器阻尼系数;

k——弹簧刚度系数。

当$f(t)$为正弦激励,即$f(t)=F_0\sin\omega t$时,系统稳态时的频率响应函数为

$$H(\omega)=\frac{\frac{1}{k}}{1-\left(\frac{\omega}{\omega_n}\right)^2+2j\zeta\frac{\omega}{\omega_n}} \tag{5.2}$$

其幅频特性和相频特性分别为

$$A(\omega)=\frac{\frac{1}{k}}{\sqrt{\left[1-\left(\frac{\omega}{\omega_n}\right)^2\right]^2+\left(2\zeta\frac{\omega}{\omega_n}\right)^2}} \tag{5.3}$$

$$\varphi(\omega)=-\arctan\frac{2\zeta\frac{\omega}{\omega_n}}{1-\left(\frac{\omega}{\omega_n}\right)^2} \tag{5.4}$$

式中　ω_n——系统的固有频率,$\omega_n=\sqrt{\frac{k}{m}}$;

ζ——系统的阻尼比,$\zeta=\frac{C}{2\sqrt{km}}$。

根据式(5.3)和式(5.4)可作出系统的幅频特性曲线和相频特性曲线,如图5.2所示。

从幅频特性曲线和相频特性曲线可得出以下一些结论:

①当$\omega=0$时,$A(\omega)=1/k$,$\varphi(\omega)=0$,即单位静力使质量块m发生静位移$1/k$。

②当$\omega\ll\omega_n$时,$A(\omega)$变化平缓,与静态激振力引起的位移接近,$\varphi(\omega)<-90°$。

③幅频特性曲线上幅值最大处的频率ω_m,称为谐振频率。谐振频率$\omega_m=\omega_n\sqrt{1-\zeta^2}$,此时的谐振振幅为$H_m=\frac{1}{2k\zeta\sqrt{1-\zeta^2}}$;当阻尼增加时,谐振峰向原点移动,谐振振幅显著减小,当$\zeta>0.707$时,系统不出现谐振峰。

④$\omega=\omega_n$时,无论ζ为何值,$\varphi(\omega)=-90°$,此时称为相位共振。对于小阻尼系统,在$\omega=\omega_n$附近,相频特性曲线陡峭,故用相频特性曲线来测定固有频率比较准确。

⑤当$\omega\gg\omega_n$时,$A(\omega)\to0$,$\varphi(\omega)\to-180°$,即系统的振动位移和激励力反相。常利用这一区域指导减振设计。

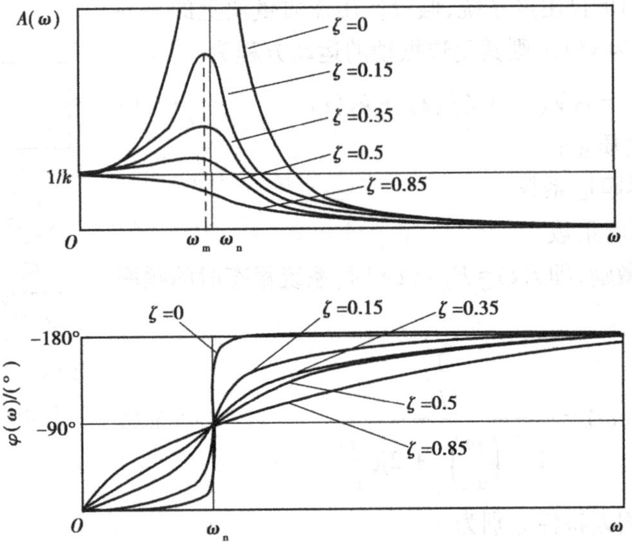

图 5.2　单自由度系统受到力作用的幅频特性和相频特性曲线

5.2.2　由系统的基础运动引起的受迫振动

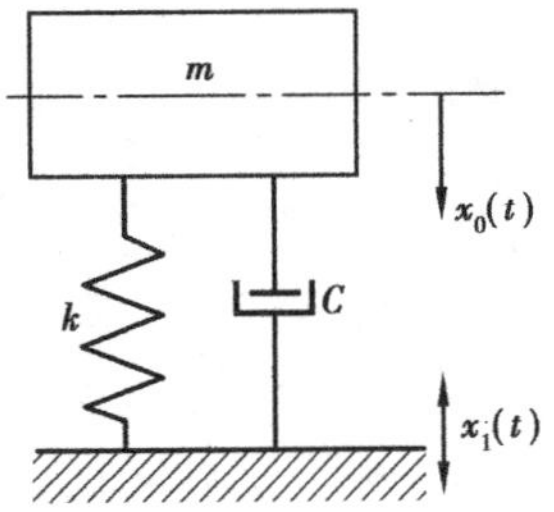

图 5.3　单自由度系统由基础运动引起的受迫振动模型

基础的运动也可引起系统的受迫振动，如图 5.3 所示。假设基础的绝对位移为 $x_1(t)$，质量块的绝对位移为 $x_0(t)$，则由牛顿第二定律可得系统的运动微分方程为

$$m\ddot{x}_0 + C(\dot{x}_0 - \dot{x}_1) + k(x_0 - x_1) = 0 \tag{5.5}$$

质量块 m 对基础的相对运动为

$$x_{01} = x_0 - x_1 \tag{5.6}$$

将式(5.6)代入式(5.5)，得

$$m\ddot{x}_{01} + C\dot{x}_{01} + kx_{01} = - m\ddot{x}_1 \tag{5.7}$$

设基础为简谐运动，即 $x_1(t) = x_1 \sin \omega t$，将其代入式(5.7)，得

$$m\ddot{x}_{01} + C\dot{x}_{01} + kx_{01} = m\omega^2 x_1 \sin \omega t \tag{5.8}$$

其频率响应函数为

$$H(\omega) = \frac{\left(\dfrac{\omega}{\omega_n}\right)^2}{1 - \left(\dfrac{\omega}{\omega_n}\right)^2 + 2j\zeta \dfrac{\omega}{\omega_n}} \tag{5.9}$$

其幅频特性和相频特性分别为

$$A(\omega) = \frac{\left(\dfrac{\omega}{\omega_n}\right)^2}{\sqrt{\left[1 - \left(\dfrac{\omega}{\omega_n}\right)^2\right]^2 + \left(2\zeta \dfrac{\omega}{\omega_n}\right)^2}} \tag{5.10}$$

$$\varphi(\omega) = -\arctan \frac{2\zeta \frac{\omega}{\omega_n}}{1 - \left(\frac{\omega}{\omega_n}\right)^2} \tag{5.11}$$

由式(5.10)和式(5.11)可作出其幅频特性曲线和相频特性曲线,如图 5.4 所示。

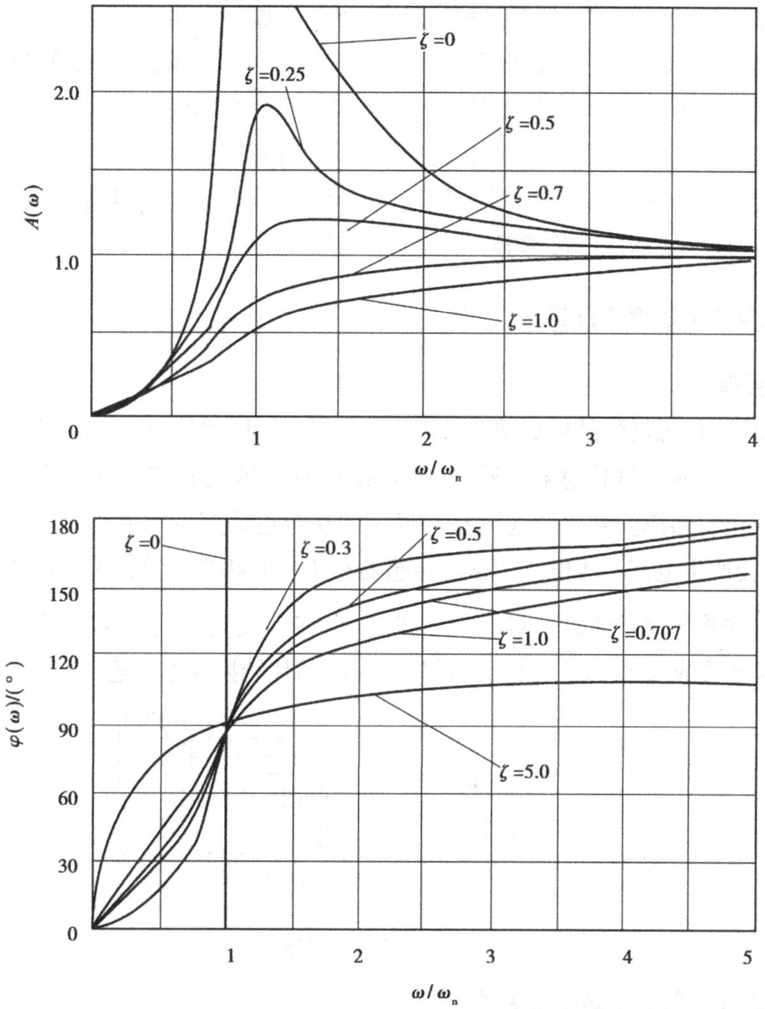

图 5.4　基础运动时单自由度系统受迫振动的频率响应特性

由图 5.4 可以看出:

①当 $\omega \ll \omega_n$ 时,质量块 m 相对于基础的振幅极小,几乎是随着基础一起运动,这一区域可用于惯性式加速度传感器的设计。

②当 $\omega \gg \omega_n$ 时,$A(\omega) \to 1$,说明质量块相对于基础振动的振幅接近于基础振动的振幅,这一区域可用于惯性式位移测振仪的设计。这也说明质量块在惯性坐标系中的振动振幅很小,几乎处于静止状态,可利用这一原理指导振动隔离。

5.3 测振传感器

测振传感器又被称为拾振器。测振传感器的种类很多,按照是否与被测物体接触,可分为接触式和非接触式测振传感器;按被测的振动量,可分为加速度计、速度计和位移计;按工作原理,可分为压电式、磁电式、电动式、电容式、电感式、电涡流式、电阻应变式及光电式等;按所测振动的性质,可分为绝对式和相对式测振传感器。绝对式测振传感器的输出描述被测物体的绝对运动,相对式测振传感器的输出则描述被测物体的相对振动。

目前,应用最广的测振传感器主要有涡流式位移传感器、磁电式速度传感器、压电式加速度传感器及电阻应变式加速度传感器。

5.3.1 压电式加速度传感器

(1)工作原理

压电式加速度传感器的结构如图 3.42 所示,工作原理如图 5.5 所示。它是绝对式(惯性式)传感器。压电式加速度传感器是质量-弹簧系统,底座或与它相当的部位固定在需要测量振动的点上,压电材料感受到由质量块 m 与底座的相对运动产生的加速度。压电材料在产生机械应变时就会产生电荷。压电式加速度传感器在工作时相当于单自由度系统在基础运动时的受迫振动,它先将被测物体的绝对振动加速度 $\ddot{x}_1$ 转换成质量块 m 对壳体的相对位移 x_{01},再经弹簧将 x_{01} 转换成与 x_{01} 成正比的力,最后经压电晶片转换成电荷输出。

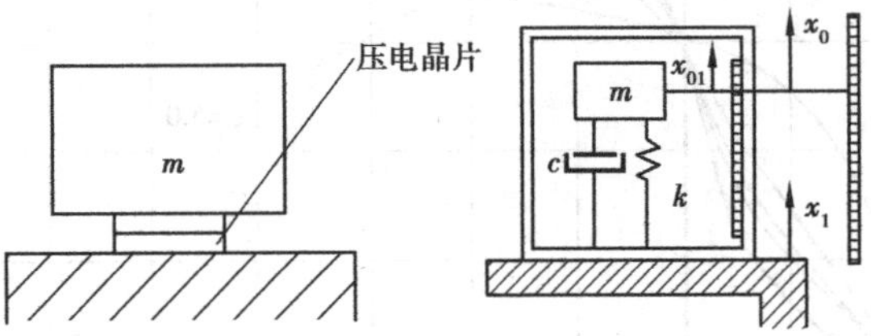

图 5.5 压电式加速度传感器工作原理

(2)惯性式传感器的正确响应条件

1)惯性式位移传感器的正确响应条件

如图 5.5 所示,传感器模型输入信号为被测物体的位移 x_1,这样的传感器为惯性式位移传感器。由图 5.4 可知,要使惯性式位移传感器输出位移 x_{01} 能正确地反映被测振动的位移量 x_1,则必须满足下列条件:

①$\omega/\omega_n \gg 1$,一般取 $\omega/\omega_n>(3\sim5)$,即传感器惯性系统的固有频率远低于被测振动下限频率。此时,$A_x(\omega)\approx1$,不产生振幅畸变,$\varphi_x(\omega)\approx-180°$。

②选择适当阻尼比,可抑制 $\omega/\omega_n=1$ 处的共振峰,使幅频特性平坦部分扩展,从而扩大下

限的频率。例如，当取 $\xi=0.7$ 时，若允许误差为±2%，下限频率可为 $2.13\omega_n$；若允许误差为±5%，下限频率则可扩展到 $1.68\omega_n$。增大阻尼比，能迅速衰减固有振动，对测量冲击和瞬态过程较为重要，但不适当地选择阻尼比会使相频特性恶化，引起波形失真。当 $\xi=0.6\sim0.7$ 时，相频曲线在 $\omega/\omega_n=1$ 附近接近直线，称为最佳阻尼比。

位移传感器的测量上限频率在理论上是无限的，但实际上受具体仪器结构和元件的限制，不能太高。下限频率则受弹性元件的强度和惯性块尺寸、质量的限制，使 ω_n 不能过小。因此，位移传感器的工作频率范围仍然是有限的。

2）压电式（惯性式）加速度传感器的正确响应条件

惯性式加速度传感器质量块的相对位移 x_{01} 与被测振动的加速度 $\ddot{x}_1$ 成正比，因而可用质量块的位移量来反映被测振动加速度的大小。加速度传感器幅频特性 $A_a(\omega)$ 的表达式为

$$A_a(\omega)=\frac{X_{01}}{\dfrac{d^2x_1}{dt^2}}=\frac{X_{01}}{X_1\cdot\omega^2}=\frac{1}{\omega_n^2\sqrt{\left[1-\left(\dfrac{\omega}{\omega_n}\right)^2\right]^2+\left[2\xi\left(\dfrac{\omega}{\omega_n}\right)\right]^2}} \tag{5.12}$$

由式（5.12）可得其幅频特性曲线，如图 5.6 所示。

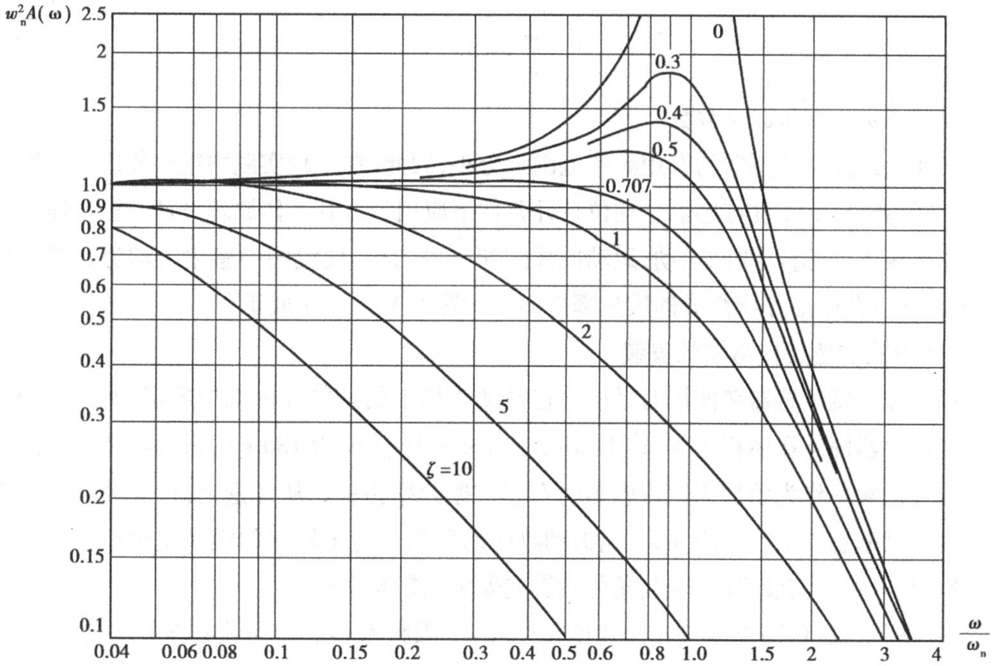

图 5.6　惯性式加速度传感器幅频特性曲线

由图 5.6 可知，要使惯性式加速度传感器的输出量能正确地反应被测振动的加速度，则必须满足以下条件：

①$\omega/\omega_n\ll1$，一般取 $\omega/\omega_n<\left(\frac{1}{5}\sim\frac{1}{3}\right)$，即传感器的 ω_n 应远大于被测振动的频率 ω。此时，

$A_a(\omega) \approx 1/\omega_n^2$=常数。因此,一般加速度传感器的固有频率 ω_n 均很高,在 20 kHz 以上,这可采用质量轻的质量块及刚度系数大的弹簧系统来达到。随着 ω_n 的增大,可测上限频率也提高,但灵敏度减小。

②选择适当阻尼,可改善 $\omega=\omega_n$ 的共振峰处的幅频特性,以扩大测量上限频率,一般取 $\zeta<1$。若取 $\zeta=0.65\sim0.7$,则保证幅值误差不超过 5%的工作频率可达 $0.58\omega_n$。其相频曲线与位移传感器的相频曲线类似(见图 5.4)。当 $\omega/\omega_n \ll 1$ 和 $\xi=0.7$ 时,在 $\omega/\omega_n=1$ 附近的相频曲线接近直线,是最佳工作状态。

3)惯性式速度传感器的正确响应条件

惯性式速度传感器质量块的相对位移 x_{01} 与被测振动的速度 $\dot{x}_1$ 成正比,因而可用质量块的位移量来反映被测振动速度的大小。速度传感器幅频特性 $A_v(\omega)$ 的表达式为

$$A_v(\omega)=\frac{X_{01}}{\frac{dx_1}{dt}}=\frac{X_{01}}{X_1\cdot\omega}=\frac{\omega}{\omega_n^2\sqrt{\left[1-\left(\frac{\omega}{\omega_n}\right)^2\right]^2+\left[2\xi\left(\frac{\omega}{\omega_n}\right)\right]^2}} \tag{5.13}$$

要使惯性式速度传感器的输出量能正确地反应被测振动的速度,则必须满足条件

$$\frac{\omega}{\omega_n}\approx 1 \tag{5.14}$$

此时,$A_v(\omega) \approx 1/2\zeta\omega_n$=常数。

由于惯性式速度传感器的有用频率范围十分小,因此,在工程实践中很少使用。工程中所使用的动圈型磁电式速度传感器是在位移计条件下应用的。其工作原理是基于振动体的振动引起放在磁场中的芯杆、线圈运动,运动的线圈切割磁力线,使线圈中感生电动势。该电动势与芯杆、线圈以及阻尼环所组成的质量部件的运动速度 $V=dx/dt$ 成正比。

(3)压电式加速度传感器的安装

压电式加速度传感器在使用时是固定在被测物体上的。国际标准中规定,利用钢制螺栓将加速度传感器固定在体积为 1 in³(1 in=25.4 mm),质量 m 为 180 g 的振动物体上所测量到的传感器共振频率作为该加速度传感器的安装共振频率指标。从理论上讲,安装共振频率与传感器固有频率有一定的对应关系,当振动物体的质量与传感器内的惯性质量相比为无限大时,两者是相等的。安装方法、安装条件会影响安装共振频率。

一般小阻尼($\zeta<0.1$)的压电式加速度传感器,上限频率若取为安装共振频率的 1/3,可保

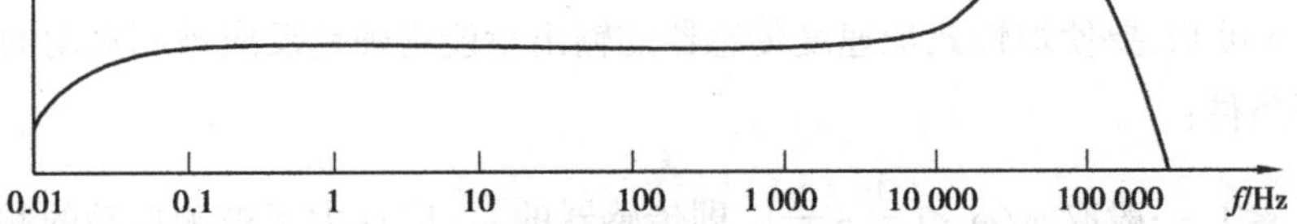

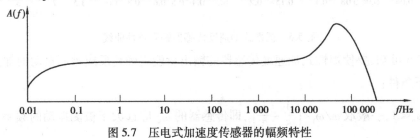

图 5.7 压电式加速度传感器的幅频特性

证幅值误差低于1 dB(即12%);若取为安装共振频率的1/5,则可保证幅值误差小于0.5 dB(即6%),相移小于30°。为了保证测量精度,一般要求安装共振频率要为传感器的使用频率的5倍以上,因此,在实际使用中,总是希望获得高的安装共振频率,以传递较大的加速度。压电式加速度传感器出厂时给出的幅频曲线(见图5.7)是在刚性连接的固定情况下得到的。实际使用的固定方法往往难于达到刚性连接,因而共振频率和使用上限频率都会有所下降。表5.1列出了压电式加速度传感器的常用安装方法及使用性能。

表5.1　压电式加速度传感器的安装方法及使用性能

技术指标		使用性能	
		安装共振频率	特　点
安装方式	螺栓固定	最高	可测频率高,但需要在被测物体上打螺栓孔
	绝缘螺栓及云母垫片	较高	传感器与被测物体之间需要绝缘时使用
	黏结剂连接	中	可在任意位置安装,高频响应较差
	永久磁铁	低	安装方便,可测量较低频率的振动
	手持探针	最低	操作简单,适合测量频率低于1 000 Hz的振动

(4)**压电式加速度传感器的特点**

压电式加速度传感器灵敏度高、体积小、性能稳定、测量精度高,具有较广的线性频率范围,在振动测试和故障诊断监测中应用很广。如第3章3.6节所述,压电式加速度传感器需要前置放大器,一般采用电荷放大器以排除电缆电容的影响。如今也有将前置放大器与传感器集成于一体的ICP加速度传感器,能直接与记录和显示仪器连接,简化了测试系统。

为了扩宽压电式加速度传感器的工作频率范围,必须提高传感器的固有频率,但随着固有频率的提高,传感器的灵敏度会下降。为满足各个领域振动测量的需要,压电式加速度传感器常做成一个序列,从高固有频率、低灵敏度的宽频带加速度传感器,到高灵敏度,低固有频率的低频加速度传感器。灵敏度越高,压电式加速度传感器的质量也越大。机械工程振动测试通常使用的压电式加速度传感器的工作频率上限为4 000~6 000 Hz,电荷灵敏度为2~10 pC/ms^{-2}左右,质量为10~50 g。表5.2列出了某厂不同型号的压电式加速度传感器的性能指标。

表5.2　某厂不同型号的压电式加速度传感器性能指标

型　号	灵敏度/($mV \cdot g^{-1}$)	频率范围/Hz	分辨率/g	质量/g	量程/g
500T	500	0.5~9 000	0.000 04	32	10
1 000T	1 000	0.35~8 000	0.000 02	35	5
10T	10	1~15 000	0.002	29	500
100SJ	100	0.7~7 000	0.000 2	100	50

5.3.2 磁电式速度传感器

磁电式速度传感器是利用电磁感应原理将传感器的质量块与壳体的相对速度转换成电压输出。振动速度传感器分为绝对速度传感器和相对速度传感器。如图 5.8 所示为磁电式相对速度传感器的结构图。它用于测量两个试件之间的相对速度。外壳 1 固定在一个物体或支架上,保持不动,顶杆 6 顶住被测试件,磁铁 4 通过壳体构成磁回路,线圈 3 置于回路的缝隙中。当被测物体振动时,顶杆跟随被测物体一起振动,固定在顶杆上的线圈则在磁场气隙中运动,线圈因切割磁力线而产生感应电动势 e,其大小与线圈运动的线速度 v 成正比。如果顶杆运动符合下述的跟随条件,则线圈的运动速度就是被测物体的相对振动速度,因而输出电压与被测物体的相对振动速度成正比关系。

相对式测振传感器力学模型如图 5.9 所示。相对式测振传感器测出的是被测振动件相对于某一参考坐标的运动。如电感式位移传感器、磁电式速度传感器和电涡流式位移传感器等都属于相对式测振传感器。

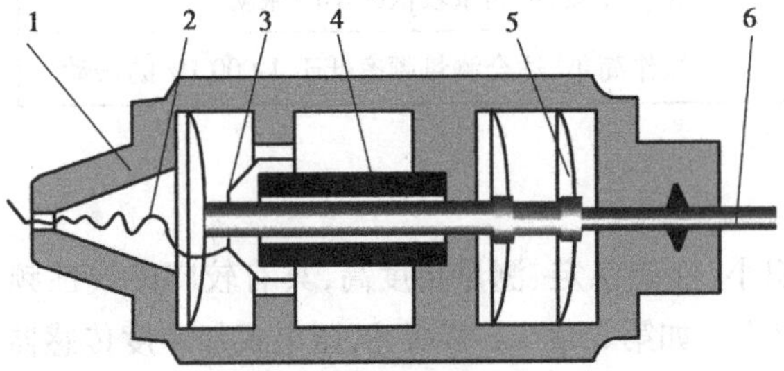

图 5.8 磁电式相对速度传感器的结构图

1—外壳;2—引线;3—线圈;4—磁铁;5—弹簧;6—顶杆

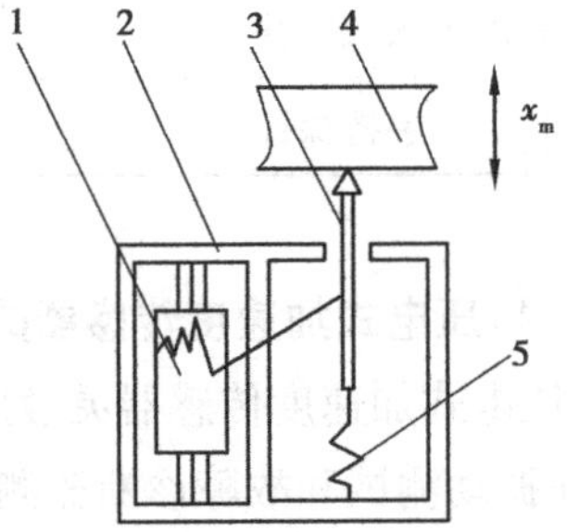

图 5.9 相对式测振传感器

1—变换器;2—壳体;3—活动部分;4—被测部分;5—弹簧

相对式测振传感器具有两个可作相对运动的部分。壳体 2 固定在相对静止的物体上,作为参考点。活动的顶杆 3 用弹簧以一定的初压力压紧在振动物体上,在被测物体振动力和弹簧恢复力的作用下,顶杆跟随被测振动件一起运动,因而和顶杆相连的变换器 1 将此振动量变为电信号。顶杆的跟随条件是决定该类传感器测量精度的重要条件。其跟随条件简要推导如下:

设顶杆和有关部分的质量为 m,弹簧的刚度为 k,当弹簧被预压 Δx 时,则弹簧的恢复力 $F=k\Delta x$,该恢复力使顶杆产生的回复加速度 $a=F/m$,为了使顶杆具有良好的跟随条件,它必须大于被测振动件的加速度,即

$$\frac{F}{m} > a_{max}$$

式中 a_{max}——被测振动件的最大加速度(如果是简谐振动,$a_{max}=\omega^2 x_m$,x_m 为简谐振动的振幅值)。

考虑到 $F=k\Delta x$, 则

$$\frac{k\Delta x}{m} > \omega^2 x_m$$

因而可得

$$\Delta x > \frac{m}{k}\omega^2 x_m = \left(\frac{\omega}{\omega_n}\right)^2 x_m = \left(\frac{f}{f_n}\right)^2 x_m \qquad (5.15)$$

式中　f_n——固有频率（$f_n = \omega_n / 2\pi, \omega_n = \sqrt{k/m}$）。

如果在使用中弹簧的压缩量 Δx 不够大，或者被测物体的振动频率 f 过高，不能满足上述跟随条件，顶杆与被测物体就会发生撞击。因此相对式传感器只能在一定的频率和振幅范围内工作。

图 5.10 为磁电式绝对速度传感器的结构图。磁铁 4 与壳体 2 形成磁回路，装在芯轴 6 上的线圈 5 和阻尼环 3 组成惯性系统的质量块在磁场中运动。弹簧片 1 径向刚度很大，轴向刚度很小，使惯性系统既可得到可靠的径向支承，又保证有很低的轴向固有频率。铜制的阻尼环 3 一方面可增加惯性系统质量、降低固有频率，另一方面又利用闭合铜环在磁场中运动产生的磁阻尼力使振动系统具有适当的阻尼，以减小共振对测量精度的影响，并能扩大速度传感器的工作频率范围，有助于衰减干扰引起的自由振动和冲击。

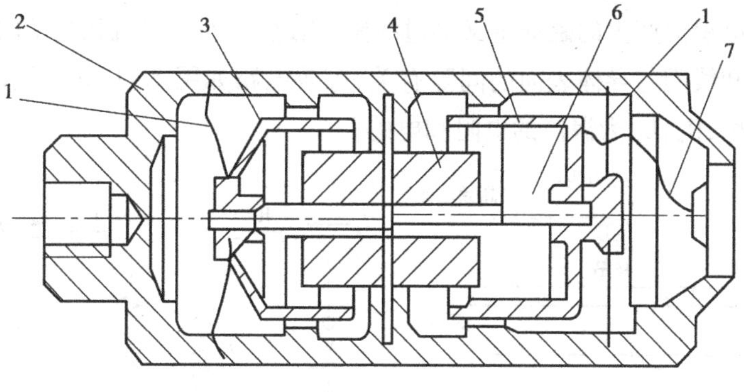

图 5.10　磁电式绝对速度传感器

1—弹簧；2—外壳；3—阻尼环；4—磁铁；5—线圈；6—芯轴；7—引线

磁电式绝对速度传感器的优点是不需要外加电源，输出信号大，可不经调理放大即可远距离传送，这就使其测试系统得到了简化。但是，由于磁电式振动速度传感器中存在机械运动部件，它与被测系统同频率振动，不仅限制了传感器的测量上限，而且其疲劳极限造成传感器的寿命比较短。

常用的磁电式速度传感器的型号及性能见表 5.3。

表 5.3　常用磁电式速度传感器性能

传感器型号	灵敏度/[mV·(cm·s^{-1})$^{-1}$]	频率范围/Hz	最大可测位移/mm	最大可测加速度/(m·s^{-2})	质量/kg	测量方式
CD-1	600	10~500	±1	5	0.7	绝对式
CD-2	300	2~500	±1.5	10	0.8	相对式
CD-3	150~320	15~300	±1	10	0.35	绝对式

续表

传感器型号	灵敏度/[mV·(cm·s^{-1})$^{-1}$]	频率范围/Hz	最大可测位移/mm	最大可测加速度/(m·s^{-2})	质量/kg	测量方式
CD-4	600	2~300	±15	—	0.3	相对式
CD-7	6 000	0.5~20	±6	<1	1.5	绝对式
CD-8	>20	2~500	—	5	0.1	非接触
CD-11	>2 000	0.4~500	±20	5	1.3	绝对式

5.3.3 涡流式位移传感器

涡流式位移传感器是非接触式传感器。它具有测量动态范围大、结构简单、不受介质影响及抗干扰能力强等特点。

如图 5.11 所示为电涡流传感器的原理图。传感器以通有高频交流电流的线圈为主要测量元件。当载流线圈靠近被测导体试件的表面时,穿过导体的磁通量随时间变化,在导体表面感应出电涡流。电涡流产生的磁通量又穿过线圈,因此,线圈与涡流相当于两个具有互感的线圈。互感的大小和线圈与导体表面的间隙有关,等效电路如图 5.11(b)所示。R,L 为传感器线圈的电阻与自感,R_e,L_e 为涡流的电阻和电感。

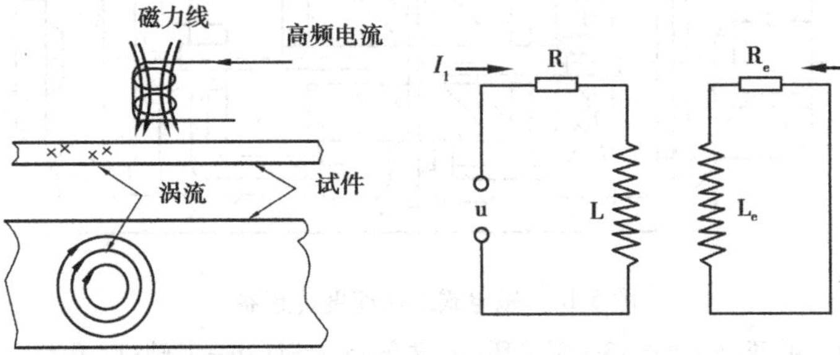

(a)电涡流现象　　(b)等效电路

图 5.11　电涡流传感器原理图

当试件与探头(线圈)之间的距离改变时,线圈中的阻抗也会发生变化,因此,涡流传感器可直接测量位移。

如图 5.12 所示为一种典型的涡流位移传感器的示意图。它由两个线圈组成,一个为工作线圈,用于感知被测物体的运动状况,另一个为平衡线圈,用于构成电桥的一个桥臂并提供温度补偿。

电涡流传感器的特点是:结构简单,灵敏度高,线性度好,频率范围宽(0~10 kHz),抗干扰性强,不受油污等介质的影响。目前,商用涡流位移传感器可测范围为 0.25~30 mm,非线性为 0.5%,最高分辨率为 0.000 1 mm,被广泛应用于非接触式振动位移测量,特别是汽轮机组、空气压缩机组等回转轴系的振动检测、故障诊断。

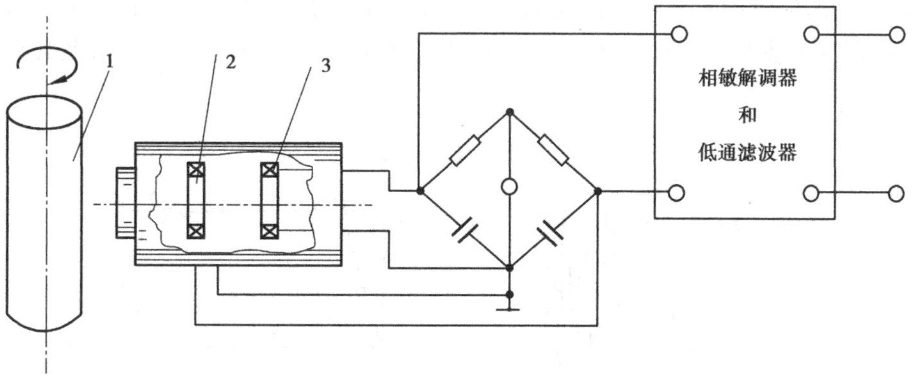

图 5.12　涡流位移传感器示意图

1—被测物体(导电材料);2—主动线圈;3—平衡线圈

5.4　振动的激励

在研究被测对象的动态特性时,往往需要人为地给被测对象施加一定的激振力,然后同时测出激励和响应信号,分析激励信号和响应信号的相对大小和相位关系,即可获得系统的动态特性。激振方式通常可分为稳态正弦激振、随机激振和瞬态激振。

(1)**稳态正弦激振**

稳态正弦激振是对被测对象施加一个稳定的单一频率的正弦激振力,并测定稳态下的振动响应与正弦力的幅值比与相位差。为了测得整个频率范围的频率响应,必须改变激振力的频率,这个过程被称为扫频或扫描。稳态正弦激振的激振系统一般由正弦信号发生器、功率放大器和激振器组成。

稳态正弦激振的优点是激振功率大、信噪比高、能保证测试的精确度。但是,为了保证结构处于稳态振动中,扫频速度必须足够缓慢,因此效率较低。特别是当系统阻尼较小时,更应该注意扫频速度。

(2)**随机激振**

随机激振一般用伪随机信号发生器作为信号源,是一种宽带激振的方法,它使被测对象在一定频率范围内产生伪随机振动。白噪声发生器所提供的信号是完全随机的,工程上有时希望能重复试验,可用伪随机信号或用计算机产生伪随机码作为随机激振信号。

随机激振测试系统可快速甚至实时测试,但是设备较复杂,价格较昂贵。

(3)**瞬态激振**

瞬态激振属于宽带激振,目前常用的瞬态激振方式有以下 3 种:

1)快速正弦扫描激振

快速正弦扫描法的原理是使信号发生器的频率在几秒或十几秒时间内由低频扫到高频,

而幅值保持不变,信号经功率放大器和激振器激励被测结构。这种方法的特点是力的频谱在上下限频率范围内基本上是平直的,输入结构的能量较大。快速正弦扫描信号及其频谱如图5.13所示。

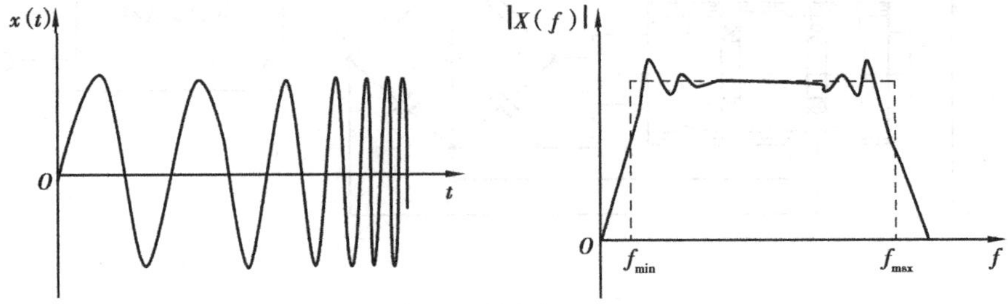

图5.13　快速正弦扫描信号及其频谱

2)脉冲激振

脉冲激振又称敲击法,是用一把带有力传感器的锤子(又称脉冲锤或力锤)敲击被测对象,使被测对象受到脉冲力的作用。但是,这种敲击力不是理想的$\delta(t)$函数,而是如图5.14所示的近似半正弦波。脉冲激振激振力的大小及有效频率范围取决于脉冲锤的质量和脉冲持续时间(敲击时接触时间)。表5.4列出了某厂的脉冲锤锤头质量与激励频宽的关系。由表5.4可知,随着锤头质量增加,激励频宽降低。当脉冲锤质量一定时,激振力和有效频率范围就取决于锤头垫材料的软硬,锤头垫越硬,脉冲持续时间越短,激振力越大,有效作用频率范围越宽。选用适当的锤头配重块的质量和敲击加速度,可调节激振力的大小。

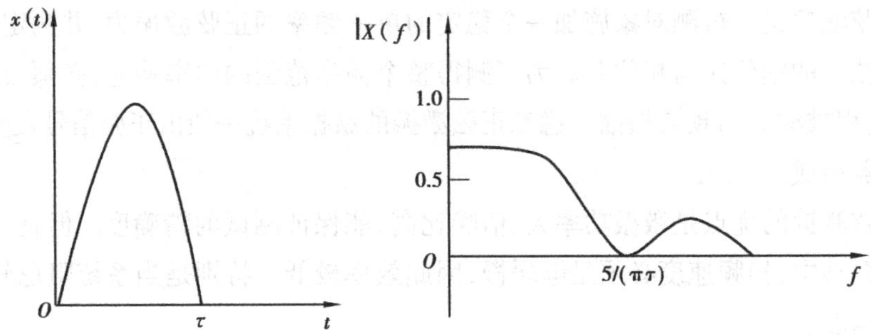

图5.14　近半正弦波脉冲信号及其频谱

脉冲激振简便高效,目前在现场广泛采用。但是,在脉冲激振时,对激振点、拾振点、锤击的轻重及方向都有较高的要求。敲击力过大会引起非线性,过小会降低信噪比。脉冲力是一种随机输入,需要多次锤击并对测试结果平均以减少随机误差。

表5.4　脉冲激振激振力频谱与锤头质量、材质的关系

型　号	锤头质量/kg	频率范围/kHz	备　注
9722A500	0.1	≈8.2	Kistler 振动传感器
9722A2000	0.1	≈9.3	Kistler 振动传感器

续表

型　号	锤头质量/kg	频率范围/kHz	备　注
9724A2000	0.25	≈6.6	Kistler 振动传感器
9724A5000	0.25	≈6.9	Kistler 振动传感器
9726A5000	0.5	≈5.0	Kistler 振动传感器
9726A20000	0.5	≈5.4	Kistler 振动传感器
9728A20000	1.5	≈1	Kistler 振动传感器

3）阶跃激振

阶跃激振法可用能快速切断的绳索、能快速泄放的油缸或激波管等对结构突加或突卸常力来激出结构的响应，如采用一根张力弦来实施阶跃激振。试验时，在拟定的激振点处，由力传感器将弦的张力施加在试件上，使之产生初始变形，然后突然切断张力弦，相当于对试件施加一个负的阶跃激振力。阶跃激振属于宽带激振，理想阶跃函数的导数是理想脉冲函数。因此，阶跃响应的导数即为脉冲函数响应。

阶跃激振的频率范围较低，一般为 0~30 Hz，主要适用于大型柔性结构，在建筑结构的振动测试中普遍采用，也可用于测试脆弱结构，如太阳能电池板。

5.5　振动测试系统

机械（或结构）的振动测量主要是指测定振动体（或振动体上某一点）的位移、速度、加速度大小，以及振动频率、周期、相位、衰减系数、振型、频谱等。在工程实践中，有时还需要通过试验来测定（或确定）振动系统的动态特性参数，如固有频率、阻尼、动刚度及动质量等。振动测量的方法多种多样，这里简要介绍如下：

5.5.1　振动位移、速度和加速度的测量

机械振动测量中，测量振动信号的幅值，即振动位移、速度和加速度信号的有效值，有时也包括峰值的测量，常用的传感器是压电式加速度传感器和磁电式速度传感器。其测试系统框图如图 5.15 所示。

若所测的振动信号是典型的简谐信号，只要测出振动位移、速度、加速度幅值中的任何一个，就可根据位移、速度和加速度三者的关系求出其余的两个。也可分别用涡流位移传感器、磁电式速度传感器和压电式加速度传感器分别来测量振动的位移、速度和加速度。值得注意的是加速度单位为 m/s^2 或重力加速度单位 g（1 g = 9.807 m/s^2），几乎所有的测振仪器都用 g

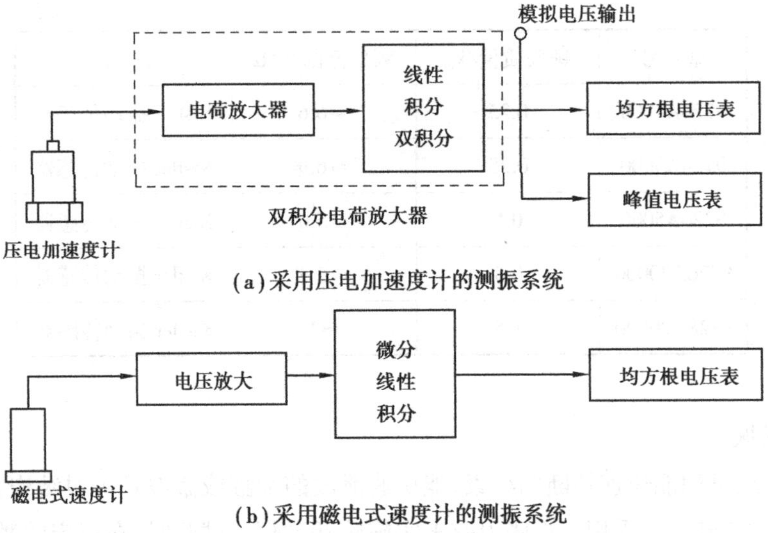

图 5.15　机械振动幅值测量框图

作为加速度单位。

5.5.2　振动频率和相位的测量

(1)简谐振动频率的测量

简谐振动频率的测量是频率测量中最简单、最基本的,但它又是复杂振动频率测量的基础。

简谐振动频率的测量方法有李萨如图形比较法、录波比较法、直读法及频谱分析法等。

1)李萨如图形比较法

李萨如图形比较法是将被测物体的振动信号和信号发生器发出的可调频率的正弦信号同时输入双通道示波器中的 X,Y 通道,调节信号发生器的信号频率,使示波器屏幕上出现稳定的图形,根据信号发生器的频率和相位便可求出被测物体的振动频率和相位。因此,李萨如图形比较法既可测振动的频率,也可测相位。

2)频谱分析法

目前,振动测量时,振动频率一般多用频谱分析法由频谱图直接进行测读。

频谱法测量简谐振动的频率就是用快速傅里叶变换(FFT)的方法,将振动的时域信号变换为频域中的频谱,从而从频谱的谱线测得振动频率的方法。如图 5.16 所示,若简谐振动 $x(t)=A_0\sin 2\pi f_0 t$,从其频谱图中可直接读出其频率 f_0。

(2)同频简谐振动相位差的测量

同频简谐振动相位差的测量方法也有多种,如线性扫描法、椭圆法、相位计直接测量法、频谱分析法及李萨如图形法等,现在应用最多的是频谱分析法。直接利用互谱或互相关分析,即可方便地测读出两个同频简谐振动信号之间的相位差。

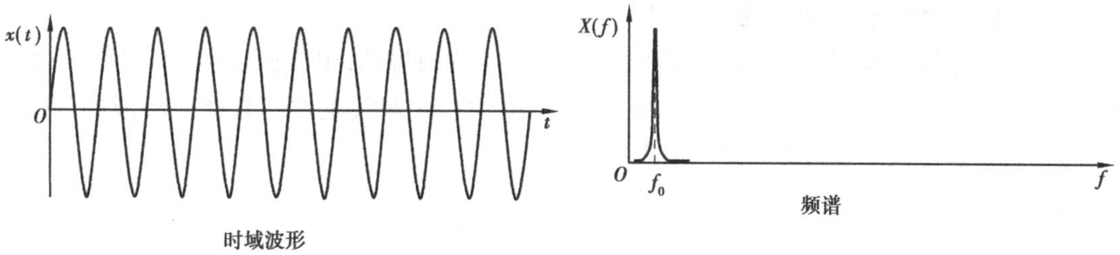

图 5.16　频谱法求简谐振动的频率

5.5.3　机械系统固有频率的测量

固有频率是机械系统最基本、最重要的动态特性参数之一。在机械系统的振动测量中，固有频率测量往往是必不可少的。

在介绍固有频率的测量之前先要分清楚固有频率和共振频率。固有频率与共振频率是两个不同的概念。

固有频率是当机械系统作自由振动时的振动频率（也称自然频率），它与系统的初始条件无关，只由系统本身的参数所决定，与系统本身的质量（或转动惯量）、刚度有关。

在系统作受迫激励振动过程中，当激振频率达到某一特定值时，振动量的振幅值达到极大值的现象，称为共振。共振时的激励频率就称为共振频率。但要注意，振动的位移幅值、速度幅值、加速度幅值各自达到极大值（对单自由度系统，极大值就是最大值）时的共振频率是各不相同的，分别如下：

位移共振频率

$$\omega_r = \omega_n\sqrt{1 - 2\zeta^2} \tag{5.16}$$

速度共振频率

$$\omega_v = \omega_n \tag{5.17}$$

加速度共振频率

$$\omega_a = \omega_n\sqrt{1 + 2\zeta^2} \tag{5.18}$$

由上 3 式可知，在系统阻尼比不为零的情况下，只有速度共振频率才等于系统的无阻尼固有频率。当系统阻尼比很小时，可以近似地认为位移共振频率和加速度共振频率等于系统的无阻尼固有频率。

下面介绍两种常用的测量系统固有频率的方法。

（1）**稳态激振法**

稳态激振法是利用信号发生器、功率放大器和激振器作为激振装置，使被测对象产生和信号发生器信号同频率的受迫振动。每改变一次信号发生器的频率 f，记录一次稳态下被测物体的振动幅值 $A(f)$，由此得到振动幅值随频率变化的一组数据。以频率 f 为横坐标，振动幅值 $A(f)$ 为纵坐标，画出系统的幅频特性曲线，如图 5.17 所示。曲线上振幅最大的点对应的激振频率就是系统的共振频率。

(2)**自由振动衰减法(敲击法)**

自由振动衰减法是用小锤敲击被测物体,使其产生自由振动,用传感器拾取其自由振动衰减曲线,对于一个有阻尼的单自由度系统,其自由振动衰减曲线是按指数规律衰减的(见图5.18),再根据自由振动衰减曲线来求取固有频率。

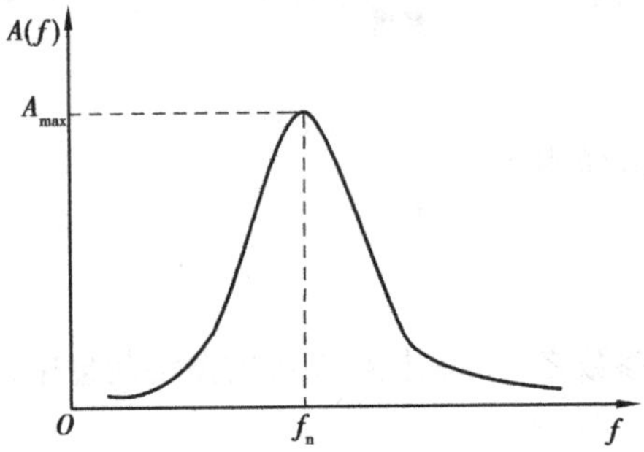

图5.17　稳态激振法测得系统的幅频特性曲线

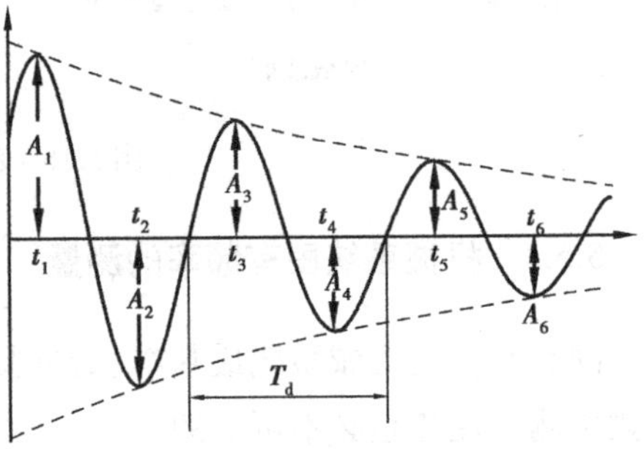

图5.18　自由振动衰减曲线

定义"对数衰减比δ"为衰减曲线上两个相邻正波峰幅值比的自然对数值,描述其衰减性能,则有

$$\delta = \ln \frac{A_1}{A_3} = \frac{2\pi\zeta}{\sqrt{1-\zeta^2}} \tag{5.19}$$

由此可以得出系统的阻尼比

$$\zeta = \frac{\delta}{\sqrt{(2\pi)^2 + \delta^2}} \tag{5.20}$$

又由于

$$T_{\mathrm{d}} = \frac{2\pi}{\omega_{\mathrm{d}}} = \frac{2\pi}{\omega_{\mathrm{n}}\sqrt{1-\zeta^2}} \tag{5.21}$$

由式(5.20)和式(5.21)即可得出固有频率ω_{n}。

对数衰减比δ也可用相隔n个周期的两个振幅之比来计算,即

$$\delta_{\mathrm{n}} = \ln \frac{A_i}{A_{i+n}} = \frac{2n\pi\zeta}{\sqrt{1-\zeta^2}} \tag{5.22}$$

则阻尼比

$$\zeta = \frac{\delta_{\mathrm{n}}}{\sqrt{(2n\pi)^2 + \delta_{\mathrm{n}}^2}} \tag{5.23}$$

由式(5.21)和式(5.23)即可求出固有频率ω_{n}。

5.5.4　相对阻尼系数的测定

相对阻尼系数(阻尼比)通常可采用自由振动衰减法、半功率点法和共振法进行测定。这些方法对于多自由度系统也是适用的。

(1)**自由振动衰减法**

利用自由振动衰减法测量系统的阻尼比的方法与5.5.3小节中自由振动衰减法一样，根据系统的自由振动衰减曲线利用式(5.19)和式(5.20)即可求得系统的阻尼比。

(2)**半功率点法**

半功率点法是利用稳态正弦激振记录下被测物体在不同频率正弦信号激励下的振幅$A(f)$与激励频率f之间的关系曲线，当振幅最大时的激励频率为共振频率f_n，最大振幅的0.707倍对应的两个频率分别为半功率点频率f_1和f_2(见图5.19)，则系统的阻尼比

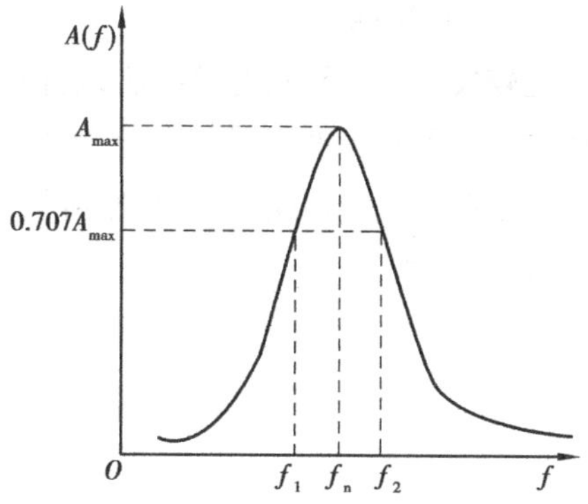

图 5.19　半功率点法测阻尼比

$$\zeta = \frac{\omega_2 - \omega_1}{2\omega_n} = \frac{f_2 - f_1}{2f_n} \tag{5.24}$$

5.6　测试系统的标定

为了保证机械振动量值的统一和传递，国家建立了振动的计量标准和测振仪器的检定规程。传感器在出厂前会由传感器生产厂家进行检测，并给出每只传感器的灵敏度等参数以及频率响应特性曲线。但是，传感器在使用过程中某些电气性能和机械性能会发生变化，如压电式传感器可能会由于压电材料的老化而使灵敏度每年下降2%~5%。因此，测试仪器应该在使用一段时间后就进行校准(标定)。另外，在进行重大的和大型的试验前，也应该对测试仪器进行一次校准，以保证测量数据的可靠性和精度。

测试仪器的使用单位一般只校准其灵敏度、频率特性和动态线性范围。对于接触式传感器，校准的方法主要有两类：绝对法和相对法。

(1)**绝对校准法**

绝对校准法是将被校准的传感器置于精密的振动台上承受振动，通过直接测量振动的振幅、频率和传感器的输出电量来确定传感器的特性参数。绝对校准法一般是由国家计量院实行一级标定所用的方法，用来标定二级精度的标准传感器。

绝对校准法有两种，即振动标准装置法和互易法。互易法校准是利用可逆、无源和线性传感器的输出和输入存在着互换的关系来求传感器灵敏度值；振动标准装置法又有激光干涉校准法、重力加速度法和共振梁法等多种，目前用得较多的绝对校准法是振动标准装置法。例如，激光干涉校准法的原理是将被校准的测振装置安装在一个能产生正弦振动的标准振动台上，用激光干涉仪等手段测出振动台的振动频率和振幅。具体的校准方法可参看 GB/T

20485.12—2008,振动与冲击传感器校准方法。

(2)**比较校准法**

比较校准法又称相对校准法,是将被校准的传感器与标准传感器相比较。校准时,一般将被校准传感器和标准传感器背靠背安装在标准振动台上,此时也称“背靠背校准法”(见图5.20),使它们承受相同的振动,然后精确地测定输出电量,被校传感器的灵敏度 S_a 由下式计算得到。

$$S_a = \frac{e_a}{e_0} S_0 \tag{5.25}$$

式中 S_0——标准传感器的灵敏度;

e_0——标准传感器的输出电压;

e_a——被校传感器的输出电压。

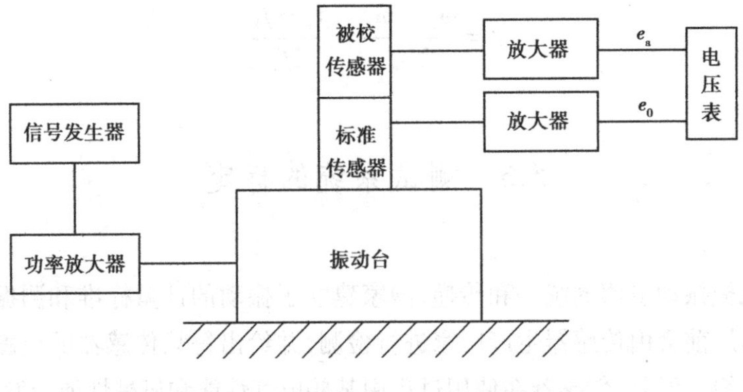

图 5.20 比较法校准传感器示意图

现场测试时也可使用 1 g 标准加速度校准法,即采用便携式 1 g 标准加速度校准仪对加速度传感器的灵敏度进行校准。

习 题

5.1 简述惯性式传感器的力学模型以及各种振动传感器的工作范围。

5.2 什么是稳态正弦激励、瞬态激励?各有什么优缺点?

5.3 如何对测振传感器进行校准?

5.4 简述共振频率与固有频率的概念。用共振法测系统固有频率时用什么传感器最好?为什么?

5.5 简述半功率点法测系统阻尼比的原理和实施方法。

5.6 某惯性式传感器固有频率 $f_n = 400$ Hz,阻尼比 $\xi = 0.7$,如图 5.21 所示。用它测量频率

为 $f=250$ Hz 的加速度时，其振幅误差为多少？

5.7　有两只惯性式测振传感器，其固有角频率和阻尼率分别为 $\omega_{n1}=1\ 000$ rad/s，$\xi_1=0.65$；$\omega_{n2}=200$ rad/s，$\xi_2=0.68$，现在要测量转速为 $n=1\ 200$ r/min 电机的简谐振动加速度，选用哪只传感器更好？为什么？

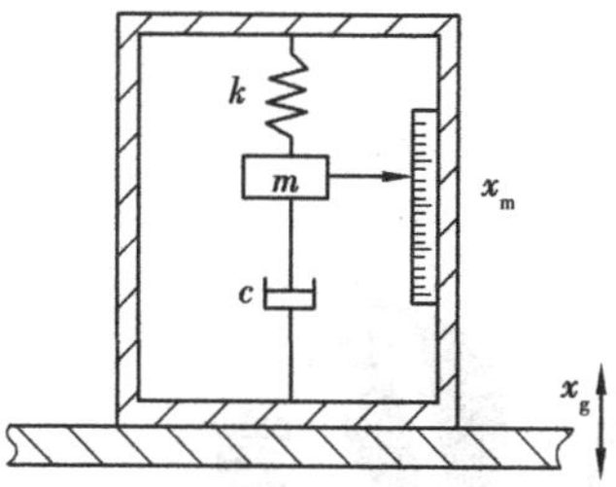

图 5.21

第 6 章

应力应变测量

实验应力应变分析和理论应力应变分析是解决工程结构应力应变分析的重要手段。实验应力应变分析是用试验的方法来研究构件的应力应变规律。实验应力应变分析能解决一些无法用理论方法求解的问题,同时,也可对理论方法的正确性进行验证。目前,实验应力应变分析中应用最广泛、适应性最强的方法是应力应变电测法。本章所介绍的应力应变测量技术即为应力应变电测法。

6.1 概 述

6.1.1 电阻应变测量的特点

应力应变电测法最常用的方法是利用电阻应变片将构件的应变转换成与之成比例的电信号,然后通过后续仪器进行转换放大及显示记录下来,通过应力应变的关系式,则可确定构件表面应力状态,这种方法也称为电阻应变测量。

(1)电阻应变测量的主要优点

1)灵敏度高,测量精度高

电阻应变测量的最小应变读数可为 1 $\mu\varepsilon$,常温时的测量精度为 1%~2%。

2)测量范围广

电阻应变测量的测量范围一般可为 1~30 000 $\mu\varepsilon$,高精度测量可测出 $10^{-2}\mu\varepsilon$,大应变片可测量塑性变形。

3)频率响应好

电阻应变测量可测量从静态应变到数十万赫兹的动态应变,可测量冲击载荷下的应变。

4)电阻应变片尺寸小、质量轻

电阻应变片可做到栅长为零点几毫米,质量为零点几克。这样的应变片粘贴在被测构件上,对构件的工作状态和应力分布的影响几乎可忽略不计。

5)可在较恶劣的环境下工作

目前,超低温电阻应变测量工作温度可以达到-100 ℃以下,最高温度可达 1 000 ℃以上;也可在数千个大气压的气体介质或液体介质中测量,这便于压力容器和深水结构的研究。电阻应变测试也可用于强振、潮湿和腐蚀等恶劣环境中。

6)可实现遥测,以适应特殊工况

将安装在移动机件或旋转机件上的电阻应变计或传感器输出的电信号由发射极发射,通过电磁波传输到接收站,由接收机对信号进行放大、处理和记录,从而得到机件在受力状态下的应变、扭矩等参量。应变遥测技术特别适宜测量移动中的机件、旋转或往复运动机件以及测试人员不易接近的部位的动态特性、功率、扭矩及应变等。

7)价格便宜,性能稳定

电阻应变片价格便宜,性能稳定,可用于结构的长期监测。

(2)电阻应变测量的局限性

①对贴片技术要求高,贴片质量的高低直接影响到测量结果,甚至可能导致测试失败。

②电阻应变片一旦贴在试件上后,不能取下来再次使用。

③测量出的应变值是电阻应变片敏感栅长度范围内的平均应变。

④在强电场和强磁场中测量时需要采取较复杂的屏蔽措施。

6.1.2　电阻应变测量的原理

电阻应变测量是将电阻应变片合理地粘贴在被测构件变形的位置上,当构件受力产生变形时,应变片的敏感栅也相应地产生变形,引起敏感栅电阻值的发生变化,电阻值的变化量与构件变形成比例,如式(3.7)所示。将电阻值的变化量再通过测量电路转换为与应变成比例的模拟信号,经过分析处理得到应变、应力或其他物理量。因此,只要能转换为应变的物理量都可利用应变片来进行间接测量。

电阻应变测量系统主要由电阻应变片、测量电路、显示记录仪器或计算机等设备组成,如图 6.1 所示。

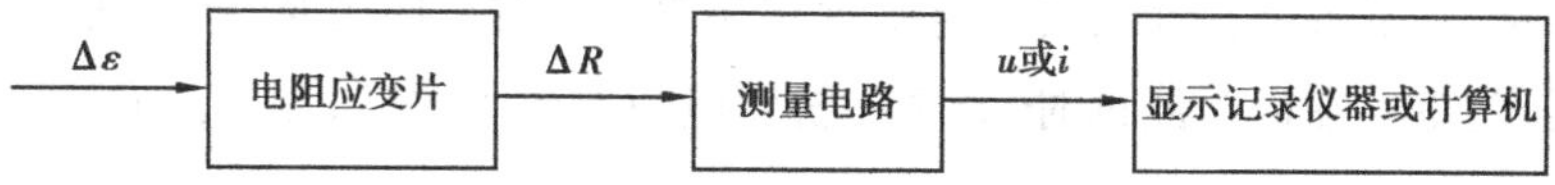

图 6.1　电阻应变测量系统框图

6.2 应变测量电路

在应变测量中,应变片感受到的应变一般很微弱,敏感栅的电阻的相对变化也很小。为了将这个信号放大,并将电阻的相对变化量转变为电流或电压信号,需要采用测量电路,通常采用的是电桥电路来对信号进行放大和转换。将应变片接入电桥电路中,让应变片的电阻变化对电路进行某种控制,使电路输出一个能模拟电阻变化的电信号,然后再对这个电信号进行相应的处理。

把应变片作为电桥一部分的电桥称为应变电桥。根据供桥端的电源形式,应变电桥可分为直流电桥和交流电桥;根据应变电桥的输出,可分为电流桥和电压桥。

6.2.1 直流电桥

如图 6.2 所示,每个电阻称为一个桥臂或桥臂电阻,A,C 两点上接直流电源,电桥电压称为供桥电压。若 B,D 两点上有电位差,即电桥有输出,这时则认为该电桥是处于不平衡的状态。下面仅讨论直流电桥电压输出的工作原理。

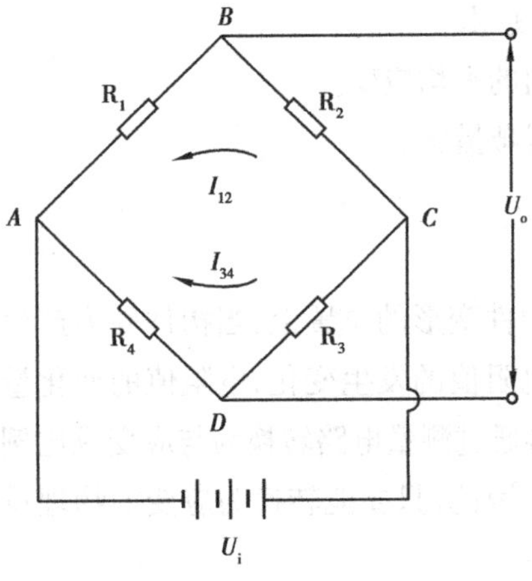

图 6.2 直流电桥(电压输出)

如图 6.2 所示,设输入电压恒定,B,D 端开路,则

$$I_{12} = \frac{U_i}{R_1 + R_2}, I_{34} = \frac{U_i}{R_3 + R_4}$$

电阻 R_1 和 R_4 上的电压降分别为

$$U_{AB} = \frac{U_i R_1}{R_1 + R_2}, U_{AD} = \frac{U_i R_4}{R_3 + R_4}$$

则

$$U_o = U_{AB} - U_{AD} = \frac{R_1 R_3 - R_2 R_4}{(R_1 + R_2)(R_3 + R_4)} U_i \tag{6.1}$$

当 $U_o = 0$ 时,即应变电桥没有输出,电桥处于平衡状态,此时有

$$R_1 R_3 = R_2 R_4 \tag{6.2}$$

即要使电桥平衡,则需要电桥相对桥臂电阻乘积相等。电桥在使用时,要求其初始状态必须平衡,即输出电压为零。在进行测试时,若某一桥臂电阻发生了改变,则 $U_o \neq 0$,此时电桥有输出电压。

在测试时,根据电桥工作中桥臂电阻值的变化情况可分为半桥单臂、半桥双臂和全桥 3 种连接方式。半桥单臂在测试过程中有一个桥臂工作,即有一个桥臂的电阻为粘贴在构件上的应变片,其电阻值将发生变化;半桥双臂有两个桥臂工作,即有两个桥臂的电阻值发生变化;当电桥的 4 个桥臂的电阻值都发生变化时为全臂电桥,简称全桥。

6.2.2　电桥的和差特性

在实际测试时，为了简化桥路设计以及得到电桥的最大灵敏度，一般取 $R_1=R_2=R_3=R_4=R$。当为全桥时，各桥臂电阻都发生变化，假设 R_1 变为 $R_1+\Delta R_1$，R_2 变为 $R_2+\Delta R_2$，R_3 变为 $R_3+\Delta R_3$，R_4 变为 $R_4+\Delta R_4$，则此时输出电压为

$$U_o=\frac{(R_1+\Delta R_1)(R_3+\Delta R_3)-(R_2+\Delta R_2)(R_4+\Delta R_4)}{(R_1+\Delta R_1+R_2+\Delta R_2)(R_3+\Delta R_3+R_4+\Delta R_4)}U_i$$

由于 $\Delta R_i \ll R$，忽略所有 ΔR_i 的高次项及分母中的 ΔR_i 项，则上式可近似为

$$U_o=\frac{U_i}{4R}(\Delta R_1-\Delta R_2+\Delta R_3-\Delta R_4) \tag{6.3}$$

式(6.3)反映了输出电压与各桥臂电阻变化的关系。根据电阻相对变化量与应变的关系，式(6.3)也可写为

$$U_o=\frac{U_i}{4}K(\varepsilon_1-\varepsilon_2+\varepsilon_3-\varepsilon_4) \tag{6.4}$$

式中　K——应变片的灵敏度系数，假设各应变片的灵敏度系数相等。

根据工作臂电阻变化的情况，有以下3种方式：

(1)半桥单臂

各桥臂只有一个桥臂电阻发生变化，假设 $\Delta R_1\neq 0$，$\Delta R_2=\Delta R_3=\Delta R_4=0$，则式(6.3)变为

$$U_o=\frac{\Delta R_1}{4R}U_i \tag{6.5}$$

定义电桥的灵敏度为

$$K=\frac{U_o}{\frac{\Delta R}{R}} \tag{6.6}$$

则半桥单臂的灵敏度为$\frac{1}{4}U_i$。

(2)半桥双臂

有两个桥臂的电阻值发生变化，假设 $\Delta R_1\neq 0$，$\Delta R_2\neq 0$，$\Delta R_3=\Delta R_4=0$，则输出电压为

$$U_o=\frac{U_i}{4R}(\Delta R_1-\Delta R_2) \tag{6.7}$$

当 $\Delta R_1=\Delta R_2$时

$$U_o=0$$

当 $\Delta R_1=-\Delta R_2=\Delta R$ 时

$$U_o=\frac{U_i}{4R}\cdot 2\Delta R=\frac{\Delta R}{2R}U_i$$

则半桥双臂的灵敏度为$\frac{1}{2}U_i$。

(3)**全臂电桥**

电桥的4个桥臂的电阻值都发生变化,假设$\Delta R_1=\Delta R_2=\Delta R_3=\Delta R_4=\Delta R$,则电桥输出为

$$U_o=\frac{U_i}{4R}(\Delta R_1-\Delta R_2+\Delta R_3-\Delta R_4)=0$$

当$\Delta R_1=-\Delta R_2=\Delta R_3=-\Delta R_4=\Delta R$时,输出电压为

$$U_o=\frac{\Delta R}{R}U_i \tag{6.8}$$

此时,全臂电桥的灵敏度为U_i。

从以上分析可知,电桥电阻之间具有和差特性,即相邻桥臂电阻变化相减,相对桥臂电阻变化相加。利用电桥的和差特性可以解决许多实际问题,如可利用差的特性使电桥输出电压为零,或利用和的特性使电桥的输出电压放大。

6.2.3 电桥的误差及其补偿

在测量应变时,希望电阻应变片电阻只随应变的变化而变化,但实际上影响应变片电阻的因素很多,如温度、引线和压力等都会引起应变片电阻变化。本章只讨论温度引起的误差以及温度补偿。

温度误差产生的原因主要有两个:一是因为电阻应变片的敏感栅在温度变化时电阻率会发生变化引起电阻变化;二是因为应变片敏感栅材料与被测试件材料的线膨胀系数不同导致应变片产生附加应变。

消除应变测试中的温度误差的措施称为温度补偿。温度补偿一般有两种方式,即组合式自补偿应变片和桥路补偿。

(1)**组合式自补偿应变片**

这种应变片的敏感栅是由电阻温度系数相反的两种电阻丝串联而成的。当温度变化时,如果两段电阻丝随温度变化产生的电阻变化量相等,由于它们的电阻温度系数是相反的,因此温度变化引起的敏感栅电阻变化刚好可以抵消,实现温度补偿。

(2)**桥路补偿**

桥路补偿是利用电桥的和差特性来消除应变片的温度误差。将两个特性完全相同的应变片连接在电桥相邻桥臂上,一个应变片粘贴在被测试件表面,该应变片称为工作应变片,简称工作片;另一个应变片粘贴在和被测试件材料相同的补偿块上,放置在被测试件附近,该应变片为补偿应变片,简称补偿片。进行应变测试时,工作片会产生因试件受力变形引起的电阻变化以及因温度变化引起的电阻变化,补偿片只有和工作片相同的因温度变化引起的电阻变化。由于两应变片的特性相同,因此,相同的温度变化产生的电阻变化是相同的,同时,由于两个应变片是接在相邻桥臂上,根据和差特性,由温度变化引起的电阻变化即被抵消掉了,最后电桥

的输出电压中只含有因试件受力变形引起的电阻变化。

利用桥路补偿消除温度误差要注意以下4点：

①工作片和补偿片的特性应完全相同，即初始电阻、灵敏度系数、电阻温度系数及线膨胀系数都要完全相同。

②补偿块和被测试件的材料必须相同，主要是要求两者的线膨胀系数要相同。

③工作片和补偿片的工作温度要相同，即它们处于同一温度场中。

④工作片和补偿片应接在电桥中相邻桥臂上。

6.3　应变测量实例

6.3.1　应变和应力的测量

工程实际中，有时需要测量一般平面应力场内的应力，主要有以下3种：

(1)线应力状态

将应变片沿应力方向粘贴，测出产生的应变值 ε，则可由胡克定律得出应力

$$\sigma = E\varepsilon \tag{6.9}$$

(2)已知主应力方向测平面应力

当主应力方向已知时，沿两个相互垂直的主应力方向各贴一片应变片(见图6.3)，分别测出主应变 ε_1 和 ε_2，然后利用广义胡克定律可以求出主应力 σ_1，σ_2，最大切应力 $\tau_{\max}$ 分别为

$$\left.\begin{aligned}\sigma_1 &= \frac{E}{1-\mu^2}(\varepsilon_1+\mu\varepsilon_2)\\ \sigma_2 &= \frac{E}{1-\mu^2}(\varepsilon_2+\mu\varepsilon_1)\\ \tau_{\max} &= \frac{E}{2(1+\mu)}(\varepsilon_1-\varepsilon_2)\end{aligned}\right\} \tag{6.10}$$

式中　E——被测试件的弹性模量；

　　μ——被测试件的泊松比。

(3)主应力方向未知测平面应力

当主应力方向未知时测平面应力一般采取贴应变花的方式进行测量。应变花通常由两个或两个以上应变片按一定的几何关系组成，如二轴90°应变花，三轴45°应变花，以及三轴60°应变花等。如图6.4所示为三轴45°应变花。利用应变花可测得某一点在3个方向上的线应变。根据材料力学原理，可求出该点的最大、最小应变和主应力的大小和方向。不同的应变花的计算公式可查阅相应的手册。

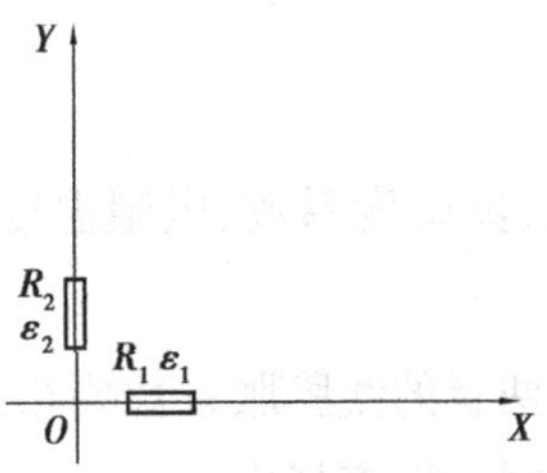

图 6.3　已知主应力方向测平面应力

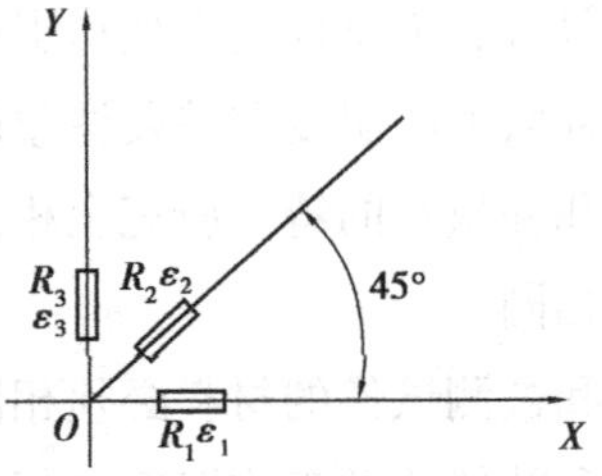

图 6.4　三轴 45°应变花

6.3.2　各种力参量的测量

(1)拉(压)的测量

例 6.1　测量如图 6.5 所示构件的拉应变,要考虑温度效应。

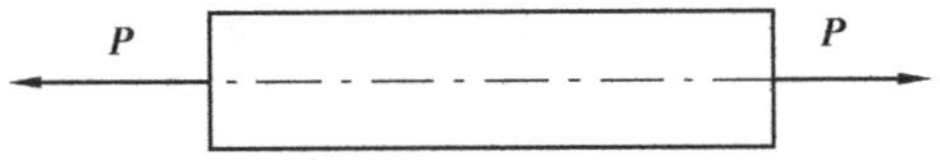

图 6.5　受拉试件

解　方法 1:按如图 6.6(a)所示的贴应变片,如图 6.6(b)所示的接桥。其中,R_1为工作片,R_2为补偿片。

工作片 R_1 的应变为 $\varepsilon_1=\varepsilon_P+\varepsilon_T$,其中,$\varepsilon_P$ 为拉力引起的应变,ε_T 为温度变化引起的应变;补偿片 R_2 的应变为 $\varepsilon_2=\varepsilon_T$。最终电桥的输出电压为

$$U_o=\frac{U_i}{4}\left(\frac{\Delta R_1}{R}-\frac{\Delta R_2}{R}\right)=\frac{U_i}{4}K(\varepsilon_1-\varepsilon_2)=\frac{U_i}{4}K\varepsilon_P$$

方法 2:按如图 6.7(a)所示的贴片,如图 6.7(b)所示的接桥,R_1 和 R_2 都为工作片。

R_1 的应变为 $\varepsilon_1=\varepsilon_P+\varepsilon_T$,$R_2$ 的应变为 $\varepsilon_2=-\mu\varepsilon_P+\varepsilon_T$。其中,$\mu$ 为被测试件的泊松比。最终电桥的输出电压为

$$U_o=\frac{U_i}{4}\left(\frac{\Delta R_1}{R}-\frac{\Delta R_2}{R}\right)=\frac{U_i}{4}K(\varepsilon_1-\varepsilon_2)=\frac{U_i}{4}K(1+\mu)\varepsilon_P$$

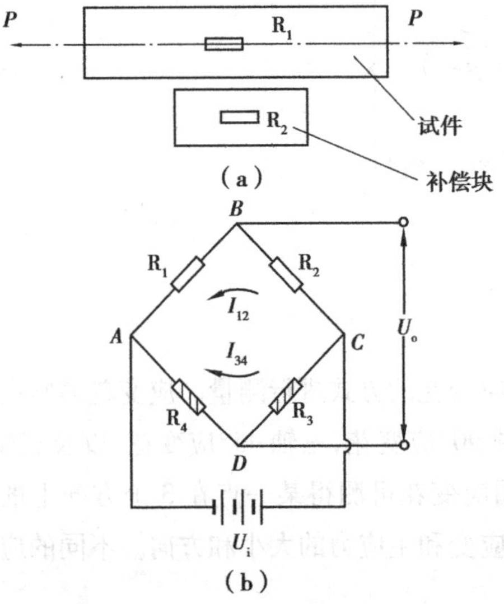

图 6.6　圆轴件拉应变测量方法 1

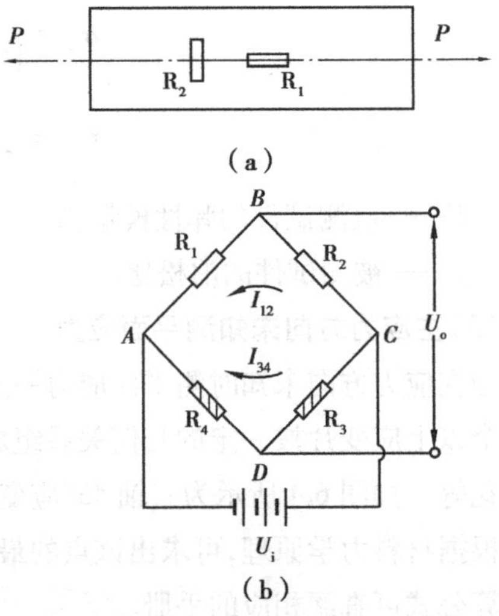

图 6.7　圆轴件拉应变测量方法 2

(2)**弯矩测量**

例6.2　测量如图6.8所示的试件所受到的弯矩,要考虑温度效应。

解　方法1:按如图6.9(a)所示贴应变片,按如图6.9(b)所示的接桥。其中,R_1为工作片,R_2为补偿片。

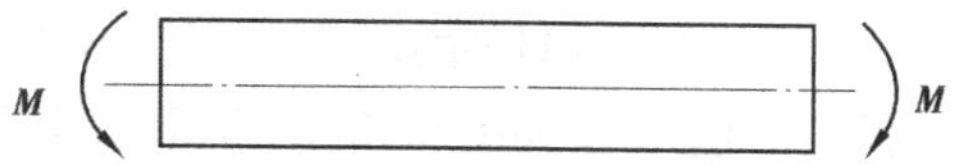

图6.8　测量弯矩

工作片R_1的应变为$\varepsilon_1=\varepsilon_M+\varepsilon_T$。其中,$\varepsilon_M$为弯矩引起的应变,$\varepsilon_T$为温度变化引起的应变;补偿片$R_2$的应变为$\varepsilon_2=\varepsilon_T$。因此,最终电桥的输出电压为

$$U_o=\frac{U_i}{4}\left(\frac{\Delta R_1}{R}-\frac{\Delta R_2}{R}\right)=\frac{U_i}{4}K(\varepsilon_1-\varepsilon_2)=\frac{U_i}{4}K\varepsilon_M$$

方法2:按如图6.10(a)所示的贴片,如图6.10(b)所示的接桥,R_1和R_2都为工作片。

R_1的应变$\varepsilon_1=\varepsilon_M+\varepsilon_T$,$R_2$的应变$\varepsilon_2=-\varepsilon_M+\varepsilon_T$。因此,最终电桥的输出电压为

$$U_o=\frac{U_i}{4}\left(\frac{\Delta R_1}{R}-\frac{\Delta R_2}{R}\right)=\frac{U_i}{4}K(\varepsilon_1-\varepsilon_2)=\frac{U_i}{2}K\varepsilon_M$$

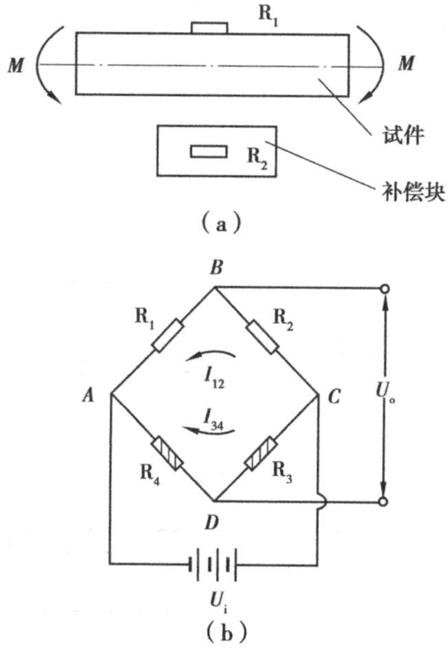

图6.9　圆轴件弯矩测量方法1

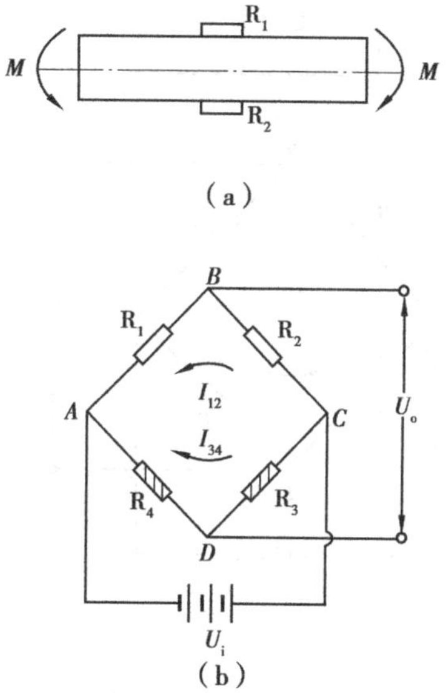

图6.10　圆轴件弯矩测量方法2

(3)**拉弯联合作用下弯矩或拉力的测量**

杆件在拉力P和弯矩M联合作用下的变形如果在弹性范围内可用叠加原理求出总的变形,即联合作用下的变形可看成P和M单独作用下杆件变形的叠加。

例6.3　如图6.11所示的试件受拉力和弯矩共同作用,试测量弯矩引起的应变而排除拉力。

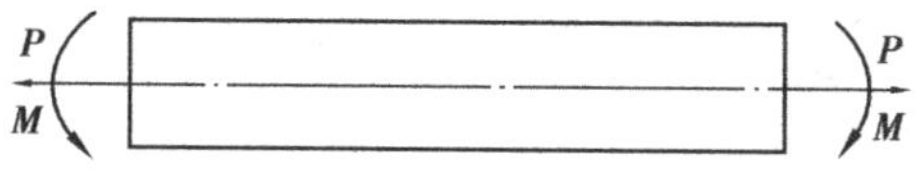

图6.11　受拉力和弯矩共同作用的试件

解　采用如图6.10所示的贴片和接桥方式,应变片R_1的应变为$\varepsilon_1=\varepsilon_P+\varepsilon_M+\varepsilon_T$,应变片$R_2$的应变为$\varepsilon_2=\varepsilon_P-\varepsilon_M+\varepsilon_T$。因此,电桥总的电压输出为

$$U_o = \frac{U_i}{4}\left(\frac{\Delta R_1}{R} - \frac{\Delta R_2}{R}\right) = \frac{U_i}{4}K(\varepsilon_1 - \varepsilon_2) = \frac{U_i}{2}K\varepsilon_M$$

例 6.4 如图 6.11 所示的试件受拉力和弯矩共同作用,试测量拉力引起的应变而排除弯矩。

解 方法 1:按如图 6.12(a)所示贴应变片,按如图 6.12(b)所示的接桥。其中,R_1,R_3为工作片;R_2,R_4为补偿片。

工作片 R_1的应变为 $\varepsilon_1=\varepsilon_P+\varepsilon_M+\varepsilon_T$,补偿片 R_2的应变为 $\varepsilon_2=\varepsilon_T$,工作片 R_3的应变为 $\varepsilon_3=\varepsilon_P-\varepsilon_M+\varepsilon_T$,补偿片 R_4的应变为 $\varepsilon_4=\varepsilon_T$。因此,电桥总的电压输出为

$$U_o = \frac{U_i}{4}\left(\frac{\Delta R_1}{R} - \frac{\Delta R_2}{R} + \frac{\Delta R_3}{R} - \frac{\Delta R_4}{R}\right) = \frac{U_i}{4}K(\varepsilon_1 - \varepsilon_2 + \varepsilon_3 - \varepsilon_4) = \frac{U_i}{2}K\varepsilon_P$$

方法 2:贴片方式如图 6.13 所示,接桥方式如图 6.12(b)所示。其中,R_1,R_2,R_3,R_4均为工作片。

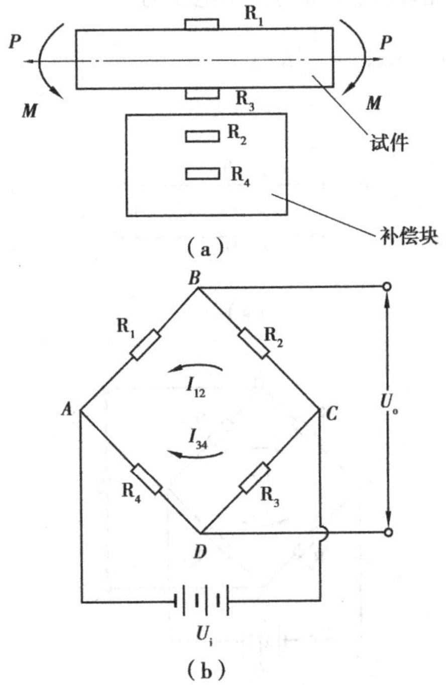

图 6.12 排除弯矩测拉力方法 1

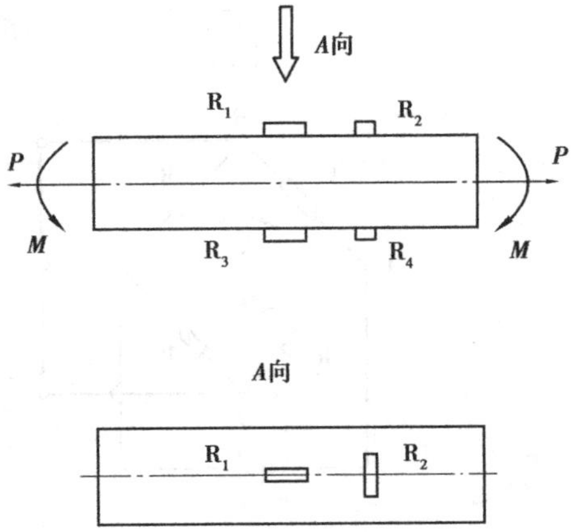

图 6.13 排除弯矩测拉力方法 2

应变片 R_1的应变为 $\varepsilon_1=\varepsilon_P+\varepsilon_M+\varepsilon_T$,应变片 R_2的应变为 $\varepsilon_2=-\mu\varepsilon_P-\mu\varepsilon_M+\varepsilon_T$,应变片 R_3的应变为 $\varepsilon_3=\varepsilon_P-\varepsilon_M+\varepsilon_T$,应变片 R_4的应变为 $\varepsilon_4=-\mu\varepsilon_P+\mu\varepsilon_M+\varepsilon_T$。因此,电桥总的电压输出为

$$\begin{aligned}U_o &= \frac{U_i}{4}\left(\frac{\Delta R_1}{R} - \frac{\Delta R_2}{R} + \frac{\Delta R_3}{R} - \frac{\Delta R_4}{R}\right)\\ &= \frac{U_i}{4}K(\varepsilon_1 - \varepsilon_2 + \varepsilon_3 - \varepsilon_4)\\ &= \frac{U_i}{2}(1+\mu)K\varepsilon_P\end{aligned}$$

(4)**扭矩的测量**

例 6.5　测量如图 6.14 所示的圆轴在纯扭矩作用下的应变。

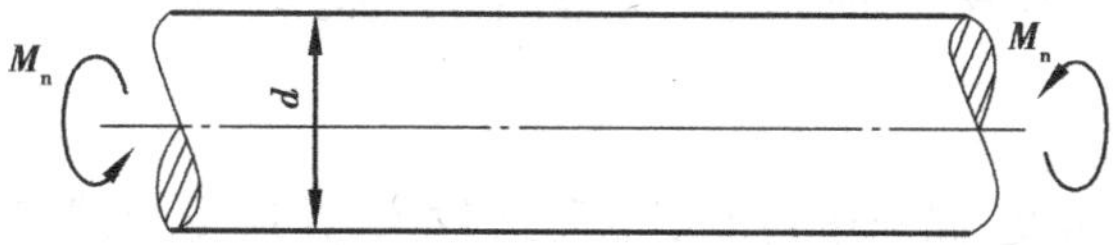

图 6.14　受扭矩作用的圆轴试件

解　对于受纯扭矩的圆轴,其切应力为

$$\tau = \frac{16M_n}{\pi d^3} \tag{6.11}$$

式中　M_n——扭矩;

d——圆轴直径。

主应力方向与轴线成 45°,且

$$\tau = \sigma_1 = |-\sigma_2|$$

式中　σ_1,σ_2——主应力。

由广义胡克定律可知,该点的主应变为

$$\varepsilon_{1,2} = \pm\frac{1}{E}(\tau + \mu\tau) = \pm\frac{16M_n}{\pi d^3 E}(1+\mu) \tag{6.12}$$

式中　E——圆轴试件的弹性模量;

μ——圆轴试件的泊松比。

由式(6.12)可知,只要测出主应变 ε_1 或 ε_2,就可以求出扭矩 M_n。

在与轴线成 45°角的方向上分别粘贴两片应变片,如图 6.15(a)所示。接桥方式如图 6.15(b)所示。应变片 R_1 的应变为 $\varepsilon_1=\varepsilon_\tau+\varepsilon_T$,应变片 R_2 的应变为 $\varepsilon_2=-\varepsilon_\tau+\varepsilon_T$。因此,则总的电压输出为

$$U_o = \frac{U_i}{4}\left(\frac{\Delta R_1}{R} - \frac{\Delta R_2}{R}\right) = \frac{U_i}{4}K(\varepsilon_1 - \varepsilon_2) = \frac{U_i}{2}K\varepsilon_\tau$$

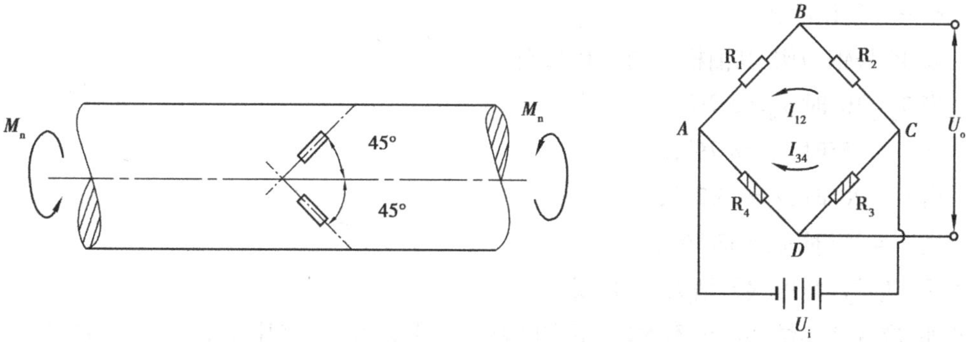

(a)　　　　(b)

图 6.15　扭矩的测量

6.4 提高应变测量精度的措施

为了提高应变测量精度,保证达到预期的测试效果,在应变测试实施过程中,除了前面已经介绍的正确利用应变测量线路和电桥特点消除温度效应以及消除附加载荷之外,还应根据具体情况采取其他的措施,以尽量消除或减小各种测试误差。

(1)**提高供桥电压**

增加供桥电压 U,可增加电桥的电压输出,但它受到电阻丝片所允许流过电流值的限制。若增加应变片的阻值,则可加大供桥电压。因此,当电桥需要输出电压时,可采用高阻值的应变片,通常可采用将电阻片串联的办法来解决。

(2)**增大输出电流**

增加应变片的允许电流,可增加电桥的电流输出,但要受到应变片散热的限制。如果采用直径较大的电阻丝,可增加应变片的允许电流。因此,当电桥需要增大输出电流时,可采用低阻值的应变片,可采用将应变片并联的方法来实现。

(3)**减小贴片误差**

实际贴片中,由于贴片方向与理论主应力方向产生一夹角 δ_φ(见图 6.16),则实际测得的应变值不是主应力方向的真实应变值,从而产生一个附加误差。

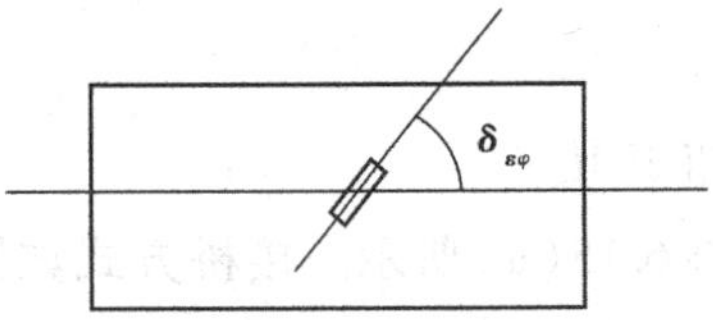

图 6.16 贴片误差

δ_φ 越大,附加误差也越大。例如,单向应力状态下,理论上在 $\varphi=0°$ 时 δ_φ 引起的误差为

$$\delta_{\varepsilon\varphi} = (1+\mu)\varepsilon_1\sin^2\delta_\varphi$$

则实测应变与理论应变的相对贴片误差为

$$e_\varphi = \frac{\delta_{\varepsilon\varphi}}{\varepsilon_1} = (1+\mu)\sin^2\delta_\varphi$$

式中 μ——材料的泊松比;

ε_1——理论应变。

以 45 号钢为例,其泊松比约为 0.3,则:

当 $\delta_\varphi=10°$ 时,$e_\varphi=3.9\%$;

当 $\delta_\varphi=15°$ 时,$e_\varphi=8.7\%$;

当 $\delta_\varphi=20°$ 时,$e_\varphi=15.2\%$;

当 $\delta_\varphi=30°$ 时,$e_\varphi=32.5\%$。

可见,随贴片角度误差增大,贴片误差也加大。

此外,应变片黏结层如果不均匀、不牢固就会产生蠕滑,应变片便不能如实地再现构件表面的变形而影响测试结果,产生测量误差。

(4)**减小接触电阻**

实际接线时,在电桥输入端用接线柱(或开关)将产生接触电阻 r。对于单臂电桥,其应变值 $\varepsilon_r=\dfrac{\Delta r}{KR_1}$,若 $K=2$,$R_1=120\ \Omega$,$r=0.01\ \Omega$,则

$$\varepsilon_r=\frac{0.01}{2\times120}\times10^6\approx42\ \mu\varepsilon$$

这样大的误差是不允许的。为此,在实际测量时,应采用焊接代替开关。若电路需要开关则应把开关放到电桥的输出端,利用后接应变仪的高输入阻抗,可忽略该接触电阻,从而减小附加电阻引起的误差。

(5)**长导线电阻影响的修正**

导线过长,产生的附加电阻 r' 将导致灵敏度下降,应予修正。

(6)**测量应变的定度**

由于现场测试时的环境条件差别较大。因此,实际测试时都要进行现场标定。

习　题

6.1　简述电阻应变测量的基本原理。

6.2　在应力应变测量中,为什么要进行温度补偿?温度补偿的方法有哪些?

6.3　什么是应变电桥的和差特性?和差特性有哪些方面的应用?

6.4　如图 6.17 所示的悬臂梁已粘好 4 枚相同的应变片,在力 P 的作用下,应怎样接桥才能分别测出弯曲应变和压应变(不计温度效应,且桥臂可接入固定电阻)?

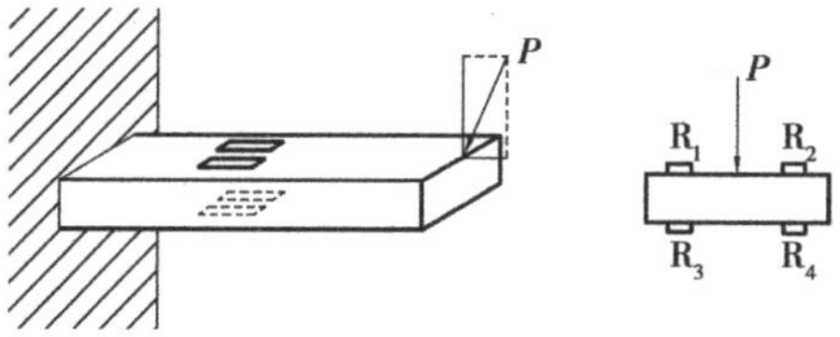

图 6.17

6.5　一等臂应变电桥如图 6.18 所示,$U=8$ V,$K=2$,$R_1=R_2=R_3=R_4=120\ \Omega$,求:

(1)当双臂工作,R_1,R_2 为工作应变片,受力后其阻值变化为 $\dfrac{\Delta R_1}{R_1}=\dfrac{\Delta R_2}{R_2}=\dfrac{1}{200}$,这时电桥的输出电压为多少?

(2)当 4 臂工作,R_1,R_2,R_3,R_4 为工作应变片,受力后其阻值变化为 $\dfrac{\Delta R_1}{R_1}=\dfrac{\Delta R_2}{R_2}=\dfrac{\Delta R_3}{R_3}=\dfrac{\Delta R_4}{R_4}=-\dfrac{1}{200}$,这时电桥的输

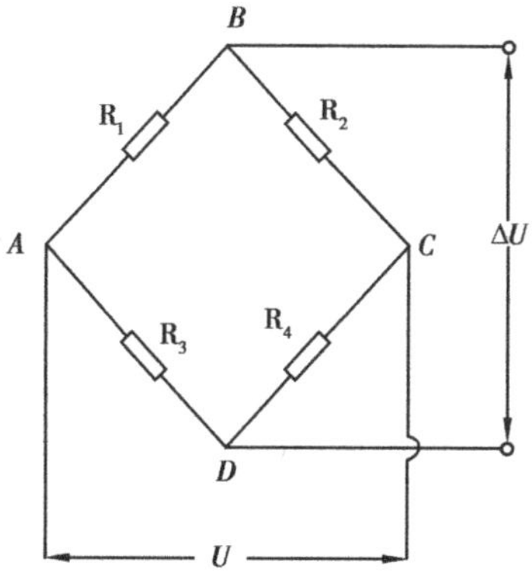

图 6.18

出电压为多少?

(3)当双臂工作,R_1,R_3 为工作应变片,受力后其阻值变化为$\frac{\Delta R_1}{R_1}=\frac{1}{200}$,$\frac{\Delta R_3}{R_3}=-\frac{1}{200}$时,有人将 AC 端与 BD 端接错,问输出电压是否有变化?各为多少?

6.6　如图 6.19 所示,有一受轴向拉伸,横截面为矩形的等截面构件(其材料泊松系数$\mu=0.26$),贴 4 片相同的应变片,$K=2$,$R_1=R_2=R_3=R_4=120\ \Omega$。其中,两片沿横向、另两片沿纵向均贴在对称位置上。

(1)为使电桥的灵敏度最大,应如何接桥,并求出 ε_m(应变仪读数)与 ε(被测构件实际应变)之间的关系式。

(2)当测出拉伸应变 ε 为 500 $\mu\varepsilon$,构件初始长度为 1 m,求构件的伸长量 Δl 和应变片 R_1 的电阻变化 ΔR_1 为多少?

6.7　有一个应变式力传感器,弹性元件为实心圆柱,直径 $D=50$ mm。在实心圆柱上沿轴向和横向各贴两片应变片,组成全桥电路,桥压 8 V。已知应变片的灵敏度系数为 2,材料的弹性模量为 2.1×10^{11} Pa,泊松比为 0.3,试求该力传感器的灵敏度(单位为 μV/kN)。

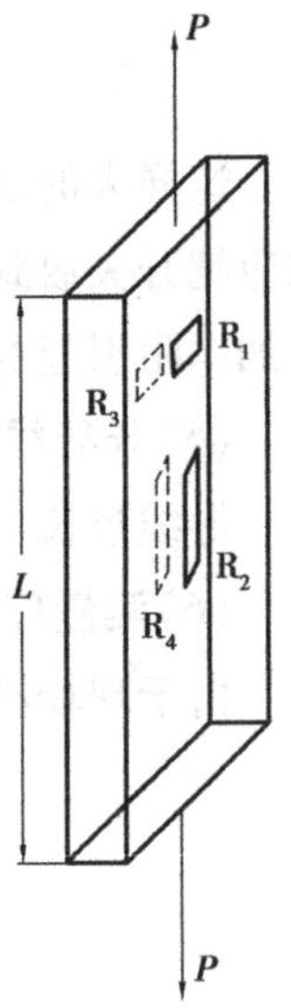

图 6.19

第7章 噪声测量

噪声是一个相对概念，凡是不希望听到的声音都可被称为噪声。各种机械设备在运行过程中都将产生噪声，噪声能反映产品性能和设备运行状态，但噪声也带来环境污染。因此，无论是为了防治噪声还是获取设备运行信息，都需要对噪声进行精确的测量。噪声测量实际就是声测量，机械工程领域里噪声测量的主要任务是测量噪声的强度、分析噪声的结构与特性、寻找噪声源等。

7.1 基本声学知识

7.1.1 声音与噪声

声音可以认为是物体振动在介质中传播，引起人耳或其他接收器的反应。声音的传播需要一个具有压力和弹性的介质。能够发声的物体被称为声源，产生噪声的物体被称为噪声源。

人耳能够感觉到的最小声压是 2×10^{-5} Pa，能听到的声音的频率范围为 20~20 000 Hz，这个频率范围被定义为声频范围。频率低于 20 Hz 声波的被称为次声波，高于 20 000 Hz 的被称为超声波。表 7.1 列举了一些常见的普通声源和接收器的发射与接收的频率范围。

表 7.1 常见声音频率范围

	类　型	频率范围/Hz
声　源	人	85~5 000
	狗	450~1 080
	钢琴	27.5~4 186
	电贝司	80~240
	蝙蝠	10 000~120 000

续表

	类　型	频率范围/Hz
声　源	蟋蟀	7 000~100 000
	海豚	7 000~120 000
	喷气式发动机	5~50 000
	汽车	15~30 000
接收器	人	20~20 000
	狗	15~50 000
	蝙蝠	1 000~120 000
	蟋蟀	100~15 000
	海豚	150~150 000

噪声主要来源于自然界和人为活动。自然界的噪声主要是由于火山爆发、地震、刮风及潮汐等自然现象。人为活动产生的噪声包括交通噪声、施工噪声、工业噪声及生活噪声等。在机械工程范围内，按照噪声的起因不同，可分为以下3类：

(1)机械噪声

机械噪声是由于固体振动产生的，在撞击、摩擦、交变机械应力或磁性应力等作用下，机械设备的轴承、齿轮等发生碰撞、振动而产生的。

(2)空气动力性噪声

空气动力性噪声是由于气体振动产生的，当气体受到扰动、气体与物体之间有相互作用时，就会产生空气动力性噪声。例如，鼓风机、空压机、燃气轮机、喷气式发动机及锅炉排气放空等都可能产生空气动力性噪声。

(3)电磁噪声

电磁噪声是由于电磁场交替变化而引起某些机械部件或空间容积振动产生的。发电机、电动机、变频器、镇流器和变压器等都可产生电磁噪声。

7.1.2　基本声学参量

(1)声压与声压级

在有声波时，声场中某一点的压力与没有声波时的环境压力之差，称为声压，单位为Pa或N/m^2。声压是衡量声音大小的尺度，声音越强，声压越大。

一个纯音声波的声压可用正弦波表示，即

$$p = A_0 \sin \omega\left(\frac{x}{c} - t\right) \tag{7.1}$$

式中　A_0——声压幅值；

ω——声波圆频率；

x——到声源的距离；

c——该传声介质中的声速；

t——时间。

正常人双耳刚刚能听到的频率为 1 000 Hz 的纯音（单一频率的声音，其瞬时声压为正弦函数）的声压是 2×10^{-5}Pa（20 μPa），称为听阈声压。此值规定为声压测量的基准，记为 p_0。而使人耳开始产生疼痛感觉的声压，则称为痛阈声压，其值是 20 Pa。痛阈声压是听阈声压的 10^6，即百万倍，可见人耳感受声压的动态范围很宽。由于声压的变化范围和人的听觉范围非常宽广，用声压值直接来衡量声音的强弱是很不方便的。为此，声学上普遍采用对数标度来度量声压，称为声压级。其定义为声压平方和听阈声压平方的比值的对数，单位为贝（B），即

$$1B = \lg \frac{p^2}{p_0^2} \tag{7.2}$$

由于贝尔这个单位太大，在实际使用中不方便，因此常取它的 1/10 即分贝为单位，则声压级

$$L_p = 10 \lg \frac{p^2}{p_0^2} = 20 \lg \frac{p}{p_0} \quad \text{dB} \tag{7.3}$$

式中　L_p——声压级，dB；

p——声压，Pa；

p_0——基准声压，$p_0 = 2\times10^{-5}$Pa。

表 7.2 列出了一些典型声源的声压和声压级。通过这些数据，可对声压和声压级的概念有一个较为直观的了解。

表 7.2　典型声源的声压和声压级

声源及环境	声压/Pa	声压级/dB
刚能听到的声音	2×10^{-5}	0
寂静的夜晚	6.3×10^{-5}	10
微风轻轻吹动树叶	2×10^{-4}	20
轻言细语	6.3×10^{-4}	30
安静的房间	2×10^{-3}	40
机关办公室	6.3×10^{-3}	50
普通讲话	2×10^{-2}	60
繁华的街道	6.3×10^{-2}	70
公共汽车内	2×10^{-1}	80
水泵房	6.3×10^{-1}	90

续表

声源及环境	声压/Pa	声压级/dB
轧机附近	2	100
矫直机附近	6.3	110
大型球磨机附近	2×10	120
锻锤工人操作岗位	6.3×10	130
喷气式飞机旁	2×10^2	140

(2)**声功率和声功率级**

声功率是指声源在单位时间内所发出的声能,用符号 W 表示,单位为瓦(W),即

$$W = \frac{E}{\Delta t} \tag{7.4}$$

式中 E——声能,J;

Δt——时间,s。

声功率的基准为 10^{-12}W。由于声功率不像声压那样随离声源的距离增加而减小。因此,国际标准化组织(ISO)推荐测试噪声源的声功率。

以 10^{-12}W 为基准声功率 W_0,声功率级定义为

$$L_W = 10\lg\frac{W}{W_0} \quad \text{dB} \tag{7.5}$$

声功率级的大小可通过对声压级的测量值计算得到。

(3)**声强和声强级**

声强是指单位面积上的声功率,即

$$I = \frac{W}{S} = \frac{E}{S\Delta t} \tag{7.6}$$

式中 I——声强,W/ m²;

S——声传播面积,m²。

声强与声压幅值的平方成反比,因此,它和声压一样也是随离开声源的距离增大而减小。此外,声强与传声介质的性质有关。例如,在空气中和水中相同频率相同速度幅值的声波,水中的声强要比空气中的声强约大 3 600 倍。

声强级是以 1 000 Hz 纯音的听阈声强值 10^{-12}W/ m² 为基准定义的,即

$$L_I = 10\lg\frac{I}{I_0} \tag{7.7}$$

式中 L_I——声强级,dB;

I——声强,W/m²;

I_0——听阈声强，$I_0 = 10^{-12}\,W/m^2$。

声强级和声压级之间的关系为

$$L_I = L_p + 10\ \lg \frac{400}{\rho c} \tag{7.8}$$

式中　ρ——传声介质的密度，kg/m^3；

c——传声介质的声速，m/s。

(4)**声压级的合成**

当两个纯音同时发生时，其合成效应取决于接收器处的声压幅值、频率和相位关系。若空间中某一点有两个声波。其声压分别为

$$p_1 = A_1 \cos(\omega_1 t + \varphi_1) \tag{7.9}$$

$$p_2 = A_2 \cos(\omega_2 t + \varphi_2) \tag{7.10}$$

式中　p_1, p_2——声波 1 和 2 的瞬时声压；

A_1, A_2——声波 1 和 2 的声压幅值；

ω_1, ω_2——声波 1 和 2 的圆频率；

φ_1, φ_2——声波 1 和 2 的相位。

这两个声波产生的瞬时声压为它们瞬时声压之和，则合成后声压的均方值为

$$p_{rms}^2 = \frac{1}{T}\int_0^T (p_1 + p_2)^2 dt \tag{7.11}$$

式中　T——平均时间。$T \gg 1/f_{min}$，f_{min}为声波的最小频率。

将式(7.9)和式(7.10)代入式(7.11)，得

$$p_{rms}^2 = \begin{cases} \dfrac{A_1^2 + A_2^2}{2} = p_{rms1}^2 + p_{rms2}^2 & \omega_1 \neq \omega_2 \\ \dfrac{A_1^2 + A_2^2}{2} + A_1 A_2 \cos(\varphi_1 - \varphi_2) & \omega_1 = \omega_2 \end{cases} \tag{7.12}$$

式中　p_{rms1}^2, p_{rms2}^2——声波 1 和 2 的均方声压。

当两个纯音的振幅和频率相等，相位差为零时，即 $A_2 = A_1, \omega_2 = \omega_1, \varphi_2 = \varphi_1$，其合成声波的均方声压为

$$p_{rms}^2 = A_1^2 + A_1^2 \cos 0 = 2A_1^2 = 4p_{rms1}^2 \tag{7.13}$$

则两个声波的合成声压级相对于单个纯音的声压级的增加量为

$$\Delta = L_{pCOMB} - L_{p1} = 20\ \lg \frac{2p_{rms1}}{p_0} - 20\ \lg \frac{p_{rms1}}{p_0} = 6.02\ dB \tag{7.14}$$

式中　L_{pCOMB}——两个声波的合成声压级；

L_{p1}——声波 1 的声压级。

由式(7.12)的第一个表达式可得出两个声压幅值相同，但频率不同的纯音合成后的合成声压级与单个纯音声压级之差为

$$\Delta = L_{\mathrm{pCOMB}} - L_{\mathrm{p1}} = 20\ \lg \frac{\sqrt{2}p_{\mathrm{rms1}}}{p_0} - 20\ \lg \frac{p_{\mathrm{rms1}}}{p_0} = 3.01\ \mathrm{dB} \tag{7.15}$$

当声场中有两个或两个以上的声源存在时,任何一点的声压是所有声源共同作用的结果。当用声压级表示噪声时,且不考虑各声源发出声波之间的相干情况,则合成总声压级 L_{pt} 可表示为

$$L_{\mathrm{pt}} = 10\ \lg \sum_{i=1}^{N} 10^{L_{\mathrm{p}i}/10} \tag{7.16}$$

式中 L_{pt}——合成声压级;

$L_{\mathrm{p}i}$——第 i 个声源单独存在时的声压级。

例 7.1 已知某声场中存在两个声源,其单独存在时的声压级分别为 80 dB 和 90 dB,试求总声压级。

解 由式(7.16)可得

$$L_{\mathrm{pt}} = 10\ \lg(10^{80/10} + 10^{90/10}) = 90.41\ \mathrm{dB}$$

多个声波合成时分贝的增值也可利用表 7.3 近似求取,采用表 7.3 时可采用两两合成的方法求取,合成结果与合成次序无关。

表 7.3 分贝增值表/dB

$L_{\mathrm{p1}}-L_{\mathrm{p2}}$	0	1	2	3	4	5	6	7	8	9	10
ΔL	3.0	2.5	2.1	1.8	1.5	1.2	1.0	0.8	0.6	0.5	0.4

注:$L_{\mathrm{p1}}>L_{\mathrm{p2}}$。

以例 7.1 为例,采用分贝增值表可这样计算总声压级。两声源的声压级相差 10 dB,查表 7.3 可知,分贝增量为 0.4 dB,所以总声压级为 90 dB+0.4 dB=90.4 dB。查表所得结果与计算结果仅 0.01 dB 的误差,在工程上是可以接受的。

当在现场进行噪声测试时,为了排除环境噪声(本底噪声、背景噪声)的影响,得到声源声压级的实际大小,需要从测量结果中扣除环境噪声的影响,则可采用下式计算声源的声压级,即

$$L_{\mathrm{pso}} = 10\ \lg(10^{L_{\mathrm{pt}}/10} - 10^{L_{\mathrm{pe}}/10}) \tag{7.17}$$

式中 L_{pso}——所求声源的声压级,dB;

L_{pt}——总声压级,dB;

L_{pe}——环境声压级,dB。

例 7.2 在某厂房某点测得机器停止运转时环境噪声的声压级为 80 dB,机器运转时的声压级为 88 dB,求该机器在该点产生的声压级。

解 由式(7.17)可得

$$L_{\mathrm{pso}} = 10\ \lg(10^{88/10} - 10^{80/10})\ \mathrm{dB} = 87.25\ \mathrm{dB}$$

分贝扣除也可采用表 7.4 的环境噪声扣除表进行近似计算。

表 7.4　环境噪声扣除值表/dB

$L_{pt}-L_{pe}$	3	4	5	6	7	8	9	10
从 L_{pt} 中扣除的 ΔL	3.00	2.30	1.70	1.25	0.95	0.73	0.60	0.45

例 7.2 也可采用表 7.4 计算机器产生的声压级。总声压级与环境声压级相差 8 dB,查表 7.4得,应该从总声压级中扣除 0.73 dB,即该机器产生的声压级为 88 dB−0.73 dB＝87.27 dB。对比用式(7.17)的计算结果,存在误差 0.02 dB。

当总噪声和环境噪声相等时,其声压级差值为 3 dB。如果总噪声与环境噪声的声压级差值小于 3 dB,测量结果无效,因为此时环境声压级比被测声源的真实声压级还高。如果碰到级差小于 3 dB 的情况时,可采用式(7.17)计算。当总噪声与环境噪声之差大于 10 dB 时,环境噪声对测量结果的影响可以忽略不计,所测得的总声压级可认为就是声源的实际声压级。

声压级的叠加和扣除还可采用如图 7.1 所示的分贝增值图和如图 7.2 所示的环境噪声影响修正曲线来进行计算。

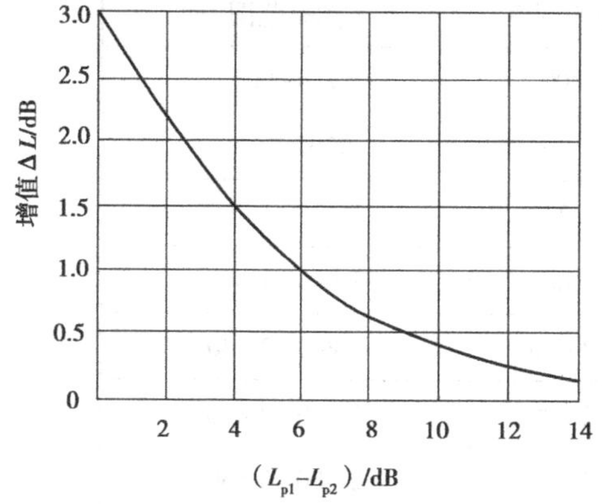

图 7.1　分贝增值图

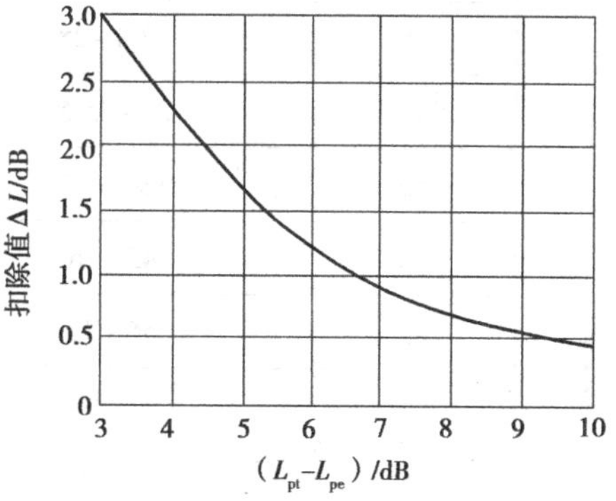

图 7.2　环境噪声影响修正曲线

7.1.3　噪声的频谱分析

噪声的频谱是在频率域上描述声音强度变化规律的曲线,一般以频率或频带为横坐标,声压级或声功率级为纵坐标。噪声的频谱能显示出声能按频率分布的状况,表明噪声中含有哪些频率分量以及各频率分量的强弱,从噪声的频谱上也能看出哪些频率分量占主导地位,进而查明产生这些噪声频率成分的原因。

一般将频率为 500 Hz 以下的噪声称为低频噪声,如空压机、汽车噪声;频率成分分布在 500~1 000 Hz 的噪声称为中频噪声,如高压风机、水泵的噪声;频率成分主要在 1 000 Hz 以上的为高频噪声,如电锯的噪声。

对噪声的频谱分析可用频谱分析仪进行,但在对噪声的频谱分析中,人们往往按一定宽度的频率来进行测量,即测量各个频带的声压级。在某一频带中,噪声的声压级称为该频带声压级。根据人耳对声音频率变化的反应,可把可闻声波的频率范围按倍频程或1/3倍频程划分为频带。倍频程是指频带间的中心频率之比都是2∶1,其中心频率是上下限频率的几何平均值。表7.5和表7.6分别列出了倍频程和1/3倍频程的中心频率和频率范围。

表7.5　倍频程的中心频率和频率范围/Hz

中心频率	频率范围	中心频率	频率范围
31.5	22.4~45	1 000	710~1 400
63	45~90	2 000	1 400~2 800
125	90~180	4 000	2 800~5 600
250	180~355	8 000	5 600~11 200
500	355~710	16 000	11 200~22 400

表7.6　1/3倍频程的中心频率和频率范围/Hz

中心频率	频率范围	中心频率	频率范围
25	22.4~28	800	710~900
31.5	28~35.5	1 000	900~1 120
40	33.5~45	1 250	1 120~1 400
50	45~56	1 600	1 400~1 800
63	56~71	2 000	1 800~2 240
80	71~90	2 500	2 240~2 800
100	90~112	3 150	2 800~3 550
125	112~140	4 000	3 550~4 500
160	140~180	5 000	4 500~5 600
200	180~224	6 300	5 600~7 100
250	224~280	8 000	7 100~9 000
310	280~355	10 000	9 000~11 200
400	355~450	12 500	11 200~14 000
500	450~560	16 000	14 000~18 000
630	560~710		

7.2　噪声测量仪器

噪声测量仪器主要有传声器、声级计、滤波器、频谱分析仪及校准器等。

7.2.1　传声器

传声器又称麦克风或话筒，是一种声电换能器。它能将声能转换为电能。理想的传声器应该具有以下特性：

①在音频频率范围(20~20 000 Hz)内具有平坦的频率响应，输出信号与声压间无相移。

②无方向性。

③具有较高的灵敏度。

④尺寸小，放在声场中所引起的反射、折射等效应可忽略不计，不会对声场产生干扰。

⑤输出信号不受温度、气压和湿度等环境条件的影响。

根据换能原理或元件不同，传声器分为电容式、压电式、电动式及驻极体式等几种。其中，电容式传声器是目前使用最广泛的传声器。

电容式传声器相当于一个极距变化型电容传感器。其结构示意图如图7.3所示。它配有一个张紧的金属膜片，厚度为0.002 5~0.05 mm，金属膜片后面是背极，背极上面有多个孔，相当于阻尼器。金属膜片运动时产生的气流通过这些孔来产生阻尼，抑制膜片的共振振幅。金属膜片与背极之间有空气薄层，构成一个空气介质电容器。当电容式传声器工作时，电容式传感器和一个高阻值电阻R及极化电压源e_0串联，由于声压作用在膜片上使膜片运动，金属膜片与背极之间的距离发生变化，则电容器的电容发生变化，在电阻R上产生输出电压

$$e_y(t) = e_0 \frac{d't}{d_0} \tag{7.18}$$

式中　e_0——极化电压；

$d't$——声压波动导致极板间距的变化；

d_0——极板间原始距离。

由于电容式传声器的输出阻抗很高，因此，在使用时必须将前置放大器与传声器连接，使输出阻抗转换为低阻抗，以便于和后续设备相匹配。

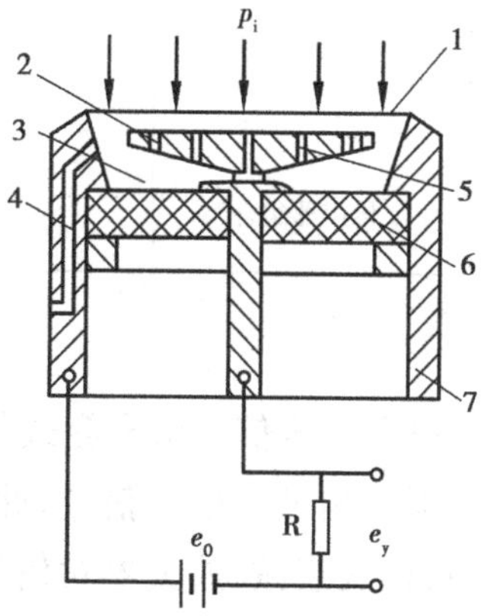

图7.3　电容式传声器结构示意图

1—金属振膜；2—背极；3—内腔；4—均压孔；5—阻尼孔；6—绝缘体；7—壳体

7.2.2　声级计

声级计接收输入的声压，输出一个与声压成正比的读数。按测量精度可将声级计分为精密声级计和普通声级计，表7.7

列出了国际电工委员会(IEC)有关声级计的分类标准。按声级计用途,可将声级计分为两类:一类是用于测量稳态噪声,如精密声级计和普通声级计;另一类是用于测量不稳定噪声和脉冲噪声的,如积分式声级计(噪声剂量计)、脉冲声级计。

表 7.7　声级计等级及其主要技术参数

声级计级别		精密声级计		普通声级计	
		0 级	1 级	2 级	3 级
工作 1 h 内读数最大变化(不包括预热)/dB		0.2	0.3	0.5	0.5
测量精确度/dB		±0.4	±0.7	±1.0	±1.5
不同频率范围声级计精确度允许偏差/dB	31.5~8 000 Hz	±0.3	±0.5	±0.7	±1.5
	20~12 500 Hz	±0.5	±1.0	—	—

各种声级计基本都是由传声器、前置放大器、放大器/衰减器、计权网络、有效值检波器及输出指示灯等环节组成。如图 7.4 所示为典型的精密声级计工作原理图。

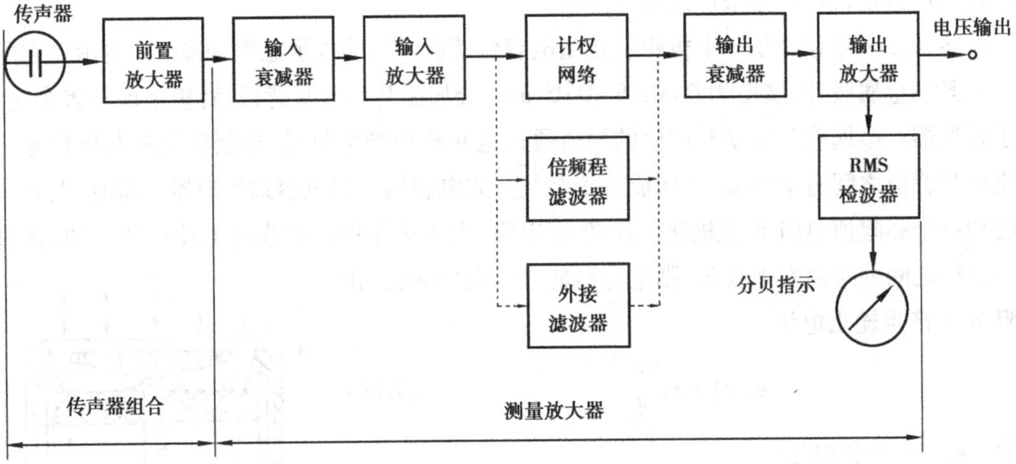

图 7.4　精密声级计的工作原理框图

被测声压信号由电容式传声器组合接收,被转换为电压信号并经阻抗变换后由前置放大器输出低抗电压信号,此电压信号被送入一个称为测量放大器的系统。在测量放大器中,输入衰减/放大器对信号作幅值调节后送入计权网络,计权网络通常有 A,B,C,线性(20 Hz~20 kHz),以及全通(10 Hz~50 kHz)5 种选择,经计权后的信号再经输出衰减/放大器处理后进入均方根检波器,完成对信号的均方根运算求得噪声的均方根声压值(积分平均时间 T 可选),最后由指示器以"dB"指示噪声声压级或声级。经计权网络测得的声压级,称为声级。根据所使用的计权网络的不同,分别称为 A 声级、B 声级、C 声级,其单位分别记为 dB(A),dB(B),dB(C)。A 声级能较好地反映人耳对噪声的强度和频率的主观感觉，一般都用 A 声级来评价噪声；B 声级原本是对 55~85 dB 的声级进行计量，现在已很少使用；C 声级可用于总声压级的测量，有时为了判断噪声的频率特性，附带测量 C 声级。如果 A 声级和 C 声级两种声级读数基本相同，则该噪声是高频特性，如果 C 声级小于 A 声级，则为中频特性，如果 C 声级大于 A 声级则为低频特性。

测量放大器中采用两套衰减/放大器的目的是为了保证在 120 dB 或更大的动态范围内系统有良好的线性和高的信噪比。计权网络可以被 1/1 倍频程或 1/3 倍频程滤波器组（声级计附件）置换，这时声级计输出指示的是频带声压级，可作噪声的 1/1 倍频程或 1/3 倍频程频谱分析。还可接入通用模拟滤波器对噪声做更细致的分析。若计权网络选择线性或全通档（由频率分析范围决定），输出放大器给出的电压信号是瞬时声压的不失真转换，可接至示波器、记录仪和信号分析系统，对噪声信号进行监测、存储和作全面分析处理。

7.3　工业噪声和环境噪声的测量

工业噪声测量，根据对象的不同，内容也不同。若是为了评价机器设备或产品的噪声，则应对机器设备或产品进行噪声测量；若是为了了解噪声对人的干扰和危害，防止噪声污染，则应进行环境噪声测量。

7.3.1　一般现场测量

现场测量是指在工厂车间等现场环境条件下，对机械设备的噪声进行测量，其目的主要有以下几个方面：一是为了对现场设备的噪声作出评价；二是为了对不同类型机械设备的噪声作比较；三是为了对设备的噪声进行控制。现场噪声测量主要是 A 声级测量和倍频程频谱分析，必要时可将信号记录下来随后再做全面分析。

对某台设备的噪声测量是沿一条包围设备的测量回线进行的。对于外形尺寸小于 0.3 m 的对象，回线与设备外轮廓的距离为 0.3 m；对于外形尺寸介于 0.3~0.5 m 的机器，回线与设备外轮廓的距离为 0.5 m；对于外形尺寸大于 1 m 的机器，回线与设备外轮廓的距离为 1 m。

传声器的高度应以机器的半高度为准，或选取机器的水平主轴的高度（但距地面均不得小于 0.5 m），或选取 1.5 m（人耳平均高度）。

在一般情况下，机器是非均匀地向各个方面辐射噪声，因此，应沿测量回线选取若干点进行测量（一般不小于 4 点），如图 7.5 所示。测量时，传声器（一般为声场型）应正对机器的外表面，使声波正入射，其投影应落在测量回线的测点上。测点应远离其他设备或墙体等反射面，距离一般不小于 2 m，在各测点测量噪声的 A 声级（有时，也辅以声压级）。当相邻两点所测得的噪声级差大于 5 dB 时，则应在其间增加测点。一般规定，以所测得的最高 A 声级

dB(A)为该机器噪声大小的评价值。如需对噪声做倍频程频谱详细分析，通常以最高 A 声级或最高声压级点为主要测点，也可根据需要再选取辅助测点。

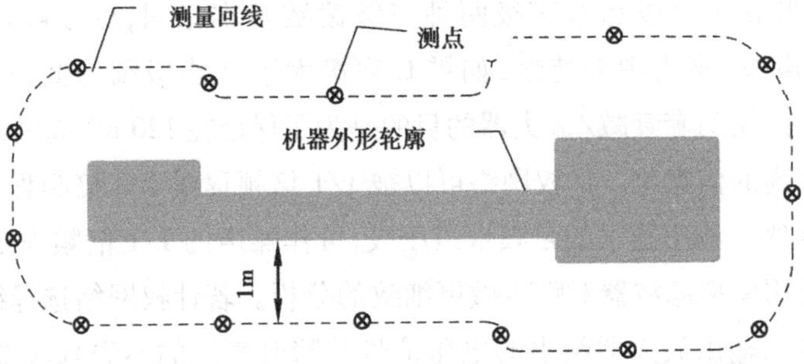

图 7.5　机器噪声测点示意图

对空气动力机械，如通风机、压缩机和内燃机等，若要测量它们的进、排气噪声，则进气噪声测点应在进气口轴向，距管口平面最小距离为 1 倍管口直径，通常选在距管口平面 0.5 m 或 1 m 处。排气噪声测点则应取在与排气管轴线成 45°方向上或管口平面上，距管口中心 0.5 m，1 m 或 2 m 处。

现场噪声测量时应当避免本底噪声的影响。无论是 A 声级测量还是倍频程声压级测量，都要同时测出相应的本底噪声，并扣除本底噪声对测量结果的影响。

在对机器运转噪声作评价时，机器的运转参数必须符合有关的行业规定。如金属切削机床的噪声级测量是在正反转各级转速和中等进给量(空载)的情况下测量，取其最大值。

7.3.2　声强测量

声强测量法是从 20 世纪 80 年代起发展起来的噪声测量新方法。与声压测量相比，声强测量的结果几乎不受环境噪声的影响，在噪声源定位方面也有优势。

(1)声强测量原理

声强是指单位时间内通过与指定方向垂直的单位面积的声能量的平均值，数值上等于单位面积的声功率，即声强是矢量。声强可定义为

$$I = \frac{1}{T}\int_0^T p(t)v_r(t)\,\mathrm{d}t \tag{7.19}$$

式中　$p(t)$——某一点的瞬时压力；

$v_r(t)$——声音在传播方向上质点瞬时振动速度的投影值；

T——声波周期。

由式(7.19)可知，声强是传播方向上的声压和质点振动速度乘积的平均值。因此，声强测量的基本原理就是同时测量空间同一点的声压和质点振动速度，再求出两者乘积的平均值即可得到该点的声强。

(2)声强测量方法

由于质点的振动速度较难直接测量，因此质点振动速度可通过用两个相距较近的传声器

上的声压来测量，再将这两个声压信号用双通道 FFT 分析，即可得出声强。计算得到的声强是声强矢量在两个传声器的声学中心连线方向上的声强分量，这种方法称为双传声器法，如图 7.6 所示。

将两个传声器面对面放置，并用隔离物隔开一个距离 Δr。声强分析系统由一个双传声器探测系统和一个分析器组成，双传声器探测系统用于测量两个声压 p_A 和 p_B，分析器再将两个声压合成得出声强。

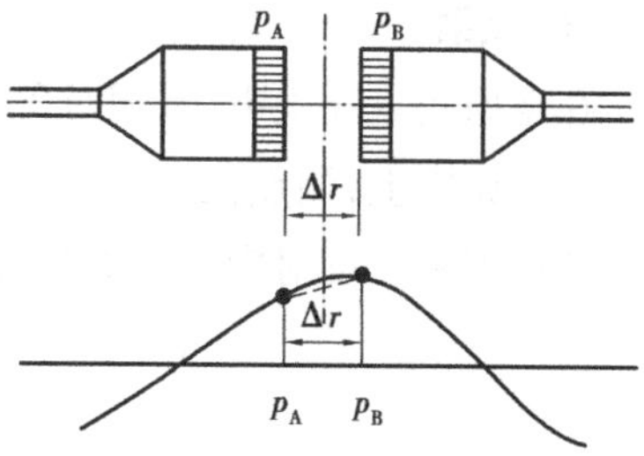

图 7.6　双传声器法传声器间距和压力梯度示意图

7.4　噪声测量的环境

噪声测量还要受到环境因素的影响，测量过程中要考虑以下几个因素：

(1) **大气压力**

大气压力主要影响传声器的校准，不同大气压下活塞发生器产生的声压级不同，如 1.01×10^5 Pa 时产生的声压级是 124 dB，在 0.9×10^5 Pa 时为 123 dB。活塞发生器一般配有气压修正表，当大气压改变时可从表中直接读出相应的修正值。

(2) **温度**

温度会影响到电池的使用寿命，温度降低，电池的使用寿命也降低，特别是在 0 ℃以下。温度也会影响到噪声测量仪器的性能，有文献指出，当环境温度在 10~30 ℃时，噪声测量仪器的性能是比较稳定的。当温度高于 35 ℃时，有些噪声测量仪器在测量前后校正的整机偏差较大，温度超过 40 ℃时，有些仪器甚至会出现死机现象；当温度低于 0 ℃时，有些仪器的表头读数漂移严重，不能正确反映环境噪声的真实情况，甚至出现死机。

(3) **湿度**

湿度过大时，可能会有潮气进入电容式传声器并且凝结，使电容式传声器的极板与膜片之间发生放电现象，而产生“破裂”和“爆炸”的声响，影响测量结果。

(4) **风和气流**

当有风和气流通过传声器时，在传声器顺流一侧会产生湍流，使传声器的膜片压力变化而产生风噪声，风噪声大小与风速成正比。环境噪声测量一般应在风速小于 5 m/s 的条件下进行。

(5) **传声器的指向性**

传声器的指向性是指传声器对不同角度入射的声波的灵敏度不同，这是因为当声波从不同角度入射到传声器的膜片时，膜片受到的力不相同，产生的输出也不相同。指向性与传声器的膜片大小有关，膜片越大，产生指向性的频率越低。测量环境噪声时，可将传声器指向上方。

(6)**反射**

在现场测量环境中,被测对象周围可能存在许多物体,这些物体对声波的反射会影响到测量结果。原则上,测点位置应离开反射面3.5 m以上,但实际测试时,测点位置离开反射面2 m以上就可不考虑反射影响。如果无法远离反射面,则可在反射噪声的物体表面铺设吸声材料。

习　题

7.1　基本声学参量有哪些?它们是如何定义的?

7.2　已知某声场中存在两个声源,其单独存在时的声压级分别为78 dB和85 dB,求两个声源总声压级。

7.3　某处测得环境的声压级为82 dB,设备运转时该处的声压级为90 dB,求该设备在该处产生的声压级。

7.4　传声器的作用是什么?理想的传声器应该具有哪些特性?

7.5　试述电容式传声器的工作原理以及在使用时应该注意的问题。

7.6　噪声测量时主要需要考虑哪些环境因素?

第8章 位移测试

位移是指物体上某一点在一定方向上的位置变化,是一个向量,因此,对位移的测量,除了确定其大小之外,还应确定其方向。一般情况下,应使测量方向与位移方向重合,这样才能真实地测量出位移量的大小,否则测量结果仅仅是该位移量在测量方向上的分量。位移测量包括线位移测量和角位移测量。它广泛应用于机械工程中,不仅因为在机械工程中经常要求精确地测量零部件的位移或位置,而且还因为力、压力、转矩、速度、加速度、温度及流量等参数的测量都是以位移测量作为基础来测量的。

按被测变量变换的形式不同,位移测量可分为模拟式测量方法和数字式测量方法。在模拟式测量方法中,将位移量转换为电量的传感器主要有电阻式传感器(电位器式和应变式)、电感式传感器(差动电感式和差动变压器式)、电容式传感器、电涡流式传感器及光电式传感器等。在数字式测量方法中,则是将位移转换为脉冲量输出,常用的转换装置有感应同步器、旋转变压器、磁尺、光栅及脉冲编码器等。

8.1 电阻式位移传感器

常用的电阻式位移传感器主要有两种:电位器式和电阻应变式。下面简要介绍其常用的结构。

8.1.1 滑线电阻式位移传感器

滑线电阻式位移传感器的工作原理如第 3 章所述,将位移变换成电阻值的变化。其结构如图 8.1 所示。它有测量轴、一个触头可移动的滑线电阻、导轨、弹簧及精密无感电阻等部件。精密无感电阻与滑线电阻构成测量电桥的两个桥臂。测量前,利用电阻电容平衡器平衡电桥。测量时,被测物体与测量轴接触,被测位移使测量轴沿导轨轴向移动时,带动电刷触头在滑线电阻上产生相同的位移,从而使电桥失去平衡,输出一个相应的电压增量。

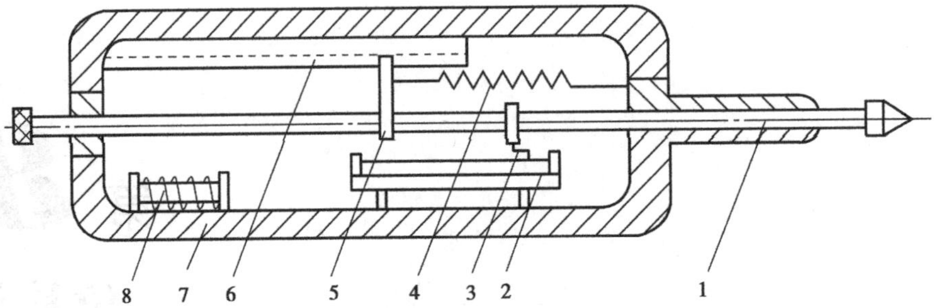

图 8.1 滑线电阻式位移传感器

1—测量轴;2—滑线电阻;3—触头;4—弹簧;5—滑块;6—导轨;7—外壳;8—无感电阻

8.1.2 电阻应变式位移传感器

粘贴有电阻应变片的弹性元件,可构成位移传感器。弹性元件把接收的位移量转换为一定的应变值,而应变片则将应变值转换成电阻变化率,接在应变仪的电桥中,实现位移测量。位移传感器所用弹性元件的刚度应当小,否则会因为弹性恢复力过大而影响被测物体的运动。位移传感器的弹性元件可采用不同的形式,最常用的是梁式元件。

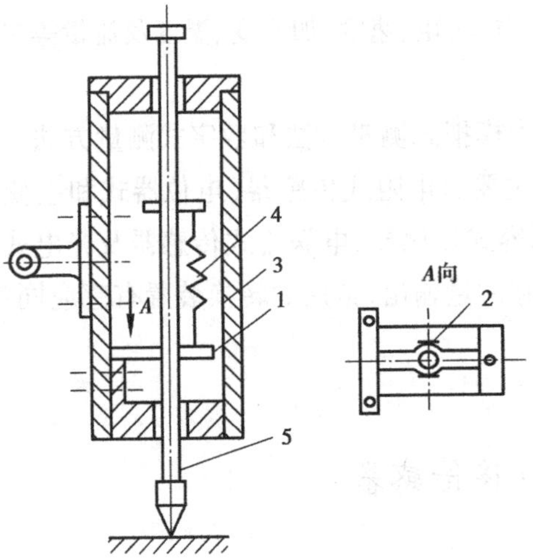

图 8.2 组合式位移传感器

1—悬臂梁;2—应变片;3—壳体;4—弹簧;5—测杆

如图 8.2 所示为一种悬臂梁-弹簧组合式位移传感器。当测点位移传递给测杆 5 后,测杆带动弹簧 4 运动,使弹簧伸长,并使悬臂梁 1 产生变形。因此,测点的位移 x 为弹簧伸长量 x_2 和悬臂梁自由端位移量 x_1 之和,即 $x=x_1+x_2$。设悬臂梁刚度为 k_1,弹簧刚度为 k_2,考虑到悬臂梁上的作用力和弹簧上的作用力相等,即$x_1k_1=x_2k_2$,则测点位移为

$$x=\frac{(k_1+k_2)}{k_2}x_1 \tag{8.1}$$

由式(8.1)可知,在悬臂梁自由端变形相同的情况下,组合式位移传感器可测位移量的范围扩大了$(k_1+k_2)/k_2$倍。在测量较大位移时,弹簧刚度 k_2应选得很小,一般取$k_1/k_2>10$。目前,国内生产的组合式位移传感器有 YWB-10 型(量程 10 mm)和 YW-10 型(量程 100 mm)。

电阻应变式位移传感器的动态特性除与应变片有关外,主要决定于弹性元件刚度和运动部件的质量。

8.2　电感式位移传感器

电感式位移传感器是将被测物理量的位移转化为自感或互感的变化，并通过测量电感量的变化确定位移量。电感式位移传感器具有输出功率大、灵敏度高、稳定性好等优点，主要类型有自感式、互感式、涡流式及压磁式等。下面介绍几种常用的位移传感器：螺管差动型（自感式）、差动变压器型（互感式）和涡流式位移传感器。

8.2.1　螺管差动型位移传感器

如图 8.3 所示为电感测微仪所用的螺管差动型位移传感器的结构示意图。测杆 7 上固定着衔铁 3，可在钢球滚动导轨 6 上作轴向移动，滚动导轨可消除径向间隙，提高测量精度，并使灵敏度和寿命达到较高指标。线圈配置成差动式结构，放在圆筒形铁芯 2 中，两个线圈分别用导线 1 引出，接入测量电路。另外，弹簧 5 施加测量力，密封套 8 防止尘土进入，可换测头 9 用螺纹固定在测杆上。测量前，先将传感器安装在支架上，调整传感器的位置，使测头 9 与被测物体接触，并适当压缩测杆，使衔铁处于平衡位置。当测杆移动时，带动衔铁在差动线圈 4 中移动，引起线圈中电感量的变化。两差动线圈是交流电桥的两个桥臂，电桥输出的电压幅值就反映了被测物体的位移量。

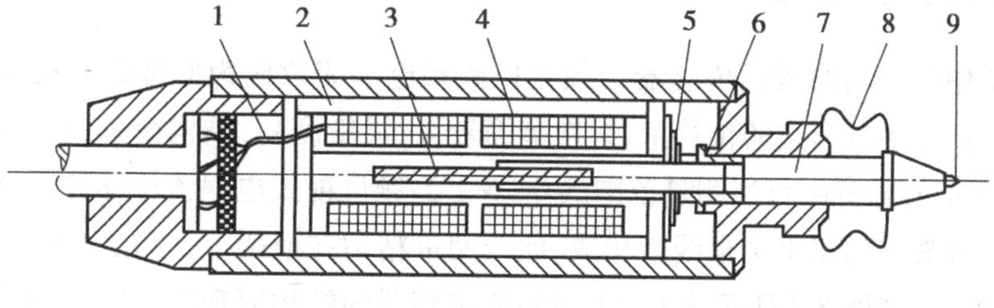

图 8.3　螺管差动型位移传感器结构示意图

1—导线；2—铁芯；3—衔铁；4—线圈；5—弹簧；6—导轨；7—测杆；8—密封套；9—可换侧头

螺管差动型位移传感器的测量范围一般为数毫米，分辨力可达 0.1～0.5 μm，工作可靠。其缺点是动态性能较差，仅适用于静态或准静态测量。

8.2.2　差动变压器型位移传感器

如图 8.4 所示为差动变压器式位移传感器的结构原理图。它可用于很多场合下的微小位移测量。测头 1 通过轴套 2 与测杆 3 连接，活动衔铁 4 固定在测杆上。线圈架 5 上绕有 3 组线圈，中间是初级线圈，两端是次级线圈，它们通过导线 7 与信号调理电路连接。线圈的外面有屏蔽筒 8，用来防止外磁场的干扰。测杆用圆片弹簧 9 导向，用弹簧 6 获得恢复力，为了防止测杆有灰尘侵入，在外面装有防尘罩 10。

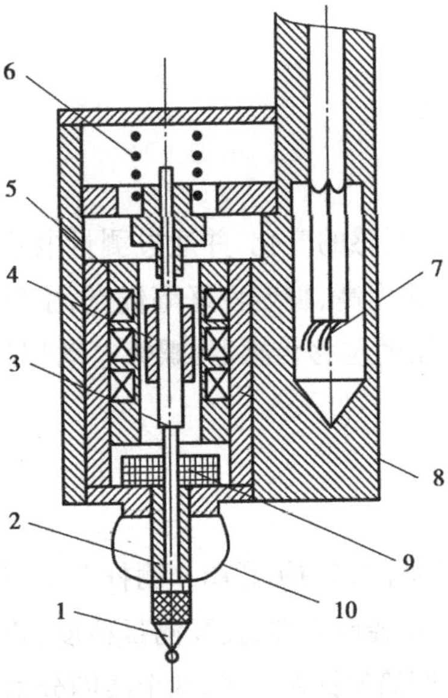

图 8.4　差动变压器式位移传感器

1—测头;2—轴套;3—测杆;4—衔铁;
5—线圈架;6—弹簧;7—导线;
8—屏蔽筒;9—圆片弹簧;10—防尘罩

差动变压器线圈中段的线性度较好,一般取此段作为差动变压器的工作范围。各种规格的差动变压器所能达到的测量范围是±0.08~±75 mm,非线性误差约为0.5%,灵敏度比差动自感式高。差动变压器的灵敏度是以单位激励电压的作用下,衔铁每移动单位距离时输出信号的大小来表示的。当信号调理电路输入阻抗较高时,用电压灵敏度来表示;当信号调理电路输入阻抗较低时,用电流灵敏度来表示。对差动变压器施加的激励电压越高,其灵敏度越高。用400 Hz以上高频激励时,其电压灵敏度为0.5~2 V/(mm · V),电流灵敏度可达到0.1 mA/(mm · V)。由于灵敏度较大,测量大位移时输出信号不用放大,因此,信号调理电路较为简单。

差动变压器的动态特性,在电路方面主要受电源激励频率的限制,一般应保证激励频率大于所测信号中最高频率的数倍甚至数十倍;在机械方面,则受到衔铁运动部分的质量-弹簧特性的限制。

8.2.3　涡流式位移传感器

位移测量中所采用的涡流传感器一般是以高频电涡流效应为原理的非接触式位移传感器。它可用来测量各种形式的位移量,线性范围较大,灵敏度高,结构简单,抗干扰能力强,测量范围为0~5 mm,分辨率可达测量范围的0.1%。高频反射式电涡流位移传感器的结构主要由一个安置在框架上的扁平圆形线圈构成,此线圈可粘贴在框架上,或在框架上开一条槽沟,将导线绕在槽内。如图8.5所示为CZF1型涡流传感器的结构原理图。它将导线绕在框架窄槽内,形成线圈的结构方式。线圈采用高强度多股漆包线绕成,位于传感器的端部;线圈框架采用损耗小、电绝缘性能好、热膨胀系数小的聚四氟乙烯或高频陶瓷等材料制作;支座用于固定传感器;电缆和插头接后续测量电路,由于激励频率高,必须采用专用的高频电缆和插头。

由于涡流式传感器是利用线圈与被测导体间的电磁耦合进行工作的。因此,涡流式位移传感器及其后续测量电路的输出不仅与位移有关,还与被测物体的形状及表面层电导率、磁导率等有关。被测物体作为“实际传感器”的一部分,其材料的物理性质、尺寸、形状、表面状况发生变化时,将引起传感器灵敏度的变化。如果涡流式位移传感器测头下所对应的是被测物体的局部平面,而且面积较测头大得多,则其面积的变化不影响灵敏度。当物体被测表面积比测头面积小时,则灵敏度将随被测面积的减小而显著降低。如图8.6所示为被测物体直径对灵敏度的影响,纵坐标 K_r 为相对灵敏度,横坐标 D/d 为被测体直径与线圈直径的比值。为充分利用电涡流效应,平面被测体的直径不应小于线圈直径的1.8倍,圆柱被测体直径不应小于线圈直径的3.5倍。

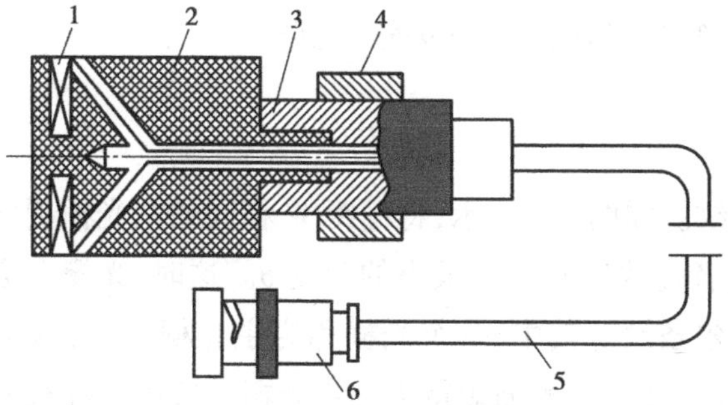

图8.5　高频反射式涡流位移传感器

1—线圈;2—框架;3—衬套;4—支座;5—电缆;6—插头

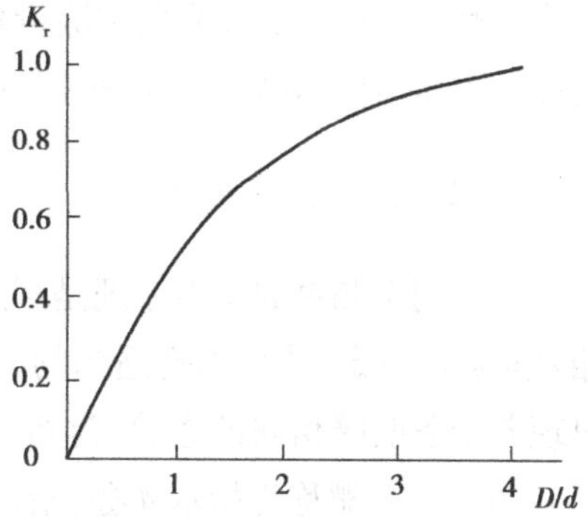

图8.6　被测物体直径对灵敏度的影响

实验结果表明,被测体表面粗糙度对测量结果无影响,但被测体的材质对灵敏度有影响,其电导率越高,灵敏度越大,而磁导率相反,且磁性体比非磁性体的灵敏度低。表面镀层性质和厚度不均匀将影响测量精度。此外,表面层如有裂纹等缺陷时,对测量结果影响很大。

8.3　光栅式位移传感器

光栅式位移传感器是利用光栅的莫尔条纹来测量位移或角度的光电传感器,具有分辨力高、测量范围大(几乎不受限制)和动态范围宽等特点。光栅式位移传感器容易实现数字化测量和自动控制,在数控机床和精密测量中应用广泛,但对使用环境要求较高,在工业现场使用时要求密封,防止油污、粉尘等。

8.3.1　光栅结构和种类

(1)光栅的结构

在玻璃尺(或金属尺)上类似于划线标尺那样,进行密集刻划(刻线密度一般为每毫米25,50,100,250线),得到如图8.7所示的黑白相间的条纹,没有刻划的地方透光(或反光),刻划的地方不透光(或不反光),这就是光栅。光栅上的刻线称为栅线,栅线的宽度为a,缝隙宽度为b,一般取$a=b$,$a+b=W$称为光栅的栅距或节距。

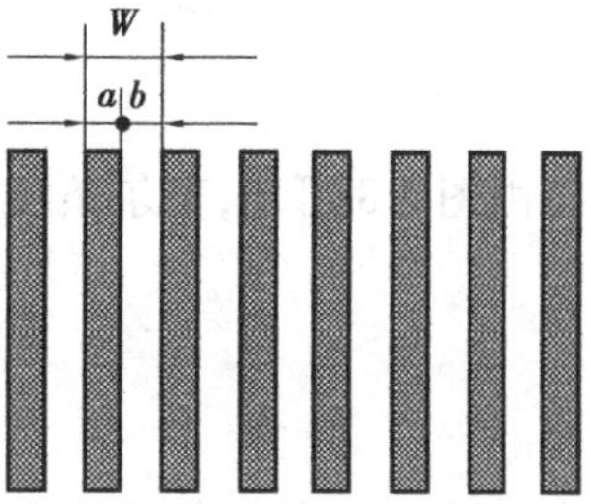

图8.7　光栅栅线结构图

(2)光栅的种类

光栅按其工作原理不同,可分为物理光栅和计量光栅。物理光栅利用光的衍射现象进行工作,主要用于光谱分析和光波长等的测量。计量光栅是利用莫尔条纹原理进行工作的,主要用于长度、角度、速度、加速度及振动等物理量的测量。计量光栅按应用场合不同,可分为透射光栅和反射光栅;按用途不同,可分为测量线位移的长光栅和测量角位移的圆光栅,圆光栅又分为径向光栅和切向光栅;根据光栅的表面结构不同,长光栅也可分为幅值(黑白)光栅和相位(闪耀)光栅。

8.3.2 光栅测量原理

光栅用于测量的基本原理是利用莫尔条纹。如图8.8所示,将栅距 W 相同的两光栅刻面相对重叠在一起,中间留有适当的间隙,且两者栅线错开一个很小的角度 θ。这时,光栅上会出现若干条明暗相间的条纹,这种条纹称莫尔条纹。其中,一个光栅称为主光栅(或标尺光栅),另一个光栅称为指示光栅,指示光栅的长度要比主光栅短得多。主光栅一般固定在被测对象上,且随被测对象移动,其长度取决于测量范围,指示光栅相对于光电器件固定,当主光栅与指示光栅相对移动时,在明亮的背景下可得到明暗相间的莫尔条纹。在 $m—m$ 线上,两光栅的栅线彼此重合,光线从缝隙中通过并形成亮带,在 $n—n$ 线上,两光栅彼此错开,形成暗带。

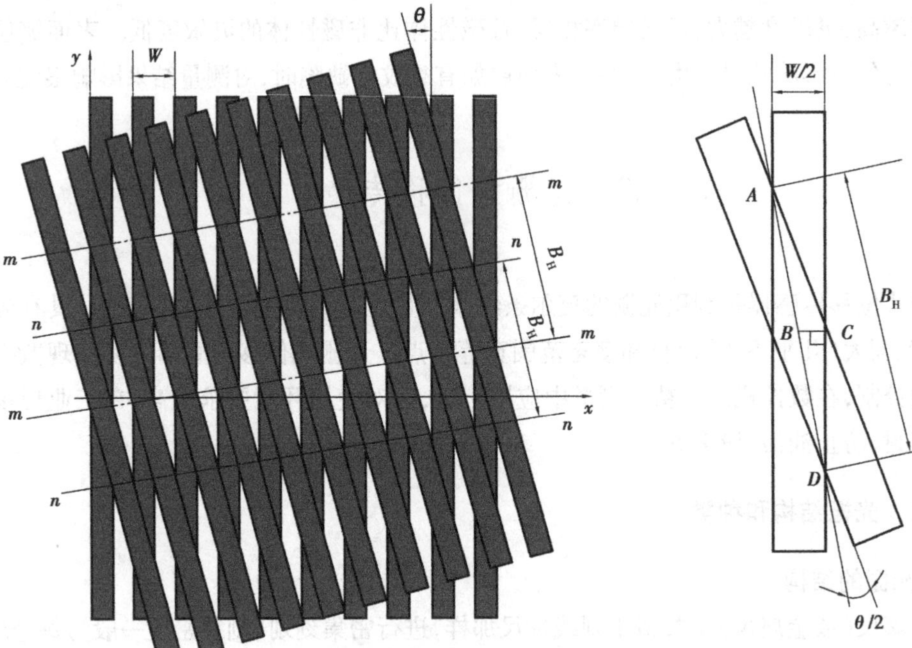

图8.8 光栅莫尔条纹的形成

由图8.8可知,莫尔条纹间距 B_H 与两光栅刻线夹角 θ 之间的关系为

$$B_H = 2BD = \frac{2BC}{\sin\dfrac{\theta}{2}} = \frac{W}{2\sin\dfrac{\theta}{2}} \approx \frac{W}{\theta} \tag{8.2}$$

式中 B_H——莫尔条纹的间距;

W——光栅间距;

θ——两光栅刻线间的夹角。

由此可知,莫尔条纹间距 B_H 由栅距 W 和栅线夹角 θ 决定。对于给定栅距的光栅,θ 越小,B_H 越大。通过调整 θ,可使 B_H 获得任何需要的值。莫尔条纹具有以下重要特征:

①莫尔条纹的运动与光栅的运动具有对应关系:在两光栅夹角 θ 一定的情况下,当一块光栅不动,另一块光栅沿 x 轴方向移动时,莫尔条纹沿着近似垂直于光栅运动方向(近似沿 y 轴方向)运动。两光栅相对移一个栅距 W,莫尔条纹也同步移动一个莫尔条纹间距 B_H,固定点上的光强则变化 1 周,并且当标尺光栅沿 x 轴正方向(向右)移动时,莫尔条纹将向上(y 轴正方向)移动;当标尺光栅沿 x 轴负方向(向左)移动时,莫尔条纹将向下(y 轴负方向)移动,这种严格的对应关系,使人们不仅可根据莫尔条纹的移动量来判断光栅尺的位移量,同时还可根据莫尔条纹的移动方向来判断光栅尺的位移方向。

②位移放大作用:当光栅相对移动一个栅距 W 时,莫尔条纹上下移动一个莫尔条纹间距 B_H。由式(8.2)可知,θ 越小,B_H 越大,这相当于把栅距 W 放大了 $1/\theta$ 倍。例如,$\theta = 0.1°$,则 $1/\theta \approx 573$,即莫尔条纹宽度 B_H 是栅距 W 的 573 倍,这相当于把栅距放大了 573 倍。说明光栅具有位移放大作用,从而提高了测量的灵敏度。

③光栅误差平均效应:莫尔条纹是由光栅的大量栅线共同形成的,对光栅的刻线误差有平均抵消作用,能在很大程度上消除栅距的局部误差和短周期误差的影响,提高光栅传感器的测量精度。

若用光电元件(光敏二极管等)接收莫尔条纹移动时光强的变化,则光信号被转换为电信号(电压或电流)输出,如图 8.9 所示。输出电压信号的幅值为光栅位移量 x 的正弦函数,即

$$e = e_0 + e_m \sin\left(\frac{2\pi x}{W}\right) \tag{8.3}$$

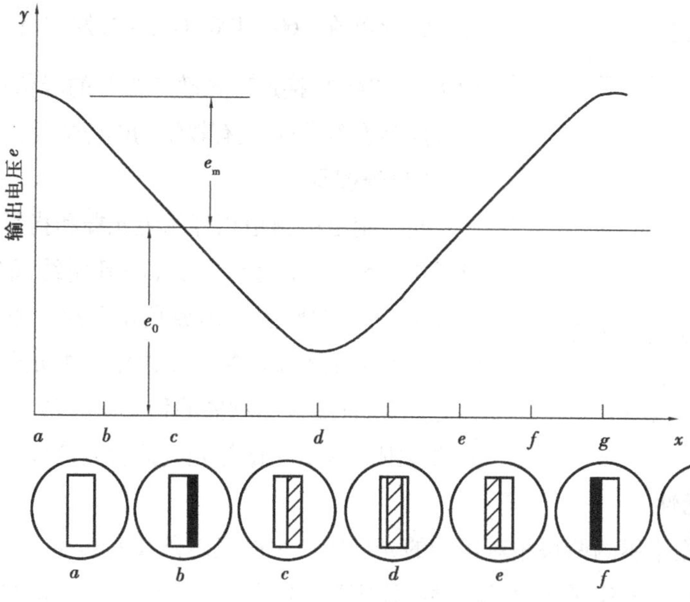

图 8.9　光栅位移与输出电压的关系

式中 e——光电元件输出的电压信号；

e_0——输出信号中的平均直流分量；

e_m——输出正弦信号的幅值；

x——两光栅间的瞬时相对位移。

将此电压信号经过放大、整形使其变为方波，经微分电路转换成脉冲信号，再经过辨向电路和可逆计数器计数，则可以数字形式显示出位移量的大小。位移量为脉冲数与栅距的乘积。当栅距为单位长度时，所显示的脉冲数则直接表示出位移量的大小。

8.3.3 光栅位移传感器的组成

光栅位移传感器由照明系统（光源和透镜组成）、光栅副（主光栅和指示光栅组成）和光电元件等组成，如图 8.10 所示。主光栅固定在被测物体上，它随被测物体的直线位移而产生移动，其长度取决于测量范围，指示光栅相对于光电元件固定。安装时，指示光栅和主光栅保证一定的间隙。当两光栅相对移动时便产生莫尔条纹，该条纹随光栅以一定的速度移动，用光电器件检测条纹亮度的变化，即可得到周期变化的电信号，电信号通过前置放大器送入数字显示器，直接显示被测位移的大小。

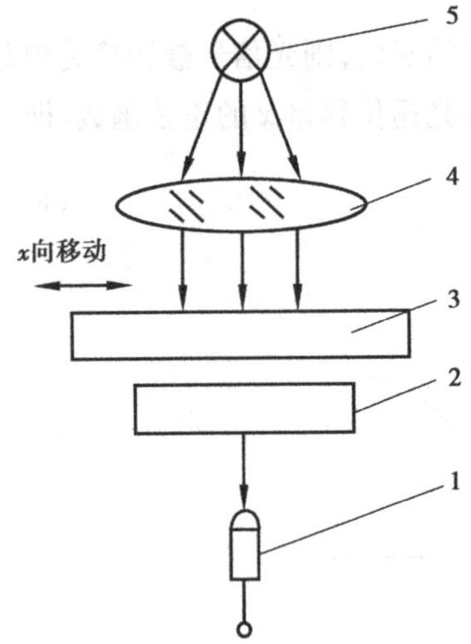

图 8.10 光栅位移传感器结构示意图
1—光电器件；2—指示光栅；3—主光栅；4—透镜；5—光源

（1）光源

光栅传感器的光源一般采用钨丝灯泡作为光源，它有较小的功率，工作温度范围为-40~130 ℃，但与光电元件组合时，转换效率低，使用寿命短。近年来，随着半导体发光器件的发展，现在一般都采用发光二极管。如砷化镓发光二极管可在-60~100 ℃工作，发射光的峰值波长为 9 100~9 400 Å，接近硅光敏三极管的峰值波长，因此有较高的转换效率，同时也有较快的响应速度。

（2）光栅副

光栅副是由栅距相等的主光栅和指示光栅构成。它们互相重叠，又不完全重合，两者栅线间错开一个小角度，在平行光的照射下形成莫尔条纹。整个测量装置的精度主要由主光栅的精度来决定。主光栅一般固定在被测物体上，且随被测物体的移动而移动，其长度取决于测量的范围。指示光栅与光电接收元件固定不动。

（3）光电接收元件

光电接收元件用来感测两块相对运动的光栅所产生的莫尔条纹的移动。在选择光电接收元件时，要考虑灵敏度、响应时间、光谱特性、稳定性、体积和成本等因素，一般采用光电池或光敏三极管。硅光电池不需要外加电压，受光面积大，性能稳定，但响应时间长，灵敏度较低。光敏三极管灵敏度高，响应时间短，但稳定性较差。

8.3.4　光栅位移传感器的辨向原理与细分技术

(1) 辨向原理

无论可动光栅片是向左或向右移动，在一固定点观察时，莫尔条纹同样都是作明暗交替的变化，后面的数字电路都将发生同样的计数脉冲，从而无法判别光栅移动的方向，也不能正确测量出有往复移动时位移的大小。因此，必须正确辨别光栅的运动方向。欲实现辨向，可在相距 $B_H/4$ 的位置处安装两个光电器件，如图 8.11 所示。两个光电器件可获得两个相位相差90°的信号。光栅传感器的输出信号有方波和正弦波两种形式。现以正弦波光栅为例对辨向电路进行分析，如图 8.12 所示。

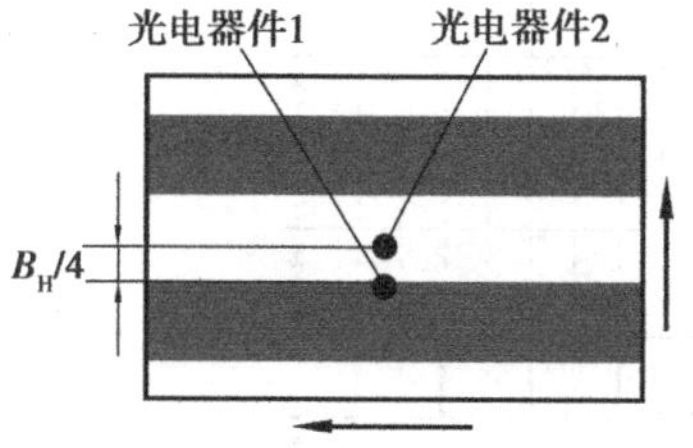

图 8.11　相距 $B_H/4$ 的两个光电器件

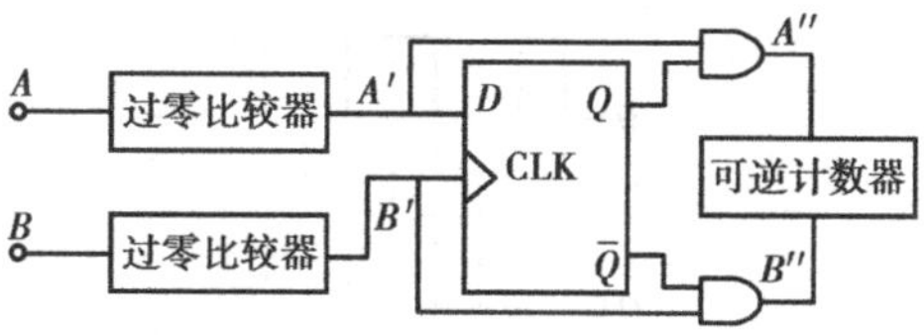

图 8.12　辨向电路原理框图

当光栅正向移动时，莫尔条纹向上移动，光电器件 1 的输出电压 A 比光电器件 2 的输出电压 B 超前90°相角，如图 8.13(a)所示。A、B 两路正弦波信号经过零比较器后得到方波信号A'和B'，将A'和B'信号按如图 8.12 所示接入 D 触发器，其输出信号 Q、$\bar{Q}$分别和A'，B'作与运算，可得信号A''和B''，A''有脉冲信号输出，而B''输出恒为 0。

当光栅反向移动时，莫尔条纹向下移动，光电器件 2 的输出电压 B 比光电器件 1 的输出电压 A 超前90°相角，如图 8.13(b)所示。此时，B''有脉冲信号输出，而A''输出恒为 0。

将A''和B''分别送入可逆计数器的控制端，正向移动时脉冲数累加，反向移动时从累加的脉冲数中减去反向移动所得到的脉冲数，由此实现辨向的目的。

(2) 细分技术

若以移过的莫尔条纹的数来确定位移量，其分辨力为光栅栅距。为了提高分辨力和测得比栅距更小的位移量，可采用细分技术。它是在莫尔条纹信号变化的一个周期内，给出若干个计数脉冲来减小脉冲当量的方法。细分方法有机械细分和电子细分两类。

电子细分法中较常用的是 4 倍频细分法。在辨向原理中已知，在相差 $B_H/4$ 位置上安装两个光电元件，得到两个相位相差90°的电信号。若将这两个信号反相就可得到 4 个依次相差90°的信号，从而可在移动一个栅距的周期内得到 4 个计数脉冲，实现 4 倍频细分。也可在相差 $B_H/4$ 位置上安装 4 个光电元件来实现 4 倍频细分。这种方法不可能得到更高的细分数，因为在一个莫尔条纹的间距内不可能安装更多的光电元件。但它有一个优点，就是对莫尔条纹产生的信号波形没有严格要求。

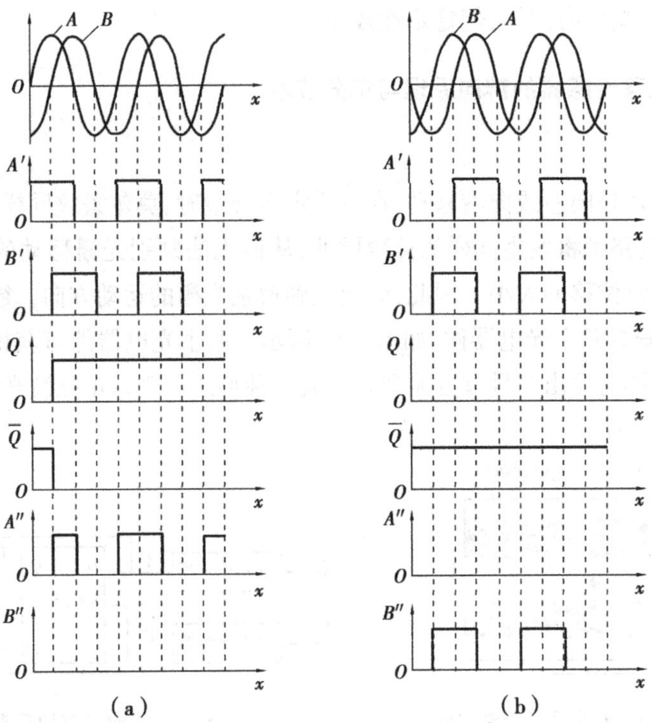

图 8.13　辨向电路各点波形图

习　题

8.1　涡流式位移传感器测量时哪些因素会影响其测量结果?

8.2　莫尔条纹有哪些重要特性?

8.3　什么是莫尔条纹? 其产生的条件是什么?

8.4　简述光栅传感器中的辨向结构和工作原理。

8.5　简述光栅传感器中的细分结构和工作原理。

第 9 章 压力测试

在工业生产中,压力是一个非常重要的参数。在日常生活、工农业生产、科学研究、国民经济活动、国防科技以及生物医疗等各个领域,经常需要对压力进行定量测量,我国的压力仪表行业,经历了从无到有、从小到大、从单一产品到系列产品的不断发展过程。

9.1 概 述

9.1.1 压力的定义与单位

(1)压力的定义

在工程技术中,压力定义为流体或固体均匀而垂直地作用于单位面积上的力 p,也就是物理学中压强的概念,用公式可表示为

$$p = \frac{F}{S} \tag{9.1}$$

式中 F——垂直作用在面积为上的力;

S——力所作用的面积。

使用压力测量仪器仪表所测得的压力通常采用绝对压力 p_a、表压力 p_g、真空度 p_v 和压差 Δp 等几种方式表示。绝对压力表示垂直作用在单位面积上的全部压力,其中包括被测介质本身的压力和大气压力(p_0)。表压力等于绝对压力与大气压力之差。表压力和大气压力的关系为

$$p_g = p_a - p_0 \tag{9.2}$$

当绝对压力低于当地大气压力时,所测压力称为真空度或负表压。

压差 Δp 是任意两个压力之间的差值

$$\Delta p = p_2 - p_1 \tag{9.3}$$

(2)压力的单位

压力的单位可由式(9.1)导出,在国际单位制中,取力的单位为牛顿(N),面积的单位为米^2(m^2),压力的单位是牛顿/米^2(N/m^2),称为帕斯卡或简称帕,符号为 Pa。1 Pa=1 N/m^2。工程上常用 kPa(10^3Pa)和 MPa(10^6Pa))表示。在 CGS 制中,力的单位为达因,面积的单位为厘米^2(cm^2),压力的单位是达因/厘米^2(dyn/cm^2),简称为巴(bar)。由于单位制中力和面积的单位不同,压力的导出单位也有多种,如毫米水柱(mmH_2O)、毫米汞柱(mmHg)、工程大气压(kgf/cm^2)、标准大气压(atm)等。因此,使用时一定要正确地进行换算。表 9.1 给出了各种压力单位之间的换算关系。

表 9.1 常用压力单位换算表

单 位	Pa	atm	mmHg	mmH_2O	kgf/cm^2	bar	bf/in^2
帕/Pa	1	9.869×10^{-6}	7.501×10^{-3}	0.102	1.02×10^{-5}	10^{-5}	1.450×10^{-4}
标准大气压/atm	1.013×10^5	1	760	1.033×10^4	1.033	1.013	14.696
毫米汞柱/mmHg	1.333×10^2	1.316×10^{-3}	1	13.6	1.36×10^{-3}	1.333×10^{-3}	1.934×10^{-2}
毫米水柱/mmHg	9.806	9.678×10^{-5}	7.356×10^{-2}	1	10^{-4}	9.806×10^{-5}	1.422×10^{-8}
千克力/厘米^2/($kgf\cdot cm^{-2}$)	9.806×10^4	0.968	7.356×10^2	10^4	1	0.981	14.2
巴/bar	10^5	0.987	750.061	10.197×10^3	1.02	1	14.504
磅力/英寸^2/($bf\cdot in^{-2}$)	6.895×10^4	6.805×10^{-2}	51.715	7.031×10^2	7.031×10^{-2}	6.895×10^{-2}	1

9.1.2 压力测量仪表的分类

压力测量方法常用的有静重比较法和弹性变形法,前者多用于各种压力测量装置的静态定标,而后者则是构成各种压力计和压力传感器的基础。弹性变形法是依靠弹性敏感元件,在被测压力作用下,产生弹性变形(位移或应变),再通过放大机构或其他转换装置输出电压。

压力测量仪表按工作原理分为液柱式、弹性式、电气式及负荷式等类型。

(1)液柱式压力计

液压式压力测量仪表通常称为液柱式压力计,是以一定高度的液柱所产生的压力,与被测压力相平衡的原理测量压力的。常用的液柱式压力计有 U 形管、单管、斜管 3 种结构,管内充以工作液体。常用的工作液体为蒸馏水、水银和酒精。因玻璃管强度不高,并受读数限制,因此,所测压力一般不超过 0.3 MPa。液柱式压力计灵敏度高,结构简单,使用方便,且有较高的精度,一般用来检定或直接测量低压或微压,测量精度受工作液毛细管作用、比重及视差等因素的影响较为突出。测量时,可采用放大尺、游标尺或光学读数装置提高读数精度。必要时,需进行温度与重力加速度修正。

(2)**弹性式压力计**

弹性式压力测量仪表常称为弹性式压力计,是利用各种不同形状的弹性元件,将被测压力转换为弹性体的弹性变形,直接用仪表刻度指示或经机械传动机构放大并用仪表刻度指示被测量的量值。弹性式压力测量仪表按采用的弹性元件不同,可分为弹簧管压力表、膜片压力表、膜盒压力表及波纹管压力表等;按功能不同,可分为指示式压力表、电接点压力表和远传压力表等。这类仪表的特点是结构简单、结实耐用,测量范围宽,是压力测量仪表中应用最多的一种。但这些测量系统由于其机械传动机构的惯性影响,一般只能用作静态量或缓变量的测量。

(3)**电气式压力计**

电气式压力测量仪表常称为电气式压力计,是利用金属或半导体的物理特性,直接将压力转换为电压、电流信号或频率信号输出,也可通过电阻应变片等,将弹性体的形变转换为电压、电流信号输出。代表性产品有压电式、压阻式、振频式、电容式及应变式等压力传感器所构成的电测式压力测量仪表。其精度可达0.02级,测量范围从数十帕至700 MPa。

(4)**负荷式压力计**

负荷式压力测量仪表常称为负荷式压力计,是直接按压力的定义制作的。常见的有活塞式压力计、浮球式压力计和钟罩式压力计。由于活塞和砝码均可精确加工和测量,因此,这类压力计的误差很小,主要作为压力基准仪表使用,测量范围从数十帕至2 500 MPa。

9.2　液柱式压力计

液柱式压力计是应用流体静力学原理来测量压力的。它一般由玻璃管构成,常用于测量低压、负压或压力差。常用的液柱式压力计有U形管压力计、单管压力计和斜管压力计。所用玻璃管内径一般为8~10 mm。其结构如图9.1所示。

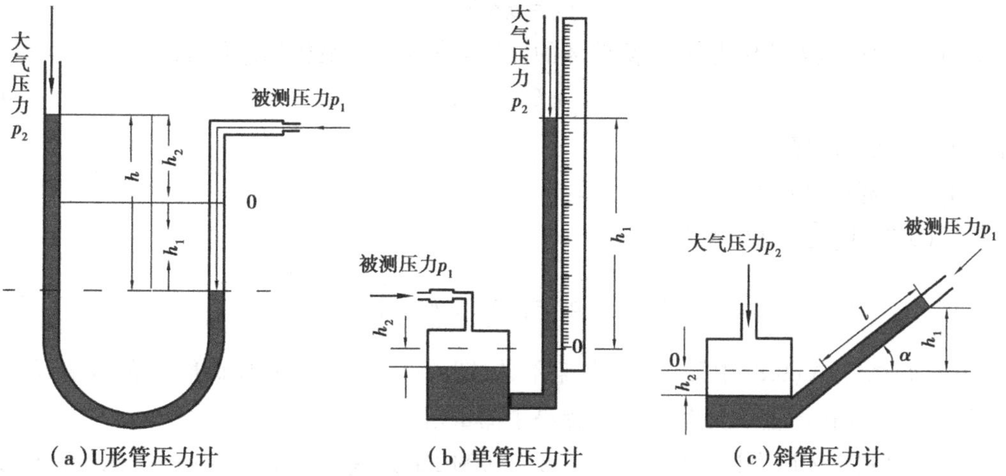

图9.1　液柱式压力计

9.2.1 U 形管压力计

U 形管压力计的工作原理示意图如图 9.1(a)所示。当两个管口的压力 p_1,p_2相等时,两端液面高度相同;如果两端压力不同,便会产生高度差。根据流体静力学原理有

$$p_1 - p_2 = (\rho - \rho_1) gh = \rho gh\left(1 - \frac{\rho_1}{p}\right) \tag{9.4}$$

式中 g——当地的重力加速度;

ρ,ρ_1——工作介质、被测环境介质的密度;

h——液柱高度差;

p_1,p_2——高、低压侧的压力。

如果被测为气体压力,则 ρ_1远小于 ρ,则式(9.4)可表示为

$$p_1 - p_2 = \rho gh \tag{9.5}$$

此时,被测量的压力就为表压。根据式(9.4)和式(9.5),U 形管压力计经常用来检测两个被测压力的差值,或检测表压。

使用 U 形管压力计进行测量时,必须分别读取两管内液面高度 h_1和 h_2,然后相加得到 h,可避免由于 U 形管两侧截面积不相等而带来的误差。由于在读取 U 形管两侧的液面高度时进行了两次读数,会产生两次读数误差。因此,为了克服 U 形管压力计测压时两次读数的缺点,设计了把 U 形管的一根管改成大直径的杯形容器的单管液柱式压力计。

U 形管式压力计的测量范围为 0~8 000 Pa,最高可达 100 000 Pa。测量精确度为 0.5~1 级。

9.2.2 单管压力计

单管式液体压力计的工作原理图如图 9.1(b)所示。此压力计由一杯形容器与一玻璃管组成,在玻璃管一侧单边读取液柱高度差读数。根据流体静力学原理有

$$p_1 - p_2 = \rho g(h_1 + h_2) \tag{9.6}$$

同时,在两边压力的作用下,下降液体的体积应等于上升液体的体积,即

$$A_1h_1 = A_2h_2 \tag{9.7}$$

式中 A_1——肘管内截面积;

A_2——宽容器内截面积。

将式(9.7)代入式(9.6)整理后,有

$$p_1 - p_2 = \rho gh_1\left(1 + \frac{A_1}{A_2}\right) \tag{9.8}$$

一般,$A_1 \ll A_2$,式(9.8)中第二项可忽略不计,即$p_1 - p_2 = \rho gh_1$。只要读取 h_1的数值,就可求得被测压力,因此仅产生一次读数误差,提高了测量精确度。

低压单管式液体压力计的测量范围为 0~8 000 Pa,最高可达 100 000 Pa。测量精确度为 0.5~1 级。

9.2.3 斜管压力计

斜管式微压计主要用来测量较小正压、负压和压差。其工作原理如图 9.1(c)所示。它是采用肘管倾斜的方式来实现微压的测量,即把测量管倾斜一个角度,减小相对的读数误差,倾角一般不小于 15°。当宽口容器的横截面积远远大于斜管的横截面积时,斜管微压计两侧压力 p_1,p_2和液柱长度 l 的关系可近似表示为

$$p_1 - p_2 = \rho g l \sin \alpha \tag{9.9}$$

式中 α——斜管的倾斜角度;

l——液柱长度。

从式(9.9)可知,斜管压力计的刻度比 U 形管压力计的刻度放大了 $1/\sin\alpha$ 倍。若采用酒精作为封液,则更便于测量微压,一般斜管式压力计适用于测量 0~±2 000 Pa 的压力,精确度为 0.5~1 级。

9.3 弹性式压力计

弹性式压力计是工业检测中应用最为广泛的一种测压仪表。它利用弹性元件产生的弹性变形与压力之间有一定的函数关系的原理制成。这种压力计结构简单,使用方便,便于携带,工作安全可靠,价格也比较低廉;可配合各种变换元件做成各种压力计;可在恶劣的环境下工作,等等。但是,这种压力计以弹性元件为敏感元件,会受到一些不完全弹性因素的影响,需要定期检验。

9.3.1 弹性式压力计的弹性元件

弹性元件是弹性式压力计的测量元件,根据测压范围的不同,所用的弹性元件也不同。常用的弹性元件如图 9.2 所示。

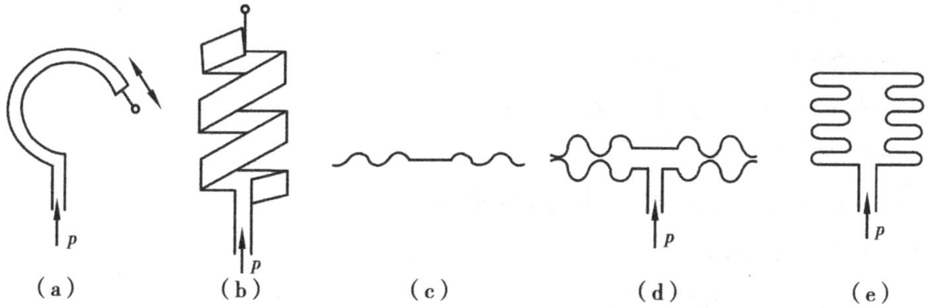

图 9.2 弹性元件示意图

如图 9.2(a)所示为单圈弹簧管。当通入压力 p 后,它的自由端就会产生如图中箭头所示方向的位移,当通入负压时,则位移方向相反。单圈弹簧管自由端位移较小,可用于测量较高

的压力。为增加自由端的位移,可制成多圈弹簧管,如图9.2(b)所示。

弹性膜片是一片由金属或非金属做成的且具有弹性的膜片,如图9.2(c)所示。在压力作用下膜片能产生变形。有时也可由两块金属膜片沿周边对焊起来成一薄壁盒子,称为膜盒,如图9.2(d)所示。

波纹管是一个周围为波纹状的薄壁金属通体,如图9.2(e)所示。这种弹性元件易于变形,且位移较大,应用非常广泛。

9.3.2 弹簧管式压力计

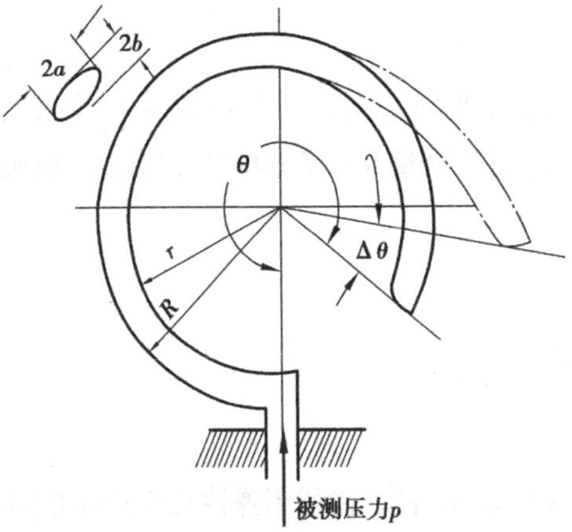

图9.3 单圈弹簧管压力计的工作原理图

如图9.3所示为单圈弹簧管式压力计的工作原理图。弹簧管是一根圆弧形中空管子,截面为椭圆形或平椭圆形,引入压力这一端是固定端,固定在仪表壳体底座上。弹簧管的另一端为端部封闭的自由端,与传动部件相连。

当弹簧管内压力增加时,弹簧管短轴方向的内表面受力较大,短轴要伸长,长轴要缩短,管子截面积有变圆倾向,因而产生弹性变形使自由端向管子伸直方向移动,并产生位移,同时改变其中心角。自由端的位移由传动部件传出,再在显示部件上显示相应的压力值。薄壁椭圆形弹簧管受压后的位移量(中心角改变量)和所加压力有如下的函数关系

$$\frac{\Delta\theta}{\theta} = p\,\frac{1-\mu^2}{E}\,\frac{R^2}{b\delta}\left(1-\frac{b^2}{a^2}\right)\frac{\alpha}{\beta+k^2} \tag{9.10}$$

式中 θ——弹簧管中心角的初始角,(°);

$\Delta\theta$——受压后弹簧管中心角的改变量,(°);

p——被测压力,Pa;

μ——弹簧管材料的泊松比;

E——弹簧管材料的弹性模量,N/m^2;

R——弹簧管曲率半径,m;

a,b——弹簧管椭圆横截面的长、短半轴,m;

δ——弹簧管壁厚,m;

α,β——与a/b有关的参数;

k——弹簧管结构参数,$k=R\delta/a^2$。

由式(9.10)可知,如果$a=b$,则$\Delta\theta=0$,说明具有均匀壁厚的圆形弹簧管不能用作压力检测的敏感元件。对于单圈弹簧管中心角变化量$\Delta\theta$一般较小,要提高$\Delta\theta$,可采用多圈弹簧管,

圈数一般为2.5~9。

9.3.3　其他形式弹性测压仪表

(1)膜片式微压计

膜片式微压计利用膜片在密封容器壁上受压力作用后产生的形变位移,通过杠杆机构将其转换成压力示值。膜片可用钢、青铜或其他材料制成。膜片式微压计最大的优点是可测量黏度较大的介质压力。如果膜片由不锈钢制造或采用保护层保护,膜片式微压计可用于测量某些具有腐蚀性介质的压力。若将两个膜片的外周边焊接起来,受力后可提供较大的变形量。膜片式微压计一般用来测量微压或负压,如测量锅炉尾部烟道的压力等。

(2)波纹管压力表

波纹管压力表的压力敏感元件是波纹管。如果将金属波纹管一端封闭,另一端接入所测压力,则可产生较大的位移。波纹管的这一特性,使波纹管压力表具有较大的压力比值(灵敏度),如同用多圈弹簧管一样,可将其制成灵敏度较高的指示记录测压装置与控压元件,其测压范围为0~400 kPa。

9.4　电气式压力计

弹性式压力计由于结构简单,使用和维护方便,且测压范围较宽,在工业生产中应用十分广泛。但是,在测量快速变化的压力及高真空、超高压等场合时,其动态和静态性能均不能满足要求。此时,大多采用电气式压力计。电气式压力测量仪表是利用压力敏感元件将被测压力转换成各种电量,送到测量电路进行测量。传感器主要有应变式、压电式、压阻式、电容式、电感式及霍尔式等多种形式。

9.4.1　应变式压力传感器

电阻应变式传感器具有悠久的历史,是应用最广泛的传感器之一。将电阻应变片粘贴到各种弹性敏感元件上,可以构成电阻应变式传感器,一般用于测量较大的压力。

应变式压力传感器类型很多,不同类型的传感器所用的弹性敏感元件、电阻应变片及应变片粘贴的方式方法各不相同。常见的应变式压力传感器,按结构形式可分为组合式压力传感器与膜片式压力传感器两大类。

组合式压力传感器的特点在于应变片并不直接粘贴在承受压力的弹性元件上,而是由传力杆将承压弹性元件的位移传递到另一贴有应变片的敏感弹性元件上。常用的承压元件多采用膜盒、波纹管等。敏感弹性元件多为悬臂梁与简支梁。

膜片式压力传感器的弹性敏感元件是周边固定的平板圆膜片,如图9.4(a)所示。弹性膜片一面承受均布载荷,根据板壳力学理论,周边固定支承的圆板,在承受均布载荷膜片弯曲变

形时径向应变 ε_r 和周向应变 ε_τ 为

$$\varepsilon_r = \frac{3p}{8h^2E}(1-\mu^2)(r^2-3x^2) \tag{9.11}$$

$$\varepsilon_\tau = \frac{3p}{8h^2E}(1-\mu^2)(r^2-x^2) \tag{9.12}$$

式中 p——压强,MPa;

h——膜片的厚度;

E,μ——膜片材料的杨氏弹性模量与泊松比;

r——膜片的半径;

x——膜片中心到选定测点中心的距离。

图9.4(a)中,ε_r、ε_τ 曲线描述了径向应变 ε_r 和周向应变 ε_τ 沿膜片直径分布情况。在膜片中心,ε_r,ε_τ 达到最大的应变值

$$\varepsilon_r = \varepsilon_\tau = \frac{3p}{8h^2E}(1-\mu^2)r^2 \tag{9.13}$$

在膜片的边缘区域,$\varepsilon_\tau = 0$,ε_r 达到最大负应变值

$$\varepsilon_r = \varepsilon_\tau = \frac{-3p}{4h^2E}(1-\mu^2)r^2 \tag{9.14}$$

由膜片中心到膜片边缘,ε_r 经由正到负的变化,其过 O 点的位置可以由 $\varepsilon_r = 0$ 计算出来

$$x = \frac{r}{\sqrt{3}} \approx 0.58r \tag{9.15}$$

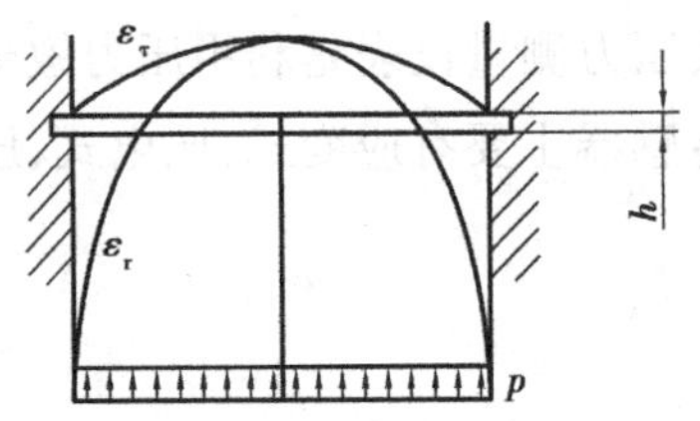

(a)平板圆膜片结构与应变分布

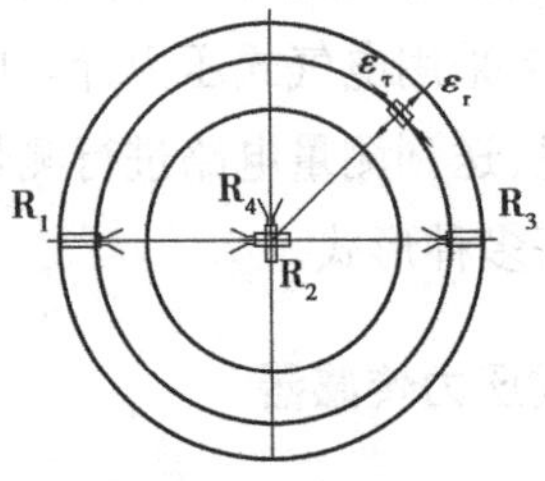

(b)应变片通常布置

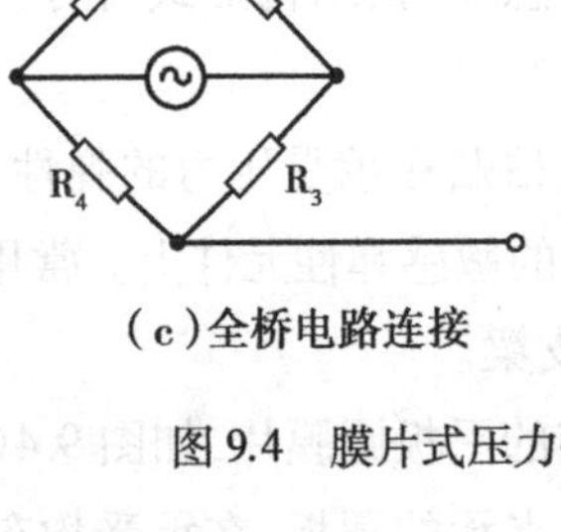

(c)全桥电路连接

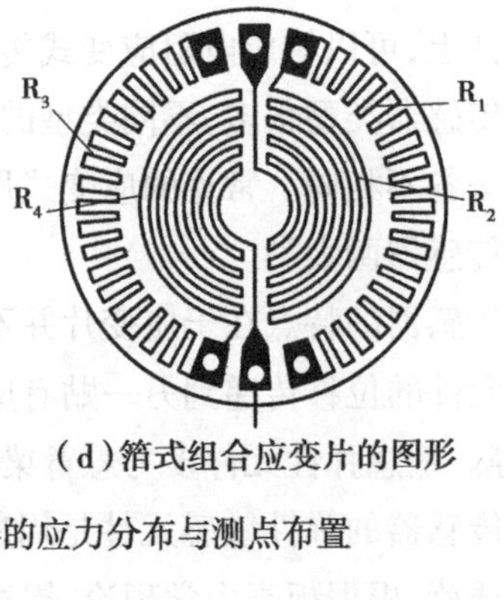

(d)箔式组合应变片的图形

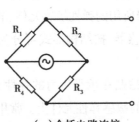

图9.4 膜片式压力传感器的应力分布与测点布置

由于平板圆膜片在变形大时，非线性较大，故设计时，应使其工作在小位移范围。这样，非线性误差可小于 0.2%。为了获得较高的灵敏度，应变片通常布置如图 9.4(b)所示，并选用全桥电路连接，如图 9.4(c)所示。如图 9.4(d)所示为箔式组合应变片的图形。它是根据周边固定的平板圆膜片应变分布来设计的。当周边固定的金属圆膜片的一面承受压力时，膜片发生弯曲变形，另一面(应变片粘贴面)上的应变片也发生相应的变形，位于中央部分的两个电阻 R_2 和 R_4 感受拉伸应变，阻值增加；位于边缘部分的两个电阻 R_1 和 R_3 感受压缩应变，阻值减少。这样组成的电桥灵敏度较大且有温度自补偿作用。

如图 9.5 所示为测量中常用的一种 ACY 型压力传感器的结构简图。该传感器主要由接管嘴、膜片、应变片、补偿电阻及接线板组成。采用带凸缘的平板膜片作为弹性元件，ACY 型压力传感器的弹性敏感元件是周边固定的平板圆膜片，其上粘贴一圆形组合式应变片，其 4 个电阻布局如图 9.4(d)所示。此 4 个应变片组成一全桥电路的 4 个工作桥臂。圆膜片感受压力变形后，应变片电阻将发生变化，压力与阻值变化成线性，为了减小附加温度误差，传感器中增设有补偿电阻。这种传感器性能稳定，工作可靠，精度较高，线性度好且有较宽的量程，但频率响应较低。目前在高精度测量时，主要采用溅射薄膜式的应变压力传感器。在组成测量系统的时候，可与数字电压表、电子电位差计和各种电阻应变仪配合使用，也可与直流放大器及记录装置配合，组成压力自动测量系统。

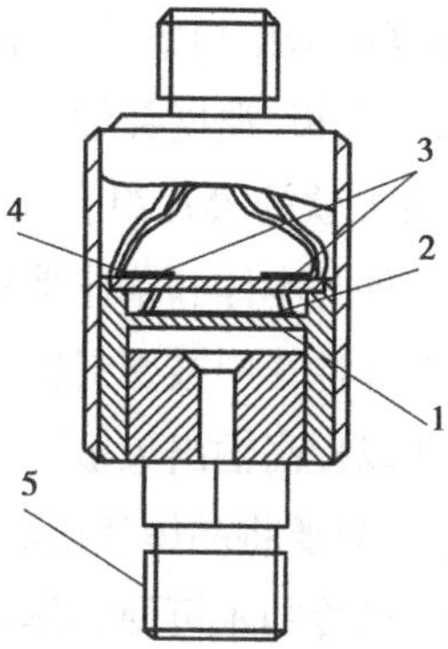

图 9.5　ACY 型压力传感器的结构简图
1—膜片；2—组合应变片；
3—温度补偿电阻；4—接线板；
5—接管嘴

9.4.2　压电式压力传感器

压电式压力传感器在工程应用、生物医学研究等领域有广泛的应用。由于测量对象、量程范围、环境条件及测量要求等千差万别，传感器种类和型号很多，但其测量原理都基于压电材料的压电效应。压电式压力传感器主要由力转换与传递机构、压电转换元件和传感器本体等部分组成。按其力转换机构和弹性敏感元件形式的不同，压电式压力传感器可分为活塞式传感器和膜片式传感器两大类。活塞式传感器通过活塞将被测压力传递给压电元件，再由压电元件输出与被测压力成一定关系的电信号，一般适用于中、高压测量；膜片式传感器是依赖于弹性膜片的变形将被测压力传递给压电元件，然后由压电元件将被测压力转换为电信号输出，主要适用于低压测量。

如图 9.6 所示为一种典型的活塞式压电压力传感器的结构简图。该传感器主要由传感器本体、活塞和压电晶片等组成。两片压电晶片以电路并联机械串接的方式安装在活塞内孔中，利用砧盘 9 定位并通过紧定螺柱 6 予以压紧。压电晶片之间设有导电铜片 13 与电极相连，并用导线16将电信号引出。测量时,将传感器本体上的螺纹旋在测孔上,流体的压力通过活塞和砧盘作用在压电晶片上,晶片产生与压力成正比的电荷输出。这种传感器能够测量流体高压,但为了保证活塞的运动灵活性,必须有较长的导向段,由此而使活塞质量较大,活塞与压电晶片等效于弹簧质量系统,其固有频率为$\omega_n^2=k/m$,受活塞质量m和弹性系统刚度k的影响,将导致活塞式传感器的谐振频率的降低,加之测压油黏度等的影响,一般活塞式传感器的谐振频率为30~40 kHz。

膜片式压电压力传感器的典型结构如图9.7所示。该传感器结构紧凑,小巧轻便,动态质量小,有较高的谐振频率,可在高温环境中使用。其主要构成有圆形膜片、弹性罩体、芯体、压电晶体片组、电极、温度补偿片、加速度补偿片、本体及冷却水管路等。传感器的弹性元件由弹性套和薄而柔软的膜片组合而成,使它在受压发生变形时,不会改变弹性罩体的实际承压面积。弹性元件与本体和罩体采用压边连接,有较高的承压能力和良好的气密性。压电晶体片组件放置在弹性套中被密封保护并可一定程度地阻隔外部热源对压电晶体的影响;传感器内装多片晶体以提高输出灵敏度。晶体之间电荷的引出,采用在晶片上蒸镀金属薄膜并设置绝缘区和接点,只要将晶体片按顺序重叠起来,就能将全部正负电荷分别集中引出,便于装配并紧缩结构。通冷却水可使晶体片压电系数保持稳定,避免由于温度改变造成的变形使晶体片预压应力发生改变,而且还可起到保护薄膜片作用。

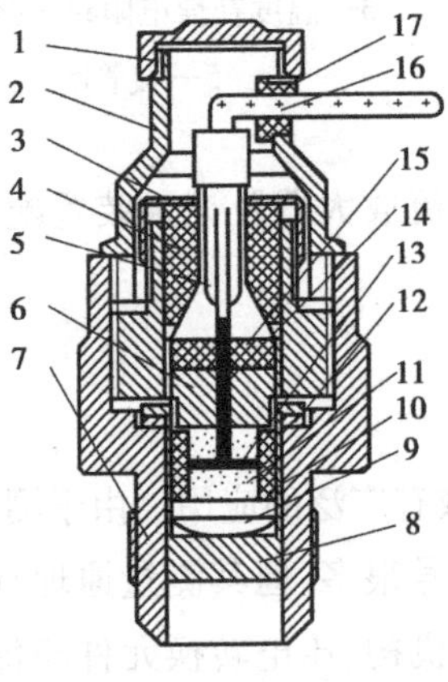

图9.6 活塞式压电压力传感器

1—盖;2—外壳;3—压紧螺盖;
4—绝缘套;5—夹头;6—紧定螺柱;
7—本体;8—活塞;9—砧盘;
10—绝缘导向器;11—压电晶片;
12—橡皮垫;13—导电铜片;14—电极;
15—支承环;16—引出导线;17—绝缘体

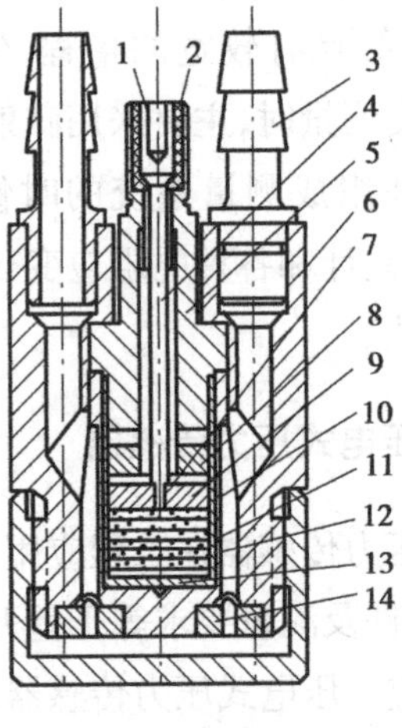

图9.7 膜片式压电压力传感器

1—芯;2—绝缘管;3—冷却水管;
4—导线;5—芯体;6—本体;
7—加速度补偿晶片;8—电极;
9—弹性套;10—加速度补偿块;
11—绝缘套;12—晶体组件;
13—温度补偿片;14—膜片

为了提高压电传感器的性能,采取了温度补偿和加速度补偿措施。由于压电晶片的温度线膨胀系数小于金属零件的线膨胀系数,当温度变化时,引起预紧力变化,导致传感器零点漂移,严重的还会影响传感器线性度和灵敏度。因此,采取在晶体前面加一块线膨胀系数大的金属片,自动抵消弹性套和晶体的线膨胀差值,以保证预紧力稳定。为了改善在加速度作用下,由于弹性套和晶体等的质量的惯性力而产生附加电荷对小量程传感器的影响,传感器内部选择一个适当的附加质量和一组极性相反的补偿压电片,在加速度作用下,使附加质量对补偿压电片产生的电荷与测量压电片因加速度作用产生的电荷相抵消。因此,只要附加质量选择适当,就可达到补偿目的。

压电式压力传感器不能用于静态压力测量。被测压力变化的频率太低或太高,环境温度和湿度的改变,都会改变传感器的灵敏度,造成测量误差。压电陶瓷的压电系数是逐年降低的,以压电陶瓷为压电元件的传感器应定期校正其灵敏度,以保证测量精度。电缆噪声和接地回路噪声也会造成测量误差,应设法避免。采用电压前置放大器时,测量结果受测量回路参数的影响,不能随意更换出厂配套的电缆。

9.4.3 压阻式压力传感器

压阻式压力传感器又称为固态压力传感器,是根据压阻效应原理制造的。压阻元件是基于压阻效应工作的一种压力敏感元件。所谓压阻元件,实际上就是指在半导体材料的基片上用集成电路工艺制成的扩散电阻。当它受外力作用时,其阻值由于电阻率的变化而变化。粘贴式应变计一般需通过弹性敏感元件来感受外力,而扩散电阻是直接通过单晶硅膜片感受被测压力。压阻式压力传感器的结构示意图如图9.8所示。它的核心部分是一块圆形的单晶硅膜片。在膜片上布置4个扩散电阻如图9.8(b)所示,组成一个全桥测量电路。膜片用一个圆形硅环固定,将两个气腔隔开,一面是与被测压力连通的高压腔,另一面是与大气连通的低压腔。当存在压差时,膜片产生变形,使两对电阻的阻值发生变化,电桥失去平衡,其输出电压与膜片承受的压差成比例。

压阻式压力传感器的主要优点是体积小,结构比较简单。其核心部分就是一个单晶硅膜片,它既是压敏元件又是弹性元件。扩散电阻的灵敏系数是金属应变片的灵敏系数的50~100倍,能直接反映出微小的压力变化,能测出十几帕斯卡的微压。它的动态响应也很好,虽然比压电晶体的动态特性要差一些,但仍可用来测量高达数千赫兹乃至更高的脉动压力,因此,这是一种比较理想、目前发展和应用较迅速的一种压力传感器。

这种传感器的缺点是敏感元件易受温度的影响,从而影响压阻系数的大小。解决的方法是在制造硅片时,利用集成电路的制造工艺,将温度补偿电路、放大电路甚至将电源变换电路集成在同一块单晶硅膜片上,并且将信号转换成4~20 mA的标准信号传输,从而可大大提高传感器的静态特性和稳定性。因此,这种传感器也称一体化压力变送器。

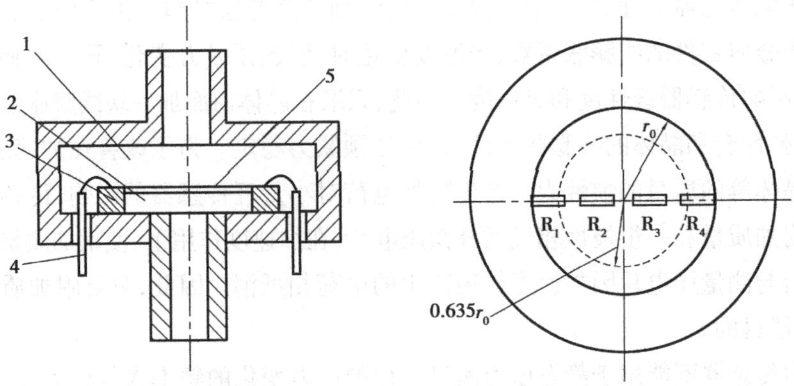

(a)内部结构　　　　(b)硅膜片示意图

图 9.8　压阻式压力传感器的结构示意图

1—低压腔;2—高压腔;3—硅杯;4—引线;5—硅膜片

9.4.4　电容式压力传感器

电容式压力传感器是将压力转换成电容的变化,经电路变换成电量输出。如图 9.9 所示为电容式压力传感器的结构图。

由第 3 章的电容式传感器的工作原理可知,只要电介质的介电常数 ε、极板面积 A 和两极板之间的距离 δ 有一个发生变化,电容 C 就会发生变化。图 9.9(a)是测量低压的单电容压力传感器。膜片作为电容器的一个极板,在压力 p 作用下产生位移,改变了与球形极板之间的距离,从而引起电容 C 的变化。图 9.9(b)是用于测量压差的差动式压力传感器。膜片与镀在球形玻璃表面的金属层形成一个差动电容传感器,在压力差 $\Delta p = p_2 - p_1$ 作用下,膜片向压力小的方向移动,引起电容 C 的变化。

电容式压力传感器的特点是灵敏度高,适合测量微压,频响好,抗干扰能力较强。

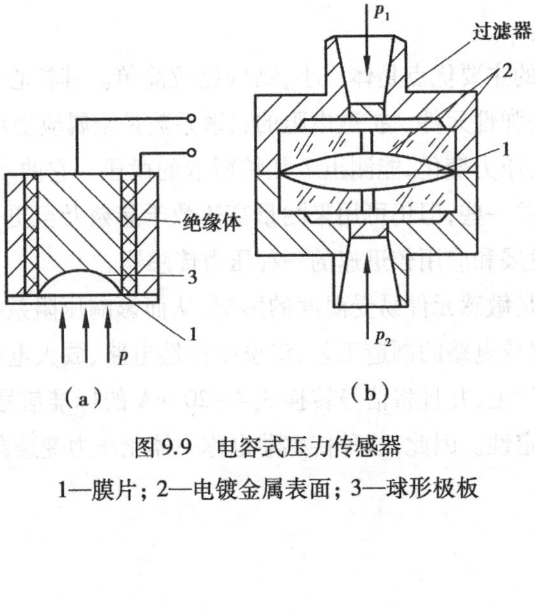

(a)　　　　(b)

图 9.9　电容式压力传感器

1—膜片; 2—电镀金属表面; 3—球形极板

9.4.5　电感式压力传感器

电感式压力传感器以电磁感应原理为基础,利用磁性材料和空气的磁导率不同,当压力作用于弹性元件时,气隙大小发生改变,气隙的改变影响线圈电感的变化,从而把弹性元件的位移量转换为电路中电感量的变化或互感量的变化,再通过测量线路转变为相应的电流或电压信号,达到测量压力的目的。

如图9.10所示为自感式压力传感器的结构原理图。它主要由C形弹簧管、铁芯、衔铁及线圈等构成。当被测压力进入C形弹簧管1时,弹簧管发生变形,其自由端产生位移,带动与自由端刚性连接的衔铁3发生移动,使传感器线圈中的自感量一个增加、另一个减小,产生大小相等、符号相反的变化量。自感量的变化通过电桥电路转化为电压输出,并经相敏检波电路处理,使输出信号与被测压力成正比,即传感器输出信号的大小取决于衔铁位移量的大小,输出信号的相位取决于衔铁移动的方向。

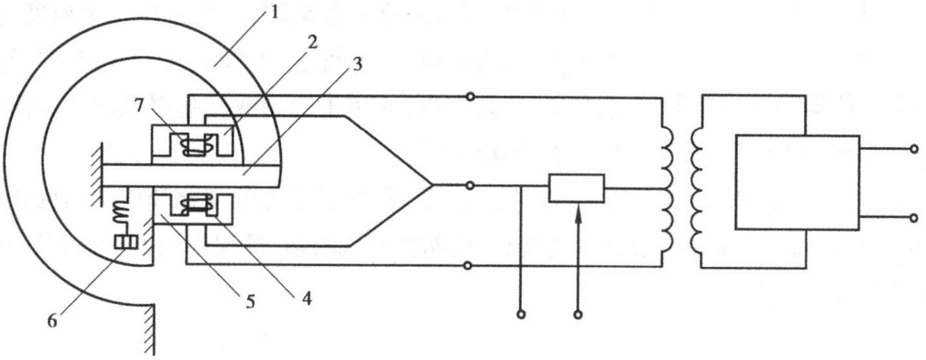

图9.10　BYM型自感式压力传感器

1—弹簧管;2—铁芯;3—衔铁;4—线圈;5—铁芯;6—调节螺钉;7—线圈

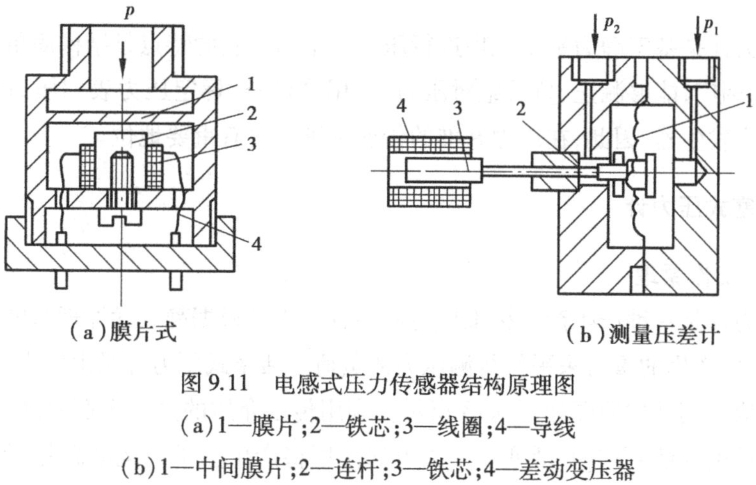

(a)膜片式　　　　(b)测量压差计

图9.11　电感式压力传感器结构原理图

(a)1—膜片;2—铁芯;3—线圈;4—导线

(b)1—中间膜片;2—连杆;3—铁芯;4—差动变压器

膜片电感压力传感器的结构简图如图9.11(a)所示。其工作原理和膜片电容压力传感器相似,所不同的是压力使膜片 1 与铁芯 2 之间距离的变化,改变了线圈 3 的电感。

如图 9.11(b)所示为测量压差传感器。中间膜片 1 在压差 $\Delta p = p_2 - p_1$ 的作用下产生位移,通过连杆 2 带动差动变压器 4 中的铁芯 3 移动,从而将压力差 Δp 转换成变压器的电压输出。

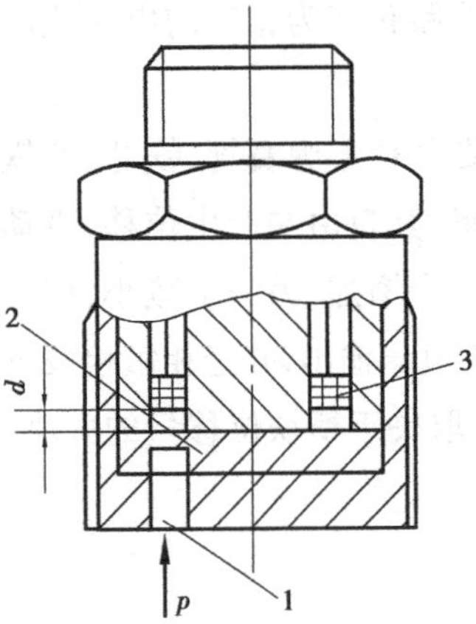

图 9.12 涡流式压力传感器

1—测量孔;2—膜片;3—线圈

涡流式压力传感器也属于电感式压力传感器中的一种。它利用涡流效应将压力变换成线圈阻抗的变化,再经过测量电路转换成电量。涡流式压力传感器的结构如图 9.12 所示。压力 p 通过测量孔 1 作用在膜片 2 上,改变它与线圈之间的距离 d,从而引起线圈 3 阻抗的变化,变化的阻抗再通过后接测量电路转换成电量,实现对压力的测试。

涡流式压力传感器有良好的动态特性,适合在爆炸等极其恶劣的条件下工作,如测量冲击波。

电感式压力传感器类型较多,其特点是灵敏度高、输出功率大、结构简单、工作可靠,但频响低,不适合用于高频动态环境,比较笨重,适用于静态或变化缓慢的压力测试。精度一般为 0.5~1 级。

电感式压力传感器测量时产生误差的主要原因是外界条件的变化和内部结构特性的影响:如环境温度变化;电源电压和频率的波动;线圈的电气参数、几何参数不对称;导磁材料的不对称、不均质,等等。

9.5 负荷式压力计

负荷式压力计是基于静力平衡原理进行压力测量的。它的特点是结构简单、稳定可靠、重复性好、应用范围广,能够测正、负及绝对压力,可用来校验、标定压力表和压力传感器。它还是一种标准压力发生器,因此,在压力基准的传递系统中占有重要地位。

9.5.1 活塞式压力计

(1)结构及工作原理

活塞式压力计是一种产生静态标准压力的装置。它是根据静力学原理和帕斯卡定律设计的,采用标准砝码产生的重力来平衡待测压力的负荷。活塞式压力计是由压力泵、测量活塞和砝码等部分组成。其结构简图如图 9.13 所示。利用传压介质的静压平衡原理,如果将被测压力通过传压介质引入活塞缸中,活塞受其压力的作用将产生上举的运动趋势,另一方面,活塞及其加载在活塞上的专用标准砝码受重力的作用,恰当地加载砝码使活塞在垂直方向达到静力平衡,则由于活塞和加载在活塞上的专用标准砝码的重力作用,在活塞工作端面上产生的压

力 p 将与传压介质所传递的被测压力相平衡。其压力的关系式为

$$p=\frac{4g(m_1+m_2)}{\pi D^2} \tag{9.16}$$

式中　p——标准压力,Pa;

g——当地的重力加速度,m/s^2;

m_1——标准砝码的质量,kg;

m_2——活塞的质量,kg;

D——活塞直径,m。

由此可以实现被测压力的测量。

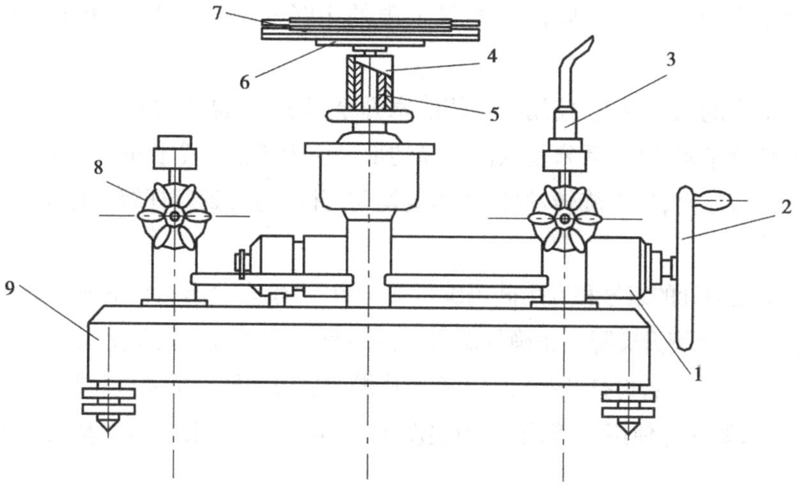

图9.13　活塞式压力计的结构简图

1—手摇压力泵;2—手柄;3—压力传感器;4—活塞缸;5—测量活塞;
6—承重托盘;7—砝码;8—针形阀;9—水平调节螺钉

除了压力测量之外,活塞式压力计还经常被用来标定压力传感器和压力测量系统。如果将被测压力或利用其自身所带的手摇压力泵产生的压力同时传递到活塞缸与测压系统,并使系统达到静压平衡,在活塞工作端面上产生的压力 p,仍由式(9.16)确定,通过比较与计算,就可实现对压力传感器或测压系统的标定。活塞式压力计的精度等级可以很高,是计量和标定的常用测量系统。

(2)使用注意事项

①首先压力计应安装在便于操作、牢固且无振动的工作台上,调整好水平,然后认真检查油量和清洁度,正确选用工作介质。因为它对压力表的性能,尤其是对活塞系统特性的影响较大。选择合适的工作介质十分重要,检定规程规定了活塞压力计的工作介质,见表9.2。最后,应检查各油路是否畅通,密封处应紧固,不得存在堵塞或漏油现象。

表 9.2 活塞式压力计的工作介质

测量上限/MPa	工作介质名称	介质运动黏度(20 ℃)/($mm^2 \cdot s^{-1}$)	酸值不大于/($KOH\ mg \cdot g^{-1}$)
0.6~30	变压器油	9~12	0.05
60~250	药用蓖麻油	900~1 100	1.6
250~2 500	60%甘油+40%乙二醇		

②在选用压力计进行高精度的压力测量时,只要精度能满足测量精度的要求即可。当用作检定压力仪表的标准仪器时,压力计的综合误差不大于被检仪表基本误差绝对值的 1/3。

③压力计量程使用的最佳阶段为测量上限的 10%~100%。当小于 10%时,应更换压力计。

④应注意活塞的工作位置,使用时应使活塞升至指示线,也不得触及限止器,对不带限止器而又无工作位置指示线的,活塞浸入活塞筒的部分应等于活塞全长的 2/3~3/4。

⑤当加压或减压时,用手旋转丝杆,用力要均匀,并尽力做到丝杆缓慢进出,以延长其使用寿命。

⑥注意活塞压力计的编号和专用砝码编号要一致,严禁多台压力计的专用砝码互用。在加减砝码时,应避免活塞突升突降。正确的做法是在加减砝码之前应先关闭通往活塞的阀门。当确认所加减的砝码无误后,再打开阀门。工作时应顺时针方向转动活塞,以减小活塞的摩擦。

⑦在使用中,要注意使用环境,要求当温度不是 20 ℃时,应引进温度修正因子,即

$$K = \frac{1}{[1 + (\alpha_1 + \alpha_2)(T - 20)]\left(1 + \beta g \dfrac{m_0 + m}{A_0}\right)} \tag{9.17}$$

式中 α_1, α_2——活塞与活塞缸材料的线膨胀系数,$℃^{-1}$;

m_0——活塞、托盘的质量,kg;

m——砝码质量,kg;

T——工作时的环境温度,℃;

A_0——20 ℃时活塞的有效面积,m^2;

β——压力每变化 9.806 65 Pa 时活塞有效面积的变化率。

当活塞与活塞缸材料相同时,有

$$\beta = \frac{1}{E}\left(2\mu + \frac{r^2}{R^2 + r^2}\right) \tag{9.18}$$

式中 E——活塞与活塞缸材料的弹性模量;

μ——泊松比;

r——活塞半径;

R——活塞缸半径。

9.5.2 浮球式压力计

(1)结构及工作原理

浮球式压力计是以压缩空气或氮气作为压力源,以精密浮球处于工作状态时的球体下部的压力作用面积为浮球有效面积的一种气动负荷式压力计。相对于活塞式压力计来说,浮球式压力计采用气体作为介质,克服了活塞式压力计中因油的表面张力、黏度等产生的摩擦力,相对于禁油类压力计和传感器的标定更为方便。

浮球式压力计通常由浮球、喷嘴、专用砝码与砝码架、流量调节器、气体过滤器、底座、水平调节器等组成。其原理结构如图9.14所示。

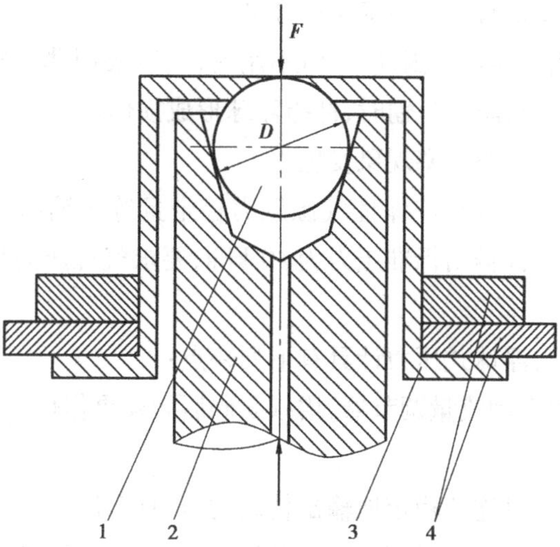

图9.14 浮球压力计结构原理图

1—浮球;2—喷嘴组件;3—砝码支架;4—砝码组

其工作原理是:一枚精密浮球(通常为玛瑙球)置于内壁为圆锥形的喷嘴内部,专用砝码通过砝码架作用在球体的顶端,则浮球所受质量和为

$$F = F_1 + F_3 + F_4 \tag{9.19}$$

式中 F_1,F_3,F_4——浮球自身质量、砝码架质量、砝码组质量。

力 F 的方向为垂直向下,由气源来的气体通过流量调节器和过滤器喷向球体,喷嘴内的气压作用在球体下部,使浮球在喷嘴内飘浮起来。当已知质量的专用砝码所产生的重力与气压的作用力相平衡时,浮球式压力计便输出一个稳定而精确的压力值,即

$$P = \frac{F}{A} \tag{9.20}$$

式中 A——浮球的最大截面积,$A=\pi D^2/4$(D 为球直径)。

调换不同的砝码,在平衡后,就可输出不同的标准压力值。

(2)浮球压力计的优点及使用注意事项

如图 9.14 所示的浮球与喷嘴组件都是选用高强度、高硬度、抗腐蚀性良好的材料,经车、磨、抛光等精加工完成的,并经过高、低温时效处理,故结构稳定性优良。砝码支架通常用高强度铝镁合金制作完成后经陶瓷型阳极化处理,以提高表层耐磨性与稳定性。因此,浮球压力计的优点比较突出,即只要气源输出压力稳定,就可保证浮球压力计有优良的重复性和长时间稳定性;由于输出标准压力时,处于动平衡状态,对某一标准压力值,可保持较长时间,便于调试、维修、校准等工作的进行;在适当并联入三通接嘴时,可同时检测、校准几台血压计,提高了检测效率。

在使用浮球压力计时,应注意的问题如下:

①注意使喷嘴轴线处于铅垂状态(监视平板处的水泡,保持底座处于水平状态);否则,在平衡时,会引入与地垂线夹角有关的不确定度分量。

②最关键部位是喷嘴与浮球。因此,平时不用时,一定要用薄塑料纸将浮球包盖好,并用砝码架把塑料纸与浮球挤牢,防止运输时,冲撞浮球形成损伤。

③保持气路清洁,防止气路堵塞现象发生。

④为了使输出标准压力稳定,应保证气源压力稳定且等于输出满量程最大压力值的 2~2.5倍。例如,1 台浮球压力计输出标准压力为 40 kPa,要求气源压力稳定在 80~100 kPa 内的某一个值上。

与活塞式压力计相比,浮球式压力计具有下列特点:

①浮球式压力计内置自动流量调节器,增减砝码后无须再作任何操作,即可得到精确的输出压力。

②工作时浮球不下降,可连续稳定地输出精确的压力信号。

③浮球式压力计具有流量自行调节功能,其精确度与操作者的技术水平无关。

④仪器工作时,气流使浮球悬浮于喷嘴内,球体与喷嘴之间处于非接触状态。其摩擦小、重复性好、分辨能力高,且免除了旋转砝码的必要。这是浮球式压力计所独具的特性。

⑤工作进程中,气流能不断地对浮球体进行自清洗,确保了仪器的高可靠性。浮球式压力计的底盘安装在一个箱式底座上,底盘即为压力计的工作台面,其上设有水平仪和操控阀,其侧设有气源接口,用于压力计与压力源的连接。

9.6 压力仪表的选择与安装

9.6.1 压力仪表的选择

压力仪表的正确选择对于测量的精度、工作寿命以及稳定性等都起着至关重要的作用。如果选择不当,不但测量要求难以达到,而且可能引发安全事故。本节根据压力的测量要求、介质特性和环境等因素，合理地遵循仪表的选用规则。

（1）**压力仪表量程的选择**

压力仪表量程的选择是根据实际生产中工艺要求的被测压力范围和安全来确定的，除按被测压力大小考虑外，也要考虑到被测对象可能发生的异常超压情况，量程选择就必须留有足够的余地。

一般在被测压力较为稳定的情况下，最大工作压力不应超过仪表满量程的 3/4；在被测压力波动较大或检测脉动压力时，最大工作压力不应超过仪表满量程的 2/3。为了保证测量准确度，最小工作压力不能低于满量程的 1/3。当被测压力变化范围较大，最大和最小工作压力不可能同时满足时，选择仪表量程，应首先满足最大工作压力要求。

目前，我国生产的压力（包括差压）检测仪表有统一的量程系列，即 1.0，1.6，2.5，4.0，6.0 kPa，以及它们的 10^n 倍数（n 为整数）。对某些特殊的介质，如氧气、氨气等则有专用的压力表。

（2）**仪表精度的选择**

压力检测仪表的精度主要根据生产中工艺要求允许的最大误差来确定。其原则是要求仪表的基本误差应小于实际被测压力允许的最大绝对误差，同时，在选择时应本着节约的原则，只要测量精度能满足生产要求，就不必追求过高精度的仪表。我国压力仪表精度等级有 0.005，0.02，0.05，0.1，0.2，0.35，0.5，1.0，1.5，2.5，4.0 等。一般精度高于 0.35 级以上的压力仪表可以用来校验标准仪表。

（3）**压力仪表种类的选择**

1）从被测压力大小考虑

如测量较小的压力（低于 6 kPa），且测量对象为非危险介质时，可采用液柱式压力计或膜盒式微压计；如被测介质压力不大（低于 15 kPa），可选用 U 形管压力计或单管压力计；如果压力较高（大于 50 kPa），则需要选用弹簧管压力计。

2）从被测介质性质和环境考虑

对酸碱性较强的腐蚀介质应选用防腐压力表，如不锈钢为膜片的膜片压力表；对氧、乙炔等介质的测量应选用专用压力表；在易燃易爆的环境（如煤气分配站）中，使用的压力表最好是远传表或气动表；如果采用电动仪表时，则需选用防爆型仪表；在机械振动性较强的锻造、汽锤和空气压缩机等场合，一般选用带阻尼的防震压力仪表；对于温度较高的环境，应尽量选用温度系数较小的敏感元件，或者选用温度补偿较好的仪表。

3）对仪表输出信号的要求

对于只需要观察压力变化的情况，应选用如液柱式、弹簧管式压力表，以及其他可直接指示型的仪表；如需将压力信号远传到控制室或传送给其他电动仪表，则可选用具有电信号输出的各种压力测量仪表，如霍尔压力传感器等；如果要检测快速变化的压力信号，则可选用电气式压力检测仪表，或者选择一体化压力变送器。

4）安装场合

应选择相应安装方式和外形尺寸的压力计。一般盘装仪表应选择轴向有边、径向有边或矩形的压力计,盘装仪表的表面直径一般选 150 mm,现场指示仪表可采用 100 mm;在照明条件差,安装位置高、示值看不清楚的场合,应选择直径为 200 或 250 mm 的仪表,最好选择数字式压力计。

9.6.2 压力仪表的安装

要实现压力的精确测量,除对仪表进行正确选择和校准外,还必须注意整个测量系统的正确安装。如果只是仪表本身精确,其示值并不能完全代表被测介质的实际值,那么,必然使系统出现误差,因为测量系统的误差并不等于仪表的误差。系统的正确安装包括取压口的开口位置、连接导管的合理敷设和仪表安装位置的正确选择等。

(1)取压口的选择

1)取压口位置的选择

①取压口要选在被测介质作直线流动的直管段上,不可选在管路拐弯、分岔、死角或能形成旋涡的地方。

②测量流动介质时,取压管应与介质流动方向垂直,避免动压头的影响,管口与器壁应平齐,并不能有毛刺。

③测量液体时,取压口应在管道下部,避免取压管内积存气体;测量气体时,取压口应在管道上部,避免取压管内积存液体。

2)取压口的形状

①取压口一般为垂直于管道或者容器的圆形开口。

②取压口的轴线应尽量垂直于流线。

③取压口不要出现倒角,或者凹凸不平。

④取压口在允许的情况下应尽量小。

(2)引压管的敷设

①引压管应粗细合适,一般内径为 6~10 mm,长度应尽可能短,最长不得超过 50 m。

②引压管水平安装时,应保证有 1:10~1:20 的倾斜度,以利于积存在其中之液体(或气体)的排出。

③当测量液体压力时,在引压系统最高处应装设集气器;当测量气体压力时,在引压系统最低处应装设水分离器;当被测介质有可能产生淀积物析出时,在仪表前应加装沉降器。

④引压管不宜过长,以减少压力指示的迟缓。

(3)压力表的安装

①压力表应安装在能满足规定的使用环境条件和易于观察检修的地方。

②压力表的位置与被测压力的取压点不在同一个水平位置时,应该考虑静压对压力指示值的影响而进行修正。

③安装地点应力求避免振动和高温的影响。

④测量蒸汽压力时,应加装凝液管,以防止高温蒸汽与测压元件直接接触,对于有腐蚀性

的介质,应加装有中性介质的隔离罐。总之,针对被测介质的不同性质应采取相应的保温、防腐、防冻、防堵等措施。

⑤取压口到压力表之间应装有切断阀门,以备检修压力表时使用。切断阀应装设在靠近取压口的地方。在需要进行现场校验和经常冲洗引压管的情况下,切断阀可改用三通阀。

⑥仪表必须垂直安装。如装在室外时,还应增设保护罩。

⑦使用压差计来测量液体流量时或引压管中为液体介质时,应使两根引压管路内的液体温度相同,以免由于两边产生密度差而引起附加的测量误差。

9.7　压力仪表的标定

为了保证测量的精度,测压仪表在使用前必须经过标定,对于长期使用的仪表也要定期标定。标定的基本方法是用标准设备产生的已知物理量(如力、压力、位移等)作为输入,通过待标定的测量系统或测量装置,获得相应输出量,将输出量和标准输入量作比较,经计算处理即可得到测量系统的精度指标、各项性能指标和特性参数。标定通常在测量设备出厂或测量之前进行,根据标定指标和参数的异同,标定可分为静态标定和动态标定两种。静态标定的目的是确定测量系统的静态特性参数,如定度曲线、线性度、灵敏度、滞后等。动态标定的目的在于确定测量系统的频率响应函数、时间常数、固有频率及阻尼比等动态特性参数。

9.7.1　压力测量系统的静态标定

最常用的静态压力标定设备是活塞式压力计。其结构如图 9.13 所示。利用密闭液体系统压力传递特性,应用静压平衡原理,由活塞和加在活塞上的专用标准砝码质量作用在活塞面积上,产生的压力 p 与密闭液体系统容器内产生的压力相平衡,如果将被标定的压力测量设备安装在压力计接头上,压力测量设备受到的压力应等于砝码与活塞的重力与活塞有效面积之比,其关系由式(9.16)确定。

以活塞式压力计发生的压力为标准压力,与被标定的压力测量设备的输出比较,即可标定压力测量设备。

标定时,先将被标定的压力测量设备安装在活塞式压力计接头上,在确保手摇压力泵、活塞缸与压力测量设备形成连通的密闭液体系统后,转动压力泵手轮使压力泵增压并将压力传至密闭液体系统的各个部分。当在密闭液体系统建立起压力并达到一定值时,活塞压力将托起活塞连同上部所承载的标准砝码。此时,轻轻转动载有砝码的承重托盘,使活塞相对油缸旋转,以减小活塞与缸体的摩擦力,密闭液体系统压力与活塞承载部件的重力达到静压平衡,同时通过密闭液体将标准压力 p 作用在压力测量设备上。传感器的变化量转变为一电压信号,再由电压表检测其输出电压的大小。如果采用计算机采集系统则可直接采集、记录、处理静态校准数据。

由于传感器本身的非线性和滞后性原因,加、卸载的输出不完全一致,与标准值比较有一差值,因而校准时是逐级加载至最大量程,再逐级卸载至零。根据被标定的压力测量设备的量程逐次增加或减少标准砝码的数量,就可达到给标定的压力测量设备逐级加压或逐级减压。标定前,应确定对测压系统或传感器加载的最大量程和标定间隔数,如最大量程为 3 MPa,则间隔数可定为 0、0.5、1、1.5、2、2.5、3(单位:MPa)。所选活塞式压力计精度至少应比传感器高一级。

当压力传感器受压后,其相应的输出应当被准确地测量和记录下来,以备计算机处理,得到传感器的性能指标。此过程一般重复 3~5 次。每次都要逐级顺序读取加、卸载读数,并把所测数据记录校准。目前,国内进行压力传感器静态校准时所用测量仪器多为高精度的数字电压表或计算机数据采集系统。数字电压表可直接显示传感器输出的电压值,且读数稳定、精确,但是由于数字电压表不能给传感器提供桥压,因而在测量前还须自己配接精密稳压电源。在高精度校准时,考虑到使用条件与设计条件的差异,应进行质量和温度修正。修正方法可参阅使用说明书。

如果能得到比被校传感器精度高一个数量级的标准传感器,则可用比较法进行校准。传感器的静态校准是在静态标准条件下(温度 20 ±5 ℃,湿度≤100%,大气压力为 760 ±100 mmHg,且无振动冲击的环境),采用一定标准等级(其精度需为被校传感器的 3~5 倍)的校准设备,对传感器重复(不少于 3 次)进行全量程逐级加载和卸载测试,获得各次校准数据,以确定传感器的静态基本性能指标和精度的过程。

9.7.2 压力测量系统的动态标定

在工程应用领域和科学技术的研究活动中,经常会接触到动态变化的压力或瞬变压力的测量与分析研究的问题,比如自动化生产过程中的压力监控、内燃机燃烧室压力特性的研究,爆炸过程压力的研究,火箭喷射反冲瞬间推力的测量,等等。压力传感器或压力测量系统能否反映压力的真实情况,测量结果可信度有多高,是人们必须关注的问题。如果用响应缓慢的压力传感器与测量系统去测量上述压力及其变化过程,其结果的真实性和可靠性值得怀疑,也不能用这种结果去指导压力作用的效果评价和分析。因此,需要对压力测量系统进行动态标定,以确定测量系统对动态压力的响应特性,从而正确地评价测量结果的误差及可靠性。

测压系统的动态标定方法,通常是用特定的动态压力标定设备提供已知压力幅值及其随时间规律变化的标准的动态压力,然后经被标定测量系统测得其相应的输出,通过比较和运算处理,获得被标定测量系统的频率响应特性及其他相关的动态特性参数。动态压力标定设备的核心是产生信号的装置,称为动态压力发生器。根据标准动态压力信号类型的异同,动态压力发生器可分为周期压力发生器和瞬变压力发生器。由此,常用的标定方法一般也分为两类:一类为稳态标定法——压力源提供稳定的周期压力。通常采用稳态的正弦压力波为压力源,因此,实用的标定方法就是频率响应法。另一类为非稳态标定方法,压力源提供瞬变压力,实际上常以激波管激波发生器,快速阀气动阶跃函数发生器等为压力源,这类标定方法属于阶跃响应法的范畴。

(1)**频率响应法标定**

用频率响应法标定压力测量系统或传感器,关键在于为被标定系统或传感器提供标准的频率可调的稳态正弦压力波。正弦压力波的发生是靠机械装置或机电系统对气体或液体的周期压缩或放泄,而使校准室中得到按正弦变化的压力,如往复式活塞压力源,凸轮控制喷嘴稳态压力源等。图9.15是一种正弦波压力发生器与标定系统的原理简图。由信号发生器2给出交变正弦的电信号,经功率放大器3进行功率放大,加到换能器上,使换能器输出一定频率和振幅的机械振动,迫使与其相联系的薄膜振动;这个薄膜是充满液体的压力发生器的一个壁,薄膜振动时,周期性地压缩介质,使其压力随之改变。被校的传感器10和标准的压力传感器8安装在校准室7的两侧。两个传感器的输出信号经变换放大后同时送入多通道信号分析仪,利用多通道信号分析仪可很方便地比较或记录它们的波形,通过计算即可完成系统与传感器的标定。为了监视输入的激振电信号,可在功放输出端取出电压信号接入示波器或利用信号分析仪的波形监视器监视。

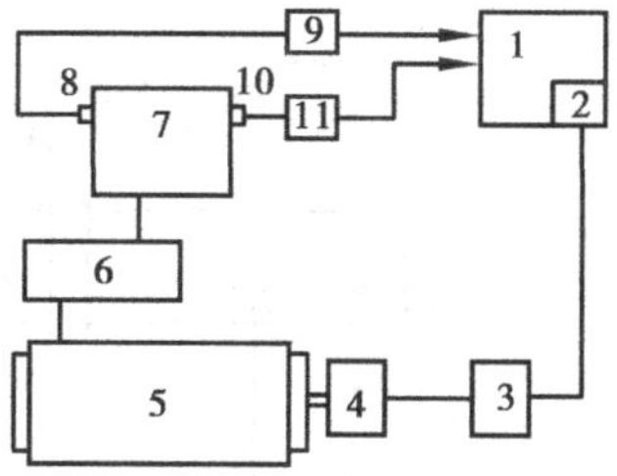

图9.15 正弦波压力发生器与标定系统原理简图

1—多通道信号分析仪;2—信号发生器;3—功率放大器;4—电磁机械振荡器;5—压力发生器;6—压力幅值调节器;7—校准室;8—标准传感器;9—变换器;10—被测传感器;11—变换电路

改变不同的振动频率可在示波器上得到不同的输出,并利用这些数据求出被校仪表的频率特性。一般标准传感器多采用事先校准好的压电式压力传感器。这类方法仅适用于低压和低频的压力校准中,主要优点是结构简单,易于实现。

以上方法只提供了稳态变化的压力源,但其本身并未提供确定的压力数值以及压力随时间变化的规律,通常是将未知传感器与已知特性的传感器进行比较,从而实现对被测传感器或被测系统的标定。

(2)**阶跃压力响应法标定**

由于稳态压力源受到频率和压力幅值的限制,很难同时满足高压和稳定频率的动态压力。因此,对于较高压力幅值范围内的压力传感器或压力测量系统的高频响应特性的确定,有赖于阶跃函数理论,利用阶跃信号的宽带特性,实现测压设备的标定。

获得阶跃压力的方法很多,常用的阶跃函数压力源有密闭式爆炸器、高压放电冲击波发生器、激波管激波发生器及快速阀气动阶跃函数发生器等。其中,激波管测定压力传感器频率响应特性为常用的。目前,激波管力、压力标定系统已成为国际计量部门用来校准压力传感器动态性能的标准装置。下面介绍最常用的激波管力、压力动态标定系统。

如图9.16所示为激波管压力传感器动态特性标定系统图。标定系统主要由整个实验装置包括激波管、入射激波测速系统、标定测量系统及气源供给系统组成。

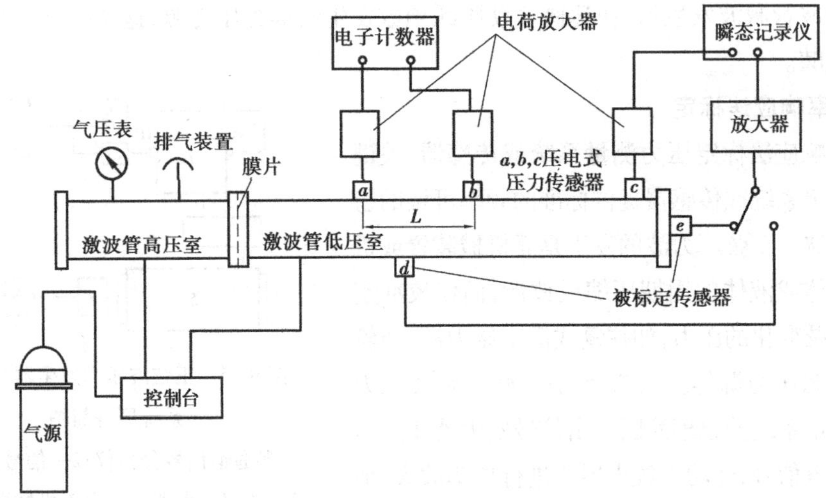

图 9.16　激波管标定系统原理框图

激波管校准传感器动态特性的基本原理是：由激波管产生一个阶跃压力来激励被校压力传感器，并用适当的设备记录在这一阶跃压力激励下被校传感器所产生的瞬时响应；根据其过渡过程曲线，运用适当的计算方法，即可求得被校压力传感器的频率响应特性。

激波管由铝片或塑料膜片分隔的两个密闭腔室构成，分别为激波管高压室和激波管低压室，两个密闭腔室具有恒等截面（方形或圆形），内壁光滑，中间有对接法兰。给高、低压室充以不同压力的压缩气体，当高、低压腔的压力差达到一定值时，膜片突然破裂（自然破裂或人工控制破裂）。于是，高压室的气体向低压室迅速膨胀，产生一个比膨胀气体运动速度还快的激波。激波压力的大小可由膜片的厚度决定，根据激波管理论和试验研究表明，激波管中膜片破裂所形成的激波，波阵面压力保持恒定，并以超音速传递，其压力上升时间极短，约为 10^{-9} s。其波动过程如图 9.17 所示。因此，激波管是一个很理想的压力阶跃变化的发生器。

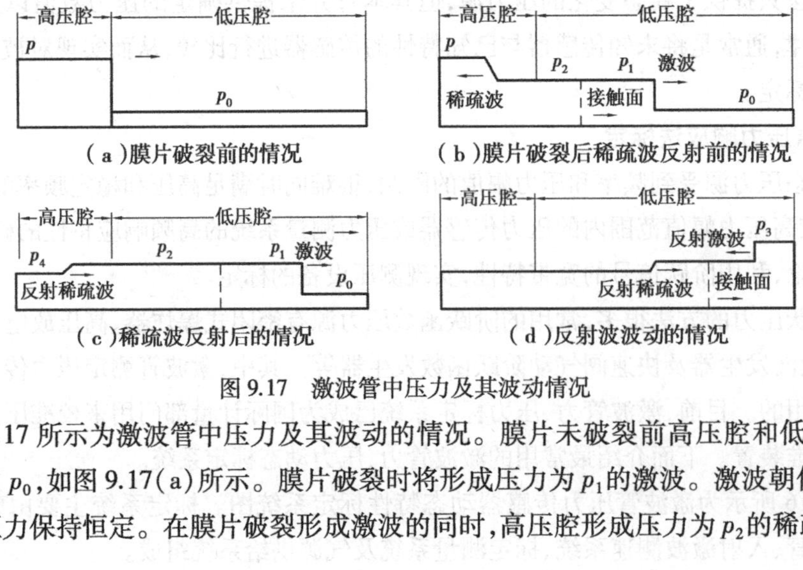

（a）膜片破裂前的情况　（b）膜片破裂后稀疏波反射前的情况

（c）稀疏波反射后的情况　（d）反射波波动的情况

图 9.17　激波管中压力及其波动情况

如图 9.17 所示为激波管中压力及其波动的情况。膜片未破裂前高压腔和低压腔的压力分别为 p 与 p_0，如图 9.17（a）所示。膜片破裂时将形成压力为 p_1 的激波。激波朝低压腔传播，其波阵面压力保持恒定。在膜片破裂形成激波的同时，高压腔形成压力为 p_2 的稀疏波，且 $p_2=$

p_1,但两个压力区的温度不同,p_2与 p_1的接触面称为温度分界面。

当激波达到低压腔端面时,会产生反射,反射使压力增大为 p_3,并称其为反射激波,如图9.17(d)所示。稀疏波在波头达到高压腔端面时也会产生反射,称为反射稀疏波,如图 9.17(d)所示。标定时,可利用的阶跃压力是侧面的激波压力 p_1和底部端面反射激波压力 p_3,视被标定系统的传感器的安装位置而定。

根据激波管理论,可求出激波管入射激波掠过侧面时产生的阶跃压力Δp_1和底部端面的反射压力Δp_3,即

$$\Delta p_1 = p_1 - p_0 \frac{7}{6}(Ma^2 - 1)p_0 \tag{9.21}$$

$$\Delta p_3 = p_3 - p_0 \frac{7}{3}(Ma^2 - 1)\left(\frac{4Ma^2 + 2}{Ma^2 + 5}\right) p_0 \tag{9.22}$$

式中 p_0——低压室的充气压力,由事先给定,一般采用当地的大气压;

Ma——激波马赫数,由激波管测速系统测定。

激波管标定系统中,激波测速是由距离为 L 的以两个压电式力传感器为触发开关控制的定时电子脉冲计数器实现的。当激波管中间膜片破裂时,激波掠过压电式压力传感器 a,其输出电信号经电荷放大器放大,触发电子计数器开始计时;当激波到达 b 时,其输出信号经放大加到计数器,触发电子计数器停止计时,于是电子计数器测得激波经过传感器 a,b 两点间时间为 Δt。则激波马赫数 Ma 为

$$Ma = \frac{L}{\Delta t \times v} \times 10^6 \tag{9.23}$$

式中 L——a,b 间的距离;

v——校准时的音速,$v = 331.3 + 0.54T$ m/s;

T — 试验时低压室的温度;

Δt — 计数器测得的时间,μs。

被标定测量系统或测量装置的传感器可装在低压腔的侧壁上,如图 9.16 所示的 d。也可装在低压室的底端面上,如图 9.16 所示的 e。采用哪种安装位置,要根据传感器实际应用安装的情况。两种方法产生的压力不同。一般情况下,底部端面压力是侧压力的 2 倍以上,因此,传感器装在端面上,感受的压力幅值大,上升时间短,适于大量程压力传感器的标定。传感器装在侧壁上,感受的压力幅值小,上升时间长,因而适于小量程压力传感器的标定。

标定时,瞬态记录仪处于等待记录状态。c 是触发传感器,当激波到达 c 时,c 输出一个脉冲信号,经放大加至瞬态记录仪外触发输入端,触发并开始记录;紧接着被标定传感器 e 也被激波激励,其输出信号经放大送至记录仪输入端,于是 e 对激波的响应由瞬态记录仪记录下来。瞬态记录仪中所存数据经分析处理后,可得到被校压力传感器的频率响应特性,也可根据传感器阶跃响应曲线确定传感器的固有频率、阻尼比等特性参数。

此外,近年来国外又发展了许多新的设备和手段。例如,采用高压放电形成冲击波的冲击

波发生器；采用快速阀门产生上升时间 0.9 ms 的“气动阶跃函数校准器”，等等。

习　题

9.1　压力的定义是什么？什么是表压力、真空度？它们与绝对压力之间的关系是什么？

9.2　常用的压力计有哪些？其原理各是什么？

9.3　U 形管压力计、单管压力计和微压计有哪些相同点和不同点？它们分别适用于什么场合？

9.4　压力表中弹簧管为什么要做成扁圆形的？

9.5　某台空压机的缓冲器，其工作压力范围为 1.1～1.6 MPa，工艺要求就地测量，测量误差不得大于工作压力的±5%，试选择一块合适的压力表。

9.6　压力传感器的动态标定方法如何？有何优缺点？

第10章 现代测试技术简介

随着计算机、微电子等技术的发展，特别是微型电子计算机技术的成熟，传统的测试技术得到了较大的改进和提高，相继出现了智能仪器、总线仪器、PC 仪器、网络化仪器等微机化仪器，使计算机技术成为测试技术的核心。

本章主要介绍现代测试技术的特点、现场总线技术、智能化技术、网络化技术以及虚拟仪器技术。

10.1 现代测试技术的特点

在现阶段，测试技术正向多功能、集成化、智能化方向发展，现代测试技术与传统测试技术相比，其深度和广度都有质的飞跃，具有以下特点：

(1)被测参数种类多，覆盖面宽

在科学技术的进步与社会发展过程中，现代科学技术要求测试的领域越来越多，环境越来越复杂，所需测量的参数类别越来越多，这些被测参数的种类从大的方面分，有热工量、机械量、电学量、时间量、生物量和医学量等。例如，在大型飞机的研制过程中，为了通过试飞了解飞机的整机性能和各分系统性能及操稳品质，试飞测量参数就多达 10 000 多个。

被测参数的覆盖面宽是指测量频率范围宽。现代测试中遇到的测量对象，其频率覆盖范围可为 $10^{-6}\sim10^{12}$ Hz。当然，不能要求同一台仪器在这样宽的频率范围内工作。通常是根据不同的工作频段，采用不同的测量原理和使用不同的测量仪器，如超低频信号发生器、音频信号发生器和高频信号发生器等。

(2)被测点数多

为了能全面掌握被测对象的综合特性和不同参数之间的联系并提高效益，希望从每次试验中得到尽可能多的信息。为此，在一次试验中不仅要测多个不同的参数，而且同一参数的被测点也往往不止一个。例如，在爆炸试验中，不仅希望能测出爆炸过程的爆速、爆温、爆热、爆压、爆炸冲击波压力及传播速度、爆炸生成物成分及变化情况，还希望测出爆炸对地貌、地物和环境造成的各种影响的参数，这就需要在不同的方位和距离上测量同一参数，因此，测量的点数往往比被测参数的数目要大许多倍。

(3)数据量大

由于被测量种类多，测点多，并且往往还需要在不同条件下测试很多次，因此，测试的数据量很大。一些大型试验一次的测试数据量往往要以万计，有时甚至多达几十、几百万。

(4)被测信号微弱，测量精度要求高

对微弱信号的高精度测量是测试技术的一个基本任务。目前，传感器的输出电平一般在微伏或毫伏量级，并且干扰因素多，输入信噪比一般较低。例如，在应变测量中，5~10 $\mu\varepsilon$ 产生的电信号为 10~20 μV，热电偶的灵敏度一般是几个 mV/℃或更低，然而科学实验要求以很高的精度测出这些参数及其变化情况。如果测量不精确，测量误差对最后实验结果将影响很大，从而影响到数据的可信性，甚至导致错误的结论，产生严重的后果。

(5)测试速度快

由于现代测试系统中高速计算机的应用，使得现代测试无论在测试速度，还是在测试结果的处理和传输方面，都可以极高的速度进行。这也是现代测试技术广泛应用于现代科技各个领域的重要原因。例如，神舟十二号飞船的发射、运行与返回舱返回地面，如果没有快速、自动的测量与控制是无法想象的；在对爆炸和核反应过程的研究中，也常要求能反映微秒时段内的状态数据；在自然科学领域一些超快物理现象和超快化学反应的研究中，往往要利用飞秒激光进行测试。

(6)测试自动化

随着计算机技术，尤其是功耗低、体积小、处理速度快、可靠性高的微型计算机技术的快速发展，给测试自动化的实现奠定了基础。实现测试自动化，既可大大缩短试验周期和提高效率，也有利于提高测试的质量。另外，由于存在一些被测过程时间短、反应快、产生很高的温度和压力情况，甚至还可能产生危及人身安全的爆炸、放射性辐射和强冲击波及其他有害有毒物质，或者是测试环境特别恶劣，这时只能借助于自动测试来完成测量任务了。

10.2 现场总线技术

随着计算机、控制、通信、网络等技术的发展，作为工业控制数字化、智能化与网络化典型代表的现场总线(Fieldbus)也得到了迅速发展，引起了工程技术界的普遍兴趣与重视。现场总线技术是 20 世纪 80 年代中期在国际上发展起来的一种工业控制技术，是计算机网络适应工业现场环境的产物，是一种工业数据总线，主要解决工业现场的智能化仪器仪表、控制器、执行机构等现场设备间的数字通信以及这些现场控制设备和高级控制系统之间的信息传递问题。

现有的多数现场设备,其内部都采用了微处理器和数字化元件,为提高设备的性价比,需要在这些数字设备之间实现数字通信。采用现场总线的目的就是为满足这种要求,为工业领域中的测量和调节控制设备提供实现数字通信的手段。

现场总线,根据国际电工委员会 IEC 标准和现场总线基金会 FF(Fieldbus Foundation)的定义:"是连接智能现场设备和自动化系统的数字式、双向传输、多分支结构的通信网络。"也就是说,基于现场总线的系统是以单个分散的、数字化、智能化的测量和控制设备作为网络的节点,用总线相连,实现信息的相互交换,使得不同网络、不同现场设备之间可以信息共享。

对于现场总线,一方面是把传统的模拟仪表变成数字仪表,变单一功能为多项功能,实现现场仪表的互操作和互换信息;另一方面是把 DCS(分散型控制系统)变成 FCS(现场控制系统),在现场建立开放式的现场通信网络,实现全系统的数字通信网络化。

20 世纪 80 年代以来,各种现场总线技术不断涌现。到目前为止,世界上存在着 40 余种现场总线,如法国的 FIP,英国的 ERA,德国西门子公司 Siemens 的 ProfiBus,挪威的 FINT,Echelon 公司的 LonWorks,PhenixContact 公司的 InterBus,RoberBosch 公司的 CAN,Rosemounr 公司的 HART,CarloGarazzi 公司的 Dupline,丹麦 ProcessData 公司的 P-net,PeterHans 公司的 F-Mux,以及 ASI(ActraturSensorInterface),MODBus,SDS,Arcnet,国际标准组织-基金会现场总线 FF: FieldBusFoundation,WorldFIP,BitBus,美国的 DeviceNet 与 ControlNet,等等。这些现场总线大都用于过程自动化、医药领域、加工制造、交通运输、国防、航天、农业和楼宇等领域,大概不到十种的总线占有 80%左右的市场。

目前,较流行的现场总线主要有 CAN(Control Area Network),LonWorks(Local Operating Network),ProfiBus(Process Field Bus),HART(Highway Addressable Remote Transducer)和 FF(Foundation Fieldbus)。

10.2.1　CAN(控制局域网络)

CAN 是德国 Bosch 公司于 1986 年为汽车的监测和控制而设计的,是 ISO 国际标准化的串行通信协议,在欧洲已是汽车网络的标准协议,目前已逐步发展到用于其他工业部门的控制,如航空航天、航海、过程工业、机械行业、纺织机械、农用机械、机器人、数控机床、医疗器械及传感器等领域。

CAN 的接口模块支持 8 位、16 位的 CPU,可做成 ISA 与 PCI 总线的插卡,也可置于温度、压力以及流量等物理量的变送器中,构成智能化仪表。CAN 控制器的工作是多主方式,网络中的各节点可在任意时刻主动向网络上其他节点发送信息,而不分主从,通信方式灵活,而且网络上的节点可设定成不同的优先级,可满足不同的实时要求,并有效避免总线冲突。CAN 采用点对点、点对多点及全局广播多种方式发送接收数据。通信最远距离为 10 km(5 kbit/s),通信速率最快可达 1 Mbit/s(40 m),节点数目可达 110 个。CAN 采用 CRC 校验和其他纠错措施,保证了数据的可靠性,而且 CAN 节点在错误严重的情况下具有自动关闭输出功能,以使总线上其他节点能正常工作。CAN 的传输介质为普通双绞线或光纤,链路比较简单,价格较低,芯片资源也很丰富，用户开发起来比较方便，因此获得了广泛应用，尤其是在汽车领域。世界上一些著名的汽车制造厂商，如奔驰、宝马、保时捷、劳斯莱斯及捷豹等都采用 CAN 总线来实现汽车内部控制系统与各检测和执行机构间的数据通信。

10.2.2 LonWorks（局部操作网络）

LonWorks 现场总线网络简称 LON 网络，是由美国 Echelon 公司于 1991 年推出，并由 Motorola，Toshiba 公司共同倡导的一种实现测控网络系统的完整平台。它包含了开发、规划和维护测控网络所需要的所有器件和工具，能使企业的测控管理系统逐步走向一体化，并且有全分散、连线简单、拓扑灵活的优点，是一种具有强劲实力的现场总线，被誉为通用控制网络。在楼宇自动化、家庭自动化、智能通信产品等方面，具有独特优势。

LON 网络的核心是神经元芯片（Neuron Chip），它既能管理通信，又具有输入、输出能力。芯片内部装有 3 个 8 位的 CPU：MAC 处理器完成介质访问控制，网络处理器完成 OSI 的 3—6 层网络协议，应用处理器完成用户现场控制应用。芯片还附有固件，由固件实现通信协议和任务调度，用户不必将时间花在底层通信上，因此，可缩短开发时间。LON 网络采用的通信协议称为 Lontalk 协议，是为 LonWorks 中通信所设的框架，支持 ISO 组织制订的 OSI 参考模型的七层协议，采用面向对象的设计方法，通过网络变量把网络通信设计简化为参数设置。支持多种通信介质，包括双绞线、电力线、射频、红外线、同轴电缆及光纤等，通信速率从 300 bit/s 至 1.5 Mbit/s，直接通信距离可达 2 700 m（78 Kbit/s）。LON 网络在一个测控网络上的节点数最多可达到 32 000 个，无论是哪一类节点，都含有用于控制和通信的 Neuron 芯片、用于连接一个或多个 I/O 设备的 I/O 接口，以及负责将节点连接上网的收发器，不同的通信媒介需要使用不同的收发器。

10.2.3 Profibus（过程现场总线）

Profibus 是德国和欧洲的标准，由德国 13 家工业企业和 5 家科研机构在联合开发项目中制订的标准化规范。它提供一个从传感器/执行器直至管理层的透明网络，供应完整的产品系列，从底层测控网络、工厂管理网络直至 Inernet 系统集成方案，是一种国际化、开放式、不依赖于设备生产商的现场总线标准，被称为风靡全球的现场总线。它广泛应用于制造业自动化、流程工业自动化和楼宇、交通、电力等其他领域自动化。Profibus 由以下 3 个兼容部分组成：

①Profibus-PA（Process Automation）。用于过程自动化，可使传感器和执行机构连在一根低速总线上，通过总线供电，提供本质安全。网络中由耦合器连接和耦合两个不同的网段，耦合器还可起到供电和隔爆作用，可用于危险防爆区域。

②Profibus-DP（Decentralized Periphery）。是一种高速低成本通信，可与 Profibus PA 兼容，实现分散外设间的高速数据传输，很多 PLC 支持该协议，可用于连接 Profibus PA 和加工自动化领域，Profibus PA 和 Profibus DP 段间通过耦合器相连。

③Profibus-FMS（Fieldbus Message Specification）。用于车间级监控网络，是一个令牌结构、实时多主网络。

10.2.4　HART（可寻址远程传感器数据通路）

从20世纪60年代至今，在工业自动化控制领域中一直延续着4~20 mA的模拟信号标准。为了解决模拟信号与数字信号共存的问题，美国Rosemount公司于20世纪80年代中期提出了HART协议，并获得了广泛应用。HART协议扩展了4~20 mA标准，在智能测量和控制仪表的基础上提高了通信能力。HART协议智能仪表在不干扰4~20 mA模拟信号的同时允许双向数字通信，即在一条电缆上可同时传递4~20 mA模拟信号和数字信号。主要变量和控制信号信息由4~20 mA传送，另外的测量、过程参数、设备组态、校准以及诊断信息在同一线对、同一时刻通过HART协议访问。

HART协议参照ISO/OSI互联参考模型的物理层、数据链路层和应用层，采用基于Bell202通信标准的FSK技术，即在4~20 mA（DC）的模拟信号上叠加FSK数字信号，逻辑1为1 200 Hz，逻辑0为2 200 Hz，信息传输速率为1 200 bit/s，调制信号为0.5 mA的正弦波，由于所叠加的正弦信号平均值为0，故数字通信信号不会干扰4~20 mA的模拟信号。因此，可在一根双绞线上实现4~20 mA的模拟信号和数字信号同时传输。HART通信可以有点对点或多点连接模式，但没有自诊断功能。用屏蔽双绞线单台设备距离为3 000 m，多台设备互连距离为1 500 m。

由于目前4~20 mA信号制的模拟设备还在大量使用，不可能一下改为全数字信号的现场总线设备，因此，HART作为一种4~20 mA模拟信号与数字通信兼容的标准，国内外已有多家企业采用了此协议。

10.2.5　FF（现场总线基金会）

现场总线基金会的前身是可互操作系统协议ISP（Interperable System Protocol）——基于德国的ProfiBis标准和工厂仪表世界协议WORLDFIP（World Factory Instrumentation Protocol）——基于法国的FIP标准。ISP和WORLDFIP于1994年6月合并成立了现场总线基金会，是国际公认的唯一不附属于某厂家的非商业化的国际标准化组织，其宗旨是制订单一的、开放的、可互操作的国际现场总线标准。目前，该组织有100多成员单位，包括了国际上许多著名的仪表公司。1997年4月，该组织在中国成立了中国仪协现场总线专业委员会（CFC），致力于这项技术在中国的推广应用。虽然FF成立的时间比较晚，在推出自己的产品和把这项技术完整地应用到工程上相对于Profibus和WORLDFIP要晚，但由于FF是以Fisher Rosemount公司为核心的ISP（可互操作系统协议）与WORLDFIP NA两大组织合并而成的，因此，这个组织具有相当实力。目前，FF在IEC现场总线标准的制订过程中起着举足轻重的作用。

FF现场总线即为IEC定义的H2总线，它由Fieldbus Foundation（FF）组织负责开发，并于1998年决定全面采用，已广泛应用于IT产业的高速以太网（highspeed ethernet HSE）标准。该总线使用框架式以太网（Shelf Ethernet）技术，传输速率从100 Mbit/s到1 Gbit/s或更高。HSE

完全支持 IEC 61158 现场总线的各项功能,如功能块和装置描述语言等,并允许基于以太网的装置通过一种连接装置与 H1 装置相连接。HSE 总线成功采用 CSMA/CD 链路控制协议和 TCP/IP 传输协议,并使用了高速以太网 IEEE802.3 标准的最新技术。

现场基金会于 20 世纪末进入中国市场,推动了中国的工业自动化技术进步,并开始了大型全区域系统集成的应用,在石油、天然气、石油化工、化工领域的项目数占 FF 总线全部项目数的 44.9%,如我国广西惠州石化采用数千台 FF 总线仪表,自动化的总投资达到 5 000 万美元。上海赛科建的石化装置也全部采用 FF 总线技术和仪表,合同金额达到 3 000 万美元。

10.3 测试系统的智能化技术

测试技术和测试系统经历了从机械式仪表到光学仪表、电动仪表、自动化测试系统以及智能仪器的发展。20 世纪 80 年代以来,随着计算机科学技术的发展,特别是微处理器和个人电脑的出现,推动了以测试仪器和微处理器结合为特征的智能仪器的诞生。这些智能仪器不仅能进行测量并输出测量结果,而且能对结果进行存储、提取、加工及处理。

人工智能原理及技术的发展,人工神经网络技术、专家系统、模式识别技术等在测试中的应用,更进一步促进了测试智能化的进程,成为本世纪测试技术的发展方向。

10.3.1 测试智能化

智能是指一种能随外界条件变化进行分析判断和决策并确定正确行动的能力,如空调的智能化技术。智能送风空调依靠红外感应器来实现不同的送风方式。红外感应器利用红外线原理,能够通过感知人体散发的红外热量确定人体存在的位置。在空调的控制面板上装有两个红外探头,当空调送风区域有人时,红外探头可判别人体活动的方位,并将信号传给红外感应器,空调的中央控制主板根据这个信息来确定送风的角度和方式,从而避开人体活动区域进行送风。如果在规定的时间里,空调感应不到人的存在就会自动关机,从而大大节省了能源。

智能化是指理解、推理、判断、分析等一系列功能,是数值逻辑与知识的综合分析能力。在不同的领域,智能化的含义不尽相同。对于测试技术领域,智能化分为 3 个层次:初级智能化、中级智能化和高级智能化。

(1)初级智能化

初级智能化只是把微处理器或微型计算机与传统测试方法结合起来,主要特征包括:

①实现数据的自动采集、存储和记录。

②利用计算机的数据处理功能进行测量数据的处理。

③采用按键式面板输入各种参数和控制信息。

初级智能化测试系统在功能上就是以计算机为中心的现代测试系统。

(2) **中级智能化**

中级智能化是测试系统或仪器具有部分自治功能，即除具有初级智能化的功能外还具有自动校正、自动补偿、自动量程转换、自诊断、自学习功能，也具有自动进行指标判断及进行逻辑操作及程序控制的功能。目前，大部分智能仪器或智能测试系统属于这一类。

(3) **高级智能化**

高级智能化是测试技术和人工智能原理的结合，主要特征包括：

①有知识处理能力，利用领域知识和经验知识通过人工神经网络和专家系统解决测试中的问题，具有特征提取、自动识别和决策能力。

②有多维测试和数据融合能力，可实现测试系统的高度集成并通过环境因素补偿测试精度。

③具有"变尺度窗口"，通过动态过程参数预测，高级智能化可自动实时调整增益与偏置量，实现自适应检测。

④具有网络通信和远程控制能力，可实现分布式测量与控制。

10.3.2　智能传感器

国际上习惯称智能传感器为"Intelligent Sensor"或者为"Smart Sensor"，是在 20 世纪 90 年代中期问世的，它是微电子技术、计算机技术和自动测试技术的结晶。它带有微处理机，具有采集、处理、交换信息的能力，是传感器集成化与微处理机相结合的产物。与一般传感器相比，智能传感器具有以下 3 个优点：通过软件技术可实现高精度的信息采集，而且成本低；具有一定的编程自动化能力；功能多样化。

智能传感器具有以下基本功能：

(1) **自调零、自校准、自补偿功能**

智能传感器是传感器与微处理器的智能结合，它能够自动校正因零位漂移、灵敏度漂移而引起的误差，同时可通过自补偿技术改善传感器的动态特性，使其频率范围更宽。例如，在带有温度补偿和静压补偿的智能压差传感器中，当被测量的介质温度和静压发生变化时，智能传感器能自动按照一定的补偿算法进行补偿以提高测量精度，消除温度等引起的系统特性漂移对系统产生的影响。

(2) **自动诊断、检验功能**

智能传感器能够进行定期或不定期的自检，保证系统可靠地工作，一旦发现故障，可诊断出故障原因与位置，做出必要的响应，发出故障报警信号。

(3) **自动进行数据采集及预处理**

智能传感器可将被测信息按一定规律变成电信号并对其进行放大、A/D 转换、线性化等一系列处理。

(4) **数据存储、记忆、分析、判断、决策功能**

能把测量参数、状态参数进行存储并分析判断，同时为防止数据在掉电时丢失，单片智能传感器都带有备用电源。

(5)**双向通信功能**

为适应日益复杂并日益庞大的多点、多参数大型测控系统的需要，智能传感器具有双向通信功能。

智能传感器通过智能合成手段和应用人工智能材料实现智能化，今后主要向以下方向发展：利用微电子学、微机械加工技术，使传感器和微处理器结合在一起实现各种功能的单片智能传感器；智能结构；采用新技术、完善智能器件原理和智能材料的设计方法，提高智能化程度；总线技术的标准化和规范化以及网络传感器。

10.3.3 智能仪器

智能仪器是含有微型计算机或者微型处理器的测量仪器，是计算机技术和测试技术相结合的产物，拥有对数据的存储、运算、逻辑判断及自动化操作等功能。与传统仪器仪表相比，智能仪器具有以下功能特点：

①操作自动化。仪器的整个测量过程如键盘扫描、量程选择、开关启动闭合、数据的采集、传输与处理以及显示打印等都用单片机或微控制器来控制操作，实现测量过程的全部自动化。

②具有自测功能，包括自动调零、自动故障与状态检验、自动校准、自诊断及量程自动转换等。智能仪表能自动检测出故障的部位甚至故障的原因。这种自测试可在仪器启动时运行，同时也可在仪器工作中运行，极大地方便了仪器的维护。

③具有数据处理功能。这是智能仪器的主要优点之一。智能仪器由于采用了单片机或微控制器，使得许多原来用硬件逻辑难以解决或根本无法解决的问题，现在可用软件非常灵活地加以解决。例如，传统的数字万用表只能测量电阻、交直流电压、电流等，而智能型的数字万用表不仅能进行上述测量，而且还具有对测量结果进行诸如零点平移、取平均值、求极值、统计分析等复杂的数据处理功能，不仅使用户从繁重的数据处理中解放出来，也有效地提高了仪器的测量精度。

④具有友好的人机对话能力。智能仪器使用键盘代替传统仪器中的切换开关，操作人员只需通过键盘输入命令，就能实现某种测量功能。与此同时，智能仪器还通过显示屏将仪器的运行情况、工作状态以及对测量数据的处理结果及时告诉操作人员，使仪器的操作更加方便直观。

⑤具有可程控操作能力。一般智能仪器都配有 GPIB，RS232C，RS485 等标准的通信接口，可很方便地与 PC 机和其他仪器一起组成用户所需要的多种功能的自动测量系统，以完成更复杂的测试任务。

智能仪器实际上是一个专用的微型计算机系统，它主要由硬件和软件两部分组成。

(1)**硬件**

硬件部分主要包括主机电路、模拟量输入/输出通道、人机接口电路和通信接口电路等，如图 10.1 所示。

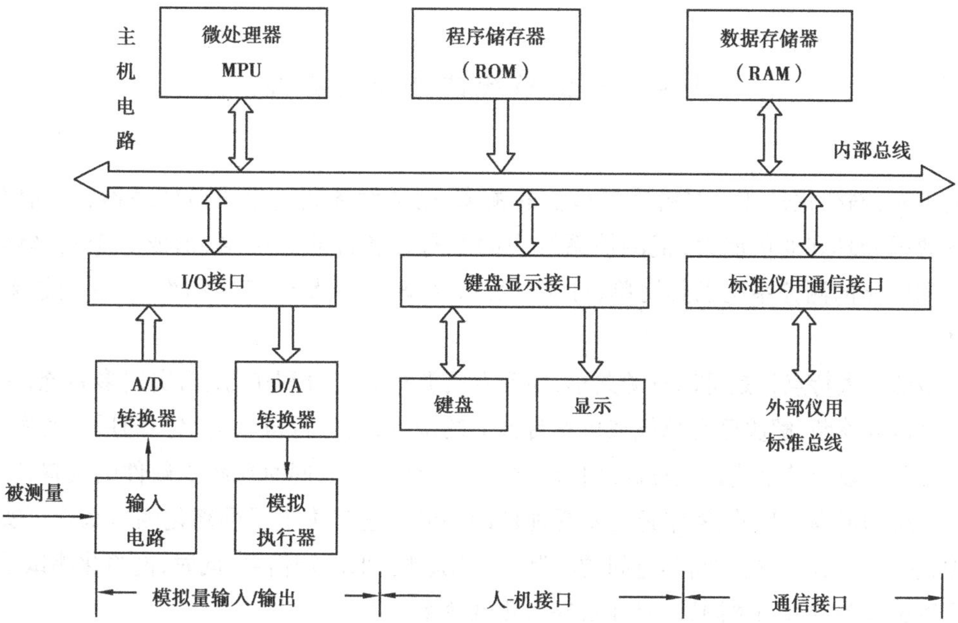

图 10.1　智能仪器的硬件部分

主机电路通常由微处理器、程序存储器以及输入/输出接口电路等组成，或者它本身就是个单片微型计算机。主机电路主要用于存储程序、数据并进行一系列的运算和处理，并参与各种功能控制。模拟量输入/输出通道主要由 A/D 转换器、D/A 转换器和有关的模拟信号处理电路等组成，主要用于输入和输出模拟信号，实现模数与数模转换。人机接口主要由仪器面板上的键盘和显示器等组成，用来沟通操作者与仪器之间的联系。通信接口电路用于实现仪器与计算机的联系，以便仪器可以接受计算机的程控命令。一般情况下，智能仪器都配有 GPIB 等标准通信接口。此外，智能仪器还可与 PC 机组成分布式测控系统，由单片机作为下位机采集各种测量信号与数据，通过串行通信将信息传输给上位机——PC 机，由 PC 机进行全局管理。

(2)**软件**

智能仪器的软件即程序，主要包括监控程序、接口管理程序和数据处理程序 3 大部分。监控程序是面向仪器面板键盘和显示器的管理程序，负责完成如下工作：通过键盘操作，输入并存储所设置的功能、操作方式与工作参数；通过控制 I/O 接口电路进行数据采集，对仪器进行预定的设置；对数据存储器所记录的数据和状态进行各种处理；以数字、字符、图形等形式显示各种状态信息以及测量数据的处理结果。接口管理程序是主要面向通信接口的管理程序，负责接收并分析来自通信接口总线的远控命令，包括描述有关功能、操作方式与工作参数的代码；进行有关的数据采集与数据处理；通过通信接口送出仪器的测量结果、数据处理的结果及仪器的现行工作状态信息。数据处理程序主要完成数据的滤波、运算和分析等任务。

10.4 测试系统的网络化技术

近年来,网络化是测控系统发展最快的领域,测试设备通过集成微处理器,并利用微处理器的数据处理和通信能力,把测控系统中的所有设备都联成网络,形成一个互享信息的网络。网络化的测控系统以其简单、可靠、经济、互操作性、易于安装和维护,受到越来越多的关注。

网络的最大特点就是可以资源共享,使现有资源得到充分利用,从而实现多系统、多专家的协同测试与诊断,解决已有总线在仪器台数上的限制,使一台机器为更多的用户使用,达到测量信息共享以及整个测试过程高度自动化、智能化的目的,同时还减少硬件的设置,有效降低测试系统的成本。另外,网络还可不受地域的限制。这就决定了网络化测试系统可实现远程测控,使测试人员不受时间和空间的限制,随时随地获取所需信息,同时,网络化测试系统还可实现测试设备的远距离测试与诊断,提高测试效率。

10.4.1 网络化仪器

总线式仪器、虚拟仪器等微机化仪器技术的应用,使组建集中和分布式测控系统变得更容易。但是,集中式测控系统越来越满足不了复杂、远程和范围较大的测控任务的需求。因此,组建网络化的测控系统就显得非常必要,同时计算机软硬件技术的不断升级与进步,为组建测控网络提供了技术条件。

Unix,Windows NT,Windows 2000,Netware 等网络化计算机操作系统,为组建网络化测试系统带来了方便。标准的计算机网络协议,如 OSI 的开放系统互联参考模型 RM、Internet 上使用的 TCP/IP 协议,在开放性、稳定性、可靠性方面均有很大优势,采用它们很容易实现测控网络的体系结构。在开发软件方面,如 NI 公司的 LabVIEw 和 LabWindows/CVI,HP 公司的 VEE,微软公司的 VB,VC 等,都有开发网络应用项目的工具包。软件是虚拟仪器开发的关键,如 LabVIEW 和 LabWindows/CVI 的功能都十分强大,不仅使虚拟仪器的开发变得简单方便,而且为虚拟仪器网络化,提供了可靠便利的技术支持。LabWindows/CVI 中封装了 TCP 类库,可以开发基于 TCP/IP 的网络应用。LabVIEW 的 TCF/IP 和 UDP 网络 VI 能够与远程应用程序建立通信,其具有的 Internet 工具箱还为应用系统增加了 E-mail,FTP 和 Web 能力;利用远程自动化 VI,还可对其他设备的分散的 VI 进行控制。LabVIEw5.1 中还特别增加了网络功能,提高了开发网络应用程序的能力。

将计算机、高档外设和通信线路等硬件资源以及大型数据库、程序、数据、文件等软件资源纳入网络,可实现资源的共享。其次,通过组建网络化测控系统增加系统冗余度的方法能提高系统的可靠性,便于系统的扩展和变动。由计算机和工作站作为结点的网络也就相当于现代仪器的网络。

根据网络化测试技术的特点,可将服务于人们从任何地点、在任何时间都能够获取到测试信息(或数据)的所有硬、软件条件的有机集合称为网络化仪器。

10.4.2　网络化传感器

随着工业现代化的飞速发展和测控系统自动化、智能化技术的不断进步,传统的传感器已不能满足要求。与计算机技术和网络技术相结合,传感器从传统的现场模拟信号通信方式转为现场级的全数字通信方式,即产生了传感器现场级的数字网络化——网络化传感器。网络化传感器是在智能传感器基础上,把 TCP/IP 协议作为一种嵌入式应用,嵌入现场智能传感器的 ROM 中,从而使信号的收、发都以 TCP/IP 方式进行。网络化传感器像计算机一样成为测控网络上的节点,并具有网络节点的组态性和互操作性。利用局域网和广域网,处在测控点的网络传感器将测控参数信息加以必要的处理后上传到网络,联网的其他设备便可获取这些参数,进而做相应的分析和处理。

网络化传感器可应用于各种测控系统。只要有适当的传感器就可对外界物质世界进行恰当的测量和控制。由于网络化传感器是网上操作,因此可不受地域限制,对空间狭小、测控点甚多的场合,如汽车内或机床内,为了减少外界电磁干扰,也可使用。如在大江大河中,可利用网络对全流域水文(如水位、流速、雨量等)进行实时监控,尤其对关键水文点,可由专家系统实时进行监测和控制。

随着网络化传感器的出现和发展,产生了分布式测控系统。传感器网络接口的标准化,使传感器网络化的理想得以在技术上、经济上成为现实,并使网络化传感器得到更广泛的应用。

10.4.3　基于现场总线技术的网络化测试系统

随着工业生产的发展,需要的测点和测试参数越来越多,使得测试系统变得庞大而复杂,分散型测控仪器已不能适应需要。现场总线是连接智能现场设备和自动化系统的数字式、双向传输、多分支结构的通信网络,其基础是智能仪表。分散在各个工业现场的智能仪表通过现场总线连为一体,并与控制室中的控制器和监视器共同构成网络化测试系统。通过遵循一定的国际标准,可以将不同厂商的现场总线产品集成在同一套系统下,具有互换性和互操作性。基于现场总线技术的网络化测试系统把传统分布式测试系统的控制功能进一步下放到现场智能仪表,由现场智能仪表完成数据采集、数据处理、控制运算和数据输出等功能。现场仪表的数据通过现场总线传到控制室的控制设备上,控制室的控制设备用来监视各个现场仪表的运行状态,保存各智能仪表上传的数据,同时完成少量现场仪表无法完成的高级控制功能。基于现场总线技术的网络化测试系统的构成如图 10.2 所示。

与传统测控仪表相比,现场总线网络技术具有以下特点:

(1)开放式互联网络

现场总线为开放式互联网络,它不仅可与同层网络相连,使从最底层的传感器和执行器以

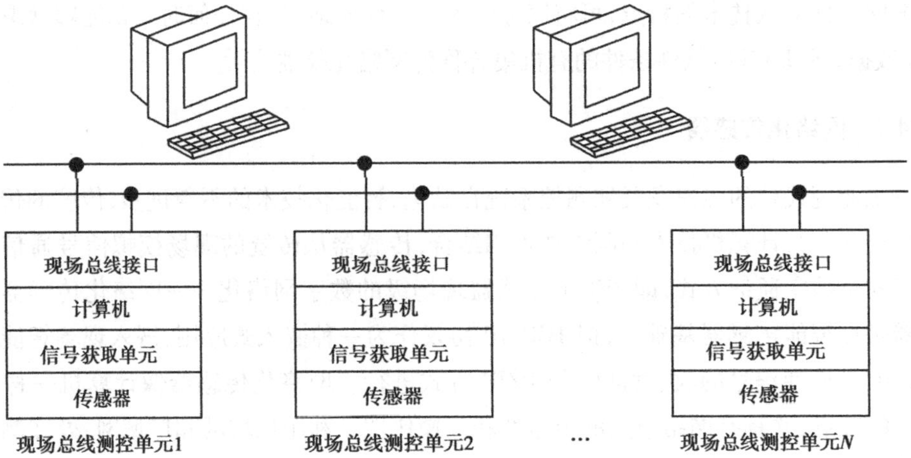

图 10.2　基于现场总线的测控网络

及上层的监控/管理系统均通过现场总线网络实现互联,同时还可进一步通过上层监控/管理系统连接到企业内部网。挂接在现场总线上的传感器及其他设备都有标准数字化总线接口,遵守统一的通信协议。因为不同厂家的产品具有互操作性,实现“即插即用”,不必在硬件和软件上作任何修改就可构成所需的控制回路,形成开放式控制系统。

(2)**并行连接结构**

采用并行连接方式,一对传输线一般可连接 20 个设备,双向传输多个信号,接线简单,工程周期短,安装费用低,维护容易,彻底弥补了传统仪表单元一台仪器、一对传输线只能单向传输一个信号的缺陷。

(3)**全数字化通信**

由于传统仪表采用模拟信号传输,往往需要提供辅助的抗干扰和提高精度的措施。而现场总线采用数字信号实现数据的测控,抗干扰能力强,精度高。

(4)**操作性好**

操作员在控制室即可了解仪表单元的运行情况,且可实现对仪表单元的远程参数调整、故障诊断和控制过程监控。

(5)**综合功能强**

现场总线仪表单元是以微处理器为核心构成的智能仪表单元,可同时提供检测、变换和补偿功能,实现一表多用。

(6)**组态灵活**

由于现场总线的开放性,因而用户组态十分简便。不同厂商的设备既可互联也可互换,现场设备间可实现互操作,通过进行结构重组,可实现系统任务的灵活调整。

10.4.4　基于 Internet 的网络化测试系统

基于 Internet 的测控系统利用嵌入式系统作为现场平台,实现对需要测试数据的采集、传输和控制，并以 Internet 作为数据信息的传输载体，且可在远端 PC 机上观测、分析和存储测控数据与信息。典型的基于 Internet 的测控系统结构如图 10.3 所示。

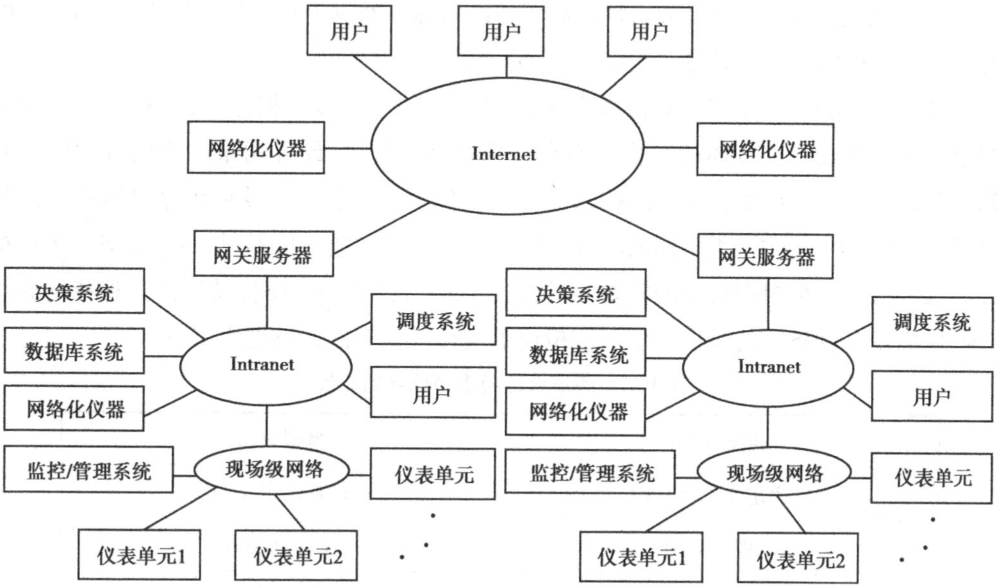

图 10.3　基于 Internet 的测控系统结构

图 10.3 中，现场智能仪表单元通过现场级测控网络与企业内部网互联，而具有 Internet 接口的网络化测控仪器通过嵌入其内部的 TCP/IP 协议直接连接于企业内部网（Intranet）上，如此，测控系统在数据采集、信息发布、系统集成等方面都以企业内部网络为依托。将测控网和企业内部网以及 Internet 互联，便于实现测控网和信息网的统一。在这样构成的测控网络中，网络化仪器设备充当着网络中独立节点的角色，信息可通过网络传输至所及的任何领域，使实时、动态（包括远程）的在线测控成为现实。

10.5　测试系统的虚拟仪器技术

10.5.1　概述

虚拟仪器（Virtual Instruments，VI）的概念是由美国国家仪器公司（NI）于 1986 年首先提出来的，是指用户在通用计算机上根据需求设计定义，利用计算机显示器来模拟传统仪器的控制面板，以完成信号的采集、测量、运算、分析、处理等功能的计算机仪器系统。虚拟仪器概念的出现，打破了传统仪器由厂家定义、用户无法改变的工作模式，用户可根据自身需求，利用虚拟仪器，方便地设计自己的自动测试系统。

虚拟仪器通过在计算机屏幕上虚拟出智能仪表的显示面板，利用计算机系统强大的数据处理能力,在基本硬件的支持下,用户利用软件完成数据的采集、控制、数据分析与处理以及测试结果的显示等,通过软、硬件的配合来实现传统仪器的各种功能,随时了解仪器的状态,方便、灵活、直观地读取测试结果,大大地突破了传统仪器在数据处理、显示、传送、存储等方面的限制。因此,虚拟仪器技术必将在更多、更广的领域得到发展和应用。

独立的传统仪器(如示波器和波形发生器)性能强大,但是价格昂贵,且被厂家限定了功能,只能完成一件或几件具体的工作。而在虚拟仪器系统中,硬件用来解决信号的输入和输出,软件是整个仪器系统的关键。虚拟仪器面板控件对应着相应的软件程序,使用时,用户在通用的测试平台上,通过调用不同的软件程序来构成不同功能的仪器,从而组建成一个虚拟仪器系统。因此,用户可根据自己的需要,发挥自己的才能和想象空间,设计自己独特的虚拟仪器系统,以满足各种各样的应用需求。虚拟仪器与传统仪器的比较见表 10.1。

表 10.1　传统仪器与虚拟仪器的比较

传统仪器	虚拟仪器
厂商定义仪器功能	用户自己定义功能
硬件是关键	软件是关键
价格高	价格低,可重复使用
技术更新周期长(5~10 年)	技术更新周期短(1~2 年)
与其他仪器设备的连接十分有限	可方便地同外设、网络等连接
开发与维护的费用高	开发与维护的费用低
规模、功能固定	规模、功能可任意修改、删减
功能单一、操作不便	智能化、多功能、远距离传输

10.5.2　虚拟仪器的出现及发展历程

电子测量仪器的发展大体分为 4 代:模拟仪器、数字化仪器、智能仪器及虚拟仪器。

第一代仪器:模拟仪器。如指针式万用表、晶体管电压表等,它们的基本特征是采用模拟电子技术实现,借助指针显示最终结果。

第二代仪器:数字化仪器。数字化仪器目前相当普及,如数字电压表、数字频率计等。这类仪器将模拟信号的测量转化为数字信号的测量,并以数字方式输出最终结果。

第三代仪器:智能仪器。智能仪器内置微处理器,能进行自动测量,具有一定的数据处理能力。其功能块是以硬件(或固化的软件)的形式存在,无论是开发或应用,都缺乏一定的灵活性。

第四代仪器:虚拟仪器。随着微电子技术、计算机技术、通信技术、现代测量技术的发展,虚拟仪器技术应运而生,它彻底改变了传统的仪器观,代表着测量仪器发展的新方向。虚拟仪器是由计算机硬件资源、模块化仪器硬件和用于数据分析、过程通信及图形用户界面的软件组成的测控系统，是一种由计算机操纵的模块化仪器系统，是计算机技术和现代测量技术的高速发展共同孕育出的一项革命性新技术。

虚拟仪器被广泛地应用于工业自动化和控制系统、电力工程、物矿勘探、图像的采集和分析处理、医疗、系统仿真、振动分析、声学分析、故障诊断及教学科研等领域。虚拟仪器的出现对科学技术的发展和国防、工业、农业的生产将产生不可估量的影响。

一般来说，虚拟仪器的发展可分为 3 个阶段，而这 3 个阶段又是同步进行的。

第一阶段：利用计算机增强传统仪器的功能。计算机为了通信的需要在硬件上确立了 GPIB 总线标准，这使得计算机和外界通信成为可能。只需要把系统仪器通过 GPIB 或 RS-232 接口同计算机连接起来，用户就可以用计算机控制仪器。随着计算机技术的成熟和普及，系统性能价格比的不断上升，用计算机控制测控仪器成为一种趋势。因此，用户和厂商将大量的独立仪器与计算机相连形成虚拟仪器。

第二阶段：开放式的虚拟仪器。为了提高效率、降低成本，仪器厂商和用户都企图尽可能以计算机为共用平台，充分共用计算机上的标准件，而减少个人在虚拟仪器上的软硬件设计。将许多特殊功能的 A/D 转换、D/A 转换、数字 I/O、时间 I/O 等电路构成卡式结构，直接插在计算机扩展槽或仪器内，固化在 ROM 内的相关软件也改为存在软盘上的文件中，这样软件可安装在任何计算机上，即一台计算机可以是一台或多台仪器。这些新的技术使仪器的构成得以开放，增加了灵活性，应用更广泛，性能更好，升级和维护更方便。

第三阶段：面向对象的虚拟仪器。随着测试对象的增多，计算机的多任务特点越来越突出，软件成为虚拟仪器发展和应用的关键。NI 公司提出“软件即仪器”，并推出了 LabVIEW 和 Labwindows/CVI 两种较好的面向对象的可视化开发环境，配合插入式数据采集卡，提供虚拟仪器的软、硬件框架，供用户设计虚拟仪器，大大缩短了开发周期。这种框架得到了广泛的认同和采用。

10.5.3　虚拟仪器的构成

从功能上来说，虚拟仪器与传统仪器一样，由 3 大部分构成：数据采集与控制、数据分析与处理及结果表达与输出，如图 10.4 所示。

从结构体系看，虚拟仪器系统主要由硬件和软件构建而成，如图 10.5 所示。硬件一般分为计算机硬件平台和测控仪器硬件。因此，一般虚拟仪器的系统由计算机、仪器硬件和应用软件三要素组成。计算机是共用平台，仪器硬件用于信号的输入/输出，应用软件决定仪器的功能和构成用户接口。

(1)虚拟仪器的硬件系统

虚拟仪器的硬件结构如图 10.6 所示。它包括计算机硬件平台和测控功能平台，主要完成被测信号的采集、传输、存储处理和输入/输出等工作。计算机硬件平台可以是各种类型的计算机，如 PC 计算机、便携式计算机、工作站、嵌入式计算机、工控机等，主要作用是管理虚拟仪器的硬、软件资源,是虚拟仪器的硬件基础。

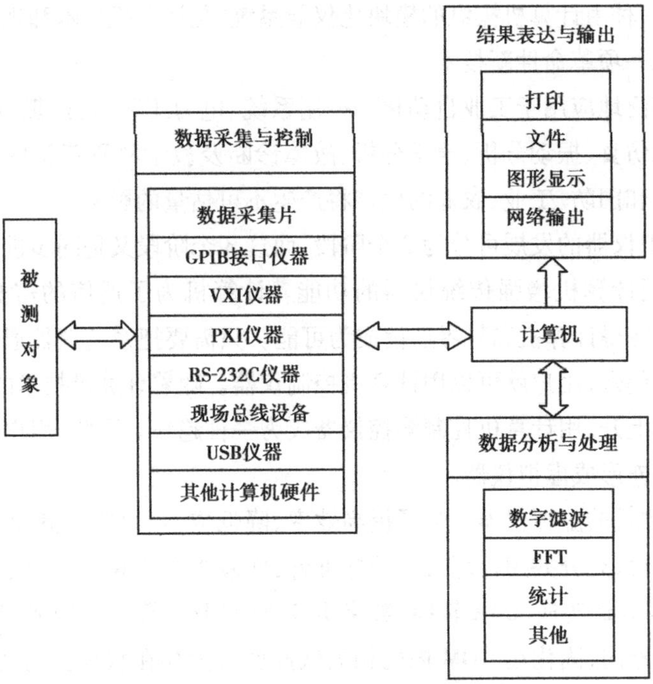

图 10.4　虚拟仪器功能结构图

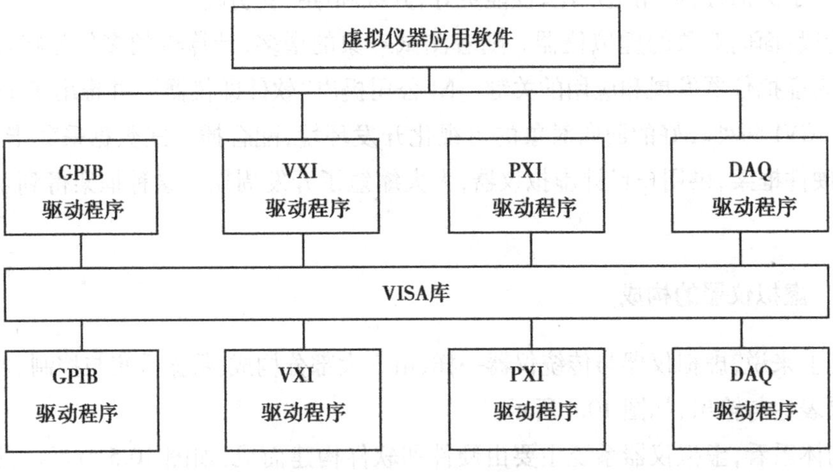

图 10.5　虚拟仪器体系结构

按照测控功能硬件的不同,虚拟仪器可分为 PC 总线的数据采集(DATA Acquisition, DAQ)、GPIB 总线仪器、VXI 总线仪器、PXI 总线仪器、LXI 总线仪器、串口总线仪器及现场总线仪器等标准总线仪器。下面简要对前 4 种主要的标准体系结构加以说明。

1)基于数据采集卡的虚拟仪器

基于数据采集卡的虚拟仪器系统是最基本的虚拟仪器系统。其结构如图 10.7 所示。这种系统采用计算机本身的 PCI 总线,将数据采集卡插入 PCI 总线插槽中,通过 A/D 转换,可采

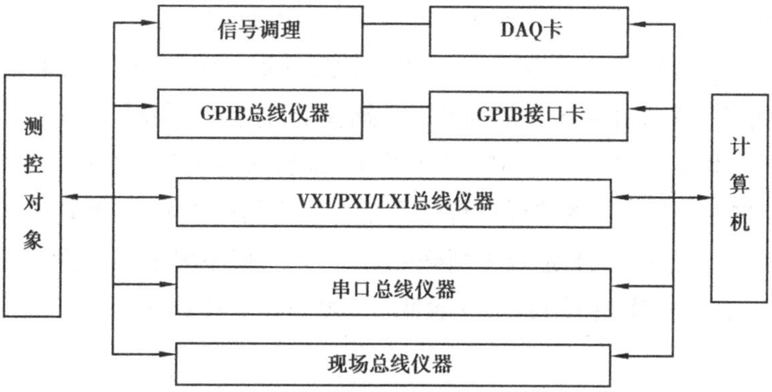

图 10.6　虚拟仪器的硬件结构

集模拟信号并输入计算机进行数据处理、分析及显示,根据需要可加入信号调理和实时数字信号处理等硬件模块,大大增加了测试系统的灵活性和扩展性。

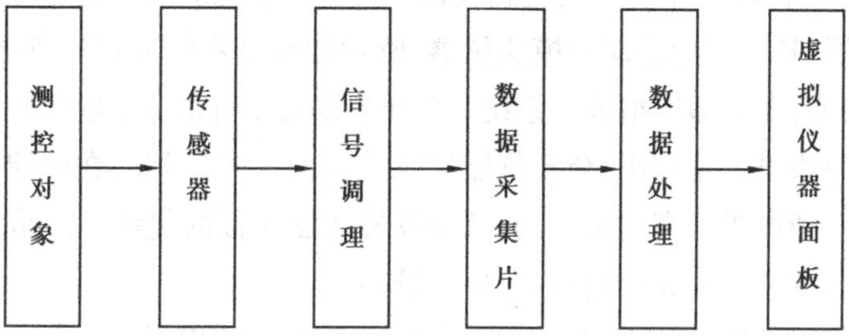

图 10.7　基于数据采集卡的虚拟仪器结构图

仪器厂家生产了大量的 DAQ 功能模块可供用户选择,如示波器、数字万用表、串行数据分析仪、动态信号分析仪及任意波形发生器等。在计算机上挂接若干 DAQ 模块,配合相应的软件,就可构成一台具有若干功能的个人虚拟仪器。这种结构的虚拟仪器既可享用计算机的智能资源,具有高档仪器的测量品质,又能满足测量需求的多样性。对大多数用户来说,这种方案不但实用,而且具有很高的性价比,是一种特别适合于一般用户的虚拟仪器方案。

2)基于 GPIB 总线的虚拟仪器

通用接口总线(General Purpose Interface Bus,GPIB)技术是 IEEE488 标准的虚拟仪器早期的发展阶段,是由 HP 公司于 1978 年制订的。它的出现使电子测量独立的单台手工操作向大规模自动测试系统发展。目前,多数仪器都配置了遵循 IEEE488 标准的 GPIB 接口。典型的 GPIB 系统由一台计算机、一块 GPIB 接口卡和若干台 GPIB 仪器通过 GPIB 电缆连接而成。每台 GPIB 仪器有单独的地址,由计算机控制操作。系统中的仪器可以增加、减少或更换,只需对计算机的控制软件作相应改动。

GPIB 总线测试仪器是通过 GPIB 接口和 GPIB 电缆相互连接而构成测试仪器系统的。一般来说,各 GPIB 仪器可单独使用,只有当它们配置了接口功能以后才能接入基于计算机控制的自动测试系统。各设备的接口部分都装有 GPIB 电缆插座,系统内所有器件的统一信号线全部并接在一起。GPIB 电缆的每一端都是一个组合式插头座(又称 GPIB 接口),可把两个插座背靠背地叠装在一起,这样就可在连成系统时,把一个插头插在另一个插头座上,同时还留有插座供其他 GPIB 仪器使用。任何一个 GPIB 仪器,只要在它的 GPIB 插座上插上一条 GPIB 电缆,并把电缆的另一头插在系统中的任意一个插座上,这台仪器就接入测试系统了。一般情况下,系统中的 GPIB 电缆的总长度不应超过 20 m,过长的传输距离会使信噪比下降,电缆中的电抗性分布参数也会对信号的波形和传输质量产生不利的影响。GPIB 测试系统的结构和命令简单,主要应用于台式仪器,适合于精确度要求高的,但不要求对计算机高速传输状况时应用,因为 GPIB 的数据传输速度较慢,一般低于 500 kbit/s,因此在应用上受到了一定程度的限制。

3)基于 VXI 总线的虚拟仪器

VXI(VMEbus Extension for Instrumentation)总线是一种高速计算机总线 VME 总线在仪器领域的扩展,它是在 VME 总线、Eurocard 标准(机械结构标准)和 IEEE488 标准等基础上,由主要仪器制造商共同制订的开放性仪器总线标准。VXI 系统最多可包含 256 个装置,主要由主机箱、零槽控制器、具有多种功能的模块仪器、驱动软件及系统应用软件等组成。系统中各功能模块可随意更换,即插即用组成新系统。由于它的标准开放、结构紧凑、数据吞吐能力强、定时和同步精确、模块可重复利用、众多仪器厂家支持的优点,因此,在组建大、中规模自动测量系统以及对速度、精度要求高的场合,有其他仪器无法比拟的优势。但是,组建 VXI 总线要求有机箱、零槽管理器及嵌入式控制器,造价比较高。

目前,VXI 总线已在世界范围内得到广泛应用,我国在积极跟踪这一技术的基础上,已在航空航天、测控、国防、军事科研、气象、工业产品测试及标准计量等领域成功地建立了以 VXI 技术为主导的各种实用系统,并有迅速普及应用的趋势。

4)基于 PXI 总线的虚拟仪器

PXI(PCI Extension for Instrumention)总线方式是 PCI 总线内核技术增加了成熟的技术规范和要求形成的,包括多板同步触发总线技术,增加了用于相邻模块的高速通信的局域总线。PXI 结构类似于 PCI 结构,但其设备成本更低、运行速度更快,体积更紧凑。目前,基于 PCI 总线的软硬件都可应用于 PXI 系统中,从而使 PXI 系统具有良好的兼容性。PXI 还有高度的可扩展性,它具有 8 个扩展槽,而台式 PCI 系统只有 3~4 个扩展槽。PXI 系统通过使用 PCI—PCI 桥接器,可扩展到 256 个扩展槽,并且 PXI 总线的传输速率很高。因此,基于 PXI 总线的仪器硬件将会得到越来越广泛的应用。

(2)虚拟仪器的软件系统

虚拟仪器技术的核心思想是利用计算机的软硬件资源,使本来需要硬件实现的技术软件化(虚拟化),以便最大限度地降低系统成本,增强系统的功能与灵活性。基于软件在虚拟仪器系统中的重要作用,NI 公司提出了"软件即仪器"的口号。

1)虚拟仪器的软件框架

VPP(VXI PLUG & Play)系统联盟提出了系统框架、驱动程序、VISA(Virtul Instrumention Software Architecture)、软面板及部件知识库等一系列 VPP 软件标准,推动了软件标准化的进程。虚拟仪器的软件框架从底层到顶层包括 3 部分：VISA 库、仪器驱动程序和应用软件。

①VISA 虚拟仪器软件体系结构是标准的 I/O 函数库及其相关规范的总称，一般称这个 I/O函数库为 VISA 库。它驻留于计算机系统中执行仪器总线的特殊功能，是计算机与仪器之间的软件层连接，以实现对仪器的程控。它对于仪器驱动程序开发者来说是一个个可调用的操作函数集。

②驱动程序是完成对某一特定仪器控制与通信的软件程序集。它是应用程序实现仪器控制的桥梁。每个仪器模块都有自己的仪器驱动程序，仪器厂商以源码的形式提供给用户。

③应用软件建立在仪器驱动程序之上，直接面对操作用户，通过提供直观友好的测控操作界面、丰富的数据分析和处理功能来完成自动测试任务。应用软件主要包括仪器面板控制软件和数据分析处理软件。仪器面板控制软件即测试管理层，是用户与仪器之间交流信息的纽带，利用计算机强大的图形化编程环境，使用可视化技术，从控制模块上选择所需要的对象，放在虚拟仪器的前面板上。数据分析处理软件利用计算机强大的计算能力和虚拟仪器开发软件功能强大的函数库，可极大提高虚拟仪器系统的数据分析处理能力。通过将两者结合，给用户提供操作仪器、显示数据的人机接口，以及实现数据采集、分析处理、显示和存储等功能。

2）虚拟仪器的软件开发系统

虚拟仪器的开发环境是设计虚拟仪器所必需的软件工具。目前的虚拟仪器软件开发工具主要有以下 3 类：一是文本式编程语言，如 Visual C++，Visual Basic，LabWindows/CVI 等；二是图形化编程语言，如 LabVIEW，HPVEE 等；三是零编程开发系统，具有代表性的是国内某大学开发的 VMIDS 框架协议系统。当前最流行的图形化编辑语言是 LabVIEW 和 LabWindows/CVI，都是美国 NI 公司推出的面向计算机测控领域虚拟仪器的软件开发平台。文本式的编程语言具有编程灵活、运行速度快等特点，图形化的编程语言具有编程简单、直观、开发效率高的特点，VMIDS 框架协议开发系统用户不需编程就能创建自己所需的仪器。

①文本式编程

过去，虚拟仪器的软件开发通常采用文本式编程语言。VB 和 VC 作为可视化开发工具具有友好的界面、丰富的 API 应用程序接口函数，简单、易用、实用性强，并且与 Microsoft Access，Word 及 Excel 等软件可实现无缝连接，因而是一个良好的构筑虚拟仪器的平台。但是，由于这种编程对开发人员的编程能力和对仪器硬件的掌握要求很高，开发周期长，且软件移植和维护不容易，因此，这种编程方式逐步被可视化编程工具所代替。

②LabVIEW

LabVIEW（Laboratory Virtual Instrumentation Engineering Workbench，实验室虚拟仪器集成环境）是一种图形化的编程语言，是目前应用最广、发展最快、功能最强的图形化软件集成开发环境。LabVIEW 尽可能利用了技术人员、科学家、工程师所熟悉的术语、图标和概念，用图标代码代替编程语言创建应用程序，用数据流编程方法描述程序的执行，用图标和连线代替文本形式编写程序，为虚拟仪器设计者提供了便捷的设计环境。它简化了虚拟仪器系统的开发过程,让用户从烦琐的计算机代码编写中解放出来,并且图形化的界面使得编程及使用过程都生动有趣,设计者可以像搭积木一样,轻松组建一个测试系统以及构造自己的仪器面板,无须进行任何烦琐的程序代码编写。

LabVIEW 集成了满足 GPIB,VXI,RS-232 和 RS-485 协议的硬件及数据采集卡通信的全部功能,还内置了便于应用 TCP/IP,ActiveX 等软件标准的库函数。在这种通用程序设计系统中,提供的应用程序有数百种之多,除具备其他语言所提供的常规函数功能和上述的生成图形界面的大量模板外,内部还包括许多特殊的功能库函数和开发工具库以及多种硬件设备驱动功能,从底层的 I/O 接口控制子程序到大量的仪器驱动程序,从基本的数学函数、字符串处理函数到高级分析库函数,从对 TCP/IP 协议、ActiveX 标准控件的支持到具有硬件底层通信驱动以及调用其他语言的代码级模块等,供用户直接调用,可完成复杂的面向仪器编程,并可以进行诸如小波变换和联合时域分析、数字图像处理等的测试与分析。

利用 LabVIEW,可产生独立运行的可执行文件,使用户的数据采集、测试和测量方案得以高速运行。同时,它是一个真正的 32 位编译器,能创建 32 位的编译程序,解决了其他按解释方式工作的图形编程环境速度慢的问题。

此外,LabVIEW 像许多重要的软件一样,提供了 Windows,UNIX,Linux,Macintosh 的各种版本,并可把在不同平台上开发的应用程序直接进行移植,提供了大量的通过 DLL(动态链接库)、DDE(共享库)等与外部代码或软件进行连接的机制,以及大量 DDL(动态数据交换库)接口和对 OLE 的支持,扩展了 ActiveX(COM)技术应用,并可与 Mathworks 公司的 MATLAB 及 NI 公司的 HiQ 的数学和分析软件进行无缝集成。

③VMIDS 框架协议开发系统

VMIDS 框架协议开发系统是由我国自行研制的虚拟仪器软件开发工具,利用这个框架协议开发系统,可实现多种形式和功能的测试仪器的开发,由功能软件模块库、控件软件模块库、开发系统、可复用智能虚拟控件库、仪器拼搭场、咨询系统等部分组成。具体构成如图 10.8 所示。

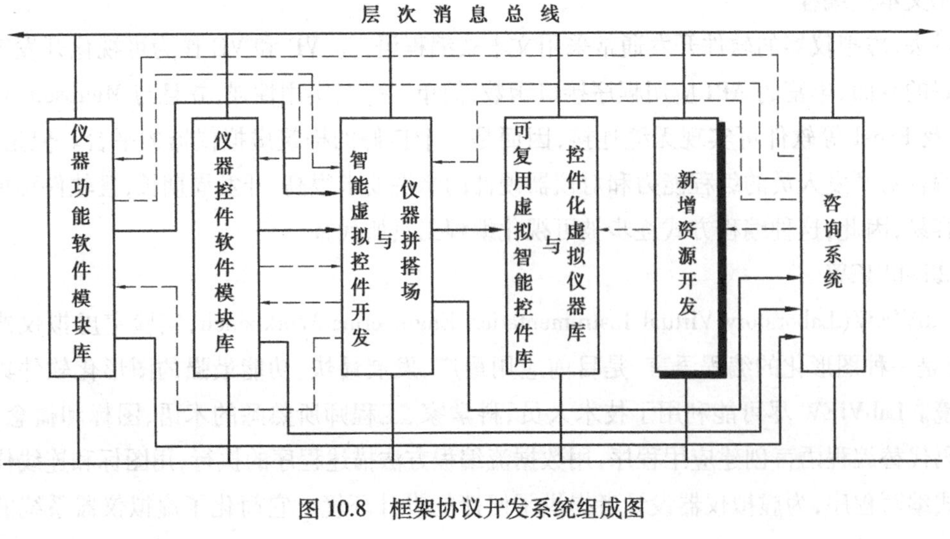

图 10.8　框架协议开发系统组成图

A.功能软件模块库

将一批测试计量仪器(如零级电压表、一级毫安表、超低频示波器、多线高频记忆示波器、函数信号发生器、相位计、测温仪、流量计、噪声振动测试仪、扭矩仪、转速仪、FFT分析仪及实时倍频程分析仪等数十上百种电量、非电量测量仪及静态、动态测试测量仪)的功能、技术参数和精度指标以软件模块的形式有序、保真地存放在一起,形成一个测试功能软件库。

B.控件软件模块库

存放着一大批以软件形成的形象逼真的仪器、仪表控制零件和元件,如量程开关、波段选择开关、按钮、旋钮、电位器、滑块及信号灯等,供框架协议系统构造虚拟仪器时调用。

C.开发系统

功能模块库和控件库是构成虚拟仪器的基本构件,开发系统模块则像一个设计所和实验室,它为形成仪器产品提供技术支持。利用开发系统的功能,调用功能模块库中的功能模块和控件库中的控件,按照仪器成品的技术要求和各种控制关系对产品进行软设计、软装配、软调试、软修改及软测试等软操作,直至形成虚拟仪器的成品,并输送至可复用控件成品库中。如图10.9所示为一个由开发系统开发完成的虚拟仪器的成品。

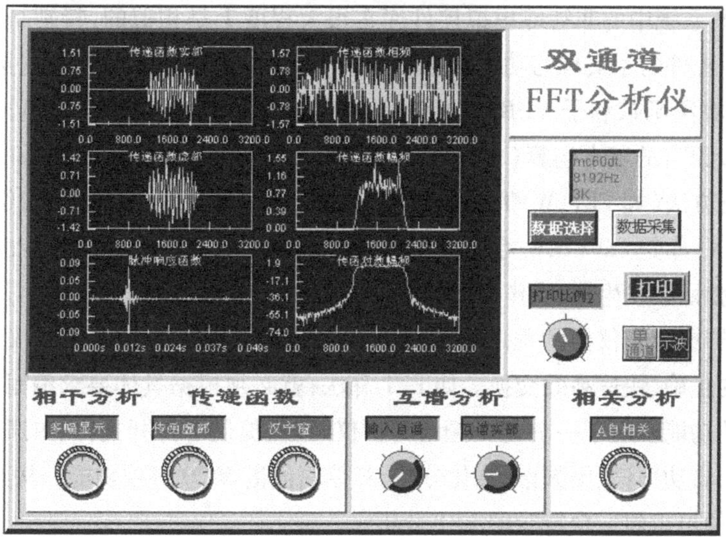

图10.9　虚拟式双通道FFT分析仪

D.可复用智能虚拟控件库

多个不同种类或功能的可复用控件构成可复用智能虚拟控件库。复用是虚拟仪器的一个基本特征,通过控件的复用,在虚拟仪器开发中充分利用已有开发成果,消除了在分析、设计、编码、测试等方面的许多重复劳动,提高虚拟仪器的开发效率;同时,通过复用高质量的控件避免了重新开发可能引入的错误,可提高虚拟仪器的质量。因此,可复用控件可大大降低虚拟仪器的开发费用,并显著提高生产率和虚拟仪器产品的质量。

E.仪器拼搭场

在开发系统中产生的控件成品,全部存放于可复用控件成品库中,用户可根据需要通过仪器拼搭场进行仪器拼搭。用户在拼搭场中将控件按自己的需要进行积木式组装,通过简单设置控件的静、动态属性就可完成仪器的拼搭,并立即可实现在线测试应用。零编程拼搭的机理是依据数据流结构体系确定零编程拼搭的目标函数,根据目标值、设计权值和功能要求构成优化准则,根据控件的内聚和耦合来设计隐式语法。

F.咨询系统

由于虚拟式测试仪器结构在框架协议系统中除去可利用功能模块库和控件库中已有的功能模块和控件进行设计、装配、调试,从而形成成品进入成品库外,还可利用系统中的咨询系统直接面向用户,并根据用户的要求,为设计构造新一类仪器提供咨询和相应的信息。

④LabVIEW 系统与 VMIDS 框架协议开发系统的比较

图形化编程语言软件开发系统和 VMIDS 框架协议开发系统给用户提供了不同形式的产品,下面简单介绍一下两者之间的区别。

A.功能库形式

LabVIEW 提供了可视控件库、基本信号处理库和硬件驱动程序库等。VMIDS 系统提供了非智能虚拟控件库、仪器功能库系列、硬件驱动程序库和部分成品智能控件库。LabVIEW 的控件库和 VMIDS 系统中的非智能虚拟控件库在很大程度上是相似的,特别是外观表现形式,只是非智能虚拟控件为了实现与功能融合和动态演化,提供了一系列特殊的接口。作为功能库,LabVIEW 的算法函数和子 VI 库与 VMIDS 的仪器功能库有了显著的不同,LabVIEW 的算法函数是对如 C 语言的基本运算(加、减、乘、除、幂、开方、积分、微分、数组和矩阵运算)以及信号处理中常见方法(如 FFT,WVT,数字滤波、曲线拟合等)进行封装后形成符合图形化编程规范的单元;子 VI 库是 LabVIEW 系统或用户将频繁使用的仪器功能单元装配保存起来以供直接调用,如正弦函数发生器、噪声发生器等。它们都不针对特定的仪器,而是通用的基本算法,可在任意仪器或者非仪器的程序中调用。VMIDS 的功能库是针对特定仪器设计的,这样才能保证数据的正确、快速高效交换。如 FFT 算法,就必须根据具体要求编写成幅值谱、相位谱等更为具体的功能。对于一个 FFT 频谱分析仪而言,提供了打开文件、单通道数据采集、概率密度、幅值谱、自功率谱、倒频谱、细化分析、对数幅值谱等 20 多项功能。从其中选择几个需要的测试功能,便可组建一台特定的 FFT 分析仪。

B.仪器组建模式

LabVIEW 组建虚拟仪器的实质是在后台编程连线的同时,在系统中以解释语言的形式保存各单元的逻辑制约关系。程序运行时,根据用户交互输入和系统保存的逻辑关系计算数据和处理事务,得到相应的结果。通过以数据流驱动的图形化编程语言开发仪器,其过程为:了解测试任务、熟悉测试原理及分解到算法层面、用 G 语言开发各简单分支、连接各子 VI 组建完整的测试测量仪器。VMIDS 系统的核心是虚拟智能控件,它是通过功能赋予、测试融合实现的。只需从功能库选取所需的功能赋予给特定的控件,在拼搭场合理摆放这些智能控件即完成。只要仪器功能库庞大,便可组建各种功能强大、显示简洁、操作简便的虚拟仪器系统。

C.用户对象

LabVIEW 仍是一种高级图形化编程语言,与其他高级语言一样,具有 long,int,float 等数据结构,if,case,for,while 等循环分支语法,以及数据流和各种复杂的逻辑,必须深入学习才能知道各个功能、语法的使用方法,以及它们的最优化使用方法。也就是说,LabVIEW 是开发虚拟仪器和测控系统的中间平台,需要用户具有工程和编程等多方面的知识和技术才能成功使用它,适用于具备相当背景领域专家或用户。与 LabVIEW 相比,VMIDS 系统没有复杂的编程思想和过程了。VMIDS 更能体现仪器特征、更接近仪器思想的产品,以最接近最终产品的形式提供给用户。对于一般普通用户,无须掌握很深的测试工程的理论和编程相关知识也可以很容易调用。智能虚拟控件的零编程思想,测试用户只需理解测试任务便可通过控件库和功能组库快速组建测控仪器,应用于工程实践之中。

除功能库形式、仪器组建模式和用户对象等方面的区别,还在系统特点、适用范围等层面上有所差别。其各自特点见表 10.2。

表 10.2　LabVIEW 和 VMIDS 两大系统的特点比较

	LabVIEW	VMIDS
本质	编程环境、中间产品	仪器系统、最终产品
功能库	通用、基本函数	具有仪器功能列表
仪器组建	图形化语言、连线	零编程、功能赋予
用户对象	领域专家	最终用户(仪器使用者)
适用范围	较简单仪器	或简单或复杂仪器系统
入门要求	系统庞大、价格较高、编程复杂	根据用户需求定制系统,系统使用、仪器组建简单明了

⑤VMIDS 系统的实际应用

由于 VMIDS 系统的突出特点,目前已在很多科研项目、工程实际中得到应用。

实例 1:虚拟式数控机床在线检测。

对数控机床进行在线检测是一种较易实施、可行的、精度较高的检测方法,可实时了解数控机床的运行状态。目前,大多数的数控机床在线检测系统是将测头安装在主轴上,输入测量程序,机床带动测头测量,如图 10.10 所示。这种检测系统存在以下问题:一是需要频繁在机床控制面板上操作;二是采用的某些国外专业测量软件价格昂贵,只针对特定的模型测量。

利用 VMIDS 系统构建的虚拟仪器检测系统则可发挥计算机的强大功能,方便地集成各种信号处理技术,使在线检测变得容易实现。测试系统的结构如图 10.11 所示。

该在线检测系统能实现对数控机床实时运行参数的较为全面的检测与分析,其主要功能模块如图 10.12 所示。

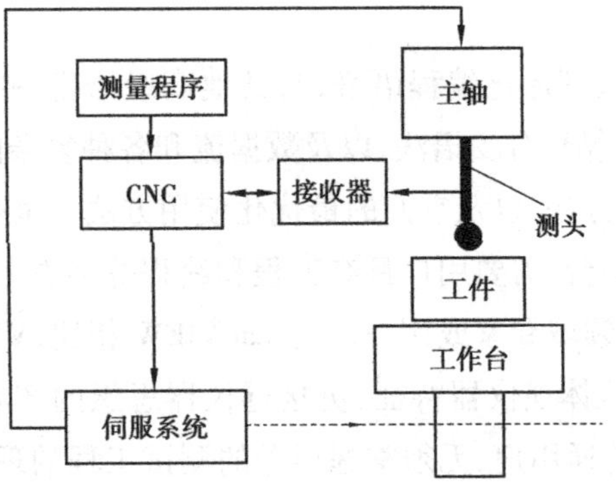

图 10.10　传统数控机床在线检测系统

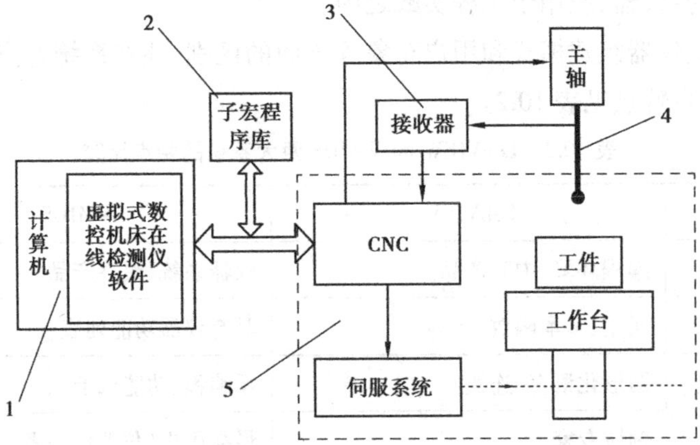

图 10.11　利用 VMIDS 系统开发的虚拟式在线数控机床测试系统

1—计算机和虚拟检测仪;2—子宏程序库;3—接收器;4—触发式测头;5—机床主体

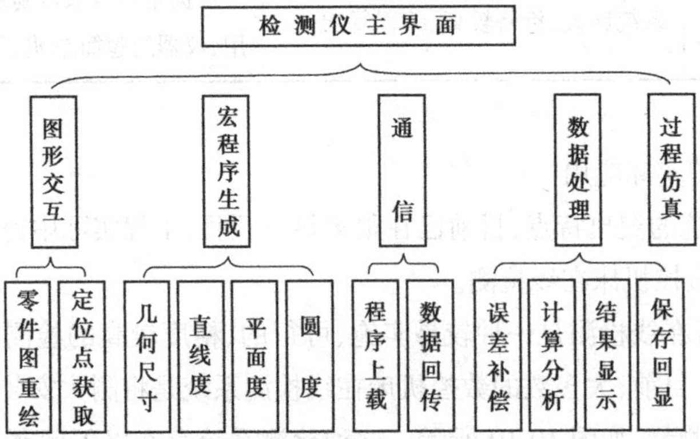

图 10.12　虚拟式在线数控机床测试系统功能模块

实例 2:智能控件化振动筛动态特性检测仪。

对振动筛的动态特性检测需要实现以下功能:信号的采集、信号的各种分析(时域、频域、时延域、幅值域等)、对振动筛动态特性分析计算、信号及分析结果的显示、打印及保存等。为此,设计了智能控件化振动筛动态检测仪。其测试系统框图如图 10.13 所示。

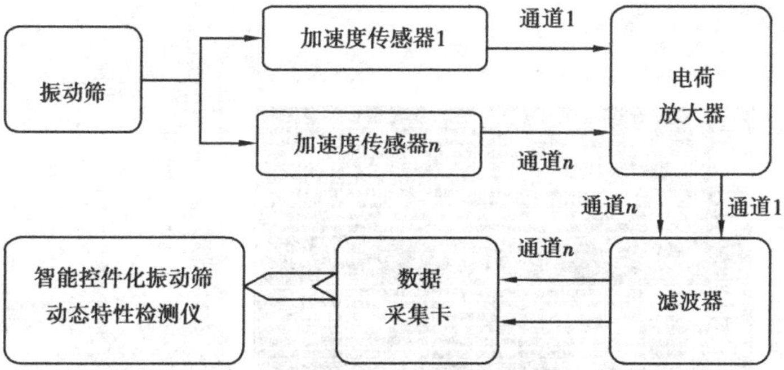

图 10.13　智能控件化振动筛动态检测仪系统框图

智能控件化振动筛动态检测仪的软件具有较丰富的功能,可对信号波形进行实时显示,能对信号进行时域及频域的在线分析或离线分析。时域分析包括计算最大值、最小值、平均值、均方差、曲线拟合及相关计算等。频域分析包括幅值谱计算、功率谱计算等。针对特定的测试对象——振动筛,系统还具有专门的振动筛动态特性检测功能,包括振幅、振型、固有频率、阻尼系数、隔振系数及应变应力校核等。系统还设计有一些辅助功能,如超限报警、光标跟踪读数等。为提高测量精度,减少噪声干扰,系统还设计了数字滤波程序。软件功能总体设计框图如图 10.14 所示。

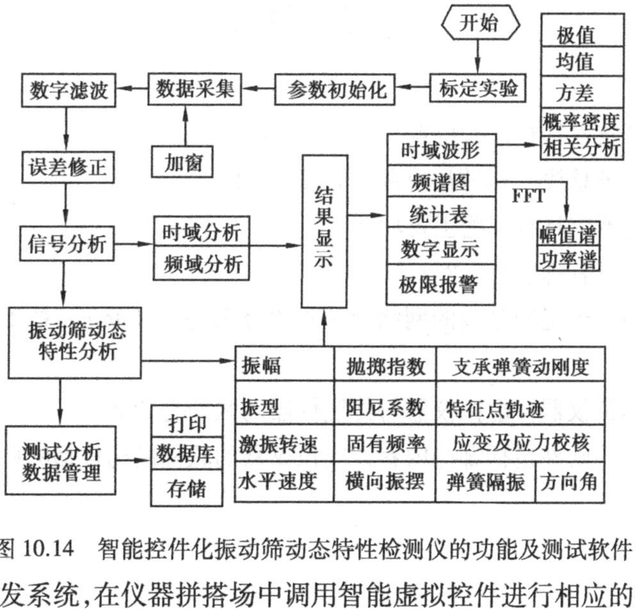

图 10.14　智能控件化振动筛动态特性检测仪的功能及测试软件

利用 VMIDS 开发系统,在仪器拼搭场中调用智能虚拟控件进行相应的拼搭便可组建出一台振动筛测试虚拟仪器——智能控件化振动筛动态检测仪。拼搭好的智能控件化振动筛动态检测仪的界面如图 10.15 所示。

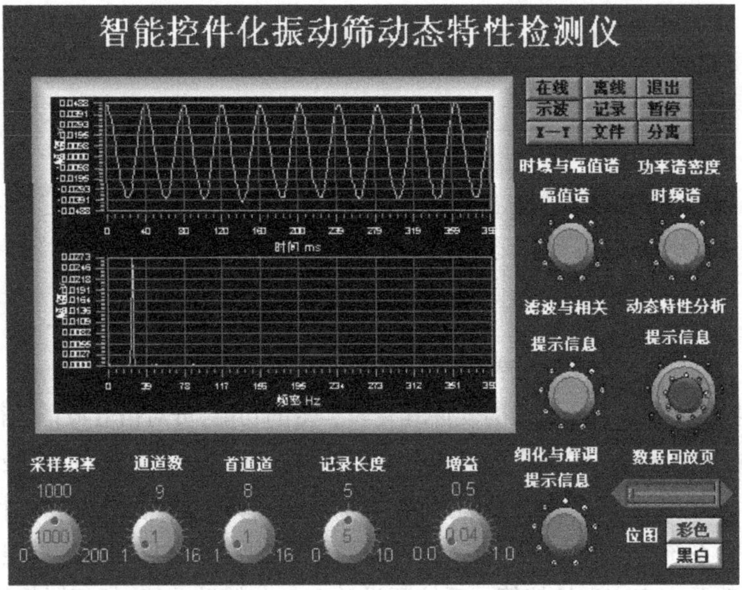

图 10.15　智能控件化振动筛动态特性检测仪界面

习　题

10.1　现代测试技术具有什么特点?

10.2　什么是现场总线?列举几种常见的现场总线。

10.3　智能传感器应具有哪些主要功能?

10.4　智能仪器具有哪些特点?

10.5　举例说明基于现场总线的网络化测试系统和基于 Internet 技术的网络化测试系统之间的异同。

10.6　什么是虚拟仪器?虚拟仪器与传统仪器的区别是什么?

10.7　虚拟仪器的硬件包括哪些内容?虚拟仪器的软件结构包括哪些内容?

第11章 石油机械测试实例

本章通过几种典型的石油机械的实际测试来说明机械测试在实际操作中是如何进行以及如何对测试数据进行分析处理的。大多数石油机械在露天工作，处于较恶劣的工况，承受着各种腐蚀、压力、潮湿、高温、振动等，有些石油机械设备还可能需要较频繁的拆装、运输等，这就使得石油机械的工作性能可能变化较大，出现故障的概率也比较高。因此，对石油机械特别需要监测其工作性能，预防重大事故的发生，这就需要对石油机械进行测试。

11.1 钻井振动筛动态特性参数的测试

11.1.1 钻井振动筛简介

钻井振动筛是第一级也是关键的一级钻井液固控设备，用于对钻井液的固液分离。在石油钻井作业中，要求振动筛有较大的处理量，尽可能多地回收钻井液，同时又要求振动筛能尽可能多地清除钻井液中的有害固相颗粒。

钻井振动筛按照运转时筛箱上各点的运动轨迹，即筛箱的振型来分类，可分为一般椭圆振动筛、圆振动筛、直线振动筛及平动椭圆振动筛。目前，钻井振动筛用得较多的是直线振动筛和平动椭圆振动筛。通过实验和实践证明，平动椭圆振动筛在处理钻井液时综合性能更加优异，能明显降低“筛堵”和“筛糊”现象，处理量也比直线振动筛大。

11.1.2 钻井振动筛的测试目的

对钻井振动筛进行测试的目的：一是了解振动筛的性能和运行状态，二是了解振动筛在运行过程中筛箱上各点的应力状况。要想对钻井振动筛的性能和运行状态有较全面的了解，主要需要对振动筛测试以下一些项目：垂直方向振幅、水平方向振幅、椭圆长轴方向振幅、抛掷指数、激振转速、水平速度、排屑输砂速度、筛箱特征点加速度差、筛箱特征点水平速度差、纵向振摆、横向振摆、振动方向角(抛掷角)、特征点轨迹、整筛噪声(A声级)、筛箱弹簧系统垂直方向固有频率(基频)、支承弹簧动刚度、支承弹簧系统隔振系数(筛箱与基座)、支承弹簧隔振系统的加速度传递率(筛箱与地面)等。为了了解振动筛在运行过程中筛箱上各点的应力状况,需要对振动筛进行应力应变测试。

11.1.3 测试系统的组成

目前,常用的振动筛测试系统由试验装置(包括力锤或激振器等)、压电式加速度传感器、电荷放大器、低通滤波器、信号分析仪等组成。如图11.1所示为振动筛测试系统框图。其中,力锤在测量振动筛固有频率或对振动筛进行模态分析时才使用。

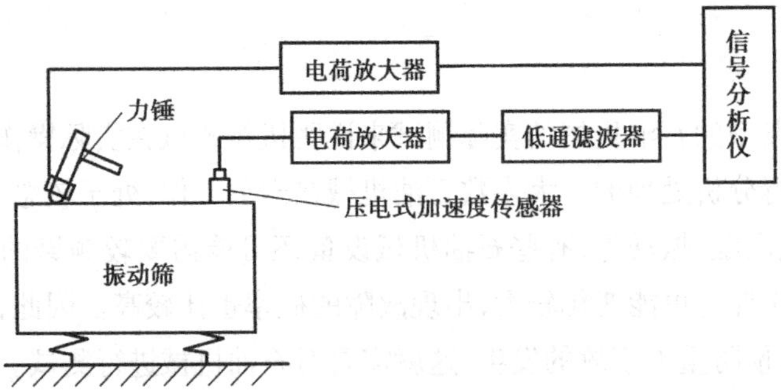

图11.1 振动筛振动测试系统框图

需要指出的是,由于压电式加速度传感器使用方便,因此,在实际的振动测试中是测量加速度最常用的传感器,但根据各种加速度传感器的特点以及振动筛信号的特点,在测量振动筛的振幅时,采用电阻应变式加速度传感器更为适宜。

11.1.4 主要动态特性参数的测试

本节介绍的振动筛测试方法中的振动筛为某型号的双轴平动椭圆筛,其基本参数为:总质量1 365 kg;激振力为66 kN+33 kN=99 kN;电机转数n=1 450 r/min。

本节仅介绍振动筛部分动态特性参数的测试,如垂直方向振幅、水平方向振幅、抛掷指数、激振转速、水平速度、排屑输砂速度、纵向振摆、横向振摆、振动方向角(抛掷角)、特征点轨迹、整筛噪声(A声级)、筛箱弹簧系统垂直方向固有频率(基频)、支承弹簧动刚度、支承弹簧系统隔振系数(筛箱与基座)、支承弹簧隔振系统的加速度传递率(筛箱与地面)等。

(1)测试系统的标定

在每次测试前,应对测试系统进行标定,标定项目有线性度、频率范围和灵敏度,这里仅举例介绍对传感器灵敏度的标定。

由于实验中要用到两个加速度传感器,因此用加速度校准仪,输入1 g的标准加速度,分别对两个传感器进行标定。标定结果见表11.1。

标定好传感器的灵敏度之后,即可连接好测试仪器,对振动筛进行测试。

表 11.1　单轴加速度传感器灵敏度

所用传感器	频率/Hz	幅值谱(V)	时域峰峰值(V)	灵敏度(V/g)
传感器 1	160.16	0.098	1.072	1.072
传感器 2	162.11	0.095	1.013	1.013

(2)**垂直方向、水平方向以及横向振幅的测量**

振动筛垂直方向的作用力有利于固相颗粒从液体中分离,水平方向的作用力促使固相颗粒离开振动筛,横向的作用力则使振动筛在工作中发生扭摆,对分离以及振动筛不利。测出振动筛垂直与筛网方向的振动加速度即可知道振动筛的抛掷指数。

在垂直于筛面的筛框上,即图 11.2 中的 y 方向,选取适当的测点如图 11.3 所示。在各测点逐点安装加速度传感器 1 测量垂直方向的振动加速度值,进而计算出振动幅值;同理,可在与钻井液入口平行的方向,即图 11.2 中的 x 方向上选取适当的测点,测量水平方向的振动加速度值;在图 11.2 中的 z 方向选取合适的测点,可测量振动筛的横向振动加速度值。

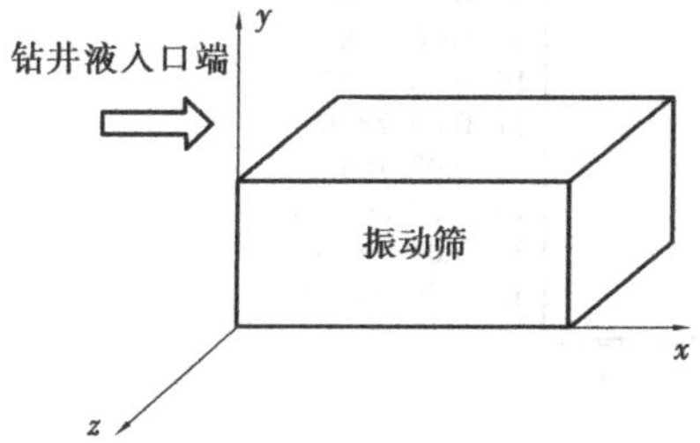

图 11.2　振动筛方位示意图

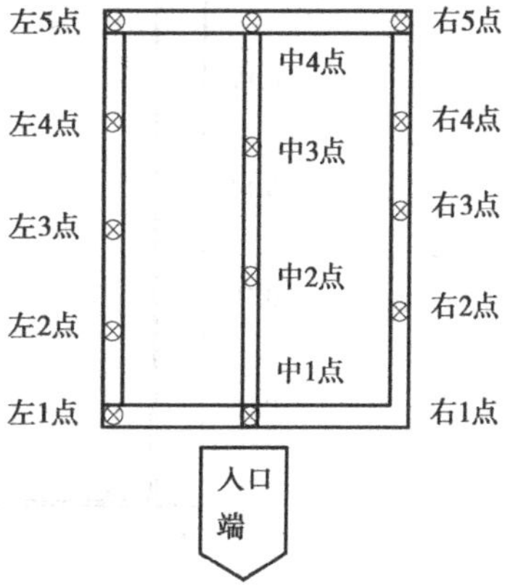

图 11.3　振动筛垂直振幅测点

以右 1 点的垂直方向振幅测量为例,测得的该点时域振动波形如图 11.4 所示(通过 40 Hz 低通滤波),其特征值见表 11.2。进行频谱分析可得该点的幅值谱如图 11.5 所示。

表 11.2　右 1 点特征值

最大值	最小值	峰峰值
0.413 V	−0.352 V	0.764 V
均值	均方值	方差
0.029 V	0.063 V	0.254 V

由图 11.4 和图 11.5 可知,振动筛筛框上某点的垂直振动为正弦振动,频率为 25 Hz,该频率即为激振电机的激振频率。

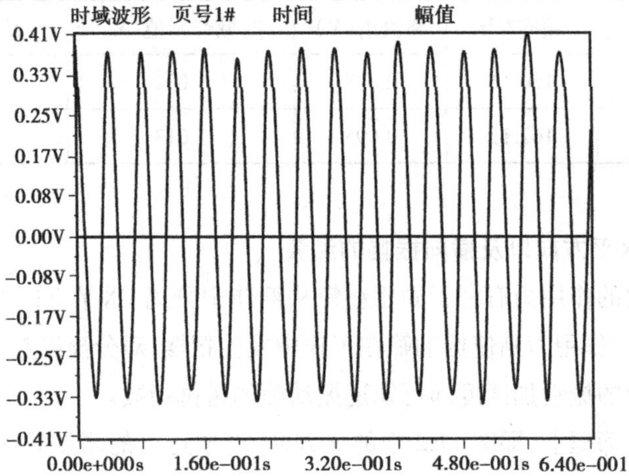

图 11.4　右 1 点时域波形(40 Hz 滤波)

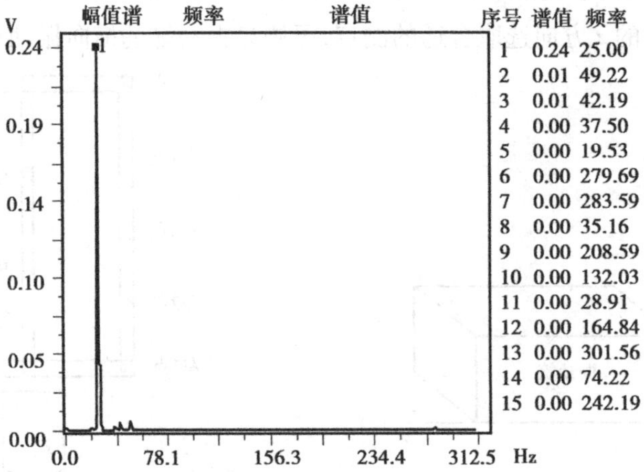

图 11.5　右 1 点幅值谱(40 Hz 滤波)

加速度(g)= 时域峰峰值(V)/系统灵敏度(V/g)

因此在右 1 点,在 40 Hz 低通滤波时采到的数据计算如下:

加速度

$$a = \frac{0.764}{1.072}g = 0.713\ g$$

幅值

$$A = \frac{a}{(2\pi f)^2} = \frac{0.713 \times 9.8}{(2 \times 3.14 \times 25)^2}\text{m} = 0.000\ 285\ \text{m} = 0.285\ \text{mm}$$

其他各点均按此方法处理测试数据,即可得出振动筛筛框上各点的垂直振幅(单振福)、水平振幅和横向振幅。

(3)**振动筛弹簧系统隔振系数的测量**

振动筛的筛箱是由弹簧支承在基座上的,弹簧系统隔振系数包括两部分:一是筛箱与基座的隔振系数,二是筛箱与地面的隔振系数。测量弹簧系统隔振系数的目的是为了了解弹簧系统的隔振效果。

筛箱与基座的隔振系数可分别测出筛箱上一点的垂直振幅以及与之对应的底座上某点的垂直振幅,再计算隔振系数;同理,筛箱与地面的隔振系数可分别测出筛箱上一点的垂直振幅以及与之对应的地面的垂直振幅。下面以筛箱上右 2 点对应的隔振系数为例,测试数据及计算出的隔振系数见表 11.3,其他各点的隔振系数也可照此处理。

表 11.3　隔振系数计算表

测　点	峰峰值	隔振系数
筛箱筛框上右 2 点	1.931 V	0.102 5
底座上右 2 点	0.198 V	
筛箱筛框上右 2 点	1.931 V	0.048 2
地面上右 2 点	0.093 V	

(4)**筛箱各特征点运动轨迹(轨迹振型)的测定**

测量筛箱上某点的运动轨迹,可在该点沿 x 方向和 y 方向各安装一个加速度传感器,通过电荷放大器后,同时送入双通道信号分析仪的两个通道,利用 x-y 示波功能即可显示出该点的运动轨迹。图 11.6 是利用该种方向显示出的筛箱右 1 点的运动轨迹,可以看出该点的运动轨迹为椭圆。该方法测出的运动轨迹有一定的误差。

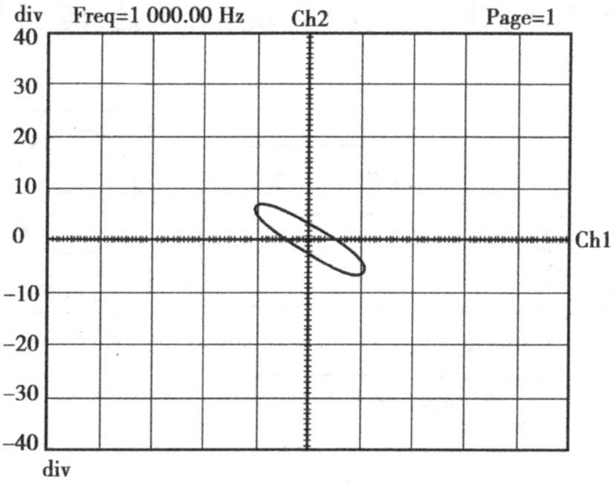

图 11.6　筛箱右 1 点运动轨迹

也可直接观察筛箱侧边某点的运动轨迹,从这个轨迹也能看出运动轨迹为圆,或是直线,或是椭圆等,并能看出直线的倾角方向或椭圆的倾斜方向。

要想精确测定筛箱上某点的运动轨迹,可采用光电同步轨迹拍摄仪。

（5）**筛箱弹簧系统固有频率和阻尼系数的测量**

固有频率和阻尼系数的测量可参照第5章中的方法，即可采用瞬态激励的自由衰减法或稳态正弦激励的共振法来进行测量。值得注意的是，在采用共振法测量时，由于当阻尼系数不为零时，只有速度共振频率才刚好与系统的无阻尼固有频率相等，因此，建议在使用共振法测固有频率时，最好采用相对式磁电速度传感器。

（6）**筛箱特征点水平速度的测量**

筛箱特征点的水平速度直接反映了钻井振动筛筛面输砂速度的大小，是评价振动筛排屑性能好坏的一个重要指标。测量特征点的水平速度建议采用绝对式磁电速度传感器。

（7）**振动筛噪声测试（A声级）**

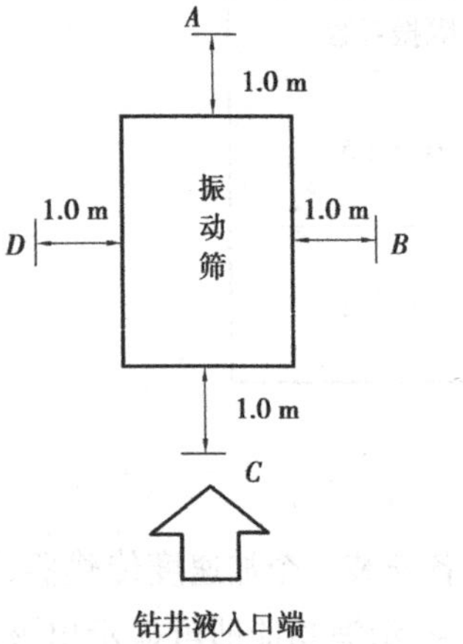

图11.7　振动筛噪声测量测点分布

振动筛在工作时的噪声可间接地反映振动筛运行的平稳性。同时，了解振动筛工作时的噪声状况，有利于采取合理的措施降低噪声，改善工作环境。

噪声的测量可采用声级计，在振动筛的4个方向分别进行测量，测点距离振动筛1 m，与振动筛筛面基本同高，测点分布如图11.7所示。对噪声测量数据的处理可参看第7章“噪声测量”。注意：噪声测试时要考虑环境噪声的影响。

（8）**支承弹簧刚度系数的测定**

振动筛筛箱4角的支承弹簧的刚度系数应尽量一致，否则会使筛箱4角支承处的弹性反力不等，引起载荷作用不对称，使筛箱在启动过程中扭振、俯仰振动或摇摆振动较大，筛箱进入平稳的稳定工作状态的时间较长。钻井振动筛的支承弹簧多采用螺圈弹簧，其刚度系数可采用附加质量法进行测定。测试系统图如图11.8所示。

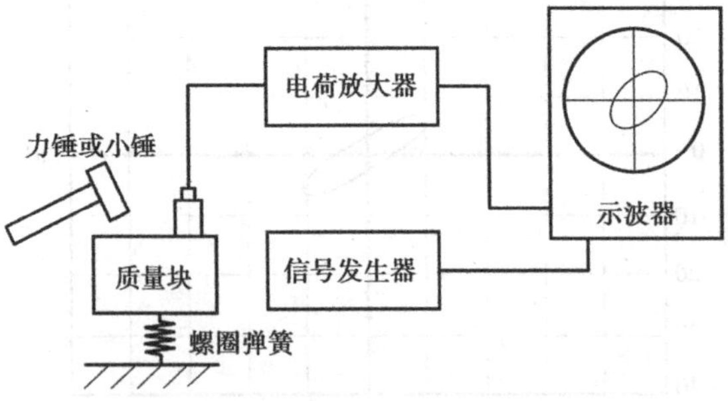

图11.8　弹簧刚度系数测试框图

先在弹簧上加一个已知质量的质量块，构成一个弹簧质量系统，将压电式加速度传感器安装在质量块上，经电荷放大器后接到示波器的纵轴。在示波器的水平轴接正弦信号发生器。用小锤敲击质量块，使弹簧质量系统产生衰减振动。调节信号发生器的正弦信号的频率，当示波器的屏幕上出现椭圆时，表明信号发生器发出的正弦信号的频率与弹簧质量系统的自由衰减振动频率相等。此时,信号发生器上的频率即为弹簧质量系统的自由衰减振动频率。由于钢材的阻尼比一般都很小,可近似认为该频率就是系统的固有频率。

假设弹簧质量系统的等效质量为 M,系统的固有频率为 f,则弹簧的刚度系数为

$$k=(2\pi f)^2M \tag{11.1}$$

也可采用下述方法,如图 11.9 所示。先测出弹簧质量的固有频率,再根据式(11.1)求出弹簧的刚度系数。图 11.9(a)为测试系统框图,图 11.9(b)为测得的某一个弹簧质量系统的自由衰减振动曲线。根据该曲线,参照第 5 章中固有频率和阻尼比的自由振动衰减法,即可测得弹簧质量系统的固有频率。

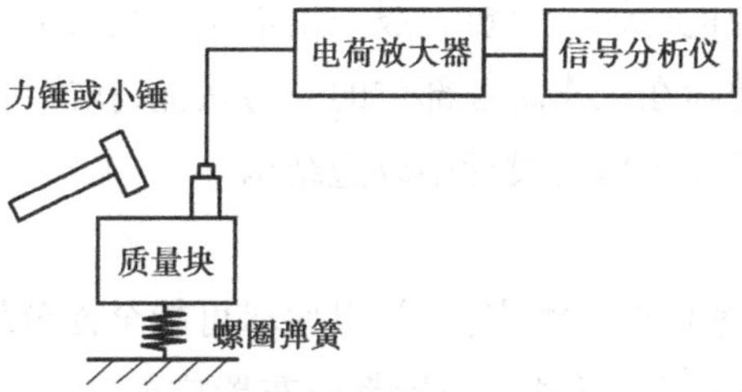

(a)测试框图

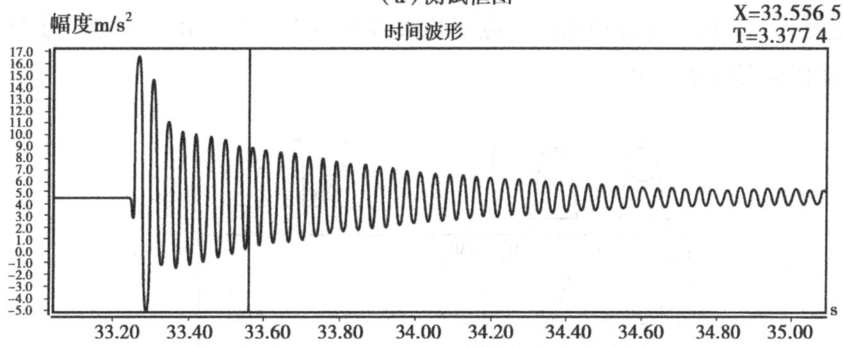

(b)弹簧质量系统自由衰减振动曲线

图 11.9　质量弹簧系统固有频率测量

(9)双轴钻井振动筛同步性与同步状态稳定性检测

双轴惯性振动筛一般要求两根激振轴在运转中必须反向同步稳定运转,否则不能保证筛箱特定振型的实现。检测同步性和同步状态稳定性可采用以下 3 种方法:

①在一对偏心块上分别选定两个反光点,用频闪仪同时拾取脉冲响应信号,在信号分析仪上由其中一个脉冲频闪电压信号触发,对该两路信号同时采样,然后对两路波形信号做互相关分析,看两路信号波形间有无相位差。若无相位差则保证了两根激振轴同步稳定运行。

②在激振轴中部横截面沿振动方向的上下边缘对称点粘贴应变片,将拾取到的应变波形送入信号分析仪进行互相关分析,也可从两路信号的相位差信息检测同步性与同步状态稳定性。

③同时测量筛箱上某一点相互垂直的两个方向上的振动波形,两个信号同时送入信号分析仪中,利用双通道分析仪的 x-y 示波功能,观察这两个信号所合成的李萨如图形。如果该点

的李萨如图形出现转动或图形随时间而变化，则说明该振动筛的两激振电机未达到同步稳定运转；如果李萨如图形稳定不发生变化，则已达到同步稳定运转。

(10) **关于动态检测数据的统计平均处理**

由于钻井振动筛一般属于粗狂型的非精密惯性振动机械，筛箱上某一特征点的某一次样本数据记录不足以表明振动筛整机的有关动态特性参数。因此，要想得到振动筛较为客观合理的动态检测数据指标，应当适当多采集若干次样本，用统计平均的方法进行处理。

11.1.5 钻井振动筛筛箱结构的电测强度分析

对振动筛筛箱结构进行强度分析一般采用电阻应变测量方法，对筛箱结构进行强度分析的目的主要是了解振动筛在工作时各部位的受力状况，找出危险截面或危险点，以便对这些危险部位进行重点关注或在今后的设计中改进结构。

(1) **测点的选择**

应变测试中，应合理地选择测点位置，以便尽可能全面分析筛箱的应力情况。一般应在激振横梁、筛箱侧板、筛网抬条、卷轴等位置都应布置应变片。下面以筛箱侧板为例介绍振动筛的应力应变测试。某振动筛筛箱侧板的应变片布置如图 11.10 所示。应变片为 45°角的应变花，按半桥接在动态应变仪上。

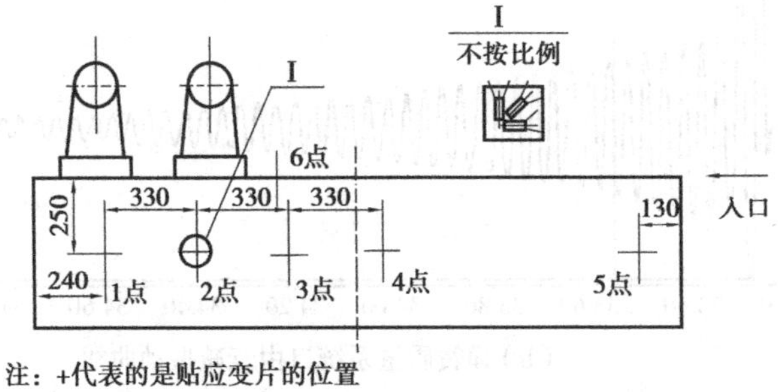

图 11.10 某振动筛筛箱侧板应变片布置图

(2) **测试系统及数据处理**

电阻应变测试系统由应变花、动态电阻应变仪、低通滤波器及信号分析仪组成，如图 11.11 所示。应变花粘贴好后，开动振动筛，测点 1 测得的应变波形如图 11.12 所示。各测点的最大应变值可计算为

$$\varepsilon = \frac{1}{2}(E_{\max} - E_{\min}) \tag{11.2}$$

式中 ε——实际最大应变值；

E_{max}——仪器读出的最大应变值(应变波峰值)；

E_{min}——仪器读出的最小应变值(应变波谷值)。

利用应变花，可测得在振动筛运行状态下各测点的主应力大小、方向，以及最大剪应力的大小。45°角(也称直角型)应变花在载荷作用下测出某点的 3 个应变值 ε_1，ε_2，ε_3。根据力学

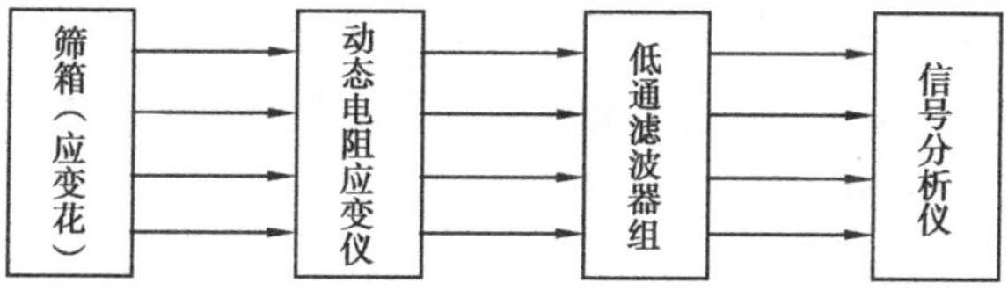

图 11.11　筛箱动态应变测试系统框图

理论可算出该点结构表面的主应力，3 片应变花测量主应力的计算公式为

$$\sigma_1 = \frac{E}{2(1-\mu)}(\varepsilon_1+\varepsilon_3) + \frac{E}{\sqrt{2}(1+\mu)}\sqrt{(\varepsilon_1-\varepsilon_2)^2+(\varepsilon_2-\varepsilon_3)^2} \tag{11.3}$$

$$\sigma_2 = \frac{E}{2(1-\mu)}(\varepsilon_1+\varepsilon_3) - \frac{E}{\sqrt{2}(1+\mu)}\sqrt{(\varepsilon_1-\varepsilon_2)^2+(\varepsilon_2-\varepsilon_3)^2} \tag{11.4}$$

式中　E——振动筛筛框材料的弹性模量；

μ——振动筛筛框材料的泊松比；

ε_1、ε_2、ε_3——0°，45°，90°方向的应变。

应力主方向计算公式为

$$\tan 2\varphi = \frac{2\varepsilon_2-\varepsilon_1-\varepsilon_3}{\varepsilon_1-\varepsilon_3} \tag{11.5}$$

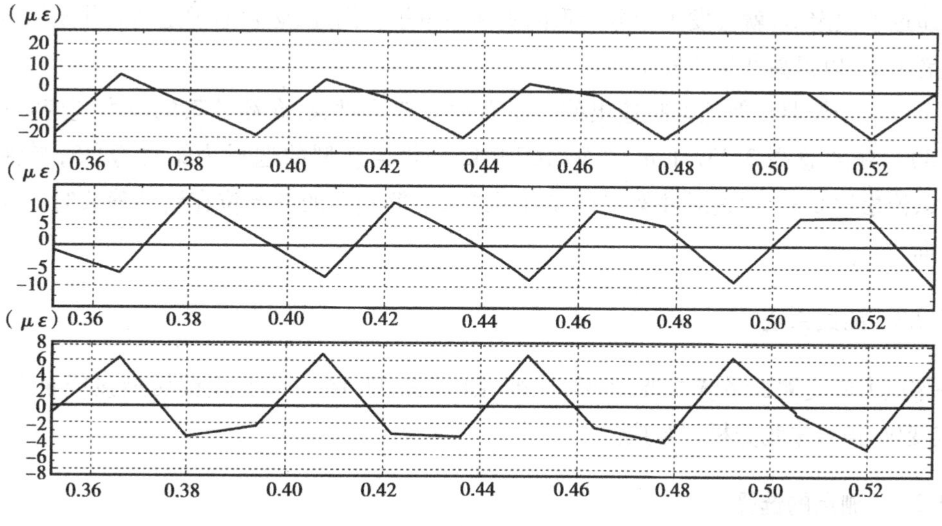

图 11.12　测点 1 的应变波形

(3) 振动筛电阻应变测试中的注意事项

为了减小测量的误差，在电阻应变测试中主要有以下注意事项：

①要挑选性能合格、完好的应变花。

②对需要粘贴应变片的部位要将表面处理好，保持一定的光洁度、平整性和干燥度。

③在测试时间较长时，要考虑到温度效应，需要进行温度补偿。

④可进行多次测量，取平均值。

⑤需要强调的是在动态应变测试中，由于振动筛是承受交变周期振动载荷的作用，因而$\varepsilon_1,\varepsilon_2,\varepsilon_3$也都是随时间变化的。因此，在测试中应充分考虑到这个特点，需要多测取若干瞬时的数据才能确定其σ_1,σ_2的最大值。

11.2 井架应力应变测试

11.2.1 石油井架简介

石油井架属于大型承重机构，是油气开采的重要机械设备，对油田的开发起着十分重要的作用。石油井架的主要作用是负责如钻柱起升以及下放、安放或者悬挂天车、游车和大钩等提升设备的工具，它的运作直接影响到了整套采油系统运行的平稳性和安全性，因此石油井架直接担负着采油安全生产枢纽的使命。然而石油井架在长期使用的过程中，由于野外十分恶劣的钻井作业工程环境，以及搬迁和安装过程中诸多不良因素的影响，会使井架的内部结构产生变化，安全性也无法保证，给钻井生产带来了潜在的安全事故隐患。当石油井架承受着一定的负重载荷时，井架就会发生形变，并且弯矩也会慢慢地增加。也就是说，如果井架的结构承载力一旦超过了额定值，就会发生十分严重的破坏性事故。因此，必须通过定期对井架结构进行检测或者维护，以提高井架的安全性。

本节以一个按照相似理论制造出的一个石油井架为对象，介绍井架的应力应变测试（见图11.13）。井架总高3.257 1 m，总重167.9 kg。井架模型的选材为钢材Q235，弹性模量200 GPa，泊松比0.3。通过对井架进行应力测试来了解井架的各部位在受到静载时的应力大小及方向。

11.2.2 测试系统

井架应力应变测试系统主要由45°应变花（见图11.14）、可变式调压型接线桥盒（8通道）、应变仪、信号采集分析仪组成。

11.2.3 测点的选择

对井架进行静态应力测试时，静应力测试点应根据井架结构的受力分析，在均匀应力区、集中应力区、弹性挠曲区等危险应力区内合理选定。根据不同的井架形式，测试端面应选择在井架大腿断面开口处、井架大腿断面突变处、井架大腿损伤处、井架二层台处和井架底座钻台处。一般情况下，每部井架布置不少于两个测试断面。应变片在测试构件上应对称布置。

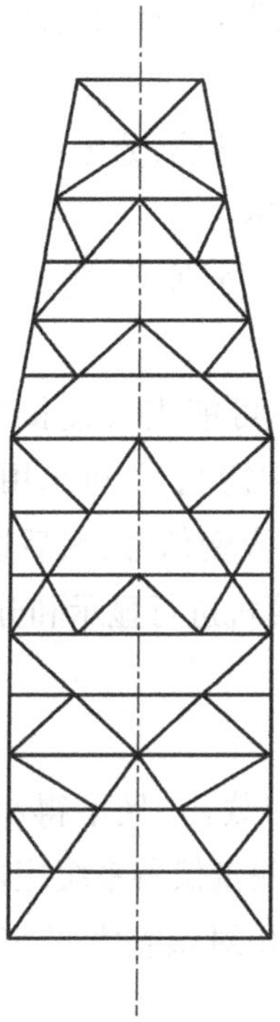

图 11.13　模型井架示意图

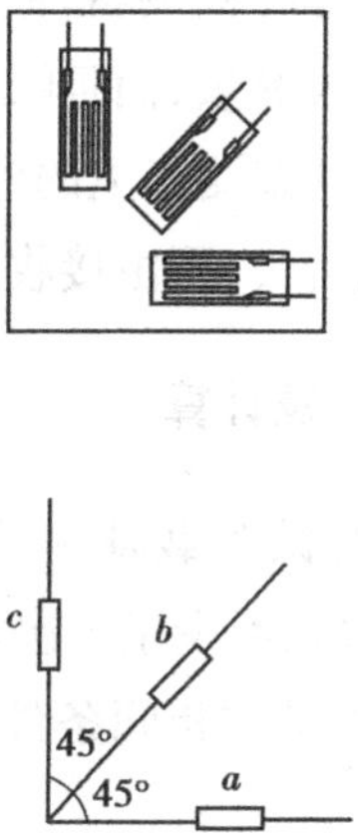

图 11.14　45°应变花

结合模型井架的实际情况，选择以下测点：测点 1：垂直方向井架底座大腿杆件最下处垂直方向；测点 2：垂直方向井架底座大腿杆件最下处水平方向；测点 3：45°方向井架内侧大腿杆件偏下处；测点 4：45°方向井架内侧大腿杆件偏上处；测点 5：垂直方向井架底座大腿杆件处；测点 6：垂直方向井架大腿外侧杆件处；测点 7：连接大腿杆件的桁架垂直方向处；测点 8：连接大腿杆件的桁架水平方向处；测点 9：大腿杆件第二根主桁架垂直方向处；测点 10：大腿杆件第二根主桁架水平方向处；测点 11：大腿杆件第二根主桁架上方三角小支架垂直方向处；测点 12：大腿杆件第二根主桁架上方三角小支架旁边的支架处；测点 13：底架和上半井架螺母连接上下方大腿杆件外侧水平方向处；测点 14：底架和上半井架螺母连接上下方大腿杆件外侧垂直方向处；测点 15：上半井架第一桁架的外侧；测点 16：上半井架第一桁架的内侧；测点 17：上半井架第二桁架的外侧杆件处：测点 18：上半井架第二桁架的上方三角支架处；测点 19：上半井架第三桁架的杆件处。

11.2.4　测试准备工作

应力应变的测试准备主要包括应变片的准备、测点的表面处理、应变片的粘贴与保护、接桥等工作。其中，有以下 5 点需要注意：

①应变片在粘贴时要将气泡排除，焊接引线时注意不要出现短路。

②由于对于大型结构的应变测试一般从应变片的粘贴到测试完成往往需要几天，甚至更

长的时间。因此，应变片粘贴好后，要注意防潮、防损，特别是室外的测试。常温固化环氧树脂具有较好的防潮、防损效果。

③由于测试时间长，必须考虑温度补偿，一般采用分区补偿，分区不能太大，以便出现温度误差。补偿片要放在被测区域附近，以减少温度引起的漂移。

④当测点较多时，应对应变片、连接电缆等都进行相应的编号，避免在测试过程中出现测点与数据无法对应的混乱情况。

⑤如果在现场测试，被测区域距离测量仪器较远，可能出现连接电缆太长，甚至超过100 m，长电缆不仅布线麻烦，而且噪声干扰将加重。这种情况下，可采用无线应变测试，利用无线传感器节点控制井架测点上的应变采集点采集井架应变信号，然后通过无线网络把采集到的数据传送到接收网关，再由接收网关将数据送到计算机进行显示和分析处理。

11.2.5　数据采集及计算

进行静载试验时，试验载荷为井架大钩悬挂钻具的载荷，且不得小于设计最大钩载的25%，每一工况试验次数不少于3次。每次测试卸载后，测量仪器系统应恢复到空载状态下的读数，如果前后两次测试在相同条件下得到的应变值的相对误差大于5%时，需要查明原因，重新测试。

根据实验室的实际情况，对模型井架分别在以下4种工况下进行测试：第一种工况为钩载44 kg；第二种工况为钩载88 kg；第三种工况为钩载225 kg；第四种工况为357 kg。每个工况每一个测点测量3次。

以第一种工况，即钩载44 kg的第一次测试为例，测试所得数据见表11.4。从表11.4中数据能较明显地看出，测点13c方向的应变值应该有误，需重新测试。重新测试后，13c的应变为3.493 0 με。将3次测试的数据取平均值，应用式(11.3)、式(11.4)和式(11.5)可以计算出该点的主应力大小和主应力方向，见表11.5。应变片的a,b,c 3个方向分别为0°,45°,90°。

表11.4　钩载44 kg时第一次测试各测点的应变值

测点	1			2			3		
	a	*b*	*c*	*a*	*b*	*c*	*a*	*b*	*c*
应变/με	1.145 4	3.130 8	2.953 5	4.994 8	3.551 6	2.473 8	6.880 2	−1.247 1	−1.597 1
测点	4			5			6		
	a	*b*	*c*	*a*	*b*	*c*	*a*	*b*	*c*
应变/με	2.530 4	−1.360 4	−1.841 2	2.256 3	2.518 2	4.228 2	−1.695 4	1.749 8	1.627 0
测点	7			8			9		
	a	*b*	*c*	*a*	*b*	*c*	*a*	*b*	*c*
应变/με	−0.823 8	1.447 3	2.212 1	2.143 6	3.411 5	1.434 9	1.627 2	2.044 8	1.495 4

续表

测点	10			11			12		
	a	*b*	*c*	*a*	*b*	*c*	*a*	*b*	*c*
应变/με	−2.169 3	3.194 9	2.845 1	4.972 8	2.816 5	1.812 9	2.655 2	1.098 5	1.634 5
测点	13			14			15		
	a	*b*	*c*	*a*	*b*	*c*	*a*	*b*	*c*
应变/με	−3.037 5	2.060 7	21.727 5	−1.533 3	1.723 3	0.220 6	0.910 2	1.421 1	2.167 8
测点	16			17			18		
	a	*b*	*c*	*a*	*b*	*c*	*a*	*b*	*c*
应变/με	2.004 8	3.342 4	1.891 1	−1.311 9	−5.037 8	5.501 2	1.139 1	1.834 5	2.016 1
测点	19								
	a	*b*	*c*						
应变/με	−1.860 1	−1.895 7	2.419 2						

表 11.5　钩载 44 kg 时各测点的应力值及主应力方向

测点	1	2	3	4	5	6	7	8	9	10
σ_1/kPa	602.4	1 985.0	1 796.6	1 342.4	1 392.1	31.2	642.3	952.0	757.9	934.8
σ_2/kPa	367.4	−127.0	224.0	1 103.5	894.0	−423.3	322.6	127.6	593.9	777.3
σ_s/kPa	525.9	2 051.4	1 695.8	1 240.3	1 221.7	439.7	556.2	895.1	690.6	866.8
θ/(°)	89.9	−77.9	−70.2	77.9	33.2	−13.4	19.0	71.9	47.5	−58.8
测点	11	12	13	14	15	16	17	18	19	
σ_1/kPa	1 298.7	963.3	1 326.5	282.5	550.2	888.2	238.5	546.9	882.0	
σ_2/kPa	803.6	588.0	744.8	−740.3	394.7	424.6	−1 270.5	390.6	−43.5	
σ_s/kPa	1 135.2	841.0	1 151.7	914.8	491.3	769.5	1 405.0	487.9	904.6	
θ/(°)	−28.8	−58.8	29.5	28.4	10.8	−85.4	−23.8	−13.0	−10.2	

根据第四强度理论，即认为构件的屈服是由形状改变比能引起的，当形状改变比能达到单向拉伸试验屈服时形状改变比能时，构件破坏，可知等效应力为

$$\sigma_s = \sqrt{\frac{1}{2}[(\sigma_1 - \sigma_2)^2 + (\sigma_2 - \sigma_3)^2 + (\sigma_3 - \sigma_1)^2]} \tag{11.6}$$

对于平面问题，$\sigma_3 = 0$。

11.2.6 数据分析

将各种工况下 σ_s 的值作出曲线图,如图 11.15 所示。从图 11.15 中可以看出,应力较大的几个点主要是测点 2、测点 3、测点 4、测点 17。由图 11.15 可知,当石油井架的大腿支承内侧以及上半井架的第一桁架处所受的主应力在工况四(勾载最重)的情况下是较大的。从井架整体的应力趋势可以看出,井架下半部分所受载荷力普遍都较大。受应力最大的点是上半井架第二桁架的外侧杆件处,其 a 方向(水平方向)的波动幅值相比其他的两个方向较大。

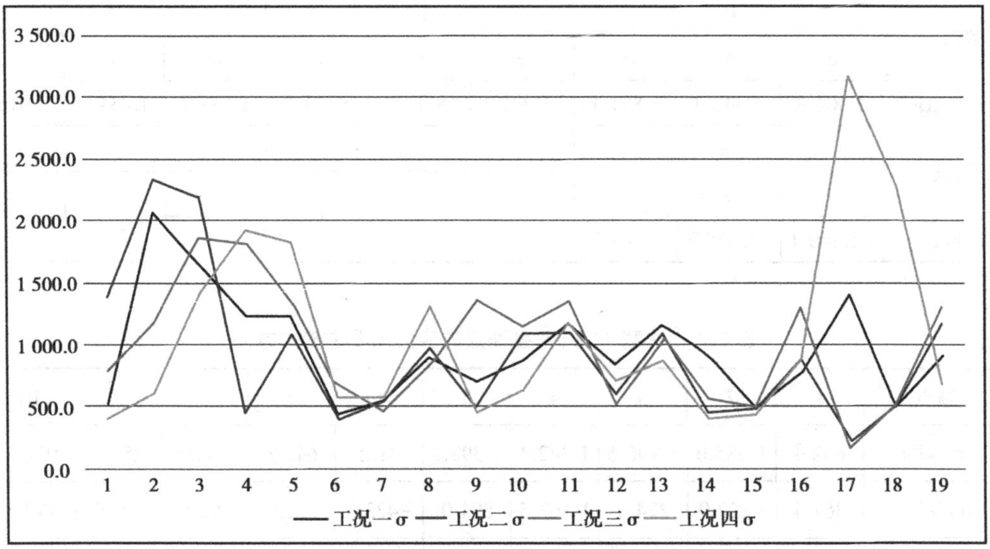

图 11.15 各工况下各测点的等效应力

11.3 柱塞泵工作性能测试

11.3.1 柱塞泵简介

柱塞泵是液压系统的一个重要装置。它依靠柱塞在缸体中往复运动,使密封工作容腔的容积发生变化来实现吸油、压油。柱塞泵具有额定压力高、结构紧凑、效率高及流量调节方便等优点,被广泛应用于高压、大流量和流量需要调节的场合,如石油工业中所用的泥浆泵和压力泵等。

目前,国内外压裂泵在结构上通常采用往复卧式多缸形式。这种泵一般由动力端和液力端两部分组成。动力端的作用是将动力系统的能量传递到液力端,液力端用于输送液体,将机械能转换为液压能,如图 11.16 所示。动力端主要有曲轴、连杆和十字头等部件;液力端主要有柱塞、吸入阀、排出阀等部件。如图 11.16 所示,在液缸中有柱塞,液缸体上装有吸入阀和排出阀。液缸体中柱塞与阀之间的空间，称为工作室。它通过吸入阀和排出阀分别与吸入管路和排出管路相连。液缸上面为排出连通管，其下则为吸入连通管。3 个连杆轴颈（曲拐）平均分布于 360°中，即各连杆轴颈（曲拐）的间隔角度为 120°。

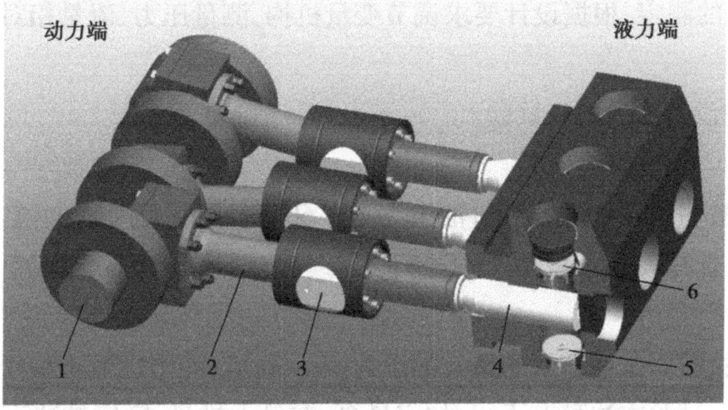

图 11.16　三缸单作用柱塞泵工作示意图

1—主轴颈；2—连杆；3—十字头；4—柱塞；5—吸入阀；6—排出阀

11.3.2　测试目的及方案

柱塞泵试验系统的建立，旨在完成现有柱塞泵的出厂性能检测和工况下的监测。通过建立一套完整的监测系统，实现对柱塞泵工作时的各项性能参数进行记录与分析，为柱塞泵性能比较、设计优选最佳匹配参数、提高柱塞泵的工作效率提供实验依据。

柱塞泵的试验一般包括各种型式试验和出厂试验。这里仅简单介绍试验项目和方法。

（1）排量试验

在最大排量、额定转速下，油温不高于 50 ℃，润滑油压力 0.3～0.4 MPa，排出压力 0.03～1.5 MPa，测量泵在空载稳态工况下设定转速的流量和转速，根据公式得到排量。

对于变量泵，应在最大排量和其他要求的排量，如最大排量的 75%、50%、25%的工况下分别测试，得到对应的流量和转速。

（2）容积效率试验

①在最大排量、额定转速下，使被测试柱塞泵的出口压力逐渐增加至额定压力的 25%左右。待测试状态稳定后，测量与容积效率有关的数据，即输入、输出流量和转速。

②按上述方法，使被测试柱塞泵的出口压力约为额定压力的 40%、55%、70%、85%、100%时，分别测量与效率有关的数据。

③转速约为额定转速的 100%、85%、70%、55%、40%时，在上述各试验压力点，分别测量与效率有关的数据。

（3）变量特性试验

在额定转速下，使被测试柱塞泵变量机构全行程往复变化 3 次。以恒功率变量泵为例说明。

①最低压力转换点的测定：调节变量机构使被试泵处于最低压力的转换状态，测量泵出口

压力。

②最高压力转换点的测定：调节变量机构使被试泵处于最高压力转换状态，测量泵出口压力。

③恒功率特性的测定：根据设计要求调节变量机构，测量压力、流量相对应的数据，绘制恒功率特性曲线。

④其他特性按设计要求进行试验。

(4)**超载试验**

超载试验时，被测试柱塞泵的进口油温为30~60 ℃，在最大排量、额定转速、最高压力或125%的额定压力(选择其中最高者)的工况下，连续运转不少于1 min。

(5)**冲击试验**

做冲击试验时，被测试柱塞泵的进口油温为30~60 ℃，冲击次数不少于10次。冲击试验根据泵的类型不同，试验方法稍有不同，如定量泵：在最大排量、额定转速下，冲击频率为10~30次/min，连续运转。其冲击波形图如图11.17所示。

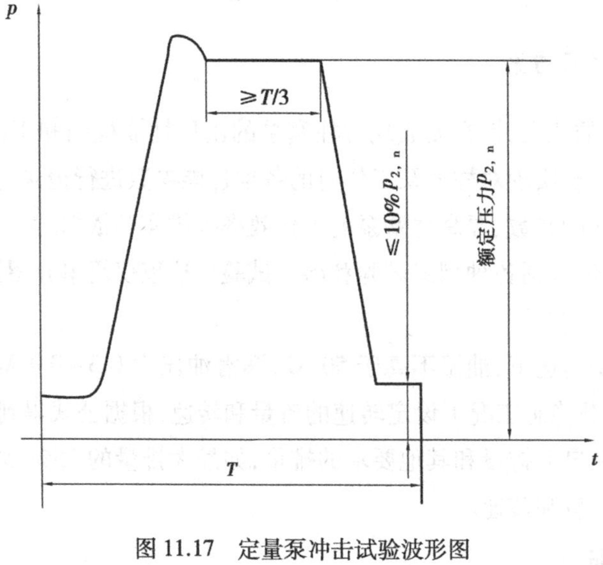

图11.17 定量泵冲击试验波形图

(6)**外渗漏检查试验**

在上述全部试验过程中，检查动、静密封部位，不得有外渗漏。将被测试柱塞泵擦干净，如有个别部位不能一次擦干净，运转后产生“渗漏现象”，允许再次擦干净。操作时，将干净吸水纸压贴于静密封部位，然后取下，纸上如有油迹即为渗油；在动密封部位下放置白纸，于规定时间内纸上如有油滴即为漏油。

柱塞泵除了标准规定的一些型式试验和出厂试验外，为了优化设计性能更优越的柱塞泵，有些科研单位还根据科研实际需求，开展各种泵的性能试验，如柱塞泵液力端工作性能参数测试试验，可得到柱塞运动位移、排出阀阀芯和吸入阀阀芯运动位移、吸入腔压力以及吸入管压力的变化基本规律。

11.3.3　测试系统的组成

为了完成柱塞泵的上述试验项目,采用的柱塞泵试验原理如图 11.18 所示。动力装置(变频电机)带动实验用柱塞泵将水箱中介质泵入系统管路,经系统管路流回水箱形成封闭系统。在此过程中,有计算机自动采集各种传感器数据(包括转速、压力、位移、润滑油压力、柱塞温度、轴承温度及流量等),计算机实时显示且保存各种实验数据。其中,压力有排出管汇压力、润滑油压力、吸入腔压力及吸入支管压力等;位移有柱塞位移和泵阀位移,柱塞位移用于确定柱塞泵正常工作过程中柱塞的实时位置,泵阀位移可分为排出阀位移和吸入阀位移,用于测量阀芯随吸入腔内压力变化而运动的情况。

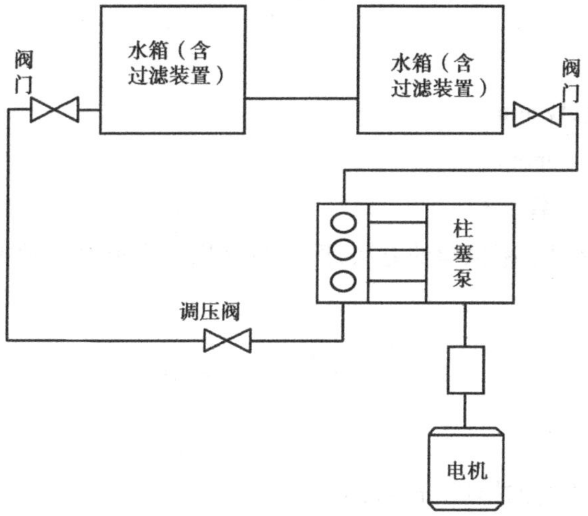

图 11.18　试验原理简图

整个测试系统组成主要包括传感器部分、数据采集传输系统、计算机和显示系统以及软件系统。

(1)**传感器部分**

传感器部分包括磁电式测速仪、压阻式压力传感器、差动变压器式位移传感器、温度计、电磁流量计等。

(2)**数据采集传输系统**

依照柱塞泵试验台架设计方案,数据采集卡负责从末端传感器的输出信号中高速采集数据,数字化后送至上位机。根据柱塞泵试验方案设计的检测参数、试验工况、各传感器所配套使用的变送器(放大器)所输出的信号幅度等,确定数据采集卡的关键参数:采样通道数、采样方式及采样频率、缓存及分辨率、量程及精度等,并选用合适的通信方式和辅助设备。

(3)**软件系统**

针对前面的试验方案开发专用软件,完成对现场信号的最后处理,通过显示器可直观显示数字、曲线、报表及报警等多种画面,还可进行数据的存储、查询、打印以及数据共享。

11.3.4 主要特性参数的测试

在开始正式试验之前，对试验系统进行标定，运行软件并进行网络参数及其他参数的配置，检查各通道的数据，确保各检测设备连接正确、运行可靠。然后根据柱塞泵相关标准规定完成柱塞泵主要特性参数的测试，可直接从测量仪表中读出转速、流量、输入扭矩、各点压力、位移及温度等参数。下面仅简单介绍排量和容积效率的计算。

(1)柱塞泵的排量

根据流量计和测速仪表读出柱塞泵的流量和转速，可计算排量为

$$V = \frac{q_v}{n} \tag{11.7}$$

式中 V——排量，L/r；

q_v——排出流量，L/min；

n——曲轴转速，r/min。

(2)柱塞泵的容积效率

根据前面介绍的容积效率试验的方法，读取与容积效率有关的数据，即输入、输出流量和转速。可计算容积效率为

$$\eta_v = \frac{V_{2,e}}{V_{2,i}} = \frac{q_{v2,e}/n_e}{q_{v2,i}/n_i} \times 100\% \tag{11.8}$$

式中 η_v——容积效率；

$V_{2,e}$——试验压力时的排量，mL/r；

$V_{2,i}$——空载压力时的空载排量，mL/r；

$q_{v2,e}$——试验压力时的输出流量，L/min；

$q_{v2,i}$——试验压力时的输入流量，L/min；

n_e——试验压力时的转速，r/min；

n_i——空载压力时的转速，r/min。

11.3.5 数据分析处理

以某单位三缸柱塞泵和五缸柱塞泵的对比试验为例简要说明数据处理和分析。试验介质为清水，每挡运行 15 min，实测转速、扭矩、压力及排量数据，计算输入输出功率、效率及容积效率，得到三缸柱塞泵和五缸柱塞泵的性能测试数据见表 11.6 和表 11.7。比较表 11.6 和表 11.7 的数据可知，三缸柱塞泵各挡容积效率平均 90.04%，最高 95.6%，各挡总效率平均 87.71%，最高 92.13%；五缸柱塞泵各挡容积效率平均 93.38%，最高 98.28%；各挡总效率平均 89.93%，最高 92.84%。清水试验证明，五缸柱塞泵的总效率优于三缸柱塞泵，且五缸泵吸入性更好，容积损失较少，容积效率比三缸泵高 3%以上。

表 11.6　三缸柱塞泵台架性能测试数据

输入转速 /(r·min^{-1})	输入扭矩 /(kN·m)	排出压力 /MPa	排量 /(L·min^{-1})	输入功率 /kW	输出功率 /kW	效率 /%	容积效率 /%
719	15.53	79.4	723.8	1 169	958	81.92	82.34
891	14.76	73.0	918.9	1 377	1 118	81.19	86.36
1 111	11.30	59.1	1 201.7	1 315	1 184	90.04	90.69
1 240	10.01	52.0	1 366.6	1 300	1 184	91.13	91.41
1 546	8.32	42.7	1 743.6	1 347	1 241	92.13	93.84
1 961	6.62	32.4	2 262.0	1 359	1 221	89.86	95.60

表 11.7　五缸柱塞泵台架性能测试数据

输入转速 /(r·min^{-1})	输入扭矩 /(kN·m)	排出压力 /MPa	排量 /(L·min^{-1})	输入功率 /kW	输出功率 /kW	效率 /%	容积效率 /%
590	21.60	103.49	657.6	1 334	1 134	85.00	85.96
952	13.46	64.39	1 134.0	1 342	1 217	90.70	91.90
1 272	10.37	48.81	1 559.4	1 381	1 269	91.84	94.74
1 587	8.51	39.18	1 975.2	1 414	1 290	91.21	96.02
2 098	6.71	30.12	2 669.4	1 474	1 340	90.91	98.28

习　题

11.1　钻井振动筛的主要作用是什么？为什么需要对钻井振动筛进行测试？

11.2　钻井振动筛的固有频率的测试方法有哪几种？

11.3　如何测量钻井振动筛的振型？

11.4　为什么需要对井架进行应变测试？

11.5　井架在进行应变测试时，对选择测点和施加载荷有什么要求？

11.6　简述柱塞泵的结构组成。

11.7　柱塞泵的试验一般包括哪些试验？请列举部分试验项目。

11.8　请简述柱塞泵试验的试验原理和系统组成。

参考文献

[1] 秦树人,张明洪,罗德杨.机械工程测试原理与技术[M].2 版.重庆:重庆大学出版社,2013.
[2] 张明洪,邓嵘,徐倩.钻井振动筛的工作理论与测试技术[M].2 版.北京:石油工业出版社,2013.
[3] 张淼.机械工程测试技术[M].北京:高等教育出版社,2009.
[4] 王伯雄,王雪,陈非凡.工程测试技术[M].北京:清华大学出版社,2012.
[5] 熊诗波,黄长艺.机械工程测试技术基础[M].3 版.北京:机械工业出版社,2015.
[6] 厉彦忠,吴筱敏.热能与动力机械测试技术[M].西安:西安交通大学出版社,2014.
[7] 许同乐.机械工程测试技术[M].北京:机械工业出版社,2015.
[8] 徐建林.非电量电测技术[M].北京:机械工业出版社,2006.
[9] 贾民平,张洪亭,周剑英.测试技术[M].北京:高等教育出版社,2004.
[10] 姚春东.石油钻采机械[M].北京:石油工业出版社,1994.
[11] 中国石油天然气总公司.SY/T 6326—2008 石油钻机用井架承载能力检测评定方法[S].北京:石油工业出版社,2008.
[12] 郑秀瑗,谢大吉.应力应变电测技术[M].北京:国防工业出版社,1985.
[13] 王文团,袁伟冬,邹康,等.环境温度对噪声测量仪器性能的影响[J].中国环境监测,2003,19(6):30-32.
[14] 陈科山,王燕.现代测试技术[M].北京:北京大学出版社,2011.
[15] 张重雄.现代测试技术与系统[M].2 版.北京:电子工业出版社,2014.
[16] 麻友良.测试技术[M].北京:化学工业出版社,2008.
[17] 潘宏侠,黄晋英.机械工程测试技术[M].北京:国防工业出版社,2009.
[18] 杨娜,李孟源,贾磊,等.传感器与测试技术[M].北京:航空工业出版社,2012.
[19] 俞云强.传感器及检测技术[M]. 北京:高等教育出版社,2010.
[20] 王毅.过程装备测试技术[M].北京:北京大学出版社,2010.

[21] 万金庆,杨晚生,胡明江.建筑环境测试技术[M].武汉:华中科技大学出版社,2009.

[22] 董惠,邹高万.建筑环境测试技术[M].北京:化学工业出版社,2009.

[23] 方修睦.建筑环境测试技术[M].北京:中国建筑工业出版社,2010.

[24] 谢永金,秦斌,胡泽辉.用于 2000 型压裂车的三缸泵和五缸泵试验研究[J].石油矿场机械,2007,36(9):70-72.

[25] 陈兴.固压设备模拟性能试验的数据采集及分析系统[J].石油机械,2005(7):15~16,34.

[26] 中华人民共和国信息产业部.JB/T 7043—2006 液压轴向柱塞泵[S].北京:机械工业出版社,2006.

[27] 秦树人,汤宝平,等.智能控件化虚拟仪器系统——原理与实现[M].北京:科学出版社,2004.

[28] 秦树人,张思复,汤宝平,等.集成测试技术与虚拟仪器[J].中国机械工程,1999,10(1):77-80.

[29] 周传德.秦氏模型智能控件化虚拟仪器系统及其本质特征[J].测试技术,2005,24(7):53-56.

[30] 李艳萍. 智能控件化振动筛动态特性检测仪研发[D].西南石油大学,2006.

[31] 王林平,李江,冷惠文.矩形窗函数相频谱的一致性探讨[J].电子电气教学学报,2012(12):43-44,54.